新时代中国仿真应用丛书

仿真与国民经济
（下）

游景玉　等著

国防工业出版社
·北京·

内 容 简 介

本书主要内容是国家仿真控制工程技术研究中心及其依托单位亚洲仿真控制系统工程(珠海)有限公司、广东亚仿科技股份有限公司、亚洲仿真控制系统工程(福建)有限公司35年来从事理论研究、自主研发关键核心技术,不断创新并取得的丰硕成果;是经过五次国家级火炬计划实施和500多项重要应用,以及实现产业化全过程的经验总结。

本书分为三部分。第一部分绪论,介绍了亚洲仿真公司及国家仿真中心的创建背景、大型仿真系统工程经验总结和取得的主要技术成就。第二部分技术篇,论述了理论研究、技术开发、仿真关键核心技术的不断创新开发的过程和一系列的技术成果。第三部分应用篇,列举了仿真技术在国民经济各部门应用的成功案例和取得的社会效益、经济效益,以及取得的国家级鉴定成果和相关奖项。提供了涉及国民经济各部分(核电、火电、水电、电网、钢铁、化工、航空、轮船、水泥、石油、日化等)实用的数学模型系统和制造大型仿真机的经验。

本书适合政府机构和企事业单位的决策者、管理人员和科技人员,仿真领域的学者与研发工程师,研究生以及对仿真技术感兴趣的各类读者参考阅读。

图书在版编目(CIP)数据

仿真与国民经济. 下/游景玉等著. —北京:国防工业出版社,2024.1
ISBN 978-7-118-13122-2

Ⅰ.①仿… Ⅱ.①游… Ⅲ.①仿真—应用—中国经济—国民经济管理—研究 Ⅳ.①F123

中国国家版本馆CIP数据核字(2023)第248733号

※

国防工业出版社出版发行
(北京市海淀区紫竹院南路23号 邮政编码100048)
北京虎彩文化传播有限公司印刷
新华书店经售

*

开本 710×1000 1/16 插页12 印张36¾ 字数618千字
2024年1月第1版第1次印刷 印数1—1500册 定价158.00元

(本书如有印装错误,我社负责调换)

国防书店:(010)88540777 书店传真:(010)88540776
发行业务:(010)88540717 发行传真:(010)88540762

新时代中国仿真应用丛书编委会

主　任：曹建国
副主任：王精业　毕长剑　蒋鄫平　游景玉
　　　　韩力群　吴连伟
委　员：丁刚毅　马　杰　王　沁　王乃东
　　　　王会霞　王家胜　王健红　申闫春
　　　　刘翠玲　邵峰晶　吴　杰　吴重光
　　　　李　华　郭会明　陈建华　邱晓刚
　　　　金伟新　张中英　张新邦　姚宏达
　　　　顾升高　贾利民　徐　挺　龚光红
　　　　曹建亭　董　泽　程芳真

本书编委会

委员（按姓氏笔画）

马峥武　马峥勇　王　月　王清和　毛望城
史贵柱　邢　智　匡松平　刘　莉　刘号召
关兴玫　李　文　李开升　李航海　吴　聪
吴红伟　吴芳辉　何晓峰　邹贺忠　沈彩虹
张东伟　张红美　张雄辉　陈常考　金泽涛
孟燕雨　钟金豆　高文杰　黄润发　曹宇霆
旋燕国　梁茂桂　葛怡苏　景韶光　程　斌
游景玉　游景光　简卓礼　戴荣良　魏剑均

工作人员（按姓氏笔画）

化桂娟　邓平平　田　淼　吕心丹　安　均
汪　波　吴竹兰　董静珍　樊　强

序　言

"聪者听于无声,明者见于未形。"当前,"仿真技术"以其强大的牵引性、带动性、创新性,有力促进了虚拟现实、人工智能等大批前沿科技的发展。仿真领域已经成为国际竞争的新焦点、经济倍增的新引擎、军事斗争的新高地。

即将付梓的这套《新时代中国仿真应用丛书》,就为推动新时代的仿真领域发展进行了重要理论探索,可谓应运而生、恰逢其时,有助于我们把握先机,努力掌握仿真领域创新发展的主动权。

所谓"不畏浮云遮望眼",仿真的根本目的,就是要运用好信息技术革命的成果,来驱散经济社会复杂系统的迷雾,看清态势、明辨方向、掌控全局,实现预见未来、设计未来、赢得未来。这就像双方下棋一样,如果脑子里装着所有的棋谱和战法,就一定能快速反应、从容应对。以军事领域为例,美国从国防部到各军兵种,都有仿真建模的研究机构,比如,国防部建模仿真协调办公室(M&SCO)、海军建模与仿真办公室(NMSO)、空军建模与仿真局(AFAMS)等。美军在军事行动前,常对部队训练水平和战争进程进行兵棋推演,推演时间、效果与实际作战往往能达到高度一致,为战争胜利发挥至关重要的作用。未来战场上,仿真要做到拥有各种先验的最佳路径、棋谱战法,能够根据敌人的兵力部署、可能的作战想定,迅速地给出最佳的应对策略,而且是算无遗策。

从更广领域看,当前的经济社会是个开放的复杂巨系统,其涉及因素众多、关系耦合交织、功能结构复杂,对仿真提出了更高要求。仿真绝不是对现实世界中单个要素的简单再现和拼盘,而是要以虚拟仿真的手段,做到集成和升华,像剥笋一样,一层又一层,实现"拨开云雾见晴天"的效果。这就需要我们充分利用各领域、各行业、各系统的先进技术与数据资源,运用系统工程思想、理论、方法、工具,做到集腋成裘,"集大成、得智慧"。

"千金之裘,非一狐之腋也"。《新时代中国仿真应用丛书》要编出水平、编出影响,离不开各方面的大力支持和悉心指导。在此,恳请各有关方面的专家,关注本丛书,汇聚起跨部门、跨行业、跨系统、跨地域的智慧和力量,让颠覆性的思想充分迸发,让变革性的观点广泛聚合,把本丛书打造成为仿真领域传世精品。

孙家栋:中国科学院院士,"共和国勋章"获得者。

前 言

众所周知,这些年来,我国一系列国之重器和重大工程的成功问世,使世界震惊!"墨子"号量子卫星升空、"天宫"空间实验室和"天舟"货运飞船对接、首艘国产航空母舰下水、歼-20第五代战斗机量产、运-20大型运输机正式入列、"蛟龙"号载人深潜器下海、港珠澳大桥竣工、中国高铁普及、中国超算问鼎全球……但很多人都不知道所有这些伟大的工程,当然也包括航天工程和各类武器装备研制,无一能离开仿真技术!就是说,所有这些伟大工程和产品,从研制到成功,再到运用,都必须要运用仿真技术。

作为长期从事仿真技术的科技人员,我们为我国仿真技术的迅猛发展,以及在这些领域应用取得的重大成就,感到欢欣鼓舞,也为之骄傲。另外,我们也深刻感受到仿真技术的应用发展还很不平衡。仿真技术只有在那些不得不用,不用就无法开展研制工作的领域或部门,例如航空航天、精确打击武器、核工业等,发展应用得最好。在一些国民经济领域,仿真技术应用也取得了重要成绩。而在很多可以用、应该用的领域,还没有推广应用。为此大家商定要编写一本书为仿真技术——我国的重大战略技术鸣锣开道。本书重点在于讲述仿真技术应用在我国国民经济领域取得的重要成果、产生重大价值的案例。目的是让读者真真切切地感受到仿真技术的价值,仿真技术的重要,从而提高对仿真技术重要性的认识,更进一步推广应用仿真技术。

人类社会越来越发展成为一个复杂的、可变的、整体的巨系统,靠传统的思维方式和原有的认识工具,已经很难认识复杂的、高耦合的社会巨系统,因此需要思维方式和认识工具的创新。思维方式的创新变革,需要认识理念、认识工具的创新变革。所需要的新的认识工具,就是集成的、系统化思维的、协同智能的、用现代科技装备构建起来的仿真系统。把仿真技术、网络经济、信息技术、人工智能技术和计算机技术结合在一起,将会有助于认识人类社会、认识复杂巨系统、指导重大工程和建立平行虚拟运行大的系统。

人们越来越认识到仿真技术的重要性,仿真技术的战略地位越来越重要。仿真技术是精确打击武器、航空航天、核武器研究和作战推演不可缺少的工具;仿真技术是研究复杂系统的最有效的手段;仿真技术是我国从大国走向强国,在各个方面都需要很好地利用的科学技术;很多关系到国家命运的经济及社会稳定的重大问题、生态环境问题等都需要仿真技术;世界各先进国家都十分重视对仿真技术的研究,并将其列入国家关键技术研究项目;仿真技术日益表现出巨大的军事、社会和经济效益。我们要让仿真技术在我国实现两个一百年宏伟目标的伟大进程中发挥重大的作用。

丛书主要集中书写中国航天北京仿真中心和国家仿真控制工程技术研究中心及其依托单位亚洲仿真控制系统工程(珠海)有限公司、广东亚仿科技股份有限公司在仿真核心关键技术开发和工程建设和仿真技术应用所进行并且取得重大成果和产生重大效益的案例。

这两个单位有一些共同的特点:

(1)都是应国家发展需要而创立,并开发中国自主知识产权,承担重要工程项目,是我们党和国家领导人关注最多,亲自视察的仿真技术研究单位;

(2)都是我国改革开放40周年的成果;

(3)在我国仿真技术、仿真工程研究的开发、创新和应用方面,均经历几十年的艰苦奋斗并且取得了实实在在的重要成果,产生了重大的军事、技术、社会和经济效益,在仿真技术领域具有代表性和典型性;

(4)都设有国家重点实验室和国家工程中心。

另外,二者又有各自的特点,一个是位于首都北京,是中国航天所属单位;一个是位于我国改革开放的最前沿的广东珠海特区,是多元经济成分的现代企业。

国家仿真控制工程技术研究中心的依托单位亚洲仿真控制系统工程(珠海)有限公司是由科技部牵头,水利电利部派遣代表国家外出学习仿真技术的专家,为实施第一批高科技火炬计划而成立的。目标是开发仿真技术,实现关键核心技术自主可控;开发成果产业化,实现进口替代;试验多元化体制,市场滚动发展,是典型的高科技企业的试点。许多党和国家领导人十分关心仿真技术的发展,也亲切关怀亚洲仿真控制系统工程(福建)有限公司的发展。100多位党和国家领导人以及150位将军亲临亚洲仿真控制系统工程(珠海)有限公司视察指导,题词鼓励,渴望仿真技术快速发展,为强军强国服务,不受制于外国。

我们从不忘记党、国家和人民的重托,35年来克服各种困难,坚苦奋斗,前后上千位科技人员的努力,精心完成了各项技术攻关任务,以建模技术和仿真技术的底层支撑技术为主线，坚持自主创新，掌握关键核心技术，应用于国民经济各个部门，用大量成功的案例著成此书。

本书的目的是让读者通过从理论、研发、应用、实现产业化的全过程，以便真切认识仿真技术的战略价值和对于强国、强军的重要性。使在学、从业的读者便于入手做借力。便于在各级领导岗位的读者真切了解仿真技术可作为认识和解决社会与国民经济发展中巨大系统和巨复杂系统问题的决策辅助工具，也可作为数字技术发展的基石。

本书分为三部分。第一部分绪论，介绍了亚洲仿真公司及国家仿真中心的创建背景、大型仿真系统工程经验总结和取得的主要技术成就，论述了仿真技术在实现国家战略和促进经济发展中的重要作用，并对仿真技术的发展进行了思考。第二部分技术篇，论述了仿真关键核心技术的不断创新开发的过程和取得的一系列的技术成果，包括实时仿真技术、实时仿真支撑软件技术、实时在线仿真技术、在仿真系统中应用的 AR 和 VR 技术、培训仿真系统中教练员台功能技术开发、数字化工厂中仿真试验系统技术。第三部分应用篇，列写了仿真技术在国民经济各部门应用的成功案例和取得的社会、经济效益，以及取得的国家鉴定和奖项，包括火电/水电/电网仿真系统、核电仿真机、化工工业仿真系统、船舶轮机仿真机、科技馆展项制作、飞行模拟机、数字化电厂/水泥厂/钢厂、日化行业在线运营管控系统、油田实训基地建设、智慧城市建设。

本书是经历35年实践，上千人的努力干出来的记实，编者包括了"亚仿书籍""亚仿论文集""亚仿技术总结""亚仿研制报告"等参考书目中的大量编者。因此，本书的作者应是亚仿35年以来参加研发和发展过程中的全体科技人员、全体职工以及与亚仿共同奋斗的各个项目合作单位领导和科技人员。本书中的编委会中仅按姓氏笔画列写在本书运筹阶段，参加书写、审查、审阅的同志。

在此，特别感谢恩师钱钟韩教授，陈来久教授，从创业开始到发展过程中的鼓励和支持以及对技术发展方向的指导。感谢恩师无私的贡献。

作者

2023 年 7 月

目 录

第一部分 绪论

第1章 概论 ··· 2
1.1 概述 ··· 2
1.2 国家级火炬计划实施与亚仿公司顺需而生 ······························· 2
1.2.1 国家火炬计划目标与亚仿公司组建的背景 ······················· 2
1.2.2 亚仿公司发展思想的形成 ·· 4
1.2.3 亚仿公司发展的三个阶段 ·· 6
1.2.4 规模发展与核心竞争力形成 ······································· 10
1.2.5 领导关怀是顺利发展的关键 ······································· 10
1.2.6 优秀的人才队伍是发展的基础 ···································· 11
1.3 国家仿真控制工程技术研究中心建立和发展 ······························· 11
1.4 大型仿真系统工程产品与产业化 ·· 12
1.4.1 意义 ··· 12
1.4.2 仿真机制造实现产业化的难点 ···································· 13
1.4.3 实现新技术(仿真技术)产业化的外部环境 ··················· 15
1.4.4 实现产业化的内部机制 ·· 16
1.4.5 对制造仿真机厂家的要求 ······································· 17
1.4.6 应用云平台实现产业化的决策 ···································· 18
1.4.7 产业化推动仿真技术的再提升 ···································· 19
1.4.8 仿真机检验和质量控制是实现产业化的关键环节 ··· 20

- 1.5 在大量项目实践中创立自主知识产权的工业大数据及其应用的相关技术 ········· 27
- 1.6 仿真技术在实现《中国制造 2025》战略中的重要作用 ······ 30
  - 1.6.1 概述 ······ 30
  - 1.6.2 必须关注的几项技术 ······ 31
  - 1.6.3 仿真技术及其在实施《中国制造 2025》战略中的作用 ······ 32
  - 1.6.4 结论 ······ 34
- 1.7 仿真技术发展的新思考 ······ 35
  - 1.7.1 国家发展的态势和实践中面对的需求引起的思考 ······ 35
  - 1.7.2 思考与分析 ······ 35
- 1.8 仿真技术在数字经济发展中的战略地位 ······ 39

第二部分 技术篇

第 2 章 实时仿真技术 ······ 42
- 2.1 实时仿真的定义 ······ 42
- 2.2 实时仿真技术的特点 ······ 43
- 2.3 实时仿真的建模技术 ······ 44
  - 2.3.1 实时建模的特点 ······ 45
  - 2.3.2 建模方法举例 ······ 45
  - 2.3.3 自动化建模技术 ······ 57
  - 2.3.4 模型模块的分类和应用 ······ 60

第 3 章 实时仿真支撑软件技术 ······ 61
- 3.1 概述 ······ 61
- 3.2 仿真支撑系统基本功能和构成 ······ 62
  - 3.2.1 基本功能 ······ 62
  - 3.2.2 仿真系统中计算机系统结构 ······ 63
- 3.3 仿真支撑软件的构成 ······ 65

3.4　实时仿真数据库 …………………………………………… 67
3.5　实时仿真环境的运行技术 ………………………………… 68
　　3.5.1　运行操作 …………………………………………… 69
　　3.5.2　初始条件操作 ……………………………………… 69
　　3.5.3　IO 操作 ……………………………………………… 70
3.6　仿真支撑系统在不同仿真领域中的特点 ………………… 70
3.7　三位一体支撑系统 ………………………………………… 74
　　3.7.1　"科英"支撑平台 …………………………………… 74
　　3.7.2　"科英"支撑平台的特点 …………………………… 74
　　3.7.3　"科英"支撑平台的功能结构 ……………………… 75
　　3.7.4　工具软件 …………………………………………… 83
3.8　AF2000 仿真支撑软件系统的开发和应用 ……………… 84
　　3.8.1　概述 ………………………………………………… 84
　　3.8.2　AF2000 的概念 ……………………………………… 85
　　3.8.3　仿真支撑软件的功能和特征 ……………………… 86
　　3.8.4　仿真支撑软件的模块构成以及各模块特征 ……… 88

第4章　实时在线仿真技术 ……………………………………… 93

4.1　概述 ………………………………………………………… 93
4.2　在线仿真技术的概念 ……………………………………… 94
4.3　在线仿真与离线仿真的关系与区别 ……………………… 94
4.4　在线仿真技术研究、开发、应用对仿真支撑软件系统的功能
　　　要求更高 …………………………………………………… 95
4.5　研究在线仿真技术的重要意义、功能与要点 …………… 97
　　4.5.1　在线仿真的意义 …………………………………… 97
　　4.5.2　在线仿真技术的主要功能概述与应用举例 ……… 97
4.6　在线仿真技术的几个要点 ………………………………… 100
4.7　在线仿真建模技术的难点 ………………………………… 100
4.8　在线仿真模型调试的特点 ………………………………… 101
4.9　在线仿真已取得成功应用的简述 ………………………… 102
4.10　如何应用在线仿真技术解决节能减排 ………………… 103
　　4.10.1　关于工业节能减排 ………………………………… 103

XIII

  4.10.2 流程工业节能减排面临的问题 ·············· 103
  4.10.3 解决问题思想的形成 ····················· 104
  4.10.4 如何应用在线仿真技术解决节能减排 ·········· 105

第5章　在仿真系统中应用 VR、AR 技术 ················ 109

5.1 概述 ······································ 109
5.2 虚拟仿真技术和 VR、AR 技术 ················· 109
  5.2.1 虚拟仿真技术 ························· 109
  5.2.2 VR 技术要点 ························· 110
  5.2.3 AR 技术要点 ························· 111
5.3 VR、AR 技术在仿真系统应用实例 ················ 113
  5.3.1 亚仿物理、化学仿真实验系统 ·············· 113
  5.3.2 科技馆展品展项 ······················· 115
  5.3.3 变压器虚拟装配仿真系统 ················· 118
  5.3.4 飞行模拟仿真 ························· 118
  5.3.5 电站等工业系统仿真 ··················· 119
  5.3.6 船舶轮机仿真 ························· 122
5.4 未来展望 ·································· 124
5.5 结束语 ···································· 127

第6章　培训仿真系统中教练员台功能技术开发 ············ 128

6.1 教练员台功能重要性 ························· 128
6.2 教练员台构成和实现的功能 ····················· 129
  6.2.1 功能状态标题栏设计 ··················· 130
  6.2.2 关键参数区设计 ······················· 131
  6.2.3 页面显示区设计 ······················· 131
  6.2.4 按钮设计 ···························· 131
  6.2.5 颜色使用 ···························· 132
  6.2.6 参数更改 ···························· 132
  6.2.7 页面功能 ···························· 133
  6.2.8 模拟机状态条区域 ····················· 133

  6.2.9 参数显示区域 …………………………………………… 134
  6.2.10 基本功能 ……………………………………………… 134
  6.2.11 高级功能 ……………………………………………… 142
  6.2.12 维护功能 ……………………………………………… 143

第7章 数字化工厂中仿真试验系统技术 …………………………… 145

7.1 数字化工厂仿真试验系统的重要性 ………………………………… 145
  7.1.1 节能降耗工作的重要性 ………………………………… 145
  7.1.2 节能降耗的方法 ………………………………………… 145
  7.1.3 仿真试验系统的重要性 ………………………………… 146

7.2 仿真试验系统的组成 ………………………………………………… 146
  7.2.1 高精度在线仿真模型 …………………………………… 146
  7.2.2 在线自学习计算 ………………………………………… 146
  7.2.3 软测量 …………………………………………………… 147
  7.2.4 在线仿真控制站 ………………………………………… 147
  7.2.5 在线试验床 ……………………………………………… 147

7.3 仿真试验系统的功能 ………………………………………………… 147
7.4 仿真优化试验的设计 ………………………………………………… 149
  7.4.1 优化调节、优化参数和优化指标的关系 ……………… 149
  7.4.2 仿真优化试验设计的两种方法 ………………………… 149
  7.4.3 仿真优化试验举例 ……………………………………… 149

第三部分 应用篇

第8章 电力工业仿真系统 ……………………………………………… 152

8.1 火电站全范围仿真机 ………………………………………………… 152
  8.1.1 概述 ……………………………………………………… 152
  8.1.2 定义 ……………………………………………………… 152
  8.1.3 火电站全范围仿真机评价方法 ………………………… 153
  8.1.4 火电站全范围仿真机的主要技术性能指标与应用
     水平梗概 ………………………………………………… 160

　　　　8.1.5　国内首个全范围全流程仿进口火电机组仿真机
　　　　　　　案例 ··· 168
　　　　8.1.6　部分仿真项目列表与典型案例说明 ················ 183
　8.2　电网仿真系统 ·· 191
　　　　8.2.1　概述 ··· 191
　　　　8.2.2　电网仿真系统定义 ································· 192
　　　　8.2.3　电网仿真系统总体目标 ··························· 192
　　　　8.2.4　电网仿真系统仿真原则 ··························· 193
　　　　8.2.5　电网仿真系统仿真举例 ··························· 194
　　　　8.2.6　部分仿真实例 ······································ 221
　8.3　水电仿真系统 ·· 222
　　　　8.3.1　概述 ··· 222
　　　　8.3.2　定义 ··· 223
　　　　8.3.3　水电仿真系统总体目标 ··························· 223
　　　　8.3.4　仿真原则 ·· 224
　　　　8.3.5　水电仿真系统举例 ································· 224
　　　　8.3.6　仿真硬件系统 ······································ 244
　　　　8.3.7　仿真实例 ·· 245

第9章　国内首个全自主技术产权的全范围全流程核电仿真机
　　　　　　——秦山一期核电站仿真机 ······················ 247
　9.1　概述 ·· 247
　9.2　核电站全范围仿真机的技术特点 ······················· 250
　　　　9.2.1　核电站建模技术特点 ······························ 250
　　　　9.2.2　电站监控系统的仿真 ······························ 253
　　　　9.2.3　硬件仿真技术特点 ································· 254
　9.3　关键技术与指标分析 ······································ 254
　　　　9.3.1　模型软件 ·· 254
　　　　9.3.2　硬件 ··· 256
　　　　9.3.3　电站监控系统仿真范围 ··························· 257
　　　　9.3.4　系统精度 ·· 257

9.4 核电站全范围仿真机举例 ·············· 258
 9.4.1 反应堆堆芯物理模型 ············ 258
 9.4.2 反应堆冷却剂系统及蒸汽发生器的模型 ········· 264
 9.4.3 多节点安全壳模型 ············· 271
 9.4.4 放射性监测系统仿真 ············ 273
 9.4.5 一回路辅助系统仿真 ············ 278
 9.4.6 硬件系统配置 ··············· 283
 9.4.7 I/O 接口系统 ··············· 285
 9.4.8 总体设计 ················· 285

9.5 核电站仿真机检验的有效实施方法 ········· 317
 9.5.1 概述 ··················· 317
 9.5.2 核电站仿真机检验测试全过程 ········ 317
 9.5.3 验收测试规程的编写 ············ 319
 9.5.4 核电站仿真机检验过程的具体实施 ····· 319
 9.5.5 小结 ··················· 324

9.6 秦山 300MW 压水堆机组仿真机在操纵员培训中的应用 ··················· 324
 9.6.1 概述 ··················· 324
 9.6.2 从应用角度介绍仿真机 ·········· 325
 9.6.3 秦山仿真机的应用 ············· 326
 9.6.4 秦山仿真机应用的性能评价 ········· 328
 9.6.5 小结 ··················· 329

第 10 章 化工工业仿真系统 ················ 331

10.1 目标 ······················ 331
10.2 重点内容 ···················· 332
10.3 系统开发难点 ·················· 336
 10.3.1 对象复杂,系统庞大 ············ 336
 10.3.2 仿真模型复杂 ··············· 336
 10.3.3 软盘台操作 ················ 336
10.4 特点与意义 ··················· 337

10.5　获奖情况 ·· 338

第 11 章　**仿真技术在轮船领域应用实例** ·· 339
　　　11.1　概述 ·· 339
　　　11.2　船舶轮机仿真机实现的原理 ·· 339
　　　11.3　轮机仿真方案 ·· 345
　　　11.4　船舶轮机仿真机的总体技术性能 ·· 346
　　　　　11.4.1　培训和研究功能 ·· 346
　　　　　11.4.2　船舶轮机仿真机的功能简介 ·· 347
　　　11.5　船舶轮机仿真机技术特点和技术创新 ·· 350
　　　11.6　亚仿公司在轮机仿真领域的业绩和展望 ·· 351

第 12 章　**仿真技术在科技馆的应用** ·· 354
　　　12.1　概述 ·· 354
　　　12.2　科技馆对仿真技术的需求 ·· 355
　　　　　12.2.1　仿真技术在科技馆应用的必要性及与娱乐仿真的区别 ························· 355
　　　　　12.2.2　仿真技术对科技馆科普性的支撑 ·· 355
　　　　　12.2.3　仿真技术对科技馆体验性的支撑 ·· 356
　　　　　12.2.4　仿真技术对科技馆安全性的支撑 ·· 357
　　　12.3　仿真技术在科技馆应用实例分析 ·· 358
　　　　　12.3.1　展品开发重点和目标 ·· 358
　　　　　12.3.2　包含的系统 ·· 359
　　　　　12.3.3　系统特色 ·· 363
　　　12.4　项目成果 ·· 364

第 13 章　**全动型 C 级飞行模拟机制造实例** ·· 365
　　　13.1　概述 ·· 365
　　　13.2　全动型 C 级飞行模拟机的系统构成 ·· 366
　　　13.3　独具特色的教练员台系统 ·· 368
　　　13.4　建立全物理过程数学模型 ·· 370
　　　　　13.4.1　飞行系统 ·· 371

13.4.2　飞控系统 ································· 372
　　　13.4.3　动力系统 ································· 373
　　　13.4.4　液压系统 ································· 374
　　　13.4.5　电源系统 ································· 375
　　　13.4.6　通信系统 ································· 375
　　　13.4.7　导航系统 ································· 376
　　　13.4.8　环控系统 ································· 376
　　　13.4.9　大气环境系统 ······························ 376
　13.5　视景系统 ······································· 376
　　　13.5.1　视景系统符合性和先进性 ····················· 377
　　　13.5.2　关键技术和难点 ···························· 377
　　　13.5.3　系统能力 ································· 379
　　　13.5.4　模拟效果图 ································ 380
　13.6　项目意义和特色 ································· 384
　　　13.6.1　项目意义 ································· 384
　　　13.6.2　项目特色 ································· 384
　13.7　本章小结 ······································· 386

第14章　工厂数字化工程与流程工业智能制造 ·············· 388

　14.1　数字化工厂技术 ································· 388
　　　14.1.1　数字化工厂的概念 ···························· 388
　　　14.1.2　数字化工厂与两化融合 ························ 389
　　　14.1.3　数字化工厂与工业互联网 ······················ 390
　　　14.1.4　数字化工厂与仿真技术 ························ 392
　　　14.1.5　亚仿公司数字化工厂的体系结构 ················ 393
　　　14.1.6　亚仿公司数字化工厂解决方案的技术特点 ······ 394
　14.2　数字化电厂 ····································· 396
　　　14.2.1　概述 ······································ 396
　　　14.2.2　行业现状 ·································· 397
　　　14.2.3　系统设计思路 ······························ 399
　　　14.2.4　系统总体结构 ······························ 401

XIX

	14.2.5	火电机组在线仿真技术	402
	14.2.6	基于在线仿真的全工况运行优化技术	408
	14.2.7	管理优化决策支持	417
	14.2.8	实施效果	423
14.3	数字化水泥厂		424
	14.3.1	概述	424
	14.3.2	行业现状及痛点	425
	14.3.3	系统功能架构	426
	14.3.4	水泥厂在线仿真模型	431
	14.3.5	在线决策控制技术在煤磨和回转窑控制上的应用	433
	14.3.6	水泥厂煤耗及碳排放在线监测技术	437
	14.3.7	水泥厂能源管理系统	441
	14.3.8	项目技术特点	445
	14.3.9	实施效果	446
14.4	数字化钢厂		447
	14.4.1	概述	447
	14.4.2	行业现状及痛点	447
	14.4.3	系统设计思路	448
	14.4.4	系统总体结构	450
	14.4.5	钢铁工业大数据	451
	14.4.6	基于在线仿真的能源优化调度	453
	14.4.7	生产集中管控中心	456
	14.4.8	安全环保集中监测	461
	14.4.9	铁水优化调度系统	465
	14.4.10	项目特色和实施效果	473
14.5	日化行业在线运营管控技术		475
	14.5.1	概述	475
	14.5.2	行业现状及痛点	476
	14.5.3	系统设计思路和目标	476
	14.5.4	仿真排产和生产调度	477

        14.5.5 配料防差错系统 ·· 480
        14.5.6 质量追溯系统 ·· 481
        14.5.7 智能仓储系统 ·· 484
        14.5.8 项目特色和实施效果 ··· 486
    14.6 本章小结 ·· 487

第15章 仿真技术在石油领域中的应用 ·· 488

    15.1 概述 ··· 488
        15.1.1 系统建设目标 ·· 489
        15.1.2 系统建设原则 ·· 489
    15.2 重点内容 ·· 489
        15.2.1 整体方案 ··· 489
        15.2.2 常见事故的仿真模拟系统 ···································· 492
        15.2.3 常见事故的动画模拟系统 ···································· 494
        15.2.4 教练员控制站 ·· 495
    15.3 系统开发的技术特点 ·· 497
    15.4 系统技术设计路线和方案 ··· 498
        15.4.1 系统硬件的设计技术手段 ···································· 498
        15.4.2 系统软件技术手段 ··· 500
        15.4.3 实训基地安全仿真系统典型事故模型举例 ················ 504
        15.4.4 单体实训基地单体训练项目 ································· 505
    15.5 系统建设需要的技术支撑 ··· 507

第16章 仿真技术在智慧城市建设中的应用 ··································· 510

    16.1 概述 ··· 510
    16.2 仿真技术在智慧城市建设中的应用场景 ···························· 511
        16.2.1 城市交通在线仿真应用 ·· 512
        16.2.2 城市应急演练与决策支持系统 ······························· 515
        16.2.3 城市消防仿真演练系统 ·· 518
        16.2.4 突发公共卫生应急指挥决策支持系统 ····················· 519
        16.2.5 城市区域能源在线仿真系统 ································· 522

　　　　16.2.6　基于在线仿真的城市建筑节能优化 ·················· 525
　16.3　本章小结 ····················· 526

第17章　重大工程数字仿真验证
——澳门内港挡潮闸工程实时数字仿真验证工程 ········· 527
　17.1　概述 ····················· 527
　17.2　仿真验证的技术基础 ····················· 529
　　　　17.2.1　相关概念 ····················· 530
　　　　17.2.2　建立正确的仿真验证系统架构 ·················· 532
　　　　17.2.3　强大的仿真与验证支撑平台 ·················· 532
　　　　17.2.4　地理信息系统技术支撑验证项目的实现 ·············· 535
　　　　17.2.5　拥有系统建模技术和形成对象仿真虚拟体 ············ 548
　　　　17.2.6　可视化技术在本项目的应用 ·················· 552
　　　　17.2.7　友好的操作界面的仿真验证控制台 ················ 558
　　　　17.2.8　质量控制体系，ISO9001控制项目全过程 ············· 560
　　　　17.2.9　精准的重演是验证的基础 ··················· 560
　17.3　验证结果 ····················· 561
　　　　17.3.1　项目基本情况 ····················· 561
　　　　17.3.2　仿真验证完成的主要工作 ··················· 562
　　　　17.3.3　验证结果 ····················· 562
　17.4　本章小结 ····················· 564

参考文献 ····················· 565

第一部分 绪论

第1章 概论

1.1 概　述

仿真技术是研究复杂系统的最有效的手段。仿真技术是我国从大国走向强国的重要战略技术之一,很多关系到国家命运的经济以及社会稳定的重大问题、军事问题、生态环境问题等都需要仿真技术。当前,国家重要部署的数字技术发展,更加需要仿真技术。同时,军事发展、国民经济和人类社会的快速发展,又强劲推动了对仿真技术的巨大需求。在过去的三十多年里,仿真技术的理论研究和广泛应用以及产业化的发展,为仿真技术适应当前新时代的需求打下坚实的基础。《仿真与国民经济》(上)、(下)册的内容是用成功案例证实了仿真技术发展速度、水平和仿真技术日益表现出巨大的技术、社会和经济效益。

1.2 国家级火炬计划实施与亚仿公司顺需而生

1.2.1 国家火炬计划目标与亚仿公司组建的背景

火炬计划(china torch program)是一项发展高新技术产业的指导性计划,于1988年8月经中国政府批准,由科学技术部(原国家科委)组织实施。火炬计划的宗旨是:实施科教兴国战略,贯彻执行改革开放总方针,发挥我国科技力量的优势和潜力,以市场为导向,促进高新技术成果商品化、高新技术商品产业化和高新技术产业国际化。

实现国家火炬计划需要高科技成果和人才,1980年初,由于国家经济的发展,出现复杂的系统对仿真技术的需求日趋迫切,当时电力系统加快发展,开始引进300MW机组、600MW机组,复杂的系统对设计、研究、培训都提出了更高的要求。当时联合国批准了中国60万美金用于购买火电仿真机的项目,这个数字当时只能买个基本原理火电仿真机,满足不了电力高速发展的需要。当时,李鹏总理(时任电力部长)指导和批准了电力部生产司申请的700万美金引进300MW机组全范围火电仿真机的立项。这在当年(1980年)是个巨额投资的国家重大项目。经过5年的技术准备,于1985年受电力部委托游景玉同志带十几位工程师赴美国学习仿真技术和引进设备。

1987年底刚完成赴美学习,回到北京的游景玉同志遇到时任国家火炬计划办公室副主任的华北电力科学院老同事叶吉唐同志。叶吉唐同志希望在珠海经济特区开展国家火炬项目,在珠海市领导(梁广大书记和曾德峰副市长)的大力支持下,向国家科委、珠海市推荐了游景玉同志,牵头并推动把仿真技术列入第一批火炬计划项目,并在珠海经济特区开展。由国家科委牵头,电力部派游景玉同志等十几位工程师,在张绍贤部长的关心和支持下到珠海创建亚洲仿真控制系统工程(珠海)公司。

国家火炬计划于1988年8月由中国政府批准实施。亚洲仿真控制系统工程(珠海)有限公司(简称亚仿公司)由国家火炬办公室叶吉唐副主任牵头组建,并于1988年8月30日在珠海注册成立。仿真技术和产业化基地就此顺势而生。

当时的珠海处于改革开放初期,刚刚脱离小渔村,到处是土地,不繁华但美丽,没有多少高科技企业。但有极为关心高科技发展的领导。在实施火炬计划的大势推动下,在各级领导关心和鼓励下,虽然当时条件十分艰苦(没有资金,有市场;没有房子,租当地村里的房子;没有桌子,在纸箱上搞设计;没有凳子,坐水桶)。刚从美国学习仿真技术回来的游景玉同志带领科技人员艰苦创业,承担了发展亚洲仿真控制系统工程(珠海)有限公司的五个任务:

(1)实现昂贵仿真机进口替代;
(2)开发自主知识产权的技术;
(3)市场推动下滚动发展;
(4)大型系统工程的高科技产品实现商品化、产业化和国际化;
(5)要在仿真技术领域开发和掌握核心技术。

于是,经历了无数困难,在市场需求推动下,滚动发展了30年,经历和体验了在中国环境下持续发展高科技公司的优势和问题。30年里亚仿公司十分重视发展思想,并经历了三个阶段:

1.2.2 亚仿公司发展思想的形成

亚洲仿真控制系统工程(珠海)有限公司是在1988年8月改革开放初期,在珠海经济特区诞生,是高科技企业改革的试点,在没有国家投资的情况下靠市场滚动发展,还要实现进口替代,开发自主知识产权的核心关键技术,发展民族高科技。创业的路是非常艰难的。开始没有资金,全体工作人员的工资平均水平不如公司隔壁的制鞋女工,每天在机房工作16h以上,从太阳升起工作到月亮高挂,没有计较工资奖金,为了什么?为了发展我国科学技术的情怀,为了我国高科技发展能在世界占一席之地。全公司各年龄段的科技人员团结一心,拼搏了10年,打下了发展思想的坚实基础,全身心投入科技开发、攻难关。但是,社会存在的各种思想还会不断影响和动摇我们的目标,有的主张向地方要土地,搞地产比较省劲,比科技攻关好挣钱。也有的主张引进外国软件,不要开发,搞代理也比自主开发强,有的认为国民经济发展的需求不仅造成仿真技术本身的开发量大,相关技术的开发量也很大。主张什么赚钱,就搞什么,只要有钱,在外国什么都买的到。总之,各种干扰不断出现。

亚仿公司董事会、领导团队深知仿真技术是重要的战略技术,发展思想要有高度,要有情怀,国家的需要要高于公司和个人的需要。作为国家仿真控制工程技术研究中心,始终要开发行业共性关键技术,要跟着国家战略部署走,要填补空白,让仿真技术为传统产业升级、两化融合,还要为人工智能、智能制造等一系列国家战略部署服务。亚仿公司的发展过程不断推进仿真技术及其相关技术的发展,形成自主知识产权的核心关键技术,依靠核心竞争力,支撑企业的持久发展。30年发展事实有力说明企业的发展思想是十分重要的,它的形成要有情怀和紧跟国家的战略部署,要有国民经济发展需求的推动,要有企业生存事实的验证,要有恒心抵制各种干扰和影响。经过30年的磨练,形成了发展的思想,为企业形成核心竞争力,为这场抢夺高科技制高点的竞争作个有准备的战士。亚仿公司发展思想由以下数字来说明。图1-1以2005年到2010年为例,每年开发投入的情况。图1-2说明了亚仿公司历年开发仿真技术与相关技术的情况。图1-3说明多学科产品开发的学科关系。

经过五次国家火炬计划项目创建了亚洲品牌,重视科技创新投入。国外高科技企业投入在 10%~15% 之间,国内占 6%~7% 就算比较高,亚仿公司从 2005—2010 年每年均在 8%~10% 之间。

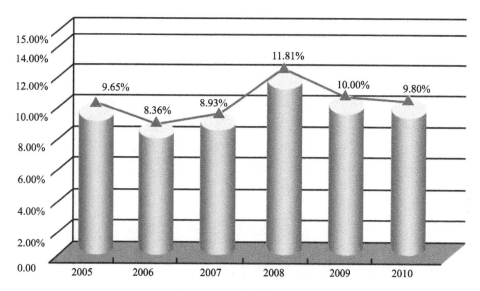

图 1-1　亚仿公司历年的科技投入占收入的比例

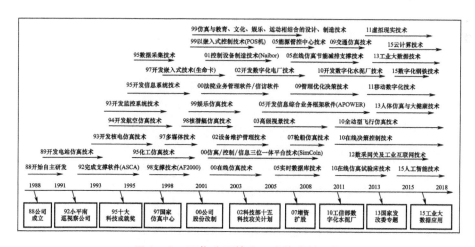

图 1-2　亚仿公司技术开发的成长历程

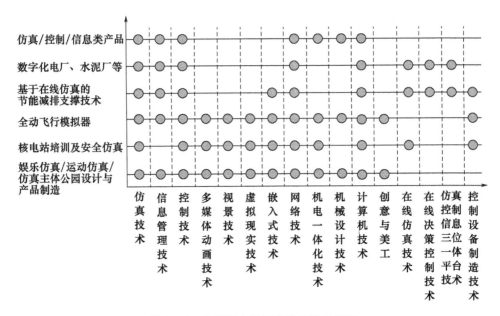

图 1-3 多学科产品开发的方法示意图

1.2.3 亚仿公司发展的三个阶段

第一阶段(1989—2000年)：创立品牌、进口替代。实现了科技成果产业化，实现进口替代，填补了仿真机的多项空白。开发并掌握关键核心技术，形成了无孔不入的应用能力。由火电站仿真机开始，进入核电、化工、军事、航空、航海、钢铁、水泥应用领域。形成了仿真、控制、信息系统工程的业务并举发展，1990—2000年成功案例：

(1)1990年,成为首批国家重点火炬计划承担单位(工业系统仿真和控制系统)；

(2)1991年,完成了两套火电站仿真机的研制,仿真技术成熟；

(3)1992年,评为国家高新技术企业,完成支撑软件 ASCA 开发；

(4)1992年,承接了国内首台自主核电站仿真机研制(国家火炬计划)；

(5)1994年,完成了国内首台万吨船舶仿真机；

(6)1994年,IT工程业务大量拓展,成为国内重点信息产业基地；

(7)1995年,完成国内首台自主核电站仿真机的研制,"95全国十大科技成就奖"；

(8)1997年,设立全国唯一的"国家仿真控制工程技术研究中心"；

(9) 1997 年,首家通过 ISO9001 质量体系认证的仿真控制专业公司;

(10) 1998 年,承接国家火炬计划(载人仿真机,国科发计字〔1998〕076 号);

(11) 1998 年,完成国内首台核潜艇仿真机;

(12) 1999 年,完成近百套大型仿真机,居国内仿真机市场占有率首位;

(13) 2000 年,获信息产业部计算机系统集成资质二级。

第二阶段(2000—2010 年):勇改创新,深度开发。2002 年国家的"十五"攻关计划的引导项目"数字化电厂"把亚仿公司推入了深度开发,攻克在线仿真技术的理论、方法和工程实施,设计开发了仿真、控制、信息的三位一体支撑平台,开发在线决策控制技术等一系列关键技术,为流程工业数字化提供了解决方案。

1. 第二阶段特点

(1) 勇敢创新,大量投入;

(2) 以概念创新为主线,取得成果;

(3) 在线仿真工程应用取得成功;

(4) 扩大了仿真技术应用的空间,从培训、验证⇒在线实现保安全、保经济;

(5) 提升解决传统产业综合问题和疑难问题的能力;

(6) 扩大了本企业发展的空间,生存能力;

(7) 需求的推动和综合应用思路的形成。

网络技术的发展使仿真、控制、信息同一平台运行成了可能,如图 1-4 所示。

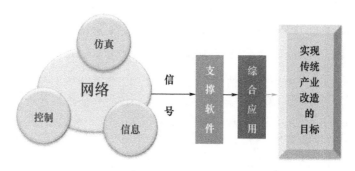

图 1-4 仿真、控制、信息同一平台运行图

2. 2000—2010 年成功案例

(1) 2001 年,以网络为核心的控制系统 NAIBOR® 硬件设备研发成功并投入应用;

(2)2002年,仿真信息控制三位一体平台开发完成,数字化磨机系统推广应用;

(3)2002年,在线仿真、数字化电厂关键技术填补世界空白,承担了"国家十五攻关引导项目",2006年12月通过国家级验收;

(4)2005年,能源管控中心、在线仿真、在线决策控制技术在钢铁行业取得重大突破;

(5)2007年,数字化磨煤机获广东省财政扶持中小企业发展专项资金项目,相关技术获得国家发明专利授权,已实现成果转化;

(6)2008年,数字化电厂技术产业化获国家火炬计划项目(2007GH010179),相关技术达国际领先水平,项目已完工并实现成果转化,迄今已成功实施10个大型火电机组;

(7)2010年,水泥生产线数字化管控项目,获立项为广东省中小企业发展专项,已实现成果转化;

(8)2010年,科普仿真技术研究开发成果应用于广东科学中心、澳门科技馆展品展项,并为全国十几个科技馆提供了展品、展项。其中承担的广东科学中心建设项目,荣获2010年广东省科学技术进步特等奖,技术达到国际先进水平。

第三阶段:(2010—2019年):第三阶段发展的背景是,国际上2009年美国国会又把仿真技术定义成重要战略技术,并高度重视仿真技术,提升为服务于国家利益的关键技术。仿真技术的优良特性和巨大效益,成为大力发展的综合技术,所以仿真技术水平高低是今后衡量一个国家科技水平高低的新尺度。

亚仿公司经过了10年科技攻关,使在线仿真技术达到成熟应用,提供了对传统产业的数字化、两化融合和节能减排的实现方案。

鉴于上述,亚仿公司第三阶段必须加快发展,推动应用,在技术上要达到世界先进和领先的水平。通过艰苦努力,锤炼了队伍,取得以下成功:

(1)2010年开始,研发飞机C级全动模拟机系统。建立了全物理过程的数学模型,达世界先进水平的视景系统和教练员台。

(2)2010年,承担国家科技部政策引导类计划"国家仿真控制工程技术开发"项目。

(3)2011年,承接的工信部"水泥工业节能减排全范围数字化管控技术"示范项目于2011年12月通过工信部科技成果鉴定,鉴定结论:国际首创,国际领先。建议"十二五"期间推广应用。

(4)2012年,承担2012年度广东省现代信息服务业发展专项资金项目"工业节能减排全范围数字化管控技术及产业化",项目已完工并实现成果转化。

(5)2013年,"水泥工业节能减排全范围数字管控技术产业化"获2013年度国家火炬计划。

(6)2013年,成功申报国家发改委高技术服务专项"综合性仿真建模技术与支撑技术服务平台"。

(7)2014年,"城市综合交通在线仿真项目"通过国家层面组织的专家论证——"项目核心关键技术符合国际相关技术的发展趋势,是国际交通仿真技术研究热点。该项目的成功实施将推动在线交通仿真技术的发展,对提升城市交通智能化水平具有重要作用。"

(8)2014年,国家仿真控制工程技术研究中心南沙经济仿真基地成立,宣布亚仿公司将业务拓展到经济仿真领域。

(9)2016年,广东光大水泥集团"水泥数字化能源管控项目"通过验收。

(10)2016年,国家仿真控制工程技术研究中心通过国家工程技术研究中心第五次评估。

(11)2016年,荣获"2016智能制造优秀供应商""2016智能制造示范培育30强"称号。

(12)2017年,国家仿真控制工程技术研究中心与珠海市人民医院共建的"血管仿真研究基地"。

(13)2017年,平海数字化"基于在线仿真的超超临界火电机组系统节能优化项目"通过验收。

(14)2017年,成为广东省工业互联网产业生态供给资源池服务提供商。

(15)2018年,唐山东海钢铁两化融合项目被成功列入河北省2018年"互联网+先进制造业"试点项目。

(16)2018年,亚仿公司流程型智能制造支撑平台项目成功入选2018年广东省智能制造试点示范项目。

(17)2018年,亚仿公司工业大数据应用示范项目成功入选广东省2018年大数据应用示范项目。

(18)2019年,亚仿公司工业大数据应用支撑平台入选工信部2019年大数据优秀产品和应用解决方案。

(19)2019年,亚仿公司流程型制造业工业互联网支撑平台项目入选珠海市2019工业互联网平台标杆示范项目。

(20)2019年,广州环亚集团"日化行业在线运营管控平台"项目通过验收。

1.2.4 规模发展与核心竞争力形成

亚洲仿真控制系统工程(珠海)有限公司,在30年的发展里程中,于1995年投资了亚洲仿真控制系统工程(福建)公司,从事增强现实(AR)、虚拟现实(VR)技术开发,现已拥有中国自主知识产权的核心技术,当今对仿真技术的发展,正发挥重要作用。2000年进行股份制改造,成立并控股了广东亚仿科技股份有限公司(简称亚仿科技)。从事仿真支撑与建模技术研究开发,拥有仿真控制信息三位一体平台、在线仿真技术等一系列自主知识产权核心技术和400多项工程实践的成功经验和人才队伍。

总之,30年来,不断创新,使亚仿公司持久的核心竞争力形成,创造了为各领域服务的能力和广阔的市场空间(图1-5),迎接中国科技发展的新战略部署。

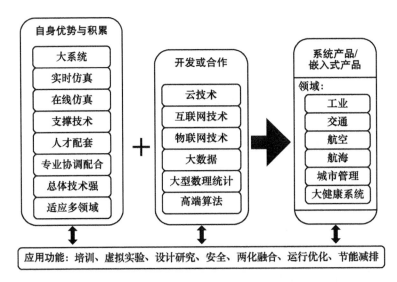

图1-5 亚仿公司服务的能力和市场空间

今后,亚仿公司的规划与发展的优势:国家仿真控制工程技术研究中心(科技部)和综合性仿真建模技术及支撑技术服务平台(国家发改委)两个国家级平台支撑亚仿快速、高水平的发展。

1.2.5 领导关怀是顺利发展的关键

亚仿公司成立开始阶段,广东省领导谢非、朱森林、张高丽、王岐山、卢钟鹤、省科委梁湘主任和市委书记梁广大、副市长曾德锋、市科委卓家伦主任经常到亚仿公司指导工作和解决具体的问题,鼓励科技人员克服困难,为国奋斗。让我们深切感到国家的期盼。

党和国家领导人极大地关心亚仿公司的发展,1988年成立,1990年以来不断有中央领导关心、视察、题词鼓励。1992年1月初乔石同志视察亚仿写了"造就人才,贡献中华"。1992年1月25日邓小平同志南巡视察亚仿,发表了重要讲话。习近平主席也曾亲切关怀亚仿福建公司发展。到亚仿(珠海)公司视察的有100多位党和国家领导人,他们视察亚仿给予指导和题词鼓励,并解决很多具体的实际问题,在此,也以这本书向各位领导禀报和感谢所给予的深切关怀。150多位将军视察亚仿,不断给予指导和鼓励。党和国家人民对我们的企盼,使亚仿人深深认识到发展高科技的重要性和自身重大的责任。领导的关心,使得公司在发展过程中的各种困难都能及时得到解决,始终跟着国家国民经济发展的战略部署,把控企业的方向,从小到大,又从大到强。反之,发展高科技这么艰难的事业,没有政策支持,过程中没有区、市、省和中央的领导关怀,很容易受阻,甚至夭折。

1.2.6 优秀的人才队伍是发展的基础

亚仿公司的宗旨是"造就人才,贡献中华",开始就十分重视人才队伍的造就,30年来涌现很多优秀的人才,他们的顽强拼搏和艰苦奋斗为中国仿真事业和亚仿的发展做出重要的贡献。他们的成绩以及与我们各个合作单位的几百位领导、工程师的努力和贡献,亚仿与用户集合起来的人才队伍是发展的坚硬的基石。

1.3 国家仿真控制工程技术研究中心建立和发展

国家仿真工程研究中心是国家科技创新体系的重要组成部分,以提高自主创新能力,增强产业核心竞争能力和发展后劲为目标,组织具有较强研究开发和综合实力的高校、研究机构和高科技企业等建设的研究开发实体。其宗旨是以国家和行业利益为出发点,通过建立工程化研究、验证的设施和有利于技术创新、成果转化的机制,提高自主创新能力,研究开发产业共性技术,加快成果转化,促进产业进步和核心竞争能力的提高。发展急需的关键共性技术。

1997年由国家科学技术部批准组建的我国唯一的"国家仿真控制工程技术

研究中心",依托单位为亚仿公司。2000年通过了国家验收,"中心"快速发展,每两年由国家审查通过。

(1)"中心"长期从事实时仿真与自动控制技术的研究,在我国实时仿真技术领域做出了开拓性的贡献;

(2)中心的仿真建模技术,涵盖了核电、火电、水电、水利、电网、油气田、飞机、轮船、钢铁、水泥等众多行业;

国家中心基地建设:为了发展仿真技术的研究和专项仿真技术,国家中心创立了深圳市交通仿真研发基地、广州南沙经济仿真研发基地、东海钢铁公司基于大数据的钢铁仿真基地、珠海市人民医院血管仿真基地。

其中重大专项即综合性仿真建模技术与支撑技术服务平台(图1-6)建设完成后,可通过各种方式提供服务,包括就地及远程仿真培训服务、承接工程项目、技术咨询指导、开发新的数学模型,以及出售使用权等方式快速推进仿真技术在各行业的应用。

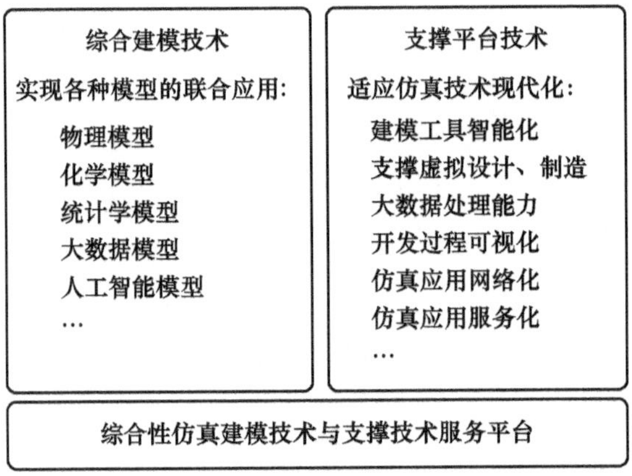

```
┌─────────────────────┬─────────────────────┐
│    综合建模技术      │    支撑平台技术      │
│ 实现各种模型的联合应用:│ 适应仿真技术现代化:  │
│   物理模型           │   建模工具智能化     │
│   化学模型           │   支撑虚拟设计、制造  │
│   统计学模型         │   大数据处理能力     │
│   大数据模型         │   开发过程可视化     │
│   人工智能模型       │   仿真应用网络化     │
│   ……                 │   仿真应用服务化     │
│                      │   ……                │
├─────────────────────┴─────────────────────┤
│      综合性仿真建模技术与支撑技术服务平台     │
└───────────────────────────────────────────┘
```

图1-6 综合性仿真建模技术与支撑技术服务平台

1.4 大型仿真系统工程产品与产业化

1.4.1 意义

高科技影响人类时代变革的最重要方式就是其产业化,目前高技术产业化(Industrialization of high-tech)已成为时代的浪潮,我国科技发展的进程中提出了"发展高科技,实现产业化"的重要举措,把高技术产业化视为国家兴衰的命脉。大型仿真系统工程产品是中国制造的高端产品。

仿真技术作为一门新兴的高技术,以计算机技术为基础,又是计算机应用的一个重要分支。因此在面临 21 世纪科学、社会、经济的发展和竞争中,代表高科技综合应用实力的仿真技术及其仿真机制造的产业化发展是十分重要的。其意义有:①仿真技术产业化并步入良性循环,是高技术产业化成功的实例之一;②积累了高科技、大型的系统工程产品产业化的经验;③大量高科技产品的出现满足了科研、设计、培训需要;④促进了仿真技术发展,在世界仿真业中占一席之地;⑤扩大应用范围,推动了经济增长。目前已备受世界高新技术发达国家的重视;⑥高级仿真系统产品价格昂贵,国际上在几百万美金到几千万美金。我国产业化成功,使进口替代成了可能。

1.4.2 仿真机制造实现产业化的难点

我们可以看到世界上也有很多各种不同的仿真机制造单位或学校,但是在全世界上规范形成了产业化的厂家或学校数量却是很有限,而且只维持一定数量的水平。这是为什么?到底高新技术产业化的定义又是什么?仿真技术产业化的内涵又是什么?到底有什么困难呢?这一系列的问题把思路和分析回到什么是高新技术商品的产业化。高新技术商品有的是由单一的高新技术成果转化而来,有的是由众多的不同高新技术成果、不同技术领域的高新技术产品加上相关、相连接的技术领域的产品或性质相同、相似产品商品化的集合,形成了一个个行业群体,如医药、金属材料等。高新技术商品产业化可以是相关高新技术成果商品化的集合,如计算机行业等,形成一个行业群体。也可以是某种有带动性的、组合化产品商品化的过程。高新技术商品的产业化包容了大量技术行业,也形成了一些新的技术领域,体现了技术密集的特点,在产业化的过程中要有众多的人从事商品的开发、生产、经营活动,有众多的企业从事高新技术商品的生产,体现了群体化的特点。产业化的形成也必须有大量的资金作支撑保证,商品的交换流通容量大、市场范围广。

仿真机制造的产业化就是有代表性的多项高技术商品的集成和大规模软件开发的系统工程产品,因此,实现仿真机制造的产业化要比制作一台或多台仿真机难度大得多。表 1-1 列出了实现仿真机的技术成果和实现制造仿真机的产业化所涉及的因素比较。

表 1-1 仿真技术成果与仿真机制造产业化的比较

序号	主要相关因素	实现仿真技术应用成果	实现仿真机制造产业化
1	技术范围	总体设计技术、建模技术、计算机应用、接口技术、通信技术、图形图像技术、多媒体技术、视景技术、联调技术、实时任务执行或支撑软件到制造期之内相关高技术	除了左列所述,另外:一定要有不断开发高水平支撑软件和平台的技术能力;要掌握未来可用于制造仿真机的相关技术(如虚拟现实技术等)
2	技术水平	达到或超过制作期的水平	要有不断达到世界水平的开发能力,需要不断开发和创新
3	技术队伍	要有能干的技术人才	要有总体稳定,不断技术沉淀的,技术配套的有水平的开发队伍
4	管理	项目任务管理	现代化的企业管理
5	质量控制	有一定验证方法	要有完善的质量控制体系,如可能应通过 ISO9001 认证
6	制造单位	研究所、学校、仿真机制作厂家	需要合格的仿真机制造厂家: (1)有能力执行双方认可的合同; (2)满足工期要求并及时完成合同要求; (3)确保造价合理; (4)质量保证体系; (5)良好的工程与项目管理; (6)确保仿真生命周期内售后服务; (7)要有合格的总体稳定的人才队伍; (8)整个企业要有正确的服务观念; (9)要有跟踪世界水平的技术开发能力
7	资金	正确控制制作成本	正确控制制作成本有大量的资金运作能力,乃至于资产运作的能力
8	市场	有一定的接项目能力	要有很强的国内外市场配合、运作的能力
9	发展规模	一般在30人以下	要达100人以上
10	管理者	有组织能力的科技人员或其他	有创业精神,有技术创新能力的科技专家或有现代企业管理能力的企业家

1.4.3 实现新技术(仿真技术)产业化的外部环境

我国的科研攻关能力是世界一流的,所以建国 70 年来一大批高新技术基础性研究成果丰硕。但产业化的进程还是很慢的。记得 30 年前作为高科技转化为生产力的载体,高新技术企业还是仅有星星点点。可喜的是,改革开放以来已有一大批高新技术企业涌现,并开始艰苦的创业和艰难的发展,说明了发展高科技实现产业化是需要一定的外部环境。外部环境涉及理论基础、方针、局部优化的环境,人才造就的环境,世界高科技发展态势的影响等很多因素,其主要因素归纳如下:

(1)理论基础及其深刻的影响:"科学技术是第一生产力"这是马克思重要观点,邓小平同志又把这重要观点加以发展。1991 年 4 月 23 日邓小平同志给科技界写了"发展高科技,实现产业化"的题词,要求高科技的发展面向经济建设形成产业。在党的十五大上,进一步明确指出"加快实现高技术产业化"。

(2)政策配套,成功事例营造了必要的外部环境:人们不仅通过科技是生产力的理论和科技转化为现实生产力的实践取得共识,而且通过经济体制、科技体制改革,体制、机制、思想观念等方面都有了更明确的、更规范的规定和认识。加速高技术成果的商品化、产业化和国际化的进程是"九五"期间和以后相当长的时间内一项重要的战略任务。因此,在改革开放及其各项配套政策的推动下,近几年来,我国已创造了十几万个高新技术企业。说明政策配套对任何成果产业化都十分重要。

(3)市场的需求是仿真技术实现产业化的根本动力:由于仿真技术及应用无处不在,无孔不入,潜在了巨大市场,特别是高新技术产品市场已成为世界各国的争夺目标。自从中国的仿真产业发展之后,国外昂贵的仿真机就很难进入中国市场。因此,只要从政策上支持民族高新技术企业的发展,效果是十分明显的。

(4)全国造就一个人才培养的好环境是实现产业化的关键:社会上一切产品中,高素质的人才应是第一个产品。科学研究要人才,成果转化要人才,实现产业化、商品化、国际化更需要人才。21 世纪这场国际科技大竞争的焦点还是人才的竞争,尤其是跨世纪的人才造就。但人才培养是最困难的事,光有技术没有职业道德不行,光有人品没有知识与能力的也不行,要德才兼备。

(5)对高新技术产业给予财税政策的扶持和实行有利于高新技术产业发展的投资、信贷政策,是科技转化为现实生产力重要的外部环境:高新技术及其产业,一般研究开发的难度大,周期长,转化为商品的工作量大,因此这类企业创效益较慢,要滚动发展有一定的风险和较长的过程。因此,财税、融资给予扶持十分重要。

总之,外部环境主要表现在理论、政策、市场需求、人才、资金五方面。

1.4.4 实现产业化的内部机制

除了创造良好的外部环境外,内部的运作机制也是非常重要的。科技转换为现实生产力一定要通过适当的载体来实现,高新技术企业是最重要的载体,无论在高新技术开发区内或区外的高新技术企业都是科技转换为现实生产力的实体。其内部机制是相当重要的。然而内部运行机制也要涉及很多问题。现就以下几方面说明:

1. 高技术企业的内涵

其实,要求通过创建高科技企业的实例使高新科技成果实现产业化、商品化、国际化,因此对高新技术企业提出了很高的要求,创办并成功地运行一个高新技术企业是一件很难的事。从研究开发这个角度来看,它是一个高新技术的研究所,而这个研究所是完全靠企业本身的效益来生存、求发展;从产品的角度,它是一个独立运行的企业,一定要能生产出产业化的产品,不仅仅是试验室的成果,而是经过有效的工程管理,计划管理产业化了的产品;从市场角度看,所有的产品应是经得起市场竞争,经得起千锤百炼的商品;从国际化角度看,所开发的商品要达到国际先进水平,要达到国际认可的制作标准,要符合ISO9000系列的质量控制意识和规定,要掌握国际营销运作。因此,国际化意味着每个产品开发的目标既能适应国内市场,又能适应国际市场。综合上述,高新技术企业是在国内、外市场竞争中求生存,求发展,求效益,求规模。因此,必须在竞争中加快开发速度和创新、更新能力。

2. 人才造就与管理的机制是高新技术企业的机制的关键

目前人们都知道,技术竞争的焦点是人才竞争,运作好高新技术企业关键是运作好人,即要有人才施展的环境,又要有人才管理的机制,这是很复杂的问题,做好也很不容易,也涉及企业文化的灵魂。

因此,造就人才有深刻含义,也隐含着丰富的内容。社会对知识,对人才价值的认识从过去"臭老九"发展到目前的共识是经历了很不容易的过程。社会尊重人才、尊重知识,而科技人员也要尊重社会、尊重自己。无论如何,合格人才应该是有素质,有理想,有能力,有水平的人。而这样的人才只有在科技发展与实践中锤炼成长。那么,什么是高科技企业的培养人才的好环境呢?

(1)整个公司是有事业心、有理想的群体,才能促使人奋进向上;

(2)领导要根据人才的发展状态不断创造条件,搭舞台让人施展才能,即识才、爱才、勇于造就人才;

(3)坚持能者多劳、多劳多得的分配原则,使之实现多贡献多收获,而不是一个拿多少钱干多少事的环境。

因此,好的环境要造就,要引导,整体要有抵抗来自各方干扰的能力。加强团队精神培养,要形成单个技术强,整体力量更强的局面。为此,要实行敢管理,敢造就人才的机制,严格管理,大胆使用,根据业绩能上能下,允许人才活动的机制。

3. 实行产权与经营权分开的机制是保证

对于高新技术产业,最好的经营权是独立、自主经营,能快速分析、开发、投放,才能在激烈的国内外市场竞争中取得成果。但很多企业没有自主权,总是受到牵制而造成发展不大或速度不快的原因。因此明确产权和经营权,采用经营权有独立自主的机制十分重要。

4. 重视高新技术企业家的培养

在市场经济中成长的高科技企业家的定义核心是坚忍不拔的创业者,是新的经济增长的实干家。在高科技企业中很多又是专家,学科带头人,特别除了知识,经营管理能力之外,更强烈需要心理的承受和适应能力。因此,企业家人才培养是相当困难的,要能克服各种困难,把握方向,在实战过程中重视、关心和培养。

5. 充分认识知识经济时期的高科技企业的特点

起关键作用之一的是信息、知识、智力,而不是只强调大量的资金、设备或有形资产。

6. 在公司内部建立靠知识驱动财富的氛围

人才的价值标志是知识的储备和人格的魅力。

1.4.5 对制造仿真机厂家的要求

不管仿真机制作的目的是什么,任何一台够水平的仿真机,都需要有很好的仿真机制造厂家:有能力执行双方认可的合同、满足工期要求并及时完成合同要求、确保造价适中、质量保证体系、良好工程与项目管理、长期售后服务以确保仿真机在投产以后能长期合理地运作。

仿真机制造厂家需要:多方面人才队伍、管理才能和水平、服务理念、市场意识。要让仿真机制造成功地产业化,仿真机制造厂家必须:

(1)要拥有多方面先进并努力不断创新的仿真技术;

(2)要拥有制造厂家的基本能力;

(3)要让所有的用户和可能的用户都感到满意;

(4)要配合社会的进步和需求,有多方面打开市场的能力。

1.4.6 应用云平台实现产业化的决策

由于工业系统特别是流程工业系统庞大、设备运行复杂,国内外专业人员已经认识到仿真技术在设备/系统的控制中能发挥重要支持作用,特别是运用高端仿真技术以达到解决流程工业的节能减排的难题。基于在线仿真的在线运行分析、在线诊断、在线优化和管理决策支持系统来解决流程工业节能减排的技术方案,但没有工业系统通用的基于在线仿真的技术服务公共平台。因此,有必要加快建设面向工业企业的在线仿真节能管控技术服务平台。2011年,北京亚仿云科技公司承接了国家发改委"在线仿真节能管控技术公共服务平台"项目,技术已开发,终因北京通州用地受阻未能落地。

工业是国民经济的主体,也是能源资源消耗的主体,目前我国工业能源的消耗占到全社会能源消耗总量的73%,涉及32个行业。仅就水泥行业日产5000t左右的全国有几千条线。按目前亚仿的生产能力每年完成10~15条能源管控系统就很不容易;再者,32个行业完成开发的只有电力、水泥、钢铁等十几个行业,还存在大量开发和生产的工作量,因此必须:

(1)发挥在线仿真技术优势,加快推进工业节能减排。

(2)必须发动各行业技术人员学习和掌握仿真技术,造成各方受益的多赢局面。

鉴于上述,要建立在线仿真节能管控技术服务平台为工业系统节能减排提供节能管控系统开发运行服务的公共技术的云平台是十分重要的。它的服务对象包括:国家仿真中心、亚仿研发中心、行业的设计院及科研院所、工程实施公司、节能服务公司以及大型工业耗能企业,如图1-7所示。

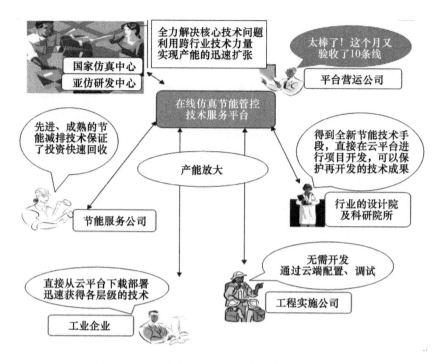

图1-7 在线仿真节能管控技术服务平台服务对象

1.4.7 产业化推动仿真技术的再提升

工业节能云平台的建设和应用对仿真技术提出更高的要求,表现在:开发智能化的仿真支撑软件;开发标准化的工具性软件;开发适应性高的数学模型;开发有自诊断能力和自纠错的调试工具;开发在云平台进行开发的培训系统等。

总之,只有仿真技术应用水平提高,才能迎接各行业大量的专业技术人员掌握仿真技术去解决本行业的各类难题,推动工业化与信息化的深度融合。

小结:通过20年(2000—2019年)的技术攻关,确立了在线仿真技术是流程工业实现科学用能,系统节能的关键技术,并取得重要成果,而面对国家重要战略部署:实现占全国能耗73%的工业系统节能减排艰巨的任务,产业化的需求十分迫切,借助云技术,建立在线仿真实现节能减排的公共服务平台是必要的决策。

实现产业化过程比技术开发有更大的涉及面和困难,需要面对市场、资金、管理、行业配合、利益分配,政策等复杂问题。但这个过程有利于仿真技术发展和提升、仿真技术队伍的培养、骨干力量的壮大,同时可促进仿真技术对国家做出更大贡献。

1.4.8 仿真机检验和质量控制是实现产业化的关键环节

1. 概述

实现大型系统工程产品的产业化、商品化的极其重要的环节是检验与质量控制。而仿真机的检验是一项复杂的、既含管理又含技术的工作,必须给予高度重视。实践证明仿真机检验工作的组织和实施对确保仿真机质量意义重大。确保仿真机的质量是仿真机制造中的一个关键问题。仿真机的制造过程是一个复杂的系统工程,其中包括硬件制造、软件开发、系统集成等多方面的工作,每台仿真机只有通过测试人员的综合测试,将仿真机的多项性能指标与仿真对象相比较,找出差异进行改进,才能确保仿真机的逼真度与仿真机的质量。因此,对仿真机实施有效的检验工作,这对仿真机质量保证意义重大。

2. 仿真机制造阶段的划分

鉴于仿真机的制造过程复杂、周期长,牵涉的范围广,每台仿真机的制造都需要用系统工程的眼光进行项目管理、组织技术开发,因此仿真机的质量保证过程与一般的制造生产过程不同。采用 ISO9001 质量保证体系,可以确保仿真机制造的设计、生产、安装、服务全流程实行严格的质量控制措施。

ISO9001 质量保证体系所涉及的 20 个要素,可充分融合在仿真机工程项目的整个制造过程,根据质保体系中对过程和设计的控制要求,可将其划分为七个阶段八个控制点(图 1-8)。

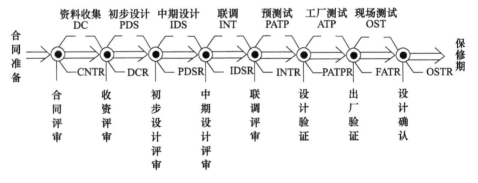

图 1-8 ISO9001 质量保证体系的七个阶段八个控制点

这七个阶段为:

(1)资料收集(data collection,DC)。指对仿真机制造所需的原始资料的收集。

(2)初步设计(preliminary design specification,PDS)。以合同的需求及收集到的资料作为依据,对仿真机的硬件、软件各系统进行初步设计,确定各系统的组成、仿真程度、假设及简化,给出各系统的初步设计报告,供用户审核、确认。

(3)中期设计(intermediate design specification,IDS)。中期设计阶段为仿真机硬件进行开发制造,对外协作,外购件进行订货;软件各子系统进行详细的编程工作;各分系统进行分调。

(4)联调(Intergration,INT)。各分系统进行联合调试,并使软件各子系统和硬件系统相结合,形成完整的系统。

(5)预测试(preacceptance test procedure,PATP)。在联调完成后,由仿真机制造厂家专业质检人员对仿真机进行全面检查。

(6)工厂测试(acceptance test procedure,ATP)。由用户代表和仿真机制造厂家质检人员在工厂内对仿真机进行全面检查。

(7)现场测试(on site test,OST)。当仿真机运抵用户现场并安装完成后,用户对仿真机进行最终确认。

八个控制点为:

(1)合同评审(contract review,CNTR)。指对仿真机建议书和合同草案进行评审,确保满足用户的要求,确认具有满足合同要求的能力。

(2)收资评审(data collection review,DCR)。对收集的资料情况进行评价,检查其完整性及正确性。

(3)初步设计评审(PDS review,PDSR)。指对初步设计方案的评审,检查初步设计报告是否全部满足合同要求。

(4)中期设计评审(IDS review,IDSR)。当中期设计结束后,对其结束进行评审,修改完善中期设计,为联调准备好条件。

(5)联调评审(INT review,INTR)。在联调结束后,对联调结果进行评审,以确定是否具备下一个测试条件。

(6)设计验证(PATP review,PNTR)。当工厂预测试结束后,对测试结果进行评审,以检查其是否具备开始用户正式测试的条件。

(7)出厂验证(factory acceptance test review,FATR)。在仿真机完成工厂测试验收后对测试结果进行评审,以确定其是否具备出厂条件。

(8)设计确认(OST review,OSTR)。在完成现场恢复测试和解决所有工程差异后,对整个系统进行可用率验收考机。通过这一最后确认后,仿真机就具备了向用户最终交付使用的条件。

通过几百台(套)仿真机或系统检验的实践表明,按上述方式所做的阶段划分和设定控制点,可使仿真机的质量一直处于受控状态,进而使仿真机的最终交付质量得到保证。每个相邻的环节和控制点之间有着紧密的联系,相辅相成,缺一不可。

3. 仿真机检验和测试内容

1)仿真机检验类别的划分

为了确保在仿真机制造的各个阶段均能实施有效的检验,将仿真机的检验划分为进货检验、过程检验和最终检验三大检验类别。

进货检验是为确保参与仿真机制造的任何零部件(包括计算机及外设、仪表、盘台等)在参与生产之前均为合格品。

过程检验贯穿于仿真机的整个制造过程中,其主要适用于以下几个阶段:资料收集、初步设计、中期设计、联调。

最终检验为仿真机生产过程的最终环节,包括的阶段有预测试验收(PATP)、工厂测试验收(ATP)、现场测试验收(OST)。

2)仿真机验收测试的内容划分

为了保证仿真机得到全面、充分的检验,以确保仿真机的最终质量,将仿真机检验和测试的内容分为三类:

(1)功能测试。对这类测试内容有较准确的定义,如仿真机的启动、停止、初始条件的设定、重演、事故仿真等,这些测试确认仿真机是否具备了所需的功能。

(2)仿真机逼真度与精密度测试。这类测试是检查仿真机的动态/静态特性与被仿真对象特性的相似性,通常是以一些参数的仿真精度来衡量仿真的逼真度,这是定量的测试。另一种测试是观察仿真机运行时表现出的参数动态变化与被仿真对象的相应数据的差异,来判断仿真机的逼真度,这种测试是定性的。在进行定性测试时,要求测试人员十分了解被仿真对象在各种状态下的动态特性,从而判断逼真度的大小。

(3)数量检验。检查构成仿真机部件的数量与合同要求是否一致,包括设备、元件、部件、资料、文件、标识、备品备件等,与仿真机的配置管理相匹配。

4. 仿真机验收测试的组织

1)检验人员的组成

只有保证检验人员的素质才能保证仿真机各阶段的高质量检验。因此要求检验人员有良好的专业技术。为了确保各阶段均实施高质量的检验且又消耗最少的人力及物力,将检验人员分为专职检验人员、兼职检验人员和用户及用户邀请的人员。

专职检验人员主要负责最终检验。专职检验人员应由有一定经验的相关专业技术人员担任,专职检验人员应与模型工程师职责上独立,以确保仿真机检验的公正性和正确性。

兼职检验人员主要负责进货检验及过程检验。由于进货检验及过程检验牵涉的内容及专业知识面较广,因此可聘请相关专业(例如计算机设备、硬件盘台等)有经验的人员作兼职检验人员。兼职检验人员需经专职检验人员培训后方可上岗。用户及用户邀请的第三方主要在工厂验收测试及现场测试验收时负责对仿真机的质量把关。

2) 仿真机验收测试的准备

仿真机的测试验收需要具备较广泛的知识。因此仿真机在开始验收测试之前,必须做好充分的准备工作。实践证明,只有准备工作充分,才能保证后期测试工作顺利完成。若不作充分的准备工作就进行测试,那不仅会影响测试质量,而且易造成工时浪费、工期延误。仿真机检验最重要的准备工作之一就是仿真机验收测试规范的编写,因为要判断一台仿真机是否合格,需要许多定量和定性的依据,因此就要设计许多的测试方法来得到这些定性和定量的数据。由于每台仿真机之间存在较大的个体差异,因此有必要设计一种既规范又专用的测试方法,做到测试的行为是规范的,测试的内容又是针对个体的。在仿真机的制造过程中,通常是根据合同规范及被仿真对象的性能编写一个验收测试规范。该验收测试要求主要针对被测试仿真机的范围和特点专门编写,规范中将设计一系列的测试题目,包括的范围足以反映仿真机的总体和细节方面的特性。对于测试获得的结果,也将记录在这个文件中。

《验收测试规范》一般包括以下几个方面:

(1) 仿真机硬件测试;

(2) 仿真机计算机系统软件、支撑软件功能测试;

(3) 仿真机教练员台功能测试;

(4) 仿真机分系统模型软件测试;

(5) 仿真机暂态测试;

(6) 仿真机故障/事故测试;

(7) 仿真机启停测试;

(8) 仿真机初始状态检查;

(9)仿真机监控性能测试；

(10)综合测试。

仿真机验收测试规范由测试者编写，并提交给用户审查。该验收测试规范将作为仿真机最终验收的重要依据。当初步设计报告审查通过后，即可开始着手编写测试验收规范，这个过程实际上也是对仿真机测试的熟悉和准备过程。

5. 仿真机检验的实施

1）仿真机进货检验的实施

仿真机的进货检验是各类检验中最基本的检验，只有确保各类参与仿真机制造的零部件均为合格品，才能保证下一步调试工作的顺利进行。

当参与仿真机制造的任何零部件或组件在参与仿真机制造之前，均先由检验人员（专职或兼职）进行进货检验，进货检验的原则为相应设备的标准，例如计算机设备应检验其配置是否符合合同要求，硬件盘台应按照相应国家标准进行检验，主要进行外观与结构检查，机械性能检查整屏电气联动试验，绝缘性能试验等。检验人员完成检验后应及时填写检验报告，只有检验合格的产品方能用于仿真机生产。例如一台300MW火电站机组的仿真机其硬件配置有一台主机及数台计算机、网络、接口及硬件盘台等组成，其中不论主机或计算机、网络设备、接口设备到货后，均要实行严格的进货检验。盘台的制造厂家完成生产后，就应由我方检验人员根据相应国家标准进行检验，只有检验合格才能参与仿真机制造。

2）仿真机过程检验的实施

仿真机过程检验主要贯穿于收集资料、初步设计、分调、联调等阶段。在收集资料阶段需要评审，以检验其资料是否完备。初步设计阶段为仿真机制造过程中非常重要的环节，只有初步设计报告确定后，才可以确定仿真机所仿真范围的具体内容。例如仿真300MW火电机组，首先应确定仿真哪些系统，一般来说应分硬件、计算机、教练员台、机炉电控等系统，再确定每个分系统的仿真程度，应仿真哪些内容，例如故障、诊断等。初步设计审查应由用户参与并最终确定初步设计报告。在分调结束后，应有中期设计评审，该阶段检验工作可由兼职检验人员进行，检查各分系统调试是否完成。只有中期设计评审结束后方可进入联调阶段。联调结束前应进行联调自检，由兼职检验人员对仿真机进行全面自检，并由专职检验人员进行抽检，然后进行内部设计验证评审。只有通过该评审，方可进入下阶段工作。实践证明，过程检验中缺少任何一个环节的检验，都将直接影响仿真机制造的质量与工期。

3）仿真机最终检验的实施

仿真机最终检验是仿真机制造过程中最关键的环节,至此,仿真机将接受整体性能的检测,只有通过仿真机的最终检验,才能确保仿真机的最终质量。

仿真机最终检验分为工厂预验收测试、工厂测试验收及现场测试验收。

在工厂预验收测试阶段,首先由专职检验人员代表用户对仿真机进行总体测试。在测试开始之前,应首先根据测试内容编制详细的测试计划,计划中应规定每天测试的内容及测试人员,测试的依据为仿真机验收测试规范。测试人员应按验收测试规范中的内容进行全面测试,产生的差异由测试人员提出工程差异(DR),交由工程师修改,工程师修改过后再由测试人员复检,直到 DR 被消除。一般地,在工厂预验收测试阶段,应首先对硬件进行全面检查,包括硬件连线是否完整,盘台上各指示仪表、灯光、开关等是否齐备,接着对仿真机各分系统进行检查,主要检查其逻辑关系是否正确,各运行状况下参数是否正确,然后对仿真机启、停过程进行检查,重点检查启、停过程中参数变化是否正确,接下来对故障进行测试,检查故障现象是否正确。最后应对机组特殊运行方式进行测试。在测试过程中应穿插教练员台功能测试。

通过工厂预验收测试,一方面可清除仿真机的外在硬件缺陷、系统缺陷、完善模型,使其具备正常的启停及故障发生能力。另一方面是使仿真机具有良好的可控性。当工厂预验收测试结束后要进行设计验证,对工厂预测试结果进行评审,确定仿真机是否具备交付用户进行工厂测试的条件。只有当工程差异完成数达到质量计划中所规定的目标,才能结束工厂预测试。

工厂测试验收主要以用户测试为主,专职检验人员协助用户进行测试,测试的内容和方法与工厂预验收测试相同。工厂测试结束后,应进行出厂验证评审,目的是确认仿真机满足出厂质量条件,要求在测试中所有提出的工程差异已有 98% 解决,对遗留问题都应有相应处理意见或建议,并明确负责人。

现场测试是在仿真机安装于用户现场之后进行,目的在于确认仿真机在运输途中及恢复安装过程中没有被损坏,测试主要由用户进行,一般是对验收测试规范中的内容进行抽测试,并进行 72~200h 考机,以确认仿真机具备连续运行能力。在现场测试验收过程中,各种供货文档的验收也是很重要的,只有各种供货文档齐备后,仿真机才具备完整交付用户的条件。设计确认通常是在产品完成现场恢复测试及考机后进行,目的是请用户确认仿真机已全部符合要求。

6. 仿真机检验的管理

仿真机需要测试的内容很多,且检验周期较长,因此测试过程的管理是相当重要的,其目的是:

(1)查出的问题和处理的结果有清晰的记录。
(2)记录结果及时向有关人员传递。
(3)应用统计技术分析测试结果。
(4)协调测试工作与用户及工程师的关系。

做法是每个项目有专人负责组织测试,同时安排其他测试人员配合其工作。在测试中遇到的问题均由测试负责人协调解决。协调工作的好坏直接关系到测试效率。在测试过程中使用专门的记录表格(工程差异表),记录内容包括发现差异的现象、相关的系统、需改进的目标、要求改进的时间、处理问题的人、检查结果的人、问题发生的原因、处理的结果等信息。每天有专人统计测试结果,测试结束后可以通过结果的统计,分析造成各类差异的多发原因,采用纠正预防措施,使类似问题不再发生,从而确保仿真机的制造质量。

在测试验收过程中,所有工程差异表均按一定的流程进行计算机登记管理,便于追溯,差异表的分布和处理情况是测试计划协调和每次验证的重要依据。工程差异表管理流程见图1-9。

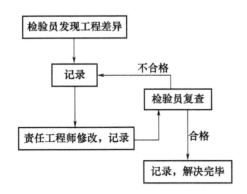

图1-9 工程差异表管理流程

由上可知,仿真机的检验是一项复杂的、既含管理又含技术的工作。严密的规程和有效的组织实施,是确保仿真机质量的关键,对提高仿真机制造水平意义重大。亚仿自1994年开始按照ISO9000要求进行严格质量控制,并于1997年成功通过德国TÜV机构的ISO9001认证。ISO9000的建立和通过,使亚仿公司在工程管理和质量保证方面达到了世界先进水平。

1.5 在大量项目实践中创立自主知识产权的工业大数据及其应用的相关技术

经历了大量项目,20多年时间对工业大数据建设的探索和技术开发,创立了自主知识产权的技术平台和应用。

工业大数据来源于工业现场设备实时监控、RFID数据采集、工况运行信息、产品质量在线检测、产品远程维护、系统程控、自动控制的信息、在线化验的信息、环境变化信息等大规模数据与设计、工艺、生产、物流、运营等常规数据一起,共同构成了工业大数据的基本要素。如:数字化电厂首先要全范围、全流程数字化。

工业大数据首先具有一般大数据的特征,即海量性和多样性。在海量性和多样性的基础上又突出表现四个特征:

(1)价值性。强调了用户价值驱动和数据本身的可用性,这些数据组合、分析、优化后推动创新、提高经营效率、促进个性定制、智能制造新模式变革。

(2)实时性。这是工业大数据最突出最重要的特性,从数据采集频率、数据处理、数据分析、异常发现以及预警预报都有很高的实时性和数据准确性的要求。其实现需要核心技术支撑。

(3)准确性。工业数据与在线运行紧密相关,使得数据对真实性、完整性和可靠性的要求很精准,数据质量及其分析质量要达到高度的准确性,才能确保工业大数据的使用价值。

(4)闭环性。支撑状态感知、分析、反馈、控制在闭环条件下协调控制,实时调整和优化。必须对生产设备的动态特性、静态特性深入研究,以及应用在线仿真技术支撑的仿真试验床为人工智能的开发提供环境。

针对工业大数据的上述特性,广东亚仿科技股份有限公司用了20多年的时间不断创新、不断开发、连续实践,研发完成了达到世界领先水平的自主知识产权的核心技术、专有技术和一整套跨行业的建设工业大数据的共性技术。这些技术经过了五次国家级火炬项目的国家验收,对技术达到世界领先水平的先进性、创新性、可用性、社会效益和经济性给予肯定。相关工程业绩包括:获国家"95十大科技"成就奖的核电全范围仿真机为代表的3台核电机组仿真项目;基于大数据的唐山东海钢铁厂"[中国制造2025]两化融合示范项目"为代表的3个钢铁厂数字化项目;以广东平海电厂"1000MW超超临界火电机组在线仿真节能优化和管理决策系统"为代表的 12 台火电机组；以"鲁南水泥"5000 吨/日产水泥生产线的智能制造试点试范项目为代表的 4 个水泥厂 12 条生产线项目。以上大量跨行业实战历练，验证了工业大数据共性技术的应用成功，积累了扎实丰厚的经验，已经做出来，用成果来说明问题。是中国人有能力、有事实、用自主知识产权完成工业大数据建设的例证。是实现"中国制造 2025"的技术基础、经验和能力。

工业大数据的特点（特别与在线安全相关）是智能制造、人工智能的重要基础和依据，必须完全建立在自主知识产权平台之上。大数据技术应用的涉及面十分巨大，尤其是数据之间的关联性，需要我们对工业对象的动态特性、静态特性，进行不间断的反复深入研究，必须诚实地进行现场应用试验与仿真试验相结合的研究。必须依靠自主创新开发出具有我国特色的核心技术。大数据建设及其应用智能制造不是常规的计算机运用，是要艰苦奋斗和不懈努力。大数据建设是建立在已经掌握海量的工业数据基础上包括数据采集、实时数据处理、仿真支撑技术、在线仿真技术、在线诊断、在线优化、在线虚拟试验、可视化技术等一系列技术的系统工程。我们经过 20 多年的努力，在实战中开发，在反复实践中科学总结提升，终于建设完成工业大数据的整体系统，以及在智能制造中的作用。典范举例：

(1) 1994 年：完成了万吨巨轮仿真控制培训平台建设和 2015 年 30 万吨国外轮船航运在线仿真的解决方案。

(2) 1995 年："秦山 300MW 核电机组"全范围仿真机项目。开发了仿真支撑平台和海量实时数据库。

(3) 1996 年：为国家军队武器装备建设提供全仿真的解决方案，并投入运行，开发了适用于军事系统需要的支撑技术。

(4) 2000 年：载人飞船仿真项目，列入 2000 年国家重点火炬计划研究项目，扩展了仿真支撑平台和建模技术。

(5) 2003 年："秦山 600MW 火电机组"全范围仿真机项目。开发了：用仿真技术研究控制系统的试验床和验证设计参数的方法，并确保了启动时一次投产。

(6) 2006 年：完成国家科委"十五攻关"计划引导项目"伊敏数字化电厂"项目。该项目 2002 年开始，2006 年开发成功了仿真、控制、信息三位一体支撑平台（科英平台），开发了：大型实时/历史数据库；在线仿真技术在电厂应用。通过了国家科委鉴定，达到国际先进水平。

(7) 2006 年："韶钢集中计量系统项目"开发了：数字采集的硬件和软件；数

采系统数据测量、检查、核对、处理等一整套自主技术。

(8)2009年：通过国际争标，获中标并建设国家中航飞机的C级全动型培训仿真机的项目。开发了：自主知识产权的全套软件，包括支撑平台、数据采集和数据包设计和应用。全物理过程的模型、视景系统支撑平台和整套应用软件。项目中为建立全物理过程数学模型，利用仿真试验床研究了飞机的静态特性和动态特性及飞控技术。

(9)2011年：国家工信部试点项目，"河北数字化水泥"项目使用了：①在线仿真技术在水泥厂在线精准跟踪技术的应用。②应用在线仿真实现了近100项软测量方法及验证运行了相关数据链路，为企业解决了众多测量难题，为窑效率的把控提供了信息化抓手，在提高管控、深度可视化方面开创了行业先进。通过工信部鉴定：该项科技成果涉及仿真、控制、信息、通信、水泥工业相关技术交叉学科的综合应用，实现全范围物理过程及化学过程的在线仿真和在线控制优化，并实际达到高能耗水泥工业的节能减排效果，能实现生产每吨水泥成本下降10元以上。

(10)2017年："鲁南中联水泥项目"基于大数据的智能制造，开发了：①对生产线在线诊断，在线仿真试验床对动态、静态特性研究；②在线仿真试验床对节能减排研究和优化；③深度可视化；④在线决策控制。功能达到工信部《智能制造试点示范2016专项行动实施方案》文规定的智能制造标准。

(11)2017年：唐山钢铁"[中国制造2025]两化融合示范项目"。建立了工业大数据和在线仿真技术在钢厂应用、在线诊断等技术，推进智能制造。

(12)2017年：完成的广东平海电厂"1000MW超超临界火电机组在线仿真节能优化和管理决策系统"项目针对百万火电机组的复杂工业系统，秉承"科学用能、系统节能"的系统节能理念，以亚仿公司具有我国自主知识产权的核心技术"仿真控制信息三位一体 – 科英支撑平台"为支撑技术，实现机组控制、仿真和信息系统的数据共享；以机组实时数据、在线仿真数据以及丰富的历史数据为依据，实现电力生产全过程的在线分析、诊断、优化；并在虚拟"试验床系统"上试验验证各种运行优化方案。通过大数据寻优技术，从历史数据中寻找最优工况，实时指导当前运行情况，结合操作评价分析，从而形成"寻找历史最优→实际值与最优值持续对标→操作水平整体提升→产生新最优"的内生性闭环，达到操作水平的整体提升与能耗水平的下降的目标；实践证明，机组煤耗平均下降$1\sim3$g/kWh，节能效果明显。本项目为电厂管理优化、节能降耗、安全运行提供了一条全新的技术路线；所开发的一系列先进技术，比如支撑平台的实时/历史数据库技术、在线仿真技术、全工况节能优化技术、大数据历史寻优技术等,在发电厂信息化领域的整体或局部都具有突破意义。

(13)2018年:亚仿与环亚科技合作,承担了广东省工业互联网示范项目"日化行业全流程在线运营管控平台"项目的开发,通过对现场设备的实时数采改造、物料量的采集改造、能源消耗量的采集、工艺数据等工业大数据的采集,建立了行业工业大数据库。打通与企业目前已有的 SAP 系统、Hybris 系统以及其他业务系统数据通信,搭建了日化行业大数据的云平台,形成了行业的实时、历史数据库。实现全系统、全流程的销售订单预处理、生产订单仿真自动排产、生产调度管理、质量追溯、配料防差错、车间自动报工、条码自动发行、智能仓储、能源在线管理、销售云监控、总部大数据集中运营管控、分厂级生产实时数据在线监测、优化的目标,达到了稳定产品质量、提高生产效率、减低生产成本、降低生产不良率、提高供应链物料的流通效率等目的。

综上所述,建立工业大数据是个庞杂而又巨大的系统工程,要发挥工业大数据的作用需要以科学的认真的拿出数据说话、做出来说明问题的态度,需要多学科多技术的配合,需要有为国家贡献的责任担当,才能秉持抓铁有痕的初心做好中国工业大数据和工业互联络建设的战略部署。

要特别关注的是,工业大数据的建设和完成,一定离不开一线工人的实践贡献,一定离不开团队的诚实态度。技术固然重要,但实事求是的指导思想更为重要。

1.6 仿真技术在实现《中国制造2025》战略中的重要作用

▶ 1.6.1 概述

《中国制造2025》的总体思想是坚持走中国特色新型工业化道路,以提质增效为中心,实现制造业由大变强的历史跨越,在这艰难的变革过程中各种设计验证,现实与虚拟实验的结合,改善和补充重要的测量,改造和优化工作流程,提质增效的验证,确保系统安全方案决策都要应用仿真这项关键的战略技术。

德国工业4.0战略工作组认为德国至少要用10多年,也就是到2025年才能全面实现工业4.0,届时将实现成本可控的大规模定制生产,使制造业出口超过中、美成世界第一,同时带动信息技术发展,通过服务化、标准化巩固德国制造业优势,通过高效节能减排,实现制造业绿色发展和可持续发展。在中国,工业和信息化部成立以来,一直推进"两化融合"推动传统制造业转型升级。2011年4月6日工业和信息化部、科学技术部、财政部、商务部、国有资源监督管理委员会联合印发《关于加快推进信息化与工业化深度融合的若干意见》。2015年3月"两会"期间,国务院在政府工作报告中提出了"互联网+"。而"互联网+工业"将开创制造业的新思维。其"互联网+工业"的含义是从互联网制造到数据制造。2015年3月25日国务院事务会提出"中国制造2025",更确切地说"互联网+工业",实质上就是《中国制造2025》。也可以说从2015的状态开始经过10年奋斗,完成从制造业大国向制造业强国转变。因此,《中国制造2025》是我国实施制造业强国的10年行动纲领,实现高端化的跨越发展。《中国制造2025》坚持5项方针是:

(1)创新驱动的发展道路;

(2)质量为先,把质量作为建设制造强国的生命线;

(3)绿色发展作为着力点加强节能减排技术,走生态文明的发展道路;

(4)结构优化,走提质增效的道路;

(5)人才为本,培养和造就人才是根本,有计划有步骤创造有素质、有能力、有水平的队伍。

《中国制造2025》的九大任务是:①提高国家制造的创新能力;②推进两化深度融合;③强化工业基础能力;④加强质量品牌建设;⑤全面推行绿色制造;⑥大力推动重点领域突破发展;⑦推进制造业结构调整;⑧积极发展服务制造;⑨提高制造业国际化水平。

以上简述了《中国制造2025》来由、意义、方针和任务。但要做到也是十分不容易,会遇到很多困难和问题。因此,发展普及仿真技术是十分重要的举措,特别是2015年12月31日出台了国家智能制造标准体系建设指南,明确应用仿真技术。

针对中国目前的现状,开发重要的关键技术和有针对性研究实施的方案及过程也是十分重要。

鉴于上述,结合2002年以来的大量实践,认识到除了高速发展计算机技术、互联网技术、移动联络网等关键技术之外,必须关注以下几项技术的发展。

1.6.2 必须关注的几项技术

(1)仿真、控制、信息三位一体的软件支撑平台技术。该平台是工业软件可用于各类行业支撑系统设计、研发、调试、修改、验证、运行、优化、试验全过程。

（2）大型实时数据库技术和历史数据库的技术。在实施《中国制造2025》进程中，是"互联网+工业"，以及一系列大数据分析和云端计算都是大量实时数据和适当应用历史数据。因此数据库的技术和应用经验就特显重要。

（3）合理、正确、可靠的数据采集及其系统运行技术。虽然采集的数据是很基础的信息，但采集正确与运行可靠却贯穿实施全过程。

（4）仿真技术是对实施全过程的支撑。可以说实施《中国制造2025》需重视仿真技术的全面应用和加快发展仿真技术。

（5）在线决策控制技术。任何工业系统在运行过程中边界条件（包括物料、煤、油、水、气候条件、原料配比等）都在变化。为达到提质增效的目的，必须掌握在线优化技术并把优化的结果落实在对对象的控制上，因此研究在线决策控制技术非常重要。

（6）大数据系统的分析技术。在系统数字化之后，产生了大量的数据和分析数据。甚至比在DCS监控系统阶段的数据量大很多倍。这些数据包括成分分析数据，生产数据，管理数据，互联网来的数据等。因此，如何认识数据、分析数据、提炼数据的全面数据技术，就突显重要。

（7）大数据条件下的可视化技术。可视化技术是人与系统互动的窗口，是发挥人的智慧与系统能力的重要的互动技术。

（8）在线优化技术与算法研究。在线优化是提质增效的重要手段，针对对象的动态和静态特性需研究很多优化方法。

▶ 1.6.3　仿真技术及其在实施《中国制造2025》战略中的作用

1. 仿真技术是重要的战略技术

因为仿真技术提供了一个在可控条件下对客观对象进行模拟的虚拟实验室，具有经济、安全、可重复和不受气候、场地、时间限制的优势，被认为是继理论研究和实验研究之后的第三种认识世界和改造世界的重要手段。

（1）仿真技术是大系统、复杂问题的决策技术，如图1-10所示。

（2）应用仿真技术是实施《中国制造2025》的关键之一。如图1-11所示。

2. 在线仿真技术是仿真技术中一部分

在线仿真是指根据运行设备、系统的设计参数和特性参数建立全物理过程的精细数学模型并建立了在线仿真系统，再通过真实运行系统DCS、辅机和需要的实时数据通过数据库进入模型,从而使仿真系统直接取得现场运行状态和操作动作,实时地对当前状态进行仿真并跟踪生产线实际运行。

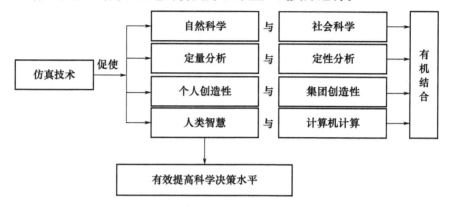

图1-10 仿真技术提高科学决策水平

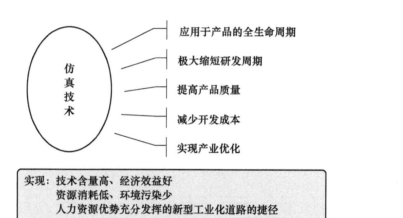

图1-11 应用仿真技术是实现新型工业化道路的捷径

在线仿真系统介入生产第一线为《中国制造2025》实现提供基础和支撑,不是简单的信息组合,是揭示能效如何高效利用的虚拟实验室,是解决各种问题、诊断、决策、优化、是信息技术在工业系统的革命性变化,要点如下:

(1)建立全范围、全物理过程的精细数学模型。
(2)建立初始化条件。
(3)高精度跟踪机组运行。
(4)机组运行中在线仿真模型可操作。
(5)能实现不同速度运行,快速运行(预警预报)。

(6)多套在线模型在运行,实现特性分析、软测量和特殊需求。

(7)所用的数据是真实运行数据,不仅仅是设计数据。

(8)是实现智能化的基础。

3. 仿真技术实现《中国制造2025》中的重要作用

分析《中国制造2025》九项任务中,只有大量、广泛应用仿真技术才能缩短时间,走近路。仿真技术通过以下各项应用推动《中国制造2025》实施,如图1-12所示。

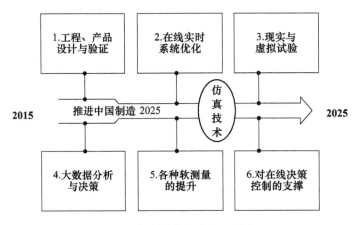

图1-12 仿真技术推进中国制造2025

4. 应用举例

在线仿真技术在实现工业系统提质增效中的重要地位,如图1-13所示。

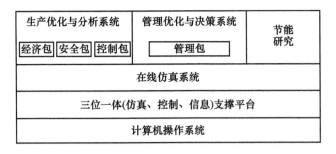

图1-13 在线仿真技术在实现工业系统中的重要地位

1.6.4 结论

实现《中国制造2025》是走新型工业道路的战略部署,是一项大型的、复杂的系统工程，所涉及的对象复杂和多样，涉及的技术广泛和有难度，对象特性复杂，既要基于基础自动化成果，又要涉及大数据为基础的可视化和云端计算技术。有诸多不可预见的现象和问题。综上所述，我们面对的是复杂、多样、交叉、通用或个性化的诸多系统问题，因此，应用仿真技术突显重要，有助于提高理论更有利于缩短时间，不走弯路，走捷径。仿真技术发展和广泛应用可以为《中国制造2025》的实施贡献力量。

1.7 仿真技术发展的新思考

1.7.1 国家发展的态势和实践中面对的需求引起的思考

（1）国家重要战略部署实施"中国制造2025"。

（2）2017年8月24日科技部、军委科技委联合印发以《"十三五"科技军民融合发展的专项规划》，要求2020年，基本形成军民科技协同创新体系，推动形成全要素、多领域、高效益的军民科技深度融合的格局。

（3）工业和信息化部印发《两化融合发展规划（2016—2020年）》，提出突破虚拟仿真、人机交互、系统自治等关键共性技术发展瓶颈，夯实核心驱动控制软件、实时数据库等产业基础。

（4）2017年8月31日，国务院关于印发"新一代人工智能发展规划的通知"，举全国之力，抢占全球人工智能。2020年，以人工智能为核心的产业规模达1500亿，带动相关产业超万亿。

要实现以上这些战略部署，实现智能制造，各个领域、各个阶段以及全过程，都迫切需要仿真技术，其攻关的难点是建模技术和支撑技术。到了人工智能、机器学习建模广泛应用阶段，对仿真技术要求更高，仿真技术发展的新思考就提到日程。

1.7.2 思考与分析

1.7.2.1 需求与现状

仿真技术发展的需求与现状如图1-14所示，仿真技术发展的思考与分析如图1-15所示。

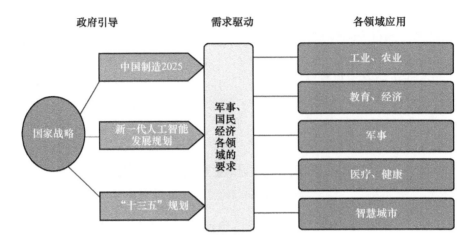

图 1-14 仿真技术发展的需求与现状

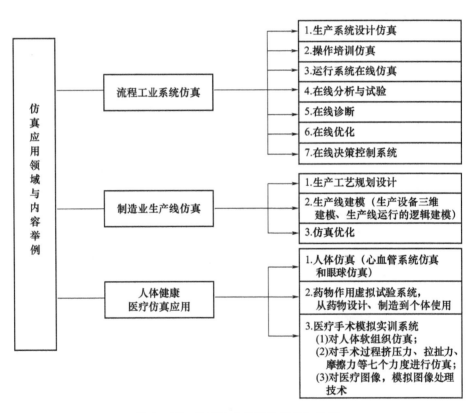

图 1-15 仿真技术发展的思考与分析

1.7.2.2 对信息物理系统的认识与建立支撑平台的重要性

1. 信息物理系统的重要性

(1)政策。

2006年,美国政府、学术界和产业界高度重视信息物理系统(CPS)的研究和开发,并把 CPS 作为抢占全球新一轮产业竞争制高点的优先议题。

2013年,德国将 CPS 作为工业4.0的核心技术。

CPS 因控制而起,因信息技术而兴。

随着制造业与互联网融合迅速发展壮大,"中国制造2025"提出基于信息物理的智能装备、智能工厂等智能制造正引领制造方式变革。

(2) CPS 是支撑两化融合的一套技术体系,如图1-16所示。

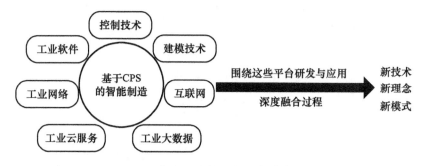

图1-16 CPS 是支撑两化融合的技术体系

(3) CPS 是支撑和引领新一轮产业变革的核心技术体系,要围绕控制技术、仿真技术、工业软件、工业网络、工业云服务和工业大数据平台,加强信息物理系统的研发和应用。

(4)如何把多学科的信息互联互通、交互操作、融合优化、在线分析、科学决策、在线决策控制与反馈等。

(5)支撑多学科开发、互联互通、实时运行、在线分析、多层次优化、大数据应用、工业云服务的支撑软件平台显得格外重要。

(6)该支撑平台是 CPS 体系建立的关键核心技术。

(7) CPS 体系的关键技术是支撑平台。

CPS 体系的关键技术如图1-17所示。

(8)在同平台支撑开发和运行仿真模型、控制系统、信息系统、工业云服务、大数据应用的能力。

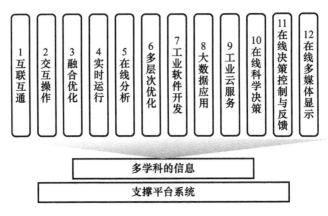

图1-17　CPS体系的关键技术

(9) 大型、高效、可靠、安全的实时数据库支撑信息互联互通和工业软件的实现,以及拥有大型、高效的历史数据支撑在线优化、在线决策控制和各类科学决策。

(10) 以大型实时数据库为核心的支撑系统,如图1-18所示。

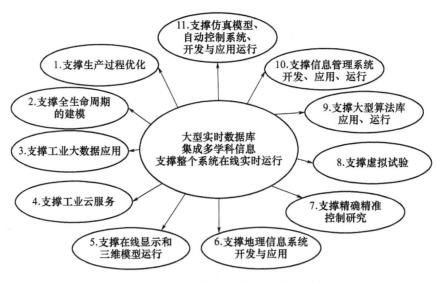

图1-18　大型实时数据库为核心的支撑系统

① 拥有大型的数学模型库,支撑不同行业的建模。

② 拥有仿真模型嵌入系统,支撑全生命周期的设计验证、在线诊断、在线优化分析、控制方案研究、在线虚拟试验等。

③拥有在线决策控制的机制,把各种信息组织到控制系统,根据工况选择控制方案,整定动态和静态参数,确保精准控制。

④拥有丰富的算法库,让使用者选择以便于在线分析、优化和科学决策。

⑤拥有简便友好的终端操作介面,便于结合各种专业人才,结合本专业设计工业软件。

⑥拥有支撑平台的高智能管理系统,不断总结经验和提升。

1.7.2.3 人才是仿真技术发展的关键

当前,老一辈专家已步入70岁以上,年轻一代,培养数量和成长的速度如何面对这么大的工作量,需要更多高校和研究院加快专业人才的培养。特别在云技术、大数据、互联网+、人工智能快速发展的环境,仿真技术队伍要加快学习,提高在这样环境中开发的能力。在机器了解人的同时使人了解机器,人了解系统也是相当重要,现状是人员水平很难面对复杂的系统,创造性提出解决方案。

1.7.2.4 快速开发基于新理念的仿真培训系统

培训机的培养的目标,要从培训操作能力提升为理解操作,理解智能制造,培训人机交互。

需要研发出各领域的智能化的培训系统。

总之,亚仿公司从1988年8月成立开始,不断创新开发,形成本领域发展的自主知识产权的一整套核心、关键共用的技术,经过了产业化、商品化、国际化的锤炼,涉及国民经济多个领域。又迎来了新领域的很多需求,如:医疗、大健康、应急系统、安全系统等的需求,只有不忘初心、牢记使命、不断努力,才能在新时代,做出亚仿公司的新贡献。

1.8 仿真技术在数字经济发展中的战略地位

数字经济的发展已成为全球经济发展的重要驱动力,是当前世界经济竞争的核心。数字经济以数字技术为基础,以信息和数据为核心,以互联网为载体,通过数字化、智能化方式,进行生活、流通、消费和管理的经济形态。

数字中国建设的2522整体框架中两大能力,即:数字技术创新体系和数字安全屏障,其中:构架自主自强的数字技术创新体系,建全社会主义市场经济条件下关键核心技术攻关新型的举国体制,加强企业主导的产学研深度融合,强化企业科技创新主体地位,发挥科技型骨干企业引领支撑作用。

鉴于上述,数字技术是发展数字经济的基础,在诸多的数字技术如:人工智能、工业互联网、边缘计算自动控制,这些功能的实现都离不开建立数学模型,而仿真技术的关键核心在于针对各种行业的全生命周期建立复杂、精细的数字模型,以及提供复杂的数字模型研发研究以及在复杂多变环境中反复试验的支撑系统(工具)。

因此,作为第三种科学技术研究工具的仿真技术,面对工业、军事、社会、经济、天体、人体、管理等巨复杂、巨大的数字化转型的问题,研究解决方案系统仿真技术占有重要的地位,即仿真技术在数字经济发展中具有重要的战略地位。

目前发展的关注点:

(1)深入研究建模技术,包括有因果关系的建模技术发展,以及大量数据聚集的非因果关系的建模技术。

(2)加快组织开发中国自主知识产权的"数字技术"研究支撑系统,以便各行业的管理人员、技术人员充分应用自己的专业知识,方便地建立所需要的数字模型研究自己需要解决的问题,加快我国数字经济的发展。

(3)仿真技术是制造业升级的关键,仿真技术使得在复杂变化的制造情景在虚拟空间进行可控的反复研究。所涉及的建模技术,涉及机器生产中的复杂变化(材料复杂化、工艺复杂化、流程复杂化等)。因此,制造业的提升离不开建立复杂、精细数字模型。应向未造先知的方向努力。

(4)国家每年重大工程花费巨大的资金,如何避免返工浪费,确保设计正确性、施工合理,应下功夫开发面对巨复杂、巨大系统的仿真验证技术与实时数字仿真验证支撑系统(工具)。

总之,数字经济大力发展,将推动仿真技术与其他数字技术快速发展,势不可挡。中国自主知识产权的数字技术的支撑底座(软件系统)是发展的最好时期。

第二部分 技术篇

第2章 实时仿真技术

2.1 实时仿真的定义

随着科学技术的发展,各式各样的复杂系统越来越多。对这些复杂系统的研究,往往采取仿真的方法,即在计算机上构成仿真模型,然后对这个模型进行试验。计算机技术的发展对这些模型的建立和试验起了极大的推动作用,使很多梦想变为现实。用数字计算机求解反映实际系统的数学模型的过程,以达到研制、开发、使用实际系统的目的,称为数字计算机仿真(digital computer simulation)。

通常,根据系统的特性或仿真系统的特点来进行仿真的分类。一般有:

(1)按系统模型可分为连续系统仿真和离散系统仿真;

(2)按有无实物参加仿真可分为数学仿真(计算机仿真)、半实物仿真及实物仿真;

(3)按时间标尺可分为实时仿真(real-time simulation)、超实时仿真和欠实时仿真。本书重点介绍实时仿真技术及其应用技术;

(4)按计算机的种类可分为模拟计算机仿真、数字计算机仿真和混合计算机仿真。

实时是一种时间标尺的概念,对系统的响应时间有严格的要求。即从现场发生一事件开始(如操作),通过实时系统进行分析处理,最后发出应答信息和指令所需要的时间为响应时间(response time),要少于临界时间,否则,系统性能变坏,或发生问题。因此,实时响应是实时系统的一个根本特点。临界时间为实际系统对相同的操作进行反应所需的时间。

实时仿真,从系统的组成来看是计算机与真实系统或物理模型相连接,在实时条件下接受动态的输入,并实时产生一个动态的输出的系统,其输入和输出是具有固定的采样周期的数据序列。从时间角度看,实时仿真是仿真时间标尺与系统的实际时间标尺相同的仿真。在实时仿真系统中,一般是有实物参与仿真,或有人介入仿真实验中。

2.2 实时仿真技术的特点

实时仿真技术作为仿真技术独立的重要分支,有其自身的特点,可以归纳为以下几项:

(1)在实时仿真系统中,响应时间是一个十分重要的指标。因此在实时仿真系统的总体设计、硬件设备的选型、I/O接口指标的确定、仿真的范围、各种算法的选择、软件的结构、操作部件仿真的方法、软件分调和联调的实时环境,以及整个软件系统运行的时间片分配和安排等一系列问题上,都要考虑最终结果的实时响应。这是实时仿真与一般计算机数字仿真的差异。

(2)实时仿真系统中一般包括计算机与真实系统(或人)。仿真系统如高逼真度地仿真实际的环境,就很容易把人导入真实的感觉,构成培训操作人员的极好环境。尤其是随着技术的日新月异的发展,对设计人员、研究人员、操作人员的培训越来越重要。比如,全世界核电站的操作人员都被核安全局规定为,如果不在全仿真的实时核电站仿真机上培训合格,就不能上岗运行。而利用仿真机进行培训,是最经济有效的手段之一。

(3)由于实时仿真系统中,数学模型对操作的反应时间应与真实系统的反应时间相等,因此,对计算机实时能力的考虑就显得十分重要。包括计算机运算速度、容量、数据传送时间、I/O驱动能力的指标等都是实时仿真系统成功运行的物质基础,但又不可能无止境增加。因此,要保证实时运行,就应选择适当的硬件系统,确定适当的仿真范围和指标要求。

(4)实时仿真系统的实现过程,在计算方法和程序结构上都要采用一些特殊的技术措施。一般在较复杂的仿真系统中,有较大的控制表盘,在表盘上有几十个到几百个操作开关,每个开关都有相应的软件模块在运行,其中大部分只有操作时才有用。为了不占系统时间,不仅在软件设计时用部件模块的模式设计,而且在模块被调用时,每 0.1s 计算一次,不被调用时就每 0.25s 计算一次。其他还有很多措施,这里就不一一列举。

(5) 仿真支撑软件系统是实时仿真系统的关键技术。由于实时仿真系统对时间的标尺以及实时响应有严格的要求,而且一般情况下系统庞大,更迫切需要仿真支撑软件系统来支撑实时仿真系统的实现,即支撑实时数据库管理,在实时环境下的调试、运行I/O驱动,在实时环境下的人为介入,以及支撑在线的软件修改和扩充。

(6) 实时仿真系统中,一般情况下包括了人的介入,教练员工作站是较典型的例子。因此,为实现人的介入功能,除了仿真支撑软件支撑外,图形图像技术、多媒体技术以及虚拟现实技术等各项新技术、新成果在仿真领域的应用,将与实时仿真系统相辅相承地互相推动发展。

(7) 实时仿真系统由于将数学模型与真实系统或物理模型相连接,因此比较直观,概念也容易推广和让人们接受。其系统的规模可大可小,小至汽车仿真机(或更小的系统),大至宇宙飞船仿真机、全动型飞机仿真机、核电站仿真机等,无孔不入,推广迅速。

(8) 实时仿真系统应用范围广,加上由于有实物或人的介入,不仅形成多学科的系统工程的产品,而且对新技术的发展比较敏感,结合较快,可以结合计算机硬件、软件、视景技术、虚拟现实技术等形成新型的应用系统。

(9) 实时仿真系统所牵涉的技术面宽,因此研究成果的产业化、商品化、国际化难度大,涉及的标准多,质量控制的实施也就比非系统工程产品的难度更大。

2.3 实时仿真的建模技术

实时仿真系统开发中的建模就是根据仿真对象的物理特性和过程建立计算机能运行的数学模型。数学模型在运行过程中,必须能反应对象过程的真实性,如反应特性、报警、启停过程、故障反应及处理等。由于每个对象的物理特性都有所不同,因此每个对象的数学模型都有其自己的特征。

数学模型还根据仿真机用途的不同而有所不同。操作培训用的仿真机,其模型反应的整个流程和运行过程的特性必须是正确的,而且逻辑和控制是全仿真的。也就是通过全范围的仿真和1∶1的操作逻辑和控制的仿真来实现对操作员的培训,使之全面了解对象特性和操作逻辑与规律,并揭示参数的相关关系。而对于过程分析研究用的仿真机,仿真的范围可能是某一个或几个系统,但对数学模型的精细度要求很高,称其为精细模型,它要求能反应出对象的详细特性,往往需用大规模的计算资源(比如超级计算机或分布式方法等)求其参数。精细模型能用于研究对象的特殊性能,如新型设备的运行性能、运行方式等,帮助选择合理的运行系统和控制方案。因此精细模型要求能精确而深入地反映对象内部的机理和工作过程,其精度要求和工作难度也就大大增加了。但目前,培训和分析的结合型的仿真机更多些,就总体来讲,它用于操作培训,但往往在某些局部,需对某些重要参数建立分析模型,以满足一些分析功能的要求。

随着仿真技术的发展,实时仿真已成为仿真技术的重要分支。仿真,顾名思义,是要和真的一样,不仅仅是对象的外观,如控制室的布局、操作台的结构、仪表开关的形状、位置、色彩,还包括对象的过程特性、故障反应等。这就如俗话说的,既要"貌似",还要"神似"。

2.3.1 实时建模的特点

为了达到实时仿真的目的,在建模过程中必须注意到一些关键性的特点,列举如下:

(1)在整个实时仿真系统中包括很多的设备、部件、元件、控制设备等的局部模型。为了保证整体的实时性,所采用的算法必须是精确而又快速的算法。

(2)在算法选择时,一定要保证每一数学模型在运算过程中收敛的结果。

(3)建立全物理过程的数学模型,不管数学模型多复杂,最终都是以代数式来表达,使之计算变量接口明确、运算快速。

(4)要充分考虑算法的速度,避免浪费机时的算法,采用节省机时的算法。比如,$A = B*B$,不要写成 $A = B^{**}2$。

(5)流体网络系统采用矩阵解的方式,避免多次迭代才能收敛或经过太繁多的计算反而得不到精确结果。

(6)在数学模型的实时运行安排时,一定要根据对象的时间特性,安排每秒运算的次数和时间片安排的组合。

2.3.2 建模方法举例

一个被仿真的对象,总是由多个物理或化学过程所组成,下面介绍一些基本的建模方法。

2.3.2.1 动态模型建模基础

本节讨论一些数学模型建模方法的例子。

1. 质量与能量

在我们所仿真的所有工业过程中,总是离不开能量平衡和质量平衡。在仿真模型中,用得最多的也是质量平衡方程和能量平衡方程的基本原理。

质量方程:
$$M = M + \frac{dM}{dt} \cdot dt$$

用 Euler 法把上列数学式展开为数值运算模式:

$$M_t = M_{t-1} + \left(\sum_{i=1}^{n} F_{in,i} - \sum_{j=1}^{m} F_{out,j} \right) \Delta t \qquad (2-1)$$

能量方程:$H = H + \frac{dH}{dt} dt$

$$M_t h_t = \left[\sum_{i=1}^{n}(F_{in,i} \cdot h_{in,i}) - \sum_{j=1}^{m}(F_{out,j} \cdot h_{out,j}) + Q \right] \Delta t + \Delta P_t \cdot V + h_{t-1} \cdot M_{t-1} \qquad (2-2)$$

式(2-1)代入式(2-2):

$$h_t = \left(\frac{1}{M_t}\right) \cdot \left[\sum_{i=1}^{n} F_{m,i} \cdot (h_{m,i} - h_{t-1}) + Q \right] \Delta t + h_{t-1} \qquad (2-3)$$

式中:M 为质量;H, h 为焓,比焓;F 为流量;Q 为吸热量;t 为时间;$\Delta P_t \cdot V$ 为由于压力变化引起的做功。

式(2-3)转化为温度计算式,则为

$$T_t = \frac{1}{M_t} \left[\sum_{i=1}^{n} F_{in,i}(T_{in,i} - T_{t-1}) + \frac{Q}{C_p} \right] \Delta t + T_{t-1} \qquad (2-4)$$

传热 Q,它的基本传热表达式为

$$Q = hc \cdot \Delta t \qquad (2-5)$$

温差 ΔT 在模型中根据情况的不同一般有下列三种形式:

(1) 两点温差

$$\Delta T = T_H - T_c \qquad (2-6)$$

(2) 三点模型

$$\Delta T = T_H - \left(\frac{T_{ci} + T_{co}}{2}\right) \qquad (2-7)$$

或

$$\Delta T = \left(\frac{T_{Hi} + T_{Ho}}{2}\right) - T_c \qquad (2-8)$$

(3) 四点情况数学表达式：

$$\Delta T = \frac{T_{Hi} + T_{Ho}}{2} - \frac{T_{ci} + T_{co}}{2} \qquad (2-9)$$

或

$$\Delta T = \frac{\Delta T_A - \Delta T_B}{\ln\left(\dfrac{\Delta T_A}{\Delta T_B}\right)} \qquad (2-10)$$

其中

$$\Delta T_A = T_{hi} - T_{co}, \Delta T_B = T_{Ho} - T_{ci}$$

传热系数 h_c 是根据传热方式的不同而计算的公式也有所不同。

(1) 导热方式，由于每一个设备导热面的截面积和厚度都是固定的，如在电站中蒸汽向金属的导热用 $h_c = K\sqrt{F \cdot T}$，简化为只跟蒸汽的流量和温度的关系，是一种近似算法。

(2) 对流方式

$$h_c = 0.023 v^{0.8} d^{-0.2} K_T \left(\frac{\mu}{e}\right)^{-0.8} \qquad (2-11)$$

式中：v 为流体比容；d 为管子直径。

但在实际传热计算中，一般演变为

$$h_c = K_T \cdot F^{0.75} \qquad (2-12)$$

由 0.8 次方简化为 0.75 次方完全是为了节省计算机时而又不会减少运算的精度。

(3) 某些设备中由于存在两相流体的互相改变，其传热方式就显得更复杂。这里以冷凝器为例：

$$h_c = Q_1 \cdot Q_2 \cdot \int_0^1 L_1 \cdot L_2 \sqrt{F_{cw}} \cdot K_3 \qquad (2-13)$$

式中：Q_1 为空气影响系数，随着空气压力的变化而变化；Q_2 为密度影响系数；L_1 为水箱水位；L_2 为水墙水位；F_{cw} 为冷凝水流量。

2. 泵

在流体系统中往往都有各种电动离心或轴流泵。尽管由于泵的型号、类型以及管道设计的不同，详细模型也会有所不同，但其基本原理和模型是一样的。

典型的泵的流程如图 2-1 所示。

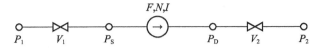

图 2-1 泵的流程图

P_1—源压力;P_S—泵的进口压力;P_D—泵的出口压力;V_1,V_2—阀门开度,正常在 0~1 间变化;P_2—出口端压力;F—泵流量;N—泵转速,正常为 0~1 间变化;I—泵的马达电流。

其中与泵直接有关的参数有 P_D、P_S、F、N、I。

1)泵的出口压力

每一台泵都有它的特性曲线。一般泵的流量与压力间的关系,可以采用以下特性曲线关系来表示:

$$P_D - P_S = k_1 N^2 + k_2 FN + k_3 F^2 \qquad (2-14)$$

式中:k_1,k_2,k_3 为泵的特性曲线常数,k_1 为空载时的压头,k_2 为泵的动态压力损失系数,k_3 为泵本身的压力损失常数。

泵的特性曲线一般如图 2-2 所示,离心泵和轴流泵在曲线形状上有些区别,一般来说轴流泵在曲线上更平稳。

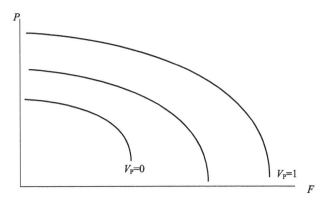

图 2-2 泵的特性曲线图

图 2-2 表示动叶可调节的泵的特性曲线图,随着动叶位置的不同特性曲线也有所不同,即 k_1,k_2,k_3 的值也不同。在动态模块中,要求某一动态位置对应的特性参数值,往往根据已知的多个特性参数值插值计算的方法来运算。

在水泵,如给水泵、循环泵的运行过程中,往往还必须考虑它可能发生的汽蚀现象。虽然在不同情况下发生汽蚀,如低吸入压力汽蚀或热汽蚀,但它们发生的现象确是很相似的,可观察到的参数,如出口压力、流量相对于正常情况会有

很大的波动,从而在电流表上显示出其电流的大幅振荡。为了在仿真模型中能直观地表示出汽蚀现象,对式(2-14)进行修正:

$$P_D - P_S = (K_1 N^2 + K_2 NF + K_3 F^2)(1 + S_V \cdot S) \qquad (2-15)$$

式中:S 为随机数;S_V 为汽蚀强度,当汽蚀不存在时则 $S_V = 0$。

2)泵的进口压力

一般情况下,泵的进口压力必须维持在某一压头值以上,不然就会发生汽蚀现象。在图 2-1 中,进口压力为

$$P_S = P_1 - (F/A_1)^2 \qquad (2-16)$$

式中:A_1 为阀门开度 V_1 函数;F 为泵的流量,因此

$$F = A_2 (P_D - P_2 - P_H)^{1/2} \qquad (2-17)$$

式中:A_2 为从泵出口至出口端边界间管道的流量系数;P_H 为 P_D 至 P_2 间流体的静压头。

3)电动泵的转速

对于离心泵,在启动和停止过程中,其转速的变化过程受众多因素的影响,如负荷条件、电压、马达特性等,一般在建立模型时,我们通常以下列函数关系来建模。如对于单级转速的泵:

泵启动:

$$N(t + \Delta t) = N(t) + K_1[1 - N(t)]\Delta t \qquad (2-18)$$

泵停:

$$N(t + \Delta t) = N(t) - K_2 N(t) \Delta t \qquad (2-19)$$

式中:$N(t)$ 为在 t 时刻泵的转速;k_1 为泵启动常数(1/s);k_2 为泵停运常数(1/s)。

对于多级转速的泵或调速泵,如电站中汽动泵,其转速要根据其变化特性或调节方式而确定。

4)泵的电流

泵的功率电流通常用下式来计算:

$$I = \frac{W\,746}{(\cos\theta)E_v 1.732} + K(1-N)^2 \qquad (2-20)$$

式中:W 为泵的功率(马力,1 马力 = 735W),是泵的流量压头、效率的函数;$\cos\theta$ 为功率因子;E_v 为标称电压;$1.732 = \sqrt{3}$ 为相位(三相电流);$K(1-N)^2$ 为泵启动时的冲击电流。

3. 流量计算

流量计算在各种仿真中都是最基本的计算。实时仿真中一般采用简单的伯努利方程。

(1) 单管道情况,如图2-3所示。

图2-3 单管道流量

$$F = A(P_1 - P_2)^{1/2} \tag{2-21}$$

式中:F 为质量流量;A 为流量系数,与管道长度、截面积、阀门、流体黏度等有关,但因为除了阀门开度外这些影响因素一般变化很小,因此 A 值往往用常量和阀门开度来表示;P_1 为上游压力;P_2 为下游压力。

(2) 多管道并联情况,如图2-4所示。

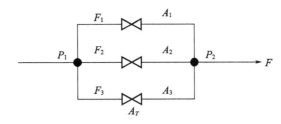

图2-4 多管道并联

一般

$$F = F_1 + F_2 + F_3 = (A_1 + A_2 + A_3)(P_1 - P_2)^{1/2} = A_T(P_1 - P_2)^{1/2} \tag{2-22}$$

因此
$$A_T = A_1 + A_2 + A_3 \tag{2-23}$$

一般地
$$A_T = \sum_{i=1}^{n} A_i \tag{2-24}$$

(3) 多管道串联情况,如图2-5所示。

图2-5 多管道串联

一般在压力结点上质量不积累,即各结点与管道一样是连续动的情况下:

$$\begin{cases} F = A_1(P_1 - P_1')^{1/2} \\ F = A_2(P_1' - P_2')^{1/2} \\ F = A_3(P_2' - P_2)^{1/2} \\ F = A_T(P_1 - P_2)^{1/2} \end{cases}$$

则：
$$A_T = \frac{1}{\left(\frac{1}{A_1^2} + \frac{1}{A_2^2} + \frac{1}{A_3^2}\right)^{1/2}} \tag{2-25}$$

一般地
$$A_T = \frac{1}{\left(\sum_{i=1}^{n} \frac{1}{A_i^2}\right)^{1/2}} \tag{2-26}$$

4. 压力

箱体内的气体压力通常用状态方程式求解：
$$PV = RT \tag{2-27}$$

当有的可压缩流体特性和气体状态特性差别较大，就不能用式(2-27)求解，如主蒸汽母管压力可用下列经验公式：
$$P\frac{M}{V} = 0.0002326 \left[1 - \left(\frac{21.57}{79.73}\right)^2\right] \left[h - 1970.73 + \left(\frac{21.57 - P}{1.965}\right)^2\right] \tag{2-28}$$

式中：h 为焓(kJ/kg)；M 为质量(kg)；V 为体积(m^3)。

在管道中的压损一般用下式来表示：
$$P_i - P_o = KF^2 \tag{2-29}$$

5. 非平衡态两相换热容器

两个控制容积，一个为气相，另一个为液相。两个容积之间，质、能传递通过气相向液相凝结，液向气相闪蒸(蒸汽)，并且伴有相互传热来实现，每相可能是饱和、过热或冷态(图2-6)。

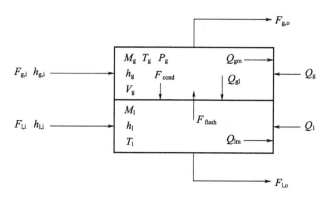

图 2-6 两相换热器示意图

气相：

$$\frac{dM_g}{dt} = F_{g,i} - F_{g,o} + F_{flash} - F_{cond} \quad (2-30)$$

$$\frac{d(M_g h_g)}{dt} = F_{g,i} \cdot h_{g,i} - F_{g,o} \cdot h_{g,o} + F_{flash} \cdot h_g(P_l)$$
$$- F_{cond} \cdot h_f(P_g) + Q_g - Q_{gl} = Q_{gm} + \frac{\overline{V_g}}{J} \cdot \frac{dP}{dt} \quad (2-31)$$

液相：

$$\frac{dM_l}{dt} = F_{l,i} - F_{l,o} + F_{cond} - F_{flash} \quad (2-32)$$

$$\frac{d(M_l h_l)}{dt} = F_{l,i} \cdot h_{l,i} - F_{l,o} \cdot h_{l,o} + F_{cond} \cdot h_f(P_g)$$
$$- F_{flash} \cdot h_g(P_l) + Q_l - Q_{gl} = Q_{lm} \quad (2-33)$$

气体在过冷态时才会出现凝结：

$$F_{cond} = f([T_{sat}(P_g) - T_g]) \quad (2-34)$$

当液体处于过热态，出现闪蒸：

$$F_{flash} = f([h_l - h_f(P_g)]) \quad (2-35)$$

式(2-30)~式(2-35)中：Q_g 为外界向气相传热；Q_l 为外界向液相传热；Q_{gm} 为气相向金属传热；Q_{lm} 为液相向金属传热；Q_{gl} 为气相向液相传热；M_g、M_l 为气相、液相质量；h_g、h_g 为气相、液相焓；$h_f(P_g)$ 为凝结液相焓；$h_g(P_l)$ 为闪蒸气相焓；T_{sat} 为气相饱和温度；T_g 为气体温度。

2.3.2.2 逻辑控制基础模型

实际的逻辑控制系统是由大量的逻辑控制块连接起来的复杂系统。而逻辑控制系统的仿真，一般是按照实际的逻辑控制，进行 1∶1 的仿真。其逼真性如何，除了逻辑动作和控制功能动作正确外，其时间特性也应与实际一样。

一些常用的控制块仿真方法讨论如下：

1. 比例控制器

$$\text{output} = k_p V_m - V_{set} \quad (2-36)$$

式中：output 为控制器输出；k_p 为比例增益常数；V_m 为测量值；V_{set} 为设定值。

2. 比例积分(PI)控制器

PI 控制器的传递函数

$$w(s) = \frac{1}{\delta}\left(1 + \frac{1}{T_i s}\right) \qquad (2-37)$$

式中：δ 为比例带或变动率；T_i 为积分时间；

展开为计算公式，即

$$\text{OUTPUT} = k_p \Delta + k_i * \text{INT}(V_m - V_{set} * dt) \qquad (2-38)$$

式中：k_i 为积分增益常数；NIT 为积分；dt 为计算时间步长。

一般电站的控制模块中，PI 控制器模块的功能可用图 2-7 来表示。

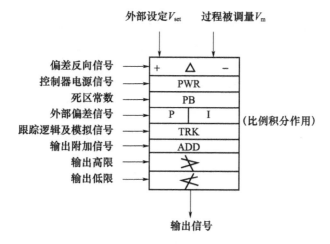

图 2-7 PI 控制功能示意图

它仿真过程可用下列来表示：

(1) 当跟踪逻辑信号为"真"时：

$$\Delta = V_t - \text{OUTPUT} \qquad (2-39)$$

$$\text{OUTPUT} = \text{OUTPUT} \pm \min(\pm\Delta, K_{track}) \qquad (2-40)$$

当 Δ 为正值时，min 取正值，反之取负值。

式中：V_t 为跟踪模拟信号；K_{track} 为跟踪常量。

(2) 当跟踪逻辑信号为"否"时：

$$\Delta = V_{set} - V_{proc} \qquad (2-41)$$

式中：V_{set} 为设定值；V_{proc} 为过程值，在仿真中取计算测量值。

如果偏差 Δ 是在死区内，$\Delta 1 = 0$；

如果偏差 Δ 是在死区外，$\Delta 1 = \Delta + K_{dead}$，$K_{dead}$ 为死区常数。

此时积分输出为

$$\text{INTOUT} = \text{INTOUT} = + \frac{1}{n_{\text{cps}} \cdot K_t}(\Delta 1 + V_{\text{extra}}) \tag{2-42}$$

式中：K_t 为积分时间；V_{extra} 为外部偏差信号；n_{cps} 为计算机每秒运算次数。

因此比例积分输出

$$\text{OUTPUT} = \text{INTOUT} = + K_p \Delta 1 + V_{\text{add}} \tag{2-43}$$

式中：K_p 为比例常数；V_{add} 为输出附加信号。

一般要求输出信号在高低限内，因而 output $\geqslant k_h$ 时，output $= k_h$；output $< k_l$ 时，output $= k_l$。

在 PI 调节过程中，积分成分和比例成分都在起作用，调节结果应是无差的。根据上述过程，可以发现，无论编程或调节 K_p 和 K_t 都会很方便的。

2.3.2.3 比例积分微分(PID)控制器

比例积分微分控制器的传递函数：

$$w(s) = \frac{1}{\delta}\left(1 + \frac{1}{T_i s} + T_D s\right) \tag{2-44}$$

式中：T_D 为微分时间常数。

展开为基本计算公式，可以下列式子表示：

$$\text{OUTPUT} = k_p \Delta + k_i * \text{INT}(\Delta * \text{d}t) + K_d \frac{\text{d}\Delta}{\text{d}t} \tag{2-45}$$

式中：K_d 为微分增益常数；$\frac{\text{d}\Delta}{\text{d}t}$ 为对时间微分。

与 PI 控制器对比可以看出，PID 控制器的功能图同 PI 控制器的，只是功能上增加了微分调节作用，即

$$\text{OUTPUT} = \text{INTOUT} + K_p \Delta_1 + V_{\text{add}} + V_{\text{der}} \tag{2-46}$$

$$V_{\text{der}} = \frac{1}{n_{\text{cps}} \cdot k_{\text{der}}} * (\Delta_1 - \Delta) \tag{2-47}$$

式中：V_{der} 为微分输出；K_{der} 为微分时间常数。

在采用 PID 调节器时，只要三个常数的作用匹配得当，就可以避免过分振荡（比例作用），又能得到无差的调节结果（积分作用），且能在调节的过程中，加强调节作用，减少动态偏差（微分作用）。在控制系统的应用中，PID 调节器是经常被采用的。

2.3.2.4 一般惯性环节

当输入信号发生变化时，输出信号按一定惯性发生比例变化。它的计算公式为

$$\text{OUTPUT} = \text{OUTPUT} + K_i(K_\text{P}\Delta - \text{OUTPUT}) \quad (2-48)$$

一般惯性环节在仿真中应用很广,除了在控制环节中经常用到它,在动态仿真中也经常用到。如电站仿真系统中,流量、温度、压力等的变化过程中,都有惯性环节,因此经常用 K_i 来调节其变化的快慢。

2.3.2.5 设定站

设定站模块可以产生一个设定值输出给控制器参与调节,如上面的 PI 调节器、PID 调节器中 V_set。一般设定站有四个功能:设定增、设定减、设定快增及设定快减。负荷在升降过程中,有各种重要参数可以通过设定站进行设定后,通过自动控制达到要求。因此设定站在各种仿真机中都会遇到。

一般设定站功能图如图 2 - 8 所示。

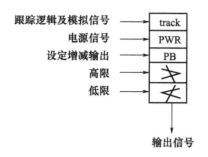

图 2 - 8　设定站功能示意图

设定站的模型仿真一般用下列方法来表示:
(1)当跟踪逻辑信号为"真"时

偏差 $\quad\Delta = V_\text{track} - \text{output}$ （2 - 49）

输出 $\quad \text{output} = \text{output} \pm \min(\pm\Delta, k_\text{fast})$

Δ 为正时取正值,当负时取负值;k_fast 为快增、快减速度。

(2)当跟踪逻辑信号为"假"时:

按快增按钮

$$\text{output} = \text{output} + k_\text{past}$$

按快减按钮

$$\text{output} = \text{output} - k_\text{fast}$$

按正常增按钮

$$\text{output} = \text{output} + k_\text{Nor}$$

按正常减钮

$$output = output - k_{nor}$$

当 $output > k_h$，$output = k_h$

当 $output < k_l$，$output = k_l$

2.3.2.6 触发器

SR 触发器是逻辑功能中常用到的功能块。SR 逻辑块模式如图 2-9 所示。

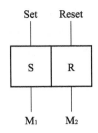

图 2-9 SR 逻辑块模式

其功能真值表如图 2-10 所示。

R优先			S优先		
S	R	M	S	R	M
O	O	保持	O	O	保持
O	1	O	O	1	O
1	O	1	1	O	1
1	1	O	1	1	O

S—Set   R—Reset   M—输出

图 2-10 SR 真值表

在仿真程序中，利用 Top—down 的计算方式，使得输出变量有记忆功能。

如 R 优先时：

$$output = (output.OR.S) AND.(.NOT.R)$$

如 S 优先时：

$$output = S.OR.(output.AND.(.NOT.R)$$

2.3.2.7 延时失电、延时通电和脉冲

这三种情况的仿真都采用了记数器作为记时器的运算方法。因为仿真的计算和运行是实时运行的情况下，要记数器迭加的数是计算机每次运算的时间，记数器也就成了记时器，记录了实际的延时时间和脉冲时间。

2.3.3 自动化建模技术

仿真模型的建立和调试是非常繁杂的工作，而且随着仿真的复杂性，控制系统的自动化程度越来越高，有大量的参数被运行监视和操作，大量的信息要交换，原有的手工建模方式，已不能适应仿真的各项任务要求，自动化建模是必然趋势。

随着仿真建模技术和计算机技术的发展，自动建模技术的发展越来越深入，使模型工程师逐渐摆脱了枯燥无味的依靠人工、键盘来输入程序、依靠人工分析程序来修改、调试程序的繁琐工作，使得编程、调试的质量大大提高，时间大大缩短，程序更规范化，修改更方便。

2.3.3.1 自动化建模技术的分类

自动化建模技术种类繁多，一般常用的方法分别讨论在以下各章节。

1. 网络系统仿真模块自动化生成技术

如电网络、流体网络。这类技术有如下特点：

(1) 整个网络图形化再现于计算机上，从网络节点及连线上输入其特性参数值。

(2) 整个网络是一整体模块。为解决各参数间关系耦合问题，采用拓扑分析，解矩阵的方法。

(3) 在网络图上可以动态运行、调试。

(4) 有标准的图符库。

(5) 变量名统一规范，根据网络节点及连接线来确定顺序，方便易查。

2. 面向对象模块自动生成技术

面向对象模块自动生成技术可分为图形化和"机械化"两种方式。面向对象"机械化"模块自动生成技术，是用计算机命令形式去寻找到要求的模块，按人为规定的格式及变量名生成模块，并根据人为输入的特性自动地整定出模块中的常数参数。这种方式对于熟悉对象，同时也熟悉模块库中模块特性的工程

师很方便。面向对象图形化模块自动生成技术,让那些对于计算机和数学模型没有较深认识的人也能方便地使用,因而被大力推荐。其主要包括如下内容:

(1) 每个设备或被仿真单元必须有对应的图符及其输入输出,因而需有一个图符库,才能形成图形化人机界面。人们可以通过对图符及其输入、输出参数的操作和监视,来生成、连接、运行、调试被仿真对象的数学模型。

(2) 每个设备或被仿真单元必须有独立的模块,因此有一模块库,并且图符库中任一图符必须在模块库中有对应的标准模块。因此如果要扩充图库,必须要求各类信息进行登记,包括图符的登记和模块的登记。

(3) 所有模块间的信息交换通过数据库来完成。

(4) 它的特点是:①一般都有友好的人机界面;②面向对象的程序设计思想、图形组合自动生成仿真软件;③模块结构规范化、标准化;④建模、编辑、编译、调试环境的建立都在图形界面自动完成;⑤参数自整定能力强;⑥在图形界面上在线调试、运行、改变边界条件。

2.3.3.2 仿真软件自动生成与调试系统举例

为了使读者对自动建模技术有更多的了解,这里以亚仿公司的图形化仿真软件自动生成与调试工具 ADMIRE(Automatic Development of Modelling Integration and Real – time Execution)为例进行说明。ADMIRE 工具的应用不仅大大减少了编程建模工作量,而且形象生动,已被用于多台仿真机的制作中。

ADMIRE 包括以下几个部分:

ADMIRE – E 设备模块自动生成软件;

ADMIRE – L 逻辑控制模块自动生成软件;

ADMIRE – F 流体网络(不可压缩流体、可压缩流体、两相流体)模块自动生成软件;

ADMIRE – N 电网络模块自动生成软件。

ADMIRE – F 和 ADMIRE – N 属于网络模块自动化建模技术,ADMIRE – E 和 ADMIRE – L 属于面向对象模块自动生成技术。ADMIRE 系统采用了 Unix 操作系统,在 X – Window 的技术基础上,外部界面开发设计采用 X – Tool 与 Motif 相结合的方式,操作图符的设计采用 XLib,建立了友好的人机界面,通过图形编辑工具和图形库,将仿真对象的设备或系统再现在计算机屏幕上,把仿真对象的原始资料输入计算机内,即可自动生成仿真模型软件,并在支撑软件的环境下编译、运行和调试。

从整体结构设计上 ADMIRE 系统可分为几个部分(图 2-11):

1. 视窗的控制

为了让使用者更方便地进行图形设计,在作图区域的视窗中可以进行视点的调整、视窗的刷新及复制、删除、旋转、颜色调整等图形编辑功能。同时可以进行仿真对象图符的生成或扩充,由不同图符的连接,可以得到系统的仿真图。

2. 图库的管理

图库里存储了 ADMIRE 所支持的所有的图符,使用时只要到图库里选择图符即可。使用者可以对图库进行扩充。

ADMIRE 所作的图形与一般绘图软件所做图形有本质上的不同,它不仅存储具体的图形数据,同时也存储模块库中与此图相对应模块所需的全部信息。如一个泵存储时,不仅要存其图形数据,而且要存其特性曲线数据、接口变量、设定值及流量等,这样才能在生成的模型中表示出它的特性。

3. 模块库的管理

在模块库里有三类不同用途的模块:

(1) 静态模块:根据仿真对象的原始数据算出动态模块所需的常数和初始条件。

(2) 动态模块:具体对象的仿真模块。

(3) 调试模块:通过人机界面,用于在线调试仿真模块。

模块特性的操作包括对象的连接,通过对象连通,确定对象间连接关系。如对象内可调量的生成,对象内生成量的获取显示,传递数据的生成。

4. 源码的自动生成和编译

ADMIRE 根据对象的内外特性能从左到右、从上至下地生成各对象的调用关系式,以及相关对象之间的参数传递表达式,并通过实时数据库把它们联系在一起,生成标准的 FORTRAN 源码。通过编译器编译此源码即可得到调试所需的执行模块。

ADMIRE 自动完成仿真模型软件和相关参数的生成,即使在部分原始数据缺乏的情况下,也具有较好的数据自动生成能力,自动完成模块的定义、编译、联接、变量名的定义,并自动加入数据库,自动建立实时运行环境。

5. 结果的运行调试

ADMIRE 进入实时调试环境后,可在图形界面上显示出参量运算结果,可控制各模块的运行状态,可在线加入各种扰动,同时向调试者提供趋势和相关参数图。实践说明,自动建模技术可以大大提高仿真软件的开发效率和质量。ADMIRE设计结构如图 2-11 所示。

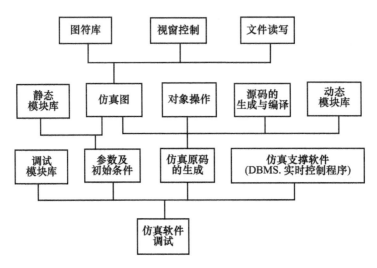

图 2-11 ADMIRE 设计结构

2.3.4 模型模块的分类和应用

模型软件模块一般按 Top-down 结构控制层次分为：

(1)主模块(main module)，它是最高一级模块，用于调用下一层的模块。

(2)子程序模块(subroutine module)，它是各个被仿真系统的模型程序，如设备模块，逻辑模块。

(3)函数模块(function module)，它是最基本的子程序模块，一般用于以单值返回的函数关系计算。图 2-12 是模块调用关系图。

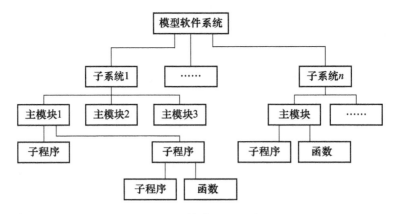

图 2-12 模块调用关系图

第3章 实时仿真支撑软件技术

3.1 概　　述

在仿真的领域中,不论仿真对象是什么,仿真支撑系统不仅是最关键的技术,而且是"解放"仿真系统开发者和使用者的重要手段。它不仅赋予仿真系统以生命力,同时也是实现仿真技术产业化的基础。

仿真支撑系统是在仿真技术发展过程中被抽象出的概念,也是一个具体的功能被定义的软件系统。其具体地形成一项技术,仿真支撑是在20世纪70年代末美国等一些国家仿真技术应用的产业化过程中诞生。在这之前,仿真机制作速度很慢,设计、联调、修改和更新都十分困难,形成了制作工期和需求的极大矛盾。特别是美国三哩岛核电站出现故障后,急切需要核电站培训仿真机。需求推动着全世界当时比较完善的仿真支撑软件陆续的出现,从而使美国和法国等国家的制造仿真机的大公司都有自己的仿真支撑系统。我国自己研发的中国自主知识产权的支撑软件(如亚仿公司开发的ASCA等)也是在急需中开发。因为1985年我国从美国引进火电仿真机时,所用的仿真支撑软件系统,只允许用在火电仿真机上,不能用于核电、化工、军工等所有的领域,1993年为了开发核电、化工等仿真机,必须开发中国自主知识产权的仿真高级支撑软件系统ASCA。2002年为了实现"十五攻关"计划项目"数字化电厂",又开发了仿真、控制、信息三位一体高级支撑平台"科英平台"(SimCoIn 平台)。

目前,计算机及信息技术的快速发展,促使仿真经验加快积累,面对复杂性增加仿真的内容、难度,领域范围巨增。因而,加强仿真支撑系统技术的研究就显得更为重要。

仿真机的开发是一项非常复杂和庞大的工程。一台中型仿真机,如果我们仅仅利用普通的高级编程语言和编程工具进行开发,开发成功的可能性非常小,即使开发成功,花费的工期可能会非常长,而且这样开发出来的仿真机在调试、修改、维护和升级时会非常困难。仿真支撑软件发展起来之前,仿真机开发领域基本上就是这种状况。

鉴于以上的原因,仿真支撑软件显示出其强大的生命力;先进的仿真支撑软件不但能非常稳定地支撑仿真机的运行,能提供自由控制仿真机的手段,而且能简便和灵活地支持仿真机的开发,并且高效率地支持仿真机的模块化调试,在提高仿真机质量的同时,大大缩短仿真机的开发工期。

国内仿真技术的发展就是在支撑软件发展起来之后才快速发展起来的。亚仿公司的高级仿真支撑软件 ASCA 是国内最早的仿真支撑软件之一。并结合公司前期制作仿真机的经验,将仿真技术、实时控制技术、数据库技术、编译技术以及面向对象的思想和 Unix 操作系统结合在一起,开发出了第一代高级仿真支撑软件 ASCA。并成功应用于火电、水电、核电、化工和飞行器等多个领域几十个项目。并且在实践中不断升级换代,现在已经形成了非常成熟的达到世界先进水平的仿真支撑技术。

3.2 仿真支撑系统基本功能和构成

3.2.1 基本功能

仿真支撑系统是在仿真技术的发展过程中不断丰富和提高的。它是用以协助仿真系统的开发者和使用者更有效地开发和应用仿真系统。仿真支撑系统的形成完全是一个自然的过程。在千百次的仿真系统制造和使用之后,人们积累了丰富的仿真经验,他们把在仿真系统研制过程中所存在的问题和解决方法加以概括和总结,并抽象出仿真支撑系统的概念。其基本功能至少要有如下几项:

(1)支撑编译,高级语言(如 Fortran/C 等)的相互转换,以及编译工具。

(2)支撑从图形化建模(即可视化模型自动生成和调试)。

(3)支撑离线的模型程序开发、调试,以及独立使用的用户环境的实时运行和调试(建立用户分调环境)。

(4)支撑连接、编译、装入,形成用户可用系统。

(5)支撑实时条件下修改和装入。

(6) 支撑联调和 70% 以上的自动查错能力。

(7) 支撑自动生成程序,尽可能使程序规范化。包括支撑逻辑和控制模块的自动编程、设备模块的自动生成,以及各种网络的自动建模。

(8) 支撑自动资料系统的形成,使仿真机设计资料规范化。

(9) 支撑过程计算机(PPC)系统的全面开发,包括完善的工具软件。

(10) 支撑完整、高效的实时数据库。

(11) 支撑教练员台(或称教员控制台)软件的运行。

总之,仿真支撑系统至少应包括仿真模型的编制和管理、编译或解释、连接和装入、调试和控制功能。仿真系统的开发者可以通过仿真模型的编制工具创建模型程序,手工建模或自动建模,图形化输入或字符化输入。仿真支撑系统要有能力管理这些模块和工具,让它们成为有机的整体。在仿真模型形成之后,支撑系统提供手段让所有的模型用规范而统一的形式来表述,或编译成目标码或解释成通用的伪代码。而后通过连接和装入工具使它们在同一的仿真环境中运行,支撑系统充分利用计算机的资源,使开发人员能够方便地跟踪调试模型软件。而通过这一系列的工具所形成的仿真系统,对于仿真系统的使用者而言是极其便利的,他们可以和开发人员一样方便地对整个系统进行维护。

3.2.2 仿真系统中计算机系统结构

仿真支撑系统是存在于基础软件和基础硬件之上、仿真系统之中、基础软件和应用软件之间的一种多功能平台。广义而言,仿真支撑系统是仿真工具的一个集合(图 3-1)。它支撑仿真系统的整个生命周期,包括仿真对象的分析、仿真模型的表述、仿真模型的生成、仿真模型的运行、仿真系统实时的控制、复杂系统模型间数据及算法的交换、模型的性能状态的提升及控制参数的优化整定、仿真数据的存储/恢复/表现/移植、仿真系统之间的联合运行等。

图 3-2 说明了支撑系统的位置和不同应用时支撑系统的构成。基础仿真支撑软件包括了仿真支撑(S)、共用模块(C)和专用模块(SP)。配合不同的计算机系统所采用的操作系统(O)形成仿真系统运行的基础,即 O+S+C+SP。在讨论支撑软件的发展和变化时,实际上是在讨论支撑能力的变化。O、S、C、SP 每个部分的内容都很丰富。比如:随着计算机发展,20 世纪 70 年代末 80 年代初的操作系统采用的是专用 DOS 或 MPX-32,其中 MPX-32 操作系统基于 ENCORE 机器,全世界大型仿真系统 70% 以上采用该机器。80 年代末 90 年代中,MPX-32 几乎被淘汰而采用了 Windows 或 Unix 操作系统。90 年代末,又加

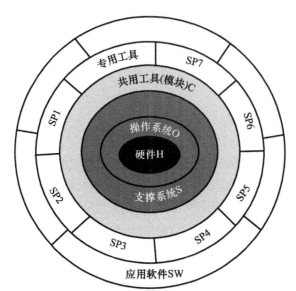

SW—应用软件；SP—专用工具；C—共用工具；
S—支撑系统；O—操作系统；H—硬件。

图3-1 仿真系统中计算机系统结构图

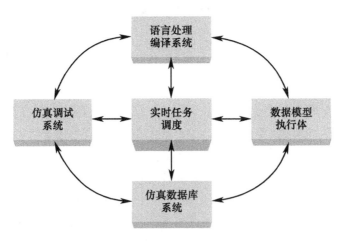

图3-2 支撑系统的位置和构成

入了Window NT操作系统。目前主流的操作系统仍然是Windows与Unix（Linux是Unix的一个分支）。因此可见，支撑系统的开发和变化也受操作系统的影响。

仿真支撑系统不仅是整个仿真系统运行的基础,同时是连接开发者与用户的纽带。没有仿真支撑平台的仿真系统将是一个缺乏生命力的系统。使用者几乎无法对其进行有效的维护和修改,即便可以也是异常困难的。而开发者不仅需花成倍的时间和精力在系统的创建上,对于进一步的扩充或是升级更是寸步难行,从而造成了开发、运行、修改、扩充的低效率和一个几乎是"僵死"的系统。仿真技术发展的初期即是这种境况。目前,开发者与使用者已有了共识,仿真支撑系统的优劣,不仅是仿真技术水平的重要标志,而且将直接影响仿真系统的质量。不过,计算机及其相关技术的不断发展将削弱简单任务的仿真实现对专业(specialized)仿真支撑系统的需求,人们可以通过一些通用的工具来完成简易仿真系统的研制。但精密或复杂系统的仿真对专业仿真支撑系统的需求却显得比以往更加迫切,而且要求更高。这些需要更是推进了仿真支撑系统向智能化方向提升。

3.3　仿真支撑软件的构成

实时仿真支撑软件应该是一个完整的支撑实时仿真软件开发、调试、运行和维护的大型软件平台。与任何其他应用软件开发工具一样,实时仿真支撑软件应提供仿真模块的编制和编译、连接和装入、调试和控制功能。这些都是实时仿真支撑软件的基本功能。

仿真模块的编制,需要提供一种面向用户的编程语言或编程界面。编程语言可以是一种高级语言(例如 Fortran 或 C,易学易用,群众基础好),或仿真专用语言;编程界面通常提供某种程度的图形化仿真程序生成功能。仿真模块编译的任务,是把模块的源代码转换为目标码。

连接程序把仿真模块连接成实时(可)执行程序。由于仿真支撑软件应支撑多个用户并行开发,因此应允许生成多个并行的实时(可)执行程序。装入程序的任务是根据用户要求建立实时仿真环境。实时仿真环境应可并行运行多个实时(可)执行程序,建立和管理实时仿真数据,以及仿真运行所需的实时控制机制。此外,不同用户应可建立各自独立的实时仿真环境。

一个应用软件开发工具,不论是大型或小型的,应提供良好的软件调试功能,否则软件的修改就可能会变成是一件痛苦的、甚至是难以胜任的工作。实时仿真支撑软件也应该提供一个强有力的调试系统,该系统的任务是:监视和控制仿真状态,监视和控制实时运行中的程序和数据,提供仿真机的调试功能。一般而言，实时仿真支撑软件的调试系统应提供丰富的离线、在线调试手段和诊断错误的功能；它应提供交互控制仿真机的能力。例如：向实时环境发出运行、暂停、重演和单步执行等指令；允许用户监视任何选定变量值从而跟踪仿真过程，修改变量值并观察其对仿真模型运行的影响；可暂时中止有问题的模块运行，使某个或部分模块在运行过程中加入执行或暂停执行，以观察特定模块对仿真机整体运行的影响；可对仿真模块进行重装或部分重装。

除了上述基本构成，实时仿真支撑软件还有两个特有系统：实时控制系统、数据库管理系统及其相关的实时仿真数据库和共享内存区。实时仿真支撑软件的结构如图 3-3 所示。

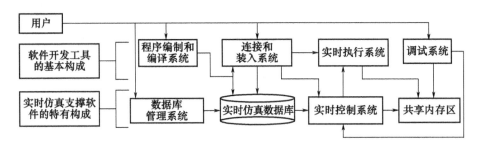

图 3-3　实时仿真支撑软件的结构

对实时仿真的支持，是实时仿真支撑软件的关键功能，也是它区别于其他软件开发工具的特点。从用户的角度来看，实时仿真就是要求仿真程序能够在指定的时间间隔内完成指定的仿真模型运算序列。完成这些运算既不能过慢，也不能过快，而且不能破坏各模型运算的规定顺序，这才能控制整个仿真运行，使之正确地仿真对象的实际物理过程。从计算机的角度来看，要在指定时间间隔内完成指定的运算量，一是要求计算机有足够的运算速度，二是要求操作系统有实时性。操作系统的实时性，是指操作系统能够向用户程序提供某些较高的运行优先级。当用户程序以这些优先级中的某一级运行时，操作系统能够保证用户程序不被其他低于其运行优先级的程序干扰。实时仿真支撑软件的实时性能依赖于操作系统的实时性。并非所有的操作系统都具实时性，所以并非所有的操作系统都适于用作实时仿真。

在具有实时性的操作系统环境下，实时仿真支撑软件需要有一个实时控制系统来实现对仿真模块运行的实时控制。例如，实时控制系统根据需要，可把每秒等分为 10 段、20 段、50 段或 100 段，每段称为一个时间片。实时控制系统可利用时间片来控制仿真程序的整体执行频率，即要求每一小段程序能够在一个时间片内完成计算。与此同时,在实时仿真环境下建立定时控制机制,每一个参加运算的仿真程序进行定时的启停管理和计时,以实现对整个实时仿真环境的同步化控制。如果仿真程序运算超时则提供报警,使开发人员能够对仿真程序的运算量进行适当调整。

实时仿真支撑软件的另一个特有组成是实时数据库管理系统。数据库管理系统提供对实时仿真支撑软件的核心数据库的支持,维护整个仿真机开发、调试、运行和全过程所需的数据信息。关于实时仿真支撑软件的核心部分——实时仿真数据库,以及相关的共享内存区概念,将在下一节介绍。

3.4 实时仿真数据库

集成化的软件开发环境中,通常需要用一个共享数据库对开发过程中产生的信息进行管理,以实现各种工具和方法的集成。实时仿真支撑软件作为开发实时仿真软件的一种系统集成工具,其核心数据库一般都具有下列特征:

(1)描述实时仿真所需的数据和程序,使仿真支撑软件的所有功能得以在此基础上建立和实现;

(2)支持实时仿真运行,定义和管理共享内存区,给仿真所用的变量分配共享内存区地址作为仿真程序实时并行运算的基础;

(3)提供数据定义、管理和维护的手段,使仿真程序和数据具有动态可观测性、可控性、可修改性;

(4)支持多用户访问,使不同人员同时开发的仿真程序和数据可以联接起来,实现共享和实时通信。

实时仿真数据库,可以用不同方式来实现。它们的界面由于设计者的偏好,可能很不相同,功能表达方式也可能有所区别,但前面所讨论的四个基本特征应该是共通的。其中第 1 个特征体现了集成化软件系统中核心数据库的共同特征;第 3、4 个特征中的数据定义、维护和多用户管理,是一般大型数据库系统的基本功能;以第 2 个特征为主所体现的对实时仿真功能的支持,决定了实时仿真数据库作为一种专用数据库系统的本质特性。

在仿真机的制造过程中实际的仿真对象往往是一个复杂的大系统,仿真程序的开发者通常需要把仿真对象划分为多个分系统(子系统)来实现。划分的依据可能是实际的物理关系、参加开发者的人数或专长,划分的目的纯粹是为了简单而且容易了解。实时仿真支撑软件应该都能保证各子系统可以并行地开发,同时也可以在互不干扰的情况下进行修改和调试。实时仿真数据库应该也可以对各个分系统进行统一管理,为多个授权用户在仿真软件开发和调试的各个阶段,提供快捷与便利的访问手段,同时,它也应该提供数据保护的功能。如果开发站点是分布在不同计算机上,实时仿真数据库还应该能提供把多个分系统集成为一个合并的最终数据库系统的能力,或者是提供分布式数据库管理的功能。

为了实现不同分系统仿真程序的开发,同时又实现实时数据的交换,建立和维护一组共享内存区是一个最基本的解决方案。由于内存数据与磁盘文件可互为映射,可以把共享内存区定义在实时仿真数据库中。根据需要,在数据库中又定义若干个共享内存区,不同分系统所使用的数据,可分布在一个或多个共享内存区内,实时仿真数据库给每一个全局变量分配共享内存区里的一段地址。由于变量的地址在共享内存区里是相对固定的,实时仿真支撑软件根据数据库的定义,建立共享内存区使仿真程序能够在实时并行运算中正确地取得数据,不同的子系统、不同的开发人员所开发的仿真程序和数据也能够轻易地联接起来,实现共享和实时性的交换。由于共享内存区是相对封闭的,实时仿真程序每运行一步所使用的输入数据均取自共享内存区,所产生的计算结果也都输出到共享内存区,从数学上来看,实时仿真程序相当于一个共享内存区为输入输出值域的迭代算法。

由于仿真变量的地址是由实时仿真数据库在共享内存区统一分配的,故开发人员可以在数据库中查出任何仿真变量的地址,并通过实时运行对该变量的值加以追踪分析,对初值或仿真程序进行调整或修改,从而使所有仿真程序和数据具有动态的可观测性、可控性、可改性。

仿真支撑软件以数据库为核心的结构以及数据库结构的先进性,可以为仿真机的开发、调试、运行、维护各阶段均带来极大的便利。

3.5 实时仿真环境的运行技术

实时仿真支撑软件通常向用户提供一些仿真独有的操作手段,如运行、冻结、快存、复位、记录、重演等。这些专业术语在实时仿真界中多数已有标准化的含义。对这些仿真的操作手段加以适当的应用,便形成了实时仿真环境下的运行技术。

在实时仿真环境下,由支撑软件支持的操作可分为三大类:运行操作(包括运行、冻结、单步、快速、慢速、实时、返回追踪等),初始条件(Inital condition,IC)操作(包括快存、复位、赋值等),IO 操作(包括开关检查、记录、重演、超控、故障等)。现分别介绍如下:

3.5.1 运行操作

包括实时仿真环境下最常用的一组操作。

(1)运行。用于把仿真环境设置为运行状态。当处于运行状态时,所有激活的仿真模块将按设定的等速运行,数据库中的每个数据值由于仿真模块的运行将不断地更新。

(2)冻结。用于冻结仿真机的运行。在这个状态下,仿真模块不参加运行,数据值不会变化,仿真时钟停止更新。

(3)单步。把仿真机设置为单步执行,即运行一定时间后,自动暂停运行,相同的时间间隔后又暂停,以此对仿真模块运行的情况进行分析查错和调试。单步执行的步长可大可小,可以根据需要选择。

(4)快速。把仿真机设置为快速运行。加快的倍数通常受到仿真模型运算量和计算机备用机时量的限制,是根据需要而选择被加快运算的模块。

(5)慢速。把仿真机设置为慢速运行。通常允许用户指出减慢运行的倍数,一般为 1~1/10 。

(6)实时。把仿真机从快速、慢速等非正常状态恢复为实时运行状态。在实时运行状态下,所有激活的仿真模块将按正常的频率运行。

(7)返回追踪。为了重现最近一段时间内的仿真过程,可按设定的时间间隔预先保存一组运行状态,以该组运行状态作为初始条件,按同样的时间间隔重新激活的仿真过程称为返回追踪。

3.5.2 初始条件操作

实时仿真支撑软件通常支持用户以磁盘文件的方式保存一组运行状态数据,作为重现一段仿真过程的初始条件。根据实际需要,可建立很多运行的初始条件。

(1)快存。把当前仿真机状态存入某一 IC 文件中。仿真支撑软件应允许用户保存多个 IC 文件,以便随时可调用。

(2)复位。重新调出以前存下的某一个 IC 文件,作为复现一段仿真过程的初始条件。

(3)赋值。赋值是改变变量值最基本的方法。在实时仿真环境下允许给任何变量赋值,以改变运行特性,或观察某一变量的影响。

3.5.3 IO 操作

IO 是指实时仿真环境下共享内存区与外部数据区的输入输出交换。它包括主计算机与外部设备(例如教练员工作站、就地台、仪表盘台等)之间的通信。

(1)开关检查。使外部设备的状态与指定的 IC 状态相一致的过程叫做开关检查。在进行开关检查时,通常要以某种约定的方式向操作者指出与当前 IC 状态不一致的外部设备。例如,用指示灯的闪动表示与 IC 不一致的 DI 设备,用表计的偏移指出与 IC 不一致的 AI 设备。

(2)记录。为了精确重现一段仿真过程,把该段仿真过程开始后发生的外部输入信号及其相对发生时间记录下来。

(3)重演。由用户复位一个指定的 IC 作为初始运行状态,并在运行过程中把预先记录下来的外部输入按其原来的相对发生时间加入实时仿真环境,以这种方式复现的一段仿真过程叫做重演。返回追踪是记录的反操作。与返回追踪的区别是,返回追踪通过复位一系列预先保存的 IC 来重现仿真过程,但不能复现两组 IC 之间发生的外部输入,也不能在返回追踪过程中排除新发生的外部输入的干扰。重演则可复现一个 IC 运行过程中原来发生的外部输入,并在重演过程中屏蔽所有新的外部输入。故重演较为精确地重现了一段仿真过程,而返回追踪在有外部输入的情况下只能近似重现一段仿真过程。

(4)超控。超控是一种数值屏蔽操作:把外部输入设定为固定的值,使真实的外部输入不能传达到实时仿真环境;或把实时仿真环境向外部输出的某个参数设为固定的值,使外部设备的状态不能真实体现实时仿真环境的运行状态。超控通常用于模拟表盘设备的故障,或用于消除表盘设备的噪声。

(5)故障。为了更真实地模拟故障现象,仿真机的数学模型通常采用全物理模型,即在仿真模型中预先考虑一组可导致故障发生的仿真参数,通过设置特定的外部输入触发全物理过程模型中的特定变化而引发故障。类似的操作还包括外部参数、远方功能等。

3.6 仿真支撑系统在不同仿真领域中的特点

仿真支撑系统面对不同的领域,其共性的部分要占 60% 以上。有关共性的部分已在3.5节中详加说明,另外的专用部分是根据不同的需要而补充进来的,如算法、子程序和满足专门需要的应用软件(模型软件)等。下面以三个主要的仿真行业为例进行说明:

1. 在军事仿真方面的应用

仿真支撑系统有能力组织和管理智能化信息、命令控制信息和环境信息,并进行处理,使其用于仿真和分析;对与其他军事仿真系统的连接提供手段;提供智能化的工具让使用者定义他们的要求及对决策的支持;有能力处理大规模的分布式数据和模型;在很多的情况中还需支撑数学模型和实物模型的数据整合。随着计算机技术的发展,军事仿真支撑系统将是一个非常庞大的系统,它将会提供与地理信息系统的接口、提供与战略/战术决策支持系统的接口、提供与以规则为基础的专家系统的接口、提供与各种二维和三维图形接口以及各种网络接口(图3-4)。

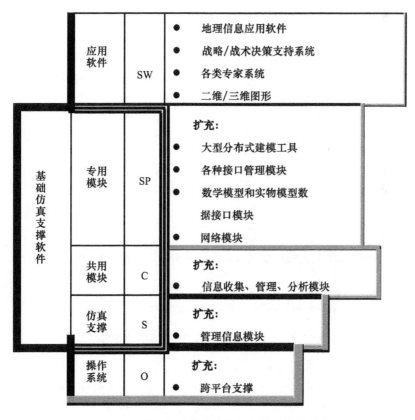

图3-4 适用于军事系统仿真支撑系统的扩充

2. 在航天航空仿真方面的应用

航天航空仿真是发展得最早的仿真行业之一,其对支撑系统的理解与其他的仿真系统不同,它要求仿真支撑系统有能力设置并跟踪过程;能对故障的发生和变化采用不同的方式进行处理;支持多机系统的联合作业;允许开发者或使用者对特殊外设的运行模式进行定义;对大规模地理信息系统提供支持;和二维或三维的视景有良好的接口;支持并行计算模式和分布计算模式;对全范围实时物理模型提供支持。航天航空仿真如果与军事仿真结合在一起,将会是一个非常壮观的仿真系统(图3-5)。

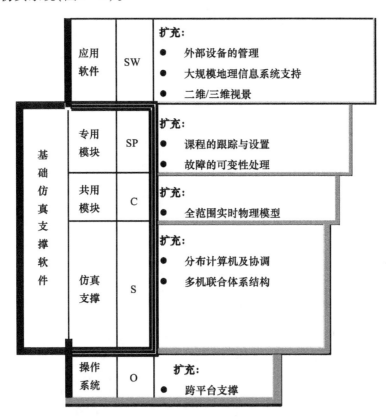

图3-5 适用于航天航空仿真支撑系统的扩充

3. 在工业系统仿真方面的应用

工业系统仿真包括众多方面,其中以电力仿真发展得最快。由于电力系统,特别是火电厂、核电厂拥有大量的设备,模型千差万别,故障在实际运行的设备上无法进行演示,因而仿真的要求也就相应地提高,因此在产业化过程中,仿真支撑系统显得尤为重要。它除了支持建模、分调、系统联调、修改和实时运行之外，还须支持分布计算和高效的通信机制。由于电厂的工况种类繁杂，支撑系统必须能够存储、恢复和跟踪这些状态，可以随时从任何一点开始仿真；再者，对于那些变化缓慢的过程，支撑系统有能力让整个仿真系统或部分系统超实时运行，反之亦然。通常硬件设备在这么一个仿真系统中是非常多的，所以，对外部设备的支持将是支撑系统中一个重要的部分，它不仅能够支持实时的输入输出，而且能够在线地对设备进行检测和矫正(图3-6)。

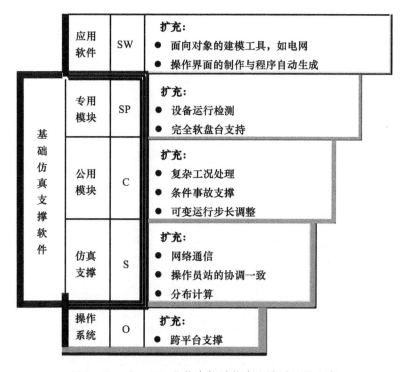

图3-6　适用于工业仿真领域仿真支撑系统的内容

小结：亚仿公司高级支撑软件系统已成功应用于电力、航空、航海、化工、核电力、钢铁、水力、电网、军事等各领域，但由于近年来计算机技术蓬勃发展带动了仿真技术的快速进步，表现在应用领域的扩大、课题的复杂、算法的深入、系统的庞大，模型与相关技术更多的结合。因此，仿真支撑软件的概念和发展思路都有很大的进步。如不同类型的仿真平台的出现，用以支撑不同的应用。即：支撑系统仿真；支撑面向对象技术应用；支撑分布仿真或支撑网络仿真；支撑进入家庭的应用系统；支撑科学研究与设计验证；或者综合性的支撑功能；等等。因此，促使仿真支撑软件运作机制在变化,智能化的支撑软件出现,即既能根据需求动态整合,又能根据仿真需求进行判断,实现智能化。推进了在线仿真技术的开发,由于解决数字化及在线问题的大量需求,亚仿公司开发了仿真、控制、信息三位一体综合支撑平台即"亚仿科英平台"。

3.7 三位一体支撑系统

以"科英"支撑平台为基本平台,以"科英"平台的实时/历史数据库为共享数据中心,包括"科英"支撑平台、工具软件层、应用软件层及用户界面层等4个层次,如图3-7所示。

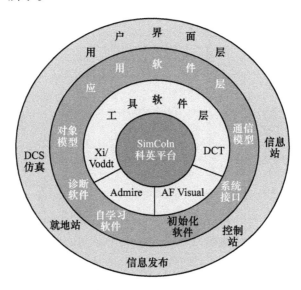

图3-7 数字化电厂的软件结构层次

3.7.1 "科英"支撑平台

"科英"(SimCoIn)支撑平台为仿真、控制、信息三位一体的综合支撑平台。该支撑平台在支撑功能上有新突破,特别是开发了功能强大的历史数据库功能,形成了集成实时/历史数据库的开发环境。

3.7.2 "科英"支撑平台的特点

亚仿科技开发的"科英"支撑平台,是一个Unix版本的完整的支撑实时仿真、控制、信息系统软件开发、调试和执行的软件工具。它是在线仿真、在线决策控制等各项功能实现的基础。

总体来讲,"科英"支撑平台具有以下重要特性:

(1)提供一个包括在线帮助的界面友好的实时共享数据库。每个符号定义一次便可用于所有仿真程序模块中。

(2)多个仿真环境共享一个联调环境及数据库。

(3)大多数的进程间通信使用共享内存来进行。这是一种易于使用的、对实时仿真最为有效的方法。共享内存区由"科英"支撑平台加以管理,其大小很容易修改。

(4)支持多个单独的、并行的仿真分调环境,在每个仿真环境下可以互不干扰地修改和调试自己的模块和数据库。

(5)提供把多个运行环境合并为一个运行环境的能力。

(6)支持模块化图形建模系统,保证模型质量,缩短工期。

(7)连接装入系统提供强大的交互手段,可以对模块进行快速的自动装入或局部重装。

(8)提供错误诊断功能及强大的离线和在线调试能力。提供多屏数据监测,允许用户在运行时修改程序中的变量,观察它们在运行中的直接影响。

(9)允许对仿真系统试验状态或特定的初始条件(IC)进行快存(snapshot)操作或复置(reset)操作。

(10)支撑I/O接口功能实现。输入扫描和启动系统可快速响应外部控制变化。

(11)支撑图形编辑功能,使仿真图形与数据库自动结合。

(12)支撑在线仿真控制站功能实现。

(13)使用开放式操作系统 Unix。

(14)可以在仿真系统的主计算机上运行,也可以在工程师工作站上运行,可以与现有仿真系统的软件和硬件系统相结合。

(15)由于"科英"支撑平台受 Unix 操作系统的支持,使得所适用的硬件宿主系统相当广泛,系统的性能价格比也好。

3.7.3 "科英"支撑平台的功能结构

"科英"支撑平台系统由实时共享数据库管理工具(RSDBM)、编译工具(FCT)、连接工具(BIND)、实时载入与控制工具(MAT)、在线调试工具(IDT)、输入输出管理工具(IOM)及历史数据管理工具(HDBM)等组成。

"科英"支撑平台系统结构示意图如图3-8所示。

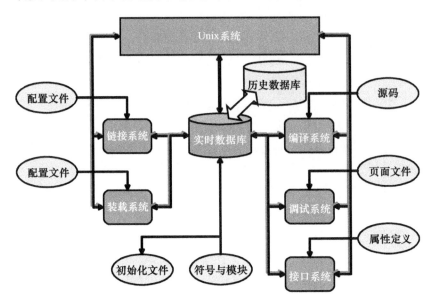

图3-8 "科英"支撑平台结构图

3.7.3.1 实时共享数据库

实时共享数据库文件 cdb、cif、hcdb、hcif 与 hdata 复制到不同类型的计算机后,不必重新定义,就可在实时共享数据库(RSDBM)下读出,直接使用。

1. 命令系统特点

(1)可自行设计命令语法;

(2)可以直接使用 Unix 命令;

(3)具有历史记忆功能;

(4)可以改变 RSDBM 的环境参数。

2. 查询列表功能

(1)高效的检索手段,提供对字符、模块点所有字段的通配;

(2)提供简明、输入、交叉访问和详细格式4种固定的列表格式;

(3)提供5种可自行设计的列表格式。

3. 分系统之间的数据传递

RSDBM 支持在两个分系统之间进行数据传输,可直接进行双向传输,而不需要文件缓冲。

4. IC 数据管理

（1）普通的 IC 文件可达 1000 个，除在实时运行环境进行 Reset 操作外，还可在 RSDBM 下进行离线的 IC 输入输出，通过设置环境参数，实现在创建与更新点时对 IC 文件的同步刷新。

（2）提供默认的 IC 文件，其在创建与更新点时对 IC 文件的总是同步刷新。

5. 适应微机化的新型数据关系

（1）仿真系统任务被划分为若干个分系统，对应于若干个用户。

（2）每个分系统具有完备的数据结构，可在不同的计算机下开发。

（3）联调时，通过系统间的数据传输将若干分系统合并为一个系统。

（4）在不同的计算机上分调，降低了对主机的资源的限制。

6. 数据保护和跨用户访问：

（1）每个分系统拥有不与其系统相重的点分区，并且只能读其他分系统的点分区，就防止了运行数据冲突。

（2）cdb、cif、hcd、hcif 与 hdata 的读写权限通过 Unix 文件系统的用户、组权限来识别，从而防止了静态文件的数据冲突。

（3）采用文件锁防止多用户写数据冲突。

（4）各种写操作中断，均不会造成数据损坏。突然断电导致的文件损坏，可以通过修复命令来修复。意外删除的数据，可以通过修复命令功能恢复。

（5）每个分调用户可访问实时共享数据库其他分系统的数据，只需要该系统向用户提供了所需要的访问权限。通过改变相应数据属性与数据文件的访问权限，可以使其他用户具有或不具有对本系统数据进行读（或读写）的权限，从而实现了数据保护与共享的统一。

（6）实时共享数据库初次建立时，属主为建立实时共享数据库的用户，该属主具有读写权限，赋予其他用户只读权限。

对于一个仿真系统，分为分调用户与联调用户。在分调用户下，按照单个系统独立工作方式进行调试，在进入联调阶段后，将所有的点放入联调用户的数据库中。

多个用户访问同一个 RSDBM。在 RSDBM 中，有多个共享数据区，但仅有写权限的用户可写数据，其他只能读。

对于多个用户的仿真系统，一旦启动一个用户的实时系统，将建立所有 RSDBM 的共享数据区。其他用户再启动实时系统，则首先检测到共享数据区的起点直接使用。

3.7.3.2 编译工具

在线仿真系统软件包括许多不同的模块,每一个模块又包含许多相同的或不同的变量。在整个软件运行期间,如何能够使每个模块的运行结果被其他模块所共享,从而达到实时仿真的目的。由于各模块之间的联系是通过 DBM 中定义的变量来进行,只要这些变量在共享内存中,模块之间的通信就有可能。为保证模块之间的正常通信,就要求确保各模块中的变量在共享内存中的地址正确。编译工具(FCT)就是在完成 Fortran 源程序翻译为与之相当的 C 语言程序的同时,解决上面地址问题。

FCT 可完成以下功能:

(1)完成 Fortran 语言转换为 C 语言,定义与实时共享数据库的数据接口;

(2)完成 C 语言与 DBM 的数据接口定义;

(3)生成完备的交叉列表信息;

(4)将 C 程序编译成目标码,并加入对应系统的库文件中。

FCT 具有下面的一些特点:

(1)采用标准的 Fortran77/ANSI C 语言语法;

(2)能够产生完整的包含变量交叉信息的列表文件;

(3)自动列出语法错误。

3.7.3.3 连接工具

连接工具(BIND)软件提供用户联编模块的手段,利用此工具可把各种仿真模块联编为一个实时执行程序,其中包括多个主模块(main module),这些主模块自动地调用相应的功能模块(functional module),包括函数(functions)和子例程子程序(subroutines)。

BIND 接受用户的输入,并在实时共享数据库中加入确认,读取字符变量及模块的地址(Global Address)及相关信息,并把这些信息存入临时文件,通过 C 编译器,把 rtx.c、rtx.h 及这些临时文件联编模块库生成实时执行体。

BIND 的主要功能包括:

(1)联编所定义的主模块生成实时执行体;

(2)定义每个主模块的相对调用顺序或运行与冻结标志;

(3)定义每个主模块的调用周期;

(4)检查模块的一致性。

3.7.3.4 实时载入与控制工具

实时载入与控制工具(modules association tools,MAT)提供用户生成仿真系统执行的 Load 工具,用户可以通过建立配置文件告知 MAT 如何去建立实时控制程序(real time synchronization controlller),如何激活所定义的实时执行程序。

MAT 提供强有力的工具让用户方便地按自己的设计构成仿真系统的核心控制,MAT 不仅生成仿真系统完整的初始化文件,还负责初始化实时内存数据,按配置的要求自动创建各模块的进程调度表,并在实时的过程中,激活 IC 处理进程及其他实时所需要的进程,如通信控制等。

每个分调用户有单独的实时执行,可自行控制运行/冻结。

联调用户各个执行体的启停由用户通过对实时执行体中模块的加入或删除来实现控制。

3.7.3.5 在线调试工具

在线调试工具(IDT)是一套强有力的软件调试系统,其提供一套监视及控制实时的命令集,让用户有能力监视全局的仿真变量,跟踪仿真进程,修改仿真变量并观察对仿真的影响,设置断点,控制整个仿真系统的运行。

IDT 独立于具体的终端,可在 Unix 所定义的所有终端上运行。

IDT 有三种操作方式:监视方式、输入方式及命令方式。监视方式提供动态数据监视功能,最多同时监视 160 个仿真变量,并拥有 12 个虚拟屏幕,即总共可监视的变量多达 1920 个。所监视的变量可以在输入方式状态下输入,在输入及命令方式下,用户可进行变量值的设定,终止模块运行,冻结/运行模型,快存/复位 IC 等操作。同时,用户也可将监视变量点及数值存入文件或输出到打印机,便于日后分析。

IDT 的目标是监视及控制仿真状态,监视及控制实时运行(包括 I/O),提供调试的能力。具体反映在以下几个方面:

(1)与终端独立;
(2)显示仿真模式及状态;
(3)控制仿真系统;
(4)监视 12 屏数据;
(5)仿真系统 FAIL 时,自动提示出错信息;
(6)终止模块的运行;

(7)设置模块断点；

(8)显示所有执行模块的源码；

(9)覆盖、记录、打印变量名及其数值；

(10)显示模型及内存使用情况。

IDT 一般的在实时控制进程激活后启动。在 IDT 命令之后加入欲调试的执行程序名称,然后在输入模式下加入欲监视的变量,转换监视方式,然后用户可对模型的执行程序进行控制,并观察变量值的变化,用户可设置断点、启用/禁用模块、开始/终止仿真系统、查看时间效率及进行其他的调试功能。

3.7.3.6 输入输出管理工具

I/O 管理工具是"科英"支撑平台的标准功能模块,用于盘台及虚拟盘的接口管理。输入输出管理工具(IOM)提供以下功能：

(1)命令使用帮助信息；

(2)维护一组 I/O 专用数据库；

(3)向 I/O 管理系统的其他软件(iox,ios,dort)提供标准化的 I/O 数据；

(4)表盘设备定位测试及可用性测试；

(5)实时 I/O 监视；

(6)执行所有 DBM 命令；

(7)执行几乎所有 Unix 命令。

3.7.3.7 历史数据管理工具

历史数据库管理(HDBM)工具是"科英"支撑平台的标准功能模块,是实时数据库管理(RSDBM)工具的超集。

HDBM 存储与管理在线同步仿真模型与 DCS 提供的所有数据。其主要功能：

(1)维护与记录数据的历史属性,包括敏感度与分辨率,直接调用 cif 进行索引；

(2)由记录属性判定历史数据存储与否,采用压缩存储算法,减少磁盘占用,提高数据查询效率；

(3)根据记录索引查询历史数据。采用特殊的数据结构与算法,加快数据起点定位及数据快速回溯,以支持实时数据调用；

(4)由数据接口完成向 RSDBM、历史趋势等提供所需要的历史数据；

(5) 可执行 DBM 所有命令；

(6) 可执行几乎所有 Unix 命令。

HDBM 与 RSDBM 的关系示意如图 3-9 所示。

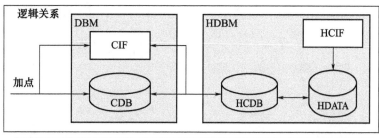

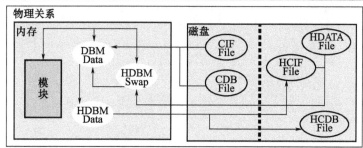

图 3-9 HDBM 与 RSDBM 关系图

"科英"平台的历史数据库是在定义数据点历史属性的集成上形成历史属性库完成的。

历史数据库的存储，具有以下独创的技术特点：

(1) 采用自定义敏感度的存储，不同需要的点有不同的存储精度；

(2) 采用了先进的压缩算法；

(3) 采用二级索引文件，降低了存储空间，提高了查询速度；

(4) 支持数据缓存，能自动恢复保存在接口机上的缓存数据；

(5) 支持子库的设立，为频繁调用数据（如性能分析数据，因工况变化而需重新查询分析）设立专门子库，减少系统资源消耗，显著提高了查询效率。

为了历史数据库的使用方便，开发了丰富的接口，包括：

(1) 数据查询分析工具软件；

(2) 历史数据库管理工具软件；

(3) 运行历史数据重演工具软件；

(4) 开发接口（C 语音）；

(5)模型调用函数(Fortran 语言);

(6)网络查询接口。

历史数据管理工具如图 3-10 所示,历史工况重演工具如图 3-11 所示。

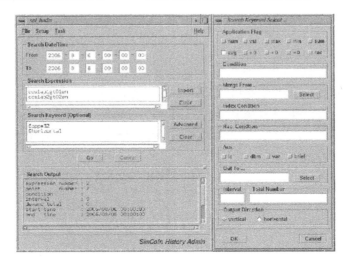

图 3-10　历史数据管理工具

图 3-11　历史工况重演工具

3.7.4 工具软件

工具软件作为软件开发支持的重要组成部分，是基于"科英"支撑平台的支撑功能开发的。

3.7.4.1 图形化建模软件——ADMIRE

ADMIRE 为系列化的、基于交换图形界面的建模软件，包括以下 4 个专业工具：

(1) ADMIRE – L：程序逻辑自动建模工具；
(2) ADMIRE – E：设备自动建模工具；
(3) ADMIRE – F：流网自动建模工具；
(4) ADMIRE – EN：电网系统自动建模工具。

ADMIRE 是一个根据仿真对象的原始资料自动生成计算机仿真软件，并在支撑软件环境下编译、运行和调试的软件包。该软件的运行环境为 Unix 操作系统，在 X – Window 技术的基础上，建立了友好的人机界面，采用面向对象的程序设计思想，通过图形编辑工具和图形库，将仿真对象的设备及系统再现在计算机屏幕上，把原始数据输入到计算机内，即可自动生成仿真软件，大大提高了仿真软件生成和调试的效率。

ADMIRE 包括以下功能：

(1) 选择不同的建模系统：控制逻辑、流体网络、设备系统、电气系统等。
(2) 根据选择的系统，自动调入不同的操作图符：如逻辑自动生成时调入与、或、非等；流体网络自动生成时调入阀门、泵等。
(3) 选择功能完备的编辑菜单，完成对各种操作图件的加入、修改、删除、缩放、连接等，同时自动生成各图件连接的输入及输出参数表（设计人员可交互式修改）及相关常量的修改及定义。
(4) 可根据所作的画面生成模块内部的 FORTRAN 及 C 的源代码，并存放原图、变量名、变量值、常量值等，以便今后调入。
(5) 根据生成的源代码，在图面上进行动态测试，可在线调节输入参数（包括常量），监视变量趋势等。
(6) 分系统调试完成之后，可进行系统间联调调试，也可直接挂接实时系统（带 I/O）调试，在线监视结果。

ADMIRE 软件有很好的交互性，同时又有很强的实时性，可离线作图形编辑

（当一般的图形编辑器用），也可以作在线实时调试，有专业的特殊性，同时又有不同专业间的可扩及可延伸性。

除此之外，ADMIRE 还包括对动态模块内部参数的静态计算，以及整定同时留有足够的余地为以后进一步扩充。

3.7.4.2　Xi

Xi 是一个强大的图形编辑器。它不仅有完善的绘图功能，更重要的是它具有图形的动态定义和显示功能，用户可以利用 Xi 的动态功能将编辑的图形与被仿真的动态模型相联系，成为一个仿真监控的重要工具。它支持实时的视觉动画仿真，在电站仿真、核电仿真及其他仿真领域中发挥了重要作用。

Xi 运行在 Unix 环境下，用于开发 DCS 监控画面、动态流程图等。

3.7.4.3　VODDT

VODDT 利用 Windows 下的高级编程语言 VC 开发，VC 是一种功能强大的可视化高级语言，它具有 API 函数库丰富、调试方便、支持汉化、图形功能强大等特点。

VODDT 是亚仿科技自行开发研制的工具软件，它不仅有很强的绘图功能，更重要的是具有图形的动态定义和显示功能，用户可以利用 VODDT 的动态功能将编辑的图形与被仿真的动态模型相联系，成为一个仿真监控机系统的重要工具。同时，程序员还可以利用 VODDT 提供的丰富的函数库去生成和编写应用软件的界面。

浏览器 VODDT 控件用于实现信息管理系统通过 B/S 模式发布各种实时或历史动态数据。

3.8　AF2000 仿真支撑软件系统的开发和应用

3.8.1　概述

随着 Windows 操作系统的日益普及，它具有友好的界面、简便快捷的操作方式和容易维护和升级的特点。因此 Windows 环境下的仿真机也出现很大的需求，相应地 Windows 下的仿真支撑软件也就呼之欲出了。在这种情况下，亚仿公司将原高级仿真支撑软件 ASCA 中成熟的技术、仿真机开发中的新经验和 Windows 操作系统完美地结合起来，开发出了 Windows 下新一代高级仿真支撑软件 AF2000。AF2000 在开发过程中力求将仿真技术和 Windows 操作系统的内核最好地结合在一起,为仿真机的设计、开发、调试、运行和维护提供了非常强大的支持,是典型的一体化仿真支撑软件,同时为仿真机开发工程师提供了非常方便的 Windows 风格的开发界面,大大提高仿真机开发的速度。

AF2000 是由中国国家仿真控制工程技术研究中心发起开发,由亚仿公司参与研究和开发的一套仿真支撑系统,它是一个建立在 70 多套各种类型仿真机制造经验的基础上,基于多平台系统之上的仿真支撑系统。它结合了当今最先进的计算机技术、网络技术和仿真思想,表现出了新的仿真支撑系统的特点。

▶ 3.8.2 AF2000 的概念

由于仿真技术和计算机技术的共同发展,仿真支撑系统已经不必像以往那样从零做起了,它在基础仿真支撑系统之外,有些外围功能由其他成熟的软件包来承担。AF2000 即是基于这种设计而产生的。它有二个最主要的目标:系统构成智能化和已有仿真应用的集成,包括数据的共享、相互关系分析、一致性和完整性检查。支撑系统允许使用者自己选择所需集成的软件工具,并支持工具间的数据交换。当然,为了减少开销和冲突,数据仍然可以留在工具系统中。

从 AF2000 的体系结构图(图 3-12)来看,它支持需求的定义、概念模型的开发、构件的设计、构件的集成和调试以及整个系统的运行和结果的分析。

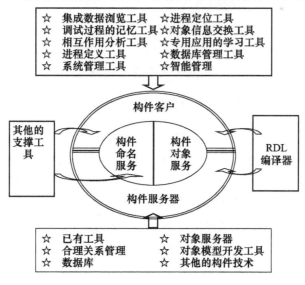

图 3-12　仿真支撑软件系统(AF2000)的概念

AF2000提供了一个通用的数据表示方法,让集成的工具之间共享信息,并且通过语义关联有机地结合起来。而这种连接允许构件的开发者浏览集成的仿真数据、分析数据的变化所带来的影响、跟踪它们的关系、分析其完整性、保证一致性并发掘其潜在的规律。AF2000实际上并不要求集成的工具符合某种特定的规范,任何标准的应用工具都有能力被结合进来。

AF2000的核心包括:智能化构件组织管理、构件服务器(Component Server)、构件客户(Component Client)、构件命名服务(Component Name Service)、构件对象服务(Component Object Services)以及RDL编译器(Relationship Definition Language Compiler)。在构件服务器端负责对以下模块进行支持:已有工具、合理关系管理、数据库、对象服务器、RDL编译器(RDL Compiler)、对象模型开发工具及其他的构件技术。在构件客户端负责与以下工具进行交互:集成数据浏览工具、调试过程的记忆工具、相互作用分析工具、进程定义工具、系统管理工具、进程定位工具、对象信息交换及其他的支撑工具等。

丰富的仿真经验抽象出仿真支撑系统的概念,而新近开发的AF2000则把此支撑系统的概念与现代计算机软件的发展特点相结合,形成了"活"的骨架结构,并将在各个领域的应用过程中不断地得到大量的血和肉的补充,任何一个为仿真系统的研制带来效率和方便的工具都将成为仿真支撑系统的一部分。因而,计算机技术的每一分进步都将带动仿真支撑技术往前发展,而仿真系统的新要求却是仿真支撑技术发展的源动力。

仿真支撑技术的发展速度在很大程度上取决于计算机技术的发展,然而,标准化的实施却是发展的关键。仿真语言的统一、建模工具的一致、图形表现的规范、网络连接的格局将都是促进仿真支撑技术发展的因素。

3.8.3 仿真支撑软件的功能和特征

仿真机开发和使用过程中会不断出现新的概念和要求,仿真支撑软件的功能正是随着这些概念和要求的不断提出而不断扩充的。现阶段其基本功能如下:

(1)支撑编译:高级语言(如Fortran,C等)的相互转换,以及编译工具;

(2)支撑图形化建模(可视化模型自动生成和调试);

(3)支撑离线的模型程序开发、调试,以及独立使用的用户环境的实时运行和调试(即单用户分调功能);

(4)支撑连接和装入,形成用户可用系统;

(5)支撑实时条件下修改和装入;

(6)支撑联调和70%以上的自动查错能力;

(7)支撑自动生成程序,尽可能使程序规范化,包括支撑逻辑和控制模块的自动编程、设备模块的自动生成,以及各种网络(如流网和电网)的自动建模;

(8)支撑自动资料系统的形成,使仿真机设计资料规范化;

(9)支撑过程计算机(PPC)系统的全面开发,包括完整的工具软件;

(10)支撑完整、高效的实时数据库;

(11)支撑教练员台软件的运行;

(12)支撑模型和盘台的通信。

总之,生产一套仿真机需要经历总体设计、模型开发、硬件制作、软硬件测试和调试等过程。一套仿真机的开发实际上是一项非常大的系统工程,因此新一代的高级仿真支撑软件(如亚仿公司 AF2000)还提供了很好的软件方面的工程管理功能;模型的开发是仿真机实现的重要任务,和仿真支撑软件接触最多的是模型开发工程师,这样就需要提供一个非常友好的模型开发界面,使模型开发工程师既能非常简便地进行开发,又能发挥自己的技能编写新的算法,AF2000 将提供图形编程和文本编程两种编程方式来满足这两方面的要求;仿真模型的调试主要是模块化的调试,这和一般编程语言的一行一行调试是有区别的,AF2000 有一个非常方便的模块化调试工具,使模型工程师高效率地调试模型。

和一般应用程序不同的是,仿真机在运行过程中也需要支撑软件的支撑。支撑软件根据开发过程中收集到的整个工程或某一个分系统的信息,产生一个实时控制(调度)程序,在仿真机运行时对各个模型程序进行调度。另外,支撑软件还需要提供 I/O 通信程序,并且能支持教练员台、学员台的运行。

以上是支撑软件必须支撑的功能,各个支撑软件在实现的时候都会有自己的特点,亚仿公司 Windows NT 环境下高级支撑软件 AF2000 就具有以下吸引人的特征:

(1)面向对象的概念:将支撑软件的每一个功能当作一个对象来分析,定义其属性和操作函数,并对这些对象进行封装,有利于代码的管理和升级;对仿真机仿真的物理实体也当作对象分析,对其属性和操作进行定义和封装,使仿真机开发的思路更加清晰。

(2)采用 Client/Server 的网络结构,可以使用 PC 机做服务器,这样,系统资源消耗很高的仿真机开发、运行过程均可在一组低档的 PC 机上实现,因而节省硬件资源。

(3)提供单独的数据库系统,每个符号在数据库中定义一次就可以在整个模型中使用;由于使用 B+树的搜索算法,可以快速地对数据库进行操作;另外,数据库中数据的存储结构经过专门设计,因而存储于其中的数据有高度的保密性。

(4)使用简单而功能强大的 Fortran 语言作为建模语言,模型工程师可以真正按照自己的思想写出自己风格的模型;利用 VC 编译器,AF2000 将为模型生成效率非常高的执行代码。

(5)提供图形化编程工具,使仿真机开发工程师不必有非常专业的计算机知识,使他们能将全部精力集中于模型本身,而且简化了编程过程,同时使编程的思路更加清晰和连贯。

(6)利用 NT 对系统内存的强管理机制,模型进程、I/O 进程以及控制进程之间均采用共享内存进行通信,这样将使系统更加稳定。

(7)提供强大的错误诊断功能和在线调试功能:提供多屏数据监测,允许用户在线修改调试模型参数、随时调入或调出模块,并能观察到这些操作在仿真过程中造成的影响,这样给模型的改进提供很大的方便。

(8)采用面向对象的设计思想,对教练员台的功能作为对象利用动态链接库进行封装,这样不仅全面支持各种教练员台的功能,而且使教练员台功能的内部操作和界面完全分开,适应各种不同功能和界面的要求。

(9)支持多个子系统的单机分调和整个系统的网络联调,有利于模型工程师的分工协作,并使工期缩短。

(10)系统的界面风格充分体现出简单、方便的特点;提供完整的帮助系统,包括各个界面的操作方法的在线帮助、建模语言的额外说明、命令方式中各个命令的详细解释和用法、开发仿真机的一般步骤,用户可以非常方便地查找自己所需要的帮助信息。

(11)支持 I/O 接口的高速扫描输入,可以快速响应外部控制变化。

3.8.4 仿真支撑软件的模块构成以及各模块特征

仿真程序和我们平时开发的一般应用程序有很大的不同:在仿真程序运行时,我们需要有一种手段随时停止仿真模型中某一个模块的运行,或是查出某一个变量的当前值,给某一个变量赋值等;通常应用程序是不需要有这些功能的。一般应用程序在运行时,各个变量的地址可以由机器随机分配,但是为了完全控制仿真程序的运行,我们必须自己掌握程序运行过程中每一个全局变量的地址。

掌握程序运行过程中每一个全局变量的地址,这是仿真支撑软件技术上一个重要环节。为了实现我们前面探讨的仿真支撑软件需要实现的功能,同时控制全局变量的地址,我们一般将仿真支撑软件分为实时数据库系统、仿真编译系统、仿真连接系统、仿真调试系统和实时控制系统,另外还有工程管理模块、I/O 通信程序和教练员台支撑程序。

在上面讨论的各个系统和模块中,实时数据库系统是核心部分,各个部分各个阶段之间的数据联系均通过数据库存储信息来实现:在编译时为每一个变量分配好内存地址,并将这个地址存入实时数据库中。在连接系统中,系统将一些模块间控制信息加入到模型程序中。而实时控制系统运行时,将根据数据库中存储的信息为每个变量分配一个确切的内存地址,以后需要控制或监视仿真程序运行时将通过实时控制系统对内存地址进行直接的访问。另外,工程管理程序在建模过程中可以使工程师对整个需要建造的系统有一个总体把握,I/O 通信程序在主机模型以及教练员工作站、盘台之间提供了一个数据交换的通道。

图 3-13 简单地表示出了亚仿公司高级仿真支撑软件 AF2000 各个组成部分以及它们之间的关系。图中三个接口以动态连接库(DLL)方式实现,其他各个模块以可执行文件的方式实现,因此每个模块都是完全独立于主界面的,这样,就大大减小了各个模块之间以及模块和界面之间的耦合性,使系统的可维护性大大提高。

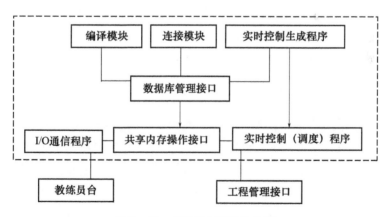

图 3-13 AF2000 系统结构图

3.8.4.1 实时数据库系统

实时数据库系统实际上是一个数据库管理系统,它基于一个数据库管理接口,整个支撑软件的其他部分都和它有直接或间接的关系,它是整个支撑软件的核心部分。除了数据库接口外,数据库系统还包括一个数据库库文件,在库文件中存储各个变量点、常量点和函数点的全部信息,包括点名、点类型、在内存中的地址、描述和引用地点等。

实时数据库系统和一般的数据库系统相比有其自身的特点:

(1)仿真机在实时运行时需要大量的数据输入,而输入这些数据时必须先从数据库中读取有关的信息,所以数据库接口需要非常好的实时性,才能实时响应仿真机的查询。

(2)仿真数据库中存储了大量的数据,但是这些数据之间却不需要有类似关系数据库一样非常复杂的关系,因此,实时数据库不需要建造多个数据表和关系表。

(3)实时数据库提供数据定义、管理和维护的手段,使仿真程序和数据具有动态可观测性、可控性和可修改性。

(4)支持多用户访问,使不同人员同时开发的仿真程序和数据可以联结起来,实现共享和实时通信。

基于以上特点,一般仿真支撑软件的数据库系统都自主设计成实时性相对较强的非关系数据库系统。

AF2000 的数据库系统是利用 B+树来构造的,总体来说是一个文件数据库系统。数据库管理接口提供一系列接口函数用来在索引库中查询、修改、添加和删除点的信息。AF2000 不但具有以上提到的各个特点,而且功能非常强大,尤其具有很好的实时性。

3.8.4.2 仿真编译系统

仿真编译系统用来将模型工程师开发的模型源代码编译成目标代码。和一般编译不同的是,仿真编译系统在对源程序进行词法、语法检查的时候,必须将有关的一些信息(如点的信息,模块之间的调用关系等)存入实时数据库,以备后来的程序查询。AF2000 使用编译器生成工具生成一个代码的转换器,完成上面的工作,并将源代码转化成相应的另外一种效率高的语言代码(C/C++代码),然后利用这种语言的编译器编译成目标代码。

仿真源语言采用简单且功能强大的 FORTRAN 语言,模型工程师可以编写出高效率的新型模型算法;采用 VC 编译器将使生成的目标代码运行起来更加有效率。

3.8.4.3 仿真连接系统

模型在运行时,其中的每一个模块需要按照模型工程师配置的一定时序运行,因此,系统必须为模型工程师提供一个对模块进行配置的接口。连接系统实际上就是这样一个接口,它的主要功能就是将模型工程师对模块的配置和模型本身连接在一起成为一个可执行的模型程序。

AF2000 连接系统为用户提供了一个非常方便的配置模块运行的界面:用户可以手工编写模块的配置文件,然后将配置文件和模型连接起来,也可以直接运行模块配置界面,所有的工作将只是点击几次鼠标。

3.8.4.4 仿真调试系统

仿真调试系统的功能包括:控制仿真模型程序的运行(运行、冻结模型,改变模型运行速度等)、检验其稳定性、监视模型运行中各点的值、检验运行的正确性、改变一些变量点值观察其影响,调节参数点值使参数达到最佳值等。

仿真调试系统包括一个界面和一个通信程序。界面用来显示和操作,通信程序用来向仿真模型发送一些控制的命令。

3.8.4.5 实时控制系统

实时控制系统是仿真程序调试和运行时不可缺少的一个部分。一套仿真机可能有许多模型,一个模型中又有许多单独运行的模块,实时控制系统的任务就是按照一定的时序和速度启动这些模型和模块,使它们共同合作,对实物系统正确模拟。另外,实时控制系统还需要提供一个和其他模块(如教练员台、仿真调试系统等)相互交流的方式。

AF2000 的实时控制为模型的模块化调试和最终运行提供了强有力的支持,其功能和代码主要具有以下特征:

(1)使用共享内存作为控制的中间桥梁:因为 Windows 为内存提供了特别强大的保护,所以使用共享内存为实时控制的稳定性提供了保障;

(2)控制中使用二级调度:对实时执行模型实行分系统级别和模块级别的调度,使系统的模块化程度更高,更有利于系统的稳定,也有利于系统的调试和维护;

(3)精确的实时时间片:Windows 常用的 OnTimer 机制的时间片具有触发不稳定和不精确的缺点,虽然满足一般的应用要求,但是不适合于作为实时控制的

时间片,AF2000 中使用另外一种机制的时间片,不但能稳定触发,而且使最小精度可以达到 1ms;

(4)实时控制程序在调度过程中能根据工程师的设置激活所有实时执行程序;

(5)能检查出模型在运行时出现的实时错误并存储这些错误。

总之,随着仿真技术的不断发展,对仿真支撑软件的要求也会越来越高,它也将得到飞速的发展;在此,说明了亚仿公司新一代仿真支撑软件 AF2000 的特点和构成。网络化也是新一代仿真支撑软件的一个重要特点。

第4章 实时在线仿真技术

4.1 概 述

（1）"十一五"期间，我国按照"创新、产业化"的指导方针，在提高科技持续创新力和促进产业技术升级两个层面进行战略部署。"十一五"期间，建设创新型国家必须突出创新为主线。坚持"自主创新、重点跨越、支撑发展、引领未来"的指导方针。形成了"十一五"科技发展的主要指标。因此，产业的升级就十分重要。尤其要攻克共性的重大关键技术。着力培养具有自主知识产权的战略产业，有效提升我国核心竞争力和国际地位。

（2）节能减排是我国重要的战略部署，九届人大政府工作报告对节能降耗提出的要求：贯彻落实节约资源的基本国策；强化重点耗能企业节能管理；"十一五"期间实现单位 GDP 能耗下降 16% 的目标。

（3）大量传统产业的转型升级的本质目标是提高质量，优化运行，提高热效率和降低能耗、减少排放、节省人力资源的浪费等需求。这些能力的实现都离不开在线分析、在线优化、在线诊断、在线试验等一系列技术。因此，在线仿真技术的研究和应用十分重要。在这之前（2002年前）大部分实时离线仿真是用于培训、验证、设计等。但是不能解决工业系统的在线诊断，在线优化等一系列传统产业转型升级和节能减排问题。

（4）研究和开发在线仿真的技术和实现成功应用，是十分迫切的需要，它的作用实属关键战略技术之一。可为复杂系统提供可实施的解决方案。

4.2 在线仿真技术的概念

在线仿真是指根据运行设备、系统的设计参数和特性参数建立全物理过程的精细数学模型并建立了在线仿真系统,再通过真实运行系统 DCS、辅机和需要的实时数据通过数据库进入模型,从而使仿真系统直接取得现场的参数运行状态和操作动作,实时地对当前状态进行仿真计算并跟踪生产线实际运行和进行在线试验。

4.3 在线仿真与离线仿真的关系与区别

实时仿真培训系统,它是面对复杂的生产系统,如百万电站、核电站、石油、化工厂、飞机、海航、核潜艇等进行全范围 1∶1 的仿真。从时间比例是 1∶1 实时仿真,大量应用用来培养操作能力对复杂庞大系统的了解和掌握,在视觉、体感、手感、物理特性反映上都追求与真的一样。因此必须对被仿真的物理对象建立 1∶1 的全范围全物理过程的数学模型,在实时环境下运行,其动态特性和静态特性与实际系统一致,仿真精度能达到 ±1% ~ ±3%。操作界面与实际设备一样。经过全范围仿真机培训过的操作人员取得证书才能上实际设备上操作。比如:在美国三哩岛核电站出事故后,国际核安全委员会规定,每个核电站操作员一定要在 1∶1 全范围仿真机上进行培训取得合格证后,方能上岗操作真实的核电站。秦山二期 600MW 核电站的操作人员都经亚仿公司制作的全范围 1∶1 核电站仿真机进行操作培训并取得合格。此类培训仿真机并不接受核电机组运行的实时参数。因此,需要建多工况的初始条件,才能实现全工况的培训和几百上千个故障原因和结果的事故分析培训。

实时在线仿真技术,所面对解决的问题是在线运行设备。系统进行在线分析研究、试验、优化等以达到提高效率与质量,降低损耗,减少排放与污染,并提供在线决策的控制和方案。以上这些问题在实际系统中不可能反复停机、停系统做重复试验,以及进行事故演习和操作失误追究等。只有靠在线仿真技术,建立精细的全过程,1∶1 的数学模型,接受生产过程的大量数据,在实时条件下运行在线仿真的数学模型,像影子似的跟踪运行。建立在需要工况下的初始化条件,跟踪真实系统运行。建立了全工况的虚拟试验床。鉴于上述在线仿真的概念可以归纳为:

(1) 在线仿真需要建立精细、实时、全物理过程对象的在线的仿真模型;
(2) 同步采集仿真对象实时运行的数据和仿真对象操控状态的数据;
(3) 运行环境要使在线仿真模型与机组同步运行,其运行的目的为:在线、实时跟踪系统运行,为仿真对象安全运行预警预报、为系统节能和科学用能、经济运行在线分析、为生产优化和管理优化提供重要数据,并作为决策依据。

鉴于上述:用图 4-1 表示同一被仿对象,离线仿真与在线仿真的关系与区别。

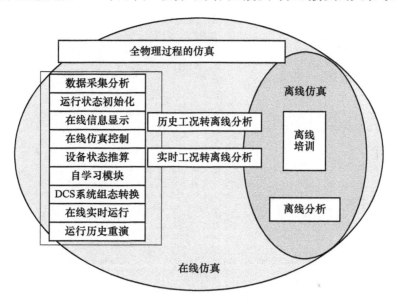

图 4-1　同一对象离线仿真与在仿真的关系

4.4　在线仿真技术研究、开发、应用对仿真支撑软件系统的功能要求更高

在线仿真模型建立和运行为各项功能实现,需要更强大的支撑平台。归纳如下:
(1) 数据量增大,数据采集难度增加,处理的精度高,可靠性、安全性的要求增大,要求提高设计和处理实时数据库的能力。
(2) 建立完善的、大容量、快速的历史数据库,以实现历史状态,得以返回跟踪,记录重演,历史数据的分析。
(3) 保持与 DCS 组合一致的自动切换能力。
(4) 实现对多用户共享和切换的支撑。

(5) 对多进程的独立调度。
(6) 支撑多共享内存区映射和切换。
(7) 支撑在线多种运行模式同时运行的在线仿真系统包括同步跟踪仿真系统。

在线预测仿真系统、在线软测量计算、在线分析系统、离线培训仿真、在线虚拟试验系统等。以培训仿真系统与在线仿真系统所需要支撑技术的差异如图4-2所示。在线仿真的运行机制如图4-3所示。

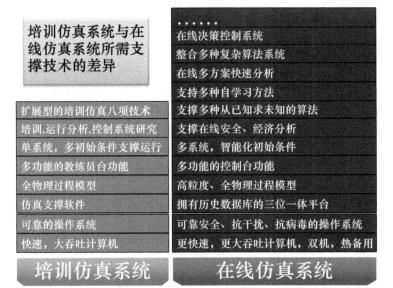

图4-2　培训仿真系统与在线仿真系统需支撑技术的差异

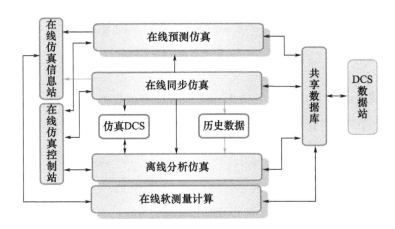

图4-3　在线仿真的运行机制

4.5 研究在线仿真技术的重要意义、功能与要点

4.5.1 在线仿真的意义

(1) 实现了仿真系统与被仿真对象的有机连接；对当前状态进行仿真计算、分析与预警；历史运行工况与仿真工况的转换。

(2) 为安全、经济运行乃至管理决策，提供了在线的、智能化的信息；

(3) 提高了对机组运行性能和历史的分析能力；

(4) 在线仿真系统可以根据实时采集的数据，进行在线运算，重演历史运行过程和演绎真实系统未来的发展趋势；

(5) 突破了仿真系统的传统应用范畴，充分发挥了仿真技术的效能；

(6) 建立在线的数学模型；

(7) 在工业智能制造和人工智能的发展中将发挥重要作用。

4.5.2 在线仿真技术的主要功能概述与应用举例

4.5.2.1 功能概述

在线仿真技术是面对运行中的复杂系统提供解决方案的关键技术。其功能可针对具体情况设计有效的解决方案，因此也是功能很强的工具。功能至少包括：

(1) 数据采集分析；

(2) 运行状态初始化；

(3) 在线实时运行；

(4) 在线经济性计算；

(5) 异常事件预测；

(6) 节能减排实验床；

(7) 在线信息显示；

(8) 全物理过程的仿真；

(9) 特征参数的在线计算；

(10) 控制系统研究；

(11) 自学习功能；

(12) DCS 系统组态转换；

(13) 在线仿真控制站控制。

4.5.2.2 应用举例

1. 在线仿真技术与软测量

在线仿真技术的研究成功，使软测量成了可能，在面对传统产业提升的问题，不少是测量问题，有不少目前不能测量的信息是生产优化的关键参数。如：

电站中煤及煤粉连续水分测量、炉膛燃烧参数测量、水泥行业中水泥质量测量、推算无表征信号的设备运行状态等。在解决电站磨煤机自动控制问题中，无法测量的磨煤机出力信号在线的计算取得很好效果，使用后不仅达到自动投入率高，而且节能方面使厂用电下降 10% 左右。

2. 在线仿真技术与保安全应用

在线仿真技术像是派一团兵在严防死守设备及系统的安全，也以超实时计算模式，预测机组（系统）未来运行状态和异常。实现自动诊断、预测、报警，达到全面和超前的安全保护，它至少实现：

(1) 全范围异常参数侦测；

(2) 异常甄别分析；

(3) 故障诊断；

(4) 危险点控制；

(5) 在线预警预报。

应用结果：大大减少非事故停机，提高安全性，以内蒙古伊敏电站为例，非计划停机减少了 90%。

3. 在线仿真技术与节能和科学用能

节能和科学用能是很复杂的系统问题，与很多因素有关，既是科学技术问题，又是管理观念分析和决策的问题，十分需要系统科学的观念、手段和方法，系统仿真是解决系统问题的好工具，实时、在线系统仿真技术更是节能和科学节能的好工具。

应用在线仿真技术不仅能及时找到用能分配的问题，还能给出调整方案，对整个系统的科学用能问题一目了然，有明显的效果。

4. 在线仿真技术与生产优化分析

在线仿真技术是实现生产优化的有效工具，如图 4-4 所示。

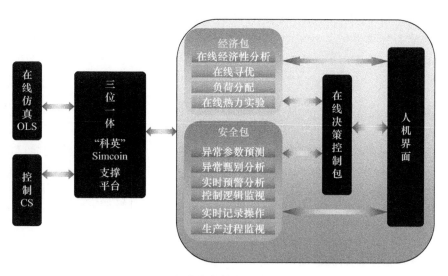

图 4-4　在线仿真技术与生产优化分析

5. 在线仿真技术与系统节能优化管理

在线仿真技术与系统节能优化管理如图 4-5 所示。

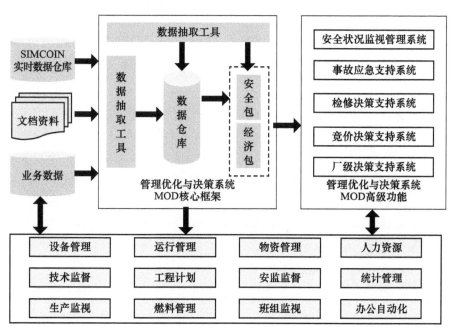

图 4-5　在线仿真技术与系统节能优化管理

工业系统节能减排的任务繁重,现已从设备节能进入系统节能的阶段。节能的焦点是提高系统运行的效率,并稳定运行于最佳效率。在线仿真技术提供的试验床是最合理、有效的手段。

4.6　在线仿真技术的几个要点

在线仿真系统介入生产第一线为节能减排的实现提供基础,不是简单的信息组合,是揭示能效如何高效利用的虚拟实验室,是信息技术在工业系统的革命性变化,要点如下:

(1)建立全范围、全物理过程的精细数学模型;
(2)建立初始化条件;
(3)高精度跟踪机组运行;
(4)机组运行中在线仿真模型可操作;
(5)能实现不同速度运行,快速运行(预警预报);
(6)多套在线模型在运行,实现特性分析、软测量和特殊需求;
(7)所用的数据是大量真实运行数据,不仅仅是设计数据;
(8)是实现智能化的基础。

4.7　在线仿真建模技术的难点

1. 关键参数的选择与判定

系统读入运行中的生产数据后,需要从工况库中选取相近工况,以此工况为基础跟踪生产线运行。所以有必要从所有生产参数中选取真正反映生产状态的关键参数(如火力发电厂的功率、主汽压、主汽温、主汽流量,水泥厂的熟料产量、生料配比、二次风温等),以便尽快确定最为合适的工况,保证跟踪质量。另外如果所选关键参数之间有冲突,也要有完善的算法作出判定,争取选出最贴近生产实际的工况。

2. 生产数据真实性甄别

生产数据实时传入,由于测量设备的故障或传输过程的误差而造成的数据失真问题在所难免。如果失真数据直接接入仿真系统,轻则影响跟踪精度,使数据分析失去意义;重则使得跟踪系统崩溃,无法反映实际生产状态。因此,在数据接入仿真系统前应当先经过数据甄别系统,或采用数理分析,或采用逆向推算,判断数据真实性,舍弃失真数据,接入真实数据,并提供缺失数据的替代性计算方案。

3. 中间参数的处理

在线仿真系统跟踪效果的直观表现就是生产监测参数的对比,但一个监测参数的计算通常会涉及数十个中间参数:如监测变量是温度,那就要涉及焓值、比热容、换热量、换热面积、热损失等多个中间变量。为了能快速地达到跟踪指标,则需要在接入生产数据后对大量中间参数进行处理,或正向计算,或反向计算,使得生产监测参数及底层中间参数都能尽快接近实际生产过程。

4. 极高精确度的仿真模型

为了保证仿真系统与实际生产系统高度一致,模型不仅要反映生产系统工作原理,模拟生产过程中的物理变化与化学变化,而且对于影响生产过程中监控参数变化的所有因素,模型中都要有相对应的变量点,用以记录该因素的状态信息,反映相应因素的影响情况,真实还原生产系统的生产过程。

5. 软测量模型的建立

对于生产系统不能直接测量的数据,如生料成分、燃煤成分、物料细度等数据,除了依靠化验数据外,还需要建立此类参数的计算模型,以补充数据空缺时段内的数据支撑。目前软测量模型多使用多元线性回归等数理分析方案,或机理分析计算,但计算精度都不算太高,需要进一步完善。

4.8 在线仿真模型调试的特点

实现在线仿真,即需要达到仿真模型与真实系统同步运行,以模拟真实系统当前的状态。

要实现这个目的,除了建立高精度的仿真模型外,还需充分利用系统已有的测量数据来完善模型的特性。因此,在线仿真模型的调试难度高,并有以下突出的特点:

1. 对接入数学模型的由现场采集的数据进行正确性、精度完整性检查

需保证接入模型的参数与真实系统一致,或尽量保持一致。通过数据采集软件将现场数据接入到模型中,在模型使用现场数据之前,应该对数据进行处理,保证数据真实有效。数据处理包括数据选择和数据补充,对于有误的参数或缺少的参数需进行相应的处理,或删除或增加相应模块来补充完整的数据。将真实系统采集的数据转化为有效的表征系统或设备特征的数据,以保证在线仿

真模型与真实系统处于相同的条件下进行对比。

2. 加入相应的自学习模块,自动校正工况变化情况下特性变化

系统在运行过程中,某些特征状态会根据工况的变化而改变,模型需要精确模拟,必须加入相应的自学习模块,以完善系统特性的变化,使模型能反映真实系统的特性变化,从而提高模拟精度。针对设备特性,以及模型输出参数与现场仪表参数的误差,分析其中原因,修正模型中的特性系数。

3. 在调试过程中增加系统和设备特性的中间变量

想要获取真实系统当前的特性,就需要充分利用能采集到的数据,并通过数据处理、分析等,将其转化为能表达系统或设备在运行中的特性变化。从而完善仿真模型,使模型不断地逼近真实系统,最终达到利用在线仿真模型来代替真实系统,进行各项指标分析、试验方案的研究等功能。因此,在线仿真系统中调试中关注的点是特性的逼真度。

4.9　在线仿真已取得成功应用的简述

在线仿真的应用始于 21 世纪之初,经过近 20 年的实践,在线仿真日臻成熟,并在流程工业领域取得了巨大的成功。

在众多成功应用的项目中,伊敏数字化电厂项目是在线仿真应用的开山之作,是实现了在线仿真应用从 0 到 1 的重要实践。从伊敏电厂开始,从 1 到 n,在线仿真不断开花结果,在安徽巢湖电厂,甘肃景泰电厂,广东汕尾电厂,以及广东平海电厂等项目结出了累累硕果。

通过承接工信部"水泥工业节能减排全范围数字化管控技术"示范项目,在线仿真成功的应用于水泥生产领域。在河北武安新峰水泥厂项目实践中,取得了"国际首创,国际领先"的科技鉴定成果。在经过新峰水泥厂项目的磨砺后,在线仿真又成功地应用于山东鲁南滕州水泥厂,广东云浮亨达水泥厂等项目,并取得了可喜的成果。

近年来,在广东韶关钢铁能源管控中心和山东济南钢铁能源管控中心取得技术突破后,在线仿真再一次成功地应用于河北唐山东海钢铁两化融合项目,并取得了良好的应用效果。

不断的创新实践,不断的技术迭代,不断的应用突破,在线仿真一定能不断为国民经济发展提供新动力。

4.10 如何应用在线仿真技术解决节能减排

4.10.1 关于工业节能减排

节能减排是我国重要的战略部署,九届全国人大政府工作报告对节能减排提出了明确的要求:

(1) 贯彻落实节约资源的基本国策;

(2) 强化重点耗能企业节能管理;

(3) "十一五"期间实现单位 GDP 能耗下降 16%。

十一届全国人大五次会议政府工作报告提出:

(1) 节能减排的关键是节约能源、提高能效、减少污染;

(2) 要抓紧制定出台合理控制能源消费总量工作方案,加快理顺能源价格体系;

(3) 综合运用经济、法律和必要的行政手段,突出抓好工业、交通、建筑、公共机构、居民生活等重点领域和千家重点耗能企业节能减排。

4.10.2 流程工业节能减排面临的问题

政府发布了《千家企业节能行动实施方向》,但如何用技术手段为政府提供真实可靠的能源利用状况。

流程工业(包括水泥、钢铁、玻璃、焦化主要高耗能产业)共性存在下面几类问题:

(1) 高耗能,节能潜力巨大。

(2) 流程工业大部分企业没有或没有完善的在线能源管控系统(以保证节能减排的需要,实现科学用能,提高能源利用效率)。

(3) 没有手段和工具不断地研究能耗现状和优化的方法。

(4) 系统的特点几乎都是多参数、多变量及来料(煤、多种类的原材料等)多变化,质量要求高。比如对水泥而言,主要指标近百个,操作指标、操作参数等关系交叉、迭加、复杂。其他工业系统也类同,目前调试、试验的手段差。

(5) 仿真、信息、控制技术在各工业系统和应用参差不齐,特别是不在同一平台上,就很难实现数据的挖掘和全面功能实现。

(6) 全系统信息不在同一平台上,可视化的程度差,根本看不到或看不全,很难掌握生产的全面情况,更谈不上生产优化和能效水平提高。

(7)测量方面共性问题:重要参数没有测量仪器;重量测量误差大,影响能耗测定。

(8)各种化验不能实时,影响在线功能的实现。

(9)对重要参量的计算、统计各有标准,不统一,影响可比性,争议多。

(10)对操作人员水平依赖严重,导致人为因素对能耗有较大影响。

4.10.3 解决问题思想的形成

4.10.3.1 强烈需求形成解决流程工业节能减排的思想动力

(1)我国节能减排任务很重,特别是工业系统能耗量占全国65%以上。

(2)工业系统节能的任务是十分重要而艰难的,必须在工业和信息化部的领导下,站在解决世界共性问题的高度,响应国家战略部署的需要。

(3)依靠科技创新和先进的科学技术、理念和管理方法研制出满足工业节能需要的大型系统工程产品。

(4)国家发展需要掌握节能技术发展现状,以及流程工业的节能减排面对的共性问题。

(5)国家的能源战略是节能优先,而节能的核心就是系统节能,推动了解决问题思路的形成。

4.10.3.2 选择科学用能、系统节能作为解决工业系统节能的理论依据

(1)全国节能减排的形势,更换设备、关停设备系统以及开发可再生能源等投资规模已形成,但工业系统如何挖掘、提高能源利用效率没有广泛投入研究和实施。

目前很多领导、专家学者提到科学用能、系统节能,它是我国能源战略的核心,是节能的升华。

掌握科学用能、系统节能的基本概念、理论和方法是搞好节能工作的关键,需要通过理论应用去指导实现节能的企业需求很多,节能潜力很大。

(2)科学用能、系统节能是研究如何高效、安全使用能源,针对不同的复杂系统寻找系统节能的思想方法和分析手段。其重点是研究热效率提高和维持稳定。

科学用能是深入研究用能系统的合理配置和用能过程中物质转化与能量转

化的基本规律与它们的工程应用；

科学用能是从整个系统的角度来研究如何用好能，同时，要对用能的全过程和各个环节进行在线的分析，综合得出结论并应用于工程实践中。

(3)解决流程工业面对的节能问题，选择了科学用能、系统节能作为实现节能的理论依据，并与采用先进的创新技术路线相结合。

4.10.3.3 选择在线仿真技术作为解决流程工业节能问题的核心技术

(1)应用高精度、全物理过程的数学模型形成了数字化了的电厂和数字化了的水泥厂作为系统节能减排的试验床。

(2)进行了仿真、控制和信息三位一体平台等相关技术的开发。

(3)以多项创新技术配合，形成以仿真技术为核心的节能减排整体解决方案。

4.10.4 如何应用在线仿真技术解决节能减排

4.10.4.1 基于在线仿真的节能减排系统要达到的主要目标、主要措施与功能

1. 主要目标

(1)用数字化实现全厂的信息共享(大容量实时数据库，充足容量和速度的网络，大容量历史数据库)；

(2)建立高精度、全物理过程的数学模型；

(3)实现在线状态下用能状态诊断，分析在线对标、在线能源审计、在线控制；

(4)能实现科学用能、系统节能的研究工具，寻求节能最佳的效果；

(5)能实现生产优化与管理优化的结合。

2. 主要措施与功能

(1)综合应用仿真、控制、信息、通信和网络技术；

(2)提高可视化程度(如：化验结果、生料配比全厂共享，窑内热效率、磨煤机出力等软测量信号可以作为监控主信号等)；

(3)基于在线仿真技术支撑各项在线功能的实现，形成节能技术研究、验证的试验床；

(4)大量采用软测量技术，补充信号少、测不到、不能实时等各类问题；

(5)采用在线决策控制系统,自动实现智能化控制,维持在线寻优下运行。

4.10.4.2 基于在线仿真技术实现节能减排,需要相关的关键技术开发和高新技术综合应用

1. 关键技术开发

(1)三位一体的支撑平台(仿真、控制和信息),支撑整个系统:设计、分调、联调、安装、运行、维修;

(2)大容量实时数据库和历史数据库;

(3)一系列工具软件和符合不同行业的算法。

2. 相关的技术开发

(1)研发在线决策控制理论与技术;

(2)研发软测量技术;

(3)研发实时质量分析技术;

(4)大量的分析工具和信息管理技术。

4.10.4.3 应用在线仿真技术实现节能减排任务中在线仿真的地位(图4-6)

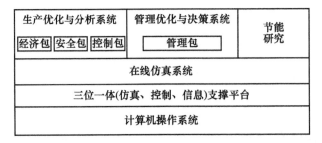

图4-6 应用在线仿真技术实现节能减排任务中在线仿真的地位

4.10.4.4 在水泥数字化项目中,在线仿真系统涉及的主要内容

(1)应用仿真技术建立了全范围数学模型;

(2)采用初始化等技术支持数学模型运行,形成跟踪、超前、试验、离线分析等4种运行方式;

(3)模型精度采用重要参数工业测量标定;

(4)基于在线仿真系统形成几十项功能;

(5)在线仿真系统运行对实际生产系统跟踪精度可达±1%~2%;

(6)支撑在线仿真运行及实现各项功能的实时数据库,数据点为13万多个,历史数据库数据点个数为1.3万多个。

4.10.4.5 节能减排实施效果举例

(1)电厂每发一度电可节能4~8g标煤,实例如下:

从2003年开始,我们实施了内蒙、安徽、广东、甘肃等2个500MW机组,8个600MW以上火电站机组的数字化系统节能减排项目,均取得很好的节能减排效果。表4-1列举了内蒙古伊敏电厂的节能效果。

表4-1 内蒙古伊敏电厂节能效果

年份	节约厂用电/(MW·h)	节约标煤/t
2006年	47.62	23549
2007年	45.85	44294
2008年	107.05	88187
经济效益合计		11813万元

(2)实施河北省水泥项目的效果,其直接经济效益的初步结果如表4-2所列。

表4-2 直接经济效益的初步结果

1	吨熟料节约能源	8.6kg标煤
2	每年下降成本	3000万~5000万元

(3)应用在线仿真技术,实现节能减排有利于建立战略新兴产业化基地。

①建立"工业仿真云",加快节能减排的实现。

②加快发展新兴产业化基地需要的条件:实现产业化的技术准备;人才准备;各项政策措施的配合;领导的重视。

③依靠不断的科技进步,依靠快速的人才培养,依靠战略性的措施,节能减排的事业可以发展出规模很大的新兴产业化基地。

(4)应用在线仿真技术实现节能减排是有效的工具,通过实践得到几点综合的认识:

①实现节能减排,领导是关键、技术是助力。节能减排工作是涉及社会、经济、技术等系统工程。因此,实现节能减排,领导是关键、技术是助力。

②实施工业化与信息化两化融合,可有效推动节能减排的实施。依靠科技创新和科技进步推动流程工业节能减排,有利于生产系统领导、科技人员、操作人员的技术水平和管理水平的提高。

③实施科学用能、系统节能是核心。多方面的研究和工程实施可加强培养懂工艺和了解仿真技术的人才,加强交叉培训,加快建模技术提升。

④加强验证队伍的建设,有利于节能减排的实施。全国实施工业系统节能减排的关键环节是要加强节能效果测试。因为,无论是能耗审核,还是在线仿真的验证等都带来工作量。加快验证队伍建设是必要的、是急需的。

⑤加强测量技术的研究与开发很重要。有利于在线计量分析,特别对计算方法、修正方法、比较方法等共性问题,加强标准化措施。

⑥政府重视、金融机构、实施单位、技术单位需要紧密结合。政府持续重视以实现工业系统节能减排,实施单位的意愿和资金配套是重要环节,应立即开始进行各种交流,推进各有关单位相结合。

⑦各级政府、企业重视,节能减排战略性新兴产业化基地的加快建设。

第5章 在仿真系统中应用VR、AR技术

5.1 概　述

面对更复杂的系统,对于可视深入其境的体验要求更高,推动的仿真技术与VR、AR技术的结合和更快速度发展,亚仿公司早在1995年专注三维动画制作,走向VR、AR技术的研发和应用,在全国多个科技馆和飞机、火车、轮船等仿真机中得到了成功的应用。

5.2 虚拟仿真技术和VR、AR技术

5.2.1 虚拟仿真技术

虚拟仿真技术,是在多媒体技术、虚拟现实技术与网络通信技术等信息科技迅猛发展的基础上,将仿真建模等技术与虚拟现实技术相结合的产物,是一种更高级的仿真技术。虚拟仿真技术以构建全系统统一的完整的虚拟环境为典型特征,并通过虚拟环境集成与控制为数众多的实体。实体可以是模拟器,可以是其他的虚拟仿真系统,也可用一些简单的数学模型表示。实体在虚拟环境中相互作用,或与虚拟环境作用,以表现客观世界的真实特征。虚拟仿真技术的这种集成化、虚拟化与网络化的特征,充分满足了现代仿真技术的发展需求。

虚拟仿真技术具有以下四个基本特性:

1) 沉浸性

可获得视觉、听觉、嗅觉、触觉、运动感觉等多种感知,从而获得身临其境的感受,其中最主要的是视觉感知,这就是我们通常所说的视景系统,它包含三维建模及显示技术。

视景技术是研究如何实时、逼真地模仿视点在特定场景中自由运动时人眼所能看到的景象和相应的视觉效果的一门技术。根据各种不同的原理、技术要求和应用,可以有多种不同方式来实现视景系统。一套能提供引人入胜的、虚拟漫游的视景系统,可以由计算机实时生成系统和光学显示系统构成。

2) 交互性

可以对环境进行控制,虚拟环境还能够对人的操作予以实时的反应。交互操作有很多种,其中最普通的就是通过鼠标、键盘、显示器等计算机本身的输入、输出系统来实现,另外更深入的虚拟仿真系统,还可以有语音、触觉(力反馈)、嗅觉、运动系统及特殊仪器(如飞行模拟机的驾驶杆)进行交互。

3) 虚幻性

系统中环境是虚幻的,是计算机等工具模拟出来的。主要场景及物体、部件及人物都是通过三维建模技术及计算机程序模拟出来的。可以建立比真实世界更完美的虚幻场景,供虚拟仿真系统使用。

4) 逼真性

一方面,虚拟环境给人的各种感觉很逼真,环境对人做出的反应也符合客观世界的有关规律。

虽然场景是虚拟的,但物体及事务必须通过仿真技术来模拟,使得这些物体及部件受到人的操作(可通过鼠标、力反馈等触觉系统来实现)能正确地显示及反应,并和真实事件的反应是一样的。这才是有逼真性。

5.2.2 VR 技术要点

1. 定义

虚拟现实(VR)技术,是 20 世纪 80 年代新崛起的一种综合集成技术,涉及计算机图形学、人机交互技术、传感技术、人工智能等。它由计算机硬件、软件以及各种传感器构成的三维信息的人工环境——虚拟环境,可以逼真地模拟现实世界(甚至是不存在的)的事物和环境,人投入到这种环境中,立即有"亲临其境"的感觉,并可亲自操作,自然地与虚拟环境进行交互。

VR 技术主要有三方面的含义:

（1）是借助于计算机生成的环境是虚幻的；

（2）人对这种环境的感觉（视、听、触、嗅等）是逼真的；

（3）人可以通过自然的方法（手动、眼动、口说、其他肢体动作等）与这个环境进行交互，虚拟环境还能够实时地作出相应的反应。

2. VR 技术的特性

1）存在性

存在性是指用户对虚拟世界的真实感，使用户难以觉察、分辨出其自身正处于一个虚拟环境中还是现实情景中。

2）交互性

指人们利用多种传感器（如立体显示头盔、数据手套、嗅觉传感器等）与多维化信息环境发生交互作用。可对虚拟世界的事物进行操作。

3）创造性

虚拟环境可以人为设计创造非真实存在的场景和事物让体验者体验。

4）多感知性

目前的虚拟现实系统中，通常只有视觉、听觉和触觉上的传感设备，未来还增加味觉、嗅觉，甚至是运动神经觉方面的传感装备。

5.2.3 AR 技术要点

1. 定义

增强现实（AR）技术，它是一种将真实世界信息和虚拟世界信息"无缝"集成的新技术，是把原本在现实世界的实体信息通过计算机等技术虚拟化后的信息再应用到真实世界，被人类感官所感知，从而达到超越现实的感官体验。增强现实技术，不仅展现了真实世界的信息，而且将虚拟的信息同时显示出来，两种信息相互补充、叠加。

增强现实技术包含了多媒体、三维建模、实时视频显示及控制、多传感器融合、实时跟踪及注册、场景融合等新技术与新手段。这种技术最早于 1990 年提出。

2. 增强现实技术主要特点

AR 系统具有三个突出的特点：

（1）真实世界和虚拟世界的信息集成；

（2）具有实时交互性；

（3）是在三维尺度空间中增添定位虚拟物体。

如图 5-1 所示为文物复原。

图 5-1 文物复原

3. 增强现实技术组成形式

一个完整的增强现实系统是由一组紧密联结、实时工作的硬件部件与相关的软件系统协同实现的,采用有如下三种组成形式。

(1)基于计算机显示器的 AR 实现方案(monitor-based),如图 5-2 所示。

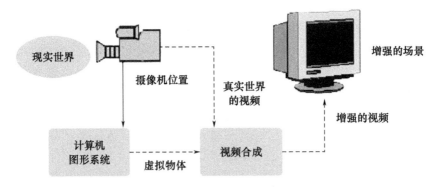

图 5-2 计算机显示器 AR 实现方案

(2)光学透视式(optical see-through HMD)AR 实现方案,如图 5-3 所示。

(3)视频透视式(video see-through HMD)AR 实现方案如图 5-4 所示。

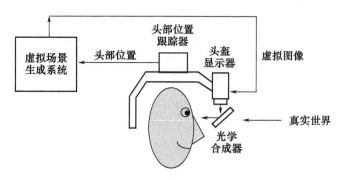

图 5-3 光学透视式 AR 实现方案

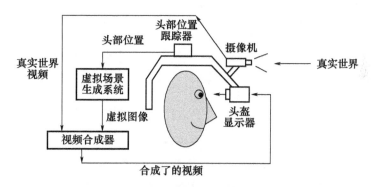

图 5-4 视频透视式 AR 实现方案

5.3 VR、AR 技术在仿真系统应用实例

鉴于上述,我们充分认识到,要使仿真系统更好地满足现代科技及不断蓬勃发展国民经济需求亚仿公司从 1995 年开始,先后投入三维动画、AR、VR 技术开发和应用推广,取得了成功应用,典型案例如下:

▶ 5.3.1 亚仿物理、化学仿真实验系统

亚仿公司早在 1997 年就开发出亚仿仿真实验系统物理、化学仿真实验系统,它采用了亚仿仿真技术、多媒体制作技术及虚拟与现实增强技术等多个技术,在计算机系统上实现对中学乃至大学的教学课程实验及仪器的全面仿真与互动操作。亚仿物理、化学仿真实验系统如图 5-5 所示。

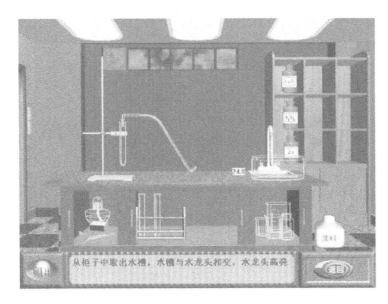

图 5-5　亚仿物理、化学仿真实验系统

1. 项目内容

亚仿仿真实验系统物理、化学仿真实验系统是一个集图形、图像、文字、声音、视频、三维动画于一体多媒体及虚拟现实仿真系统。

目前已开发的系统主要物理化学多媒体试验互动操作软件,包括单摆实验、制取氢气实验等程序,在现实的物理化学试验的基础上进行虚拟化展示,形象生动地表现试验过程,模拟出试验现象,达到学习目标,避免真实试验产生的危险和资源的浪费。将来要开发的包含四大块内容,即"初中物理"、"初中化学"、"高中物理"、"高中化学"及"电脑基础"等,将继续开发大学教程中的有关内容。

2. 项目特点

(1) 技术先进,融合多种技术,充分利用了亚仿珠海公司与亚仿福建公司在仿真技术与 AR、VR 技术方面的完美结合。

(2) 趣味性强,寓教于乐,把中学乃至大学的物理、化学等课程中用到的仪器通过一流的仿真技术与光盘制作技术体现出来,特别是仿真教材中的实验过程,使教师和学生只要拖动鼠标,就可以达到动手实验的目的。

(3) 互动性强,会自动提示出错的地方,并指出该怎么做才对。

(4) 安全且经济效益好,实验不会危及仪器、设备和人员安全,并能减少教学实验费用。

3. 效果

其制作意义及效果有：

科教兴国战略之实施,21 世纪的竞争将是以知识经济和科技经济为先导的竞争,能否在竞争中立于不败之地,人才要素将起决定性作用。十年树木,百年树人,科教兴国,重在教育,作为知识与科技载体的人才,需要靠我们的民族去大力培养,而亚仿仿真教学实验系统这种寓教于乐的教育方式与传统的教育方式有着天壤之别,对培养青少年一代的科技意识所起的作用将不可低估。

5.3.2 科技馆展品展项

亚仿公司早在 2000 年就参与了当年国内第一大馆上海科技馆的建设项目,虽然当时并未真正用 VR、AR 技术开发,但当年首次在科技馆多媒体展项中应用了部分三维技术来实现展项功能也是震动了业界,后来在 2008 年级 2009 年,亚仿公司承接了广东科学中心两个大展厅以及澳门科技馆三个展厅的整体设计、制作项目,研发了 200 多个展项,其中就有多个运用 AR、VR 技术开发的展项,如滑翔机模拟仿真系统、直升机驾驶模拟、宇宙飞船模拟仿真系统、模拟滑雪仿真系统等娱乐项目。下面就具体介绍下这些展项内容及特点。

1. 滑翔机模拟仿真系统

该展品集机械、电子、控制、视景为一体的高科技模拟器,用来模拟驾驶伞翼滑翔机在空中滑翔的感觉。该展品的视景系统采用 VR 技术,通过景深镜大大增加了视景景深,给人一种在高空飞行的感觉。

参观者把自己固定在悬挂式滑翔机的吊篮中。在一个鼓风机的风力下,他们可以感受到升力,并且可以做一定的操纵滑翔机的动作。一个安装在地上的屏幕展示飞越千山万水的景观。滑翔机框架上装有一根三角形控制棒移动身体向不同方向倾斜时,能实现对悬挂式滑翔机的操控飞行。在伞翼滑翔机的操纵姿态上符合真滑翔伞翼机的操纵姿态及飞行原理。图 5-6 为滑翔机模拟仿真系统。

2. 直升机驾驶模拟

以直十一型机为直升机原型,模拟它在一个蓝天、白云的大草原上飞行状态,参观者在一个计算机屏幕上将看到与他们操作同步的直升机飞行的动态画面。游客面前还有几个数据表,时时显示直升机当前的一些飞行数据。

这个展项通过操作操纵杆、脚蹬、油门总距杆、启动开关来改变直升机的飞行状态。这几个机械设备是与视景画面联动的。

图 5-6　滑翔机模拟仿真系统(见书末彩图)

在游客驾驶直升机的过程中,若游客操作不当时,直升机起飞不成功,或画面有箭号提示,或有语音提示,如直升机碰到障碍物时,直升机会坠毁。图 5-7 为直升机驾驶模拟系统。

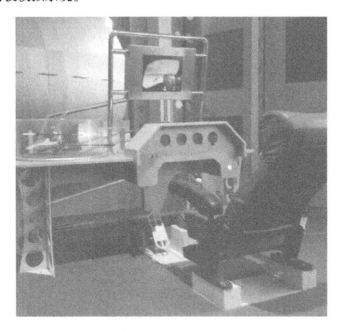

图 5-7　直升机驾驶模拟系统(见书末彩图)

3. 宇宙飞船模拟仿真系统

一个参观者坐在宇宙飞船的"驾驶位"上,操纵飞船穿行于宇宙中的星星及银河系和奇异物体之中,可以作左转或者右转、或者向上或者向下的动作。银河系和众星座图像被投影在飞船前的一个曲形屏幕上,当飞船运动时,屏幕上的影像会随之变化。飞船的周围设有座位,其他参观者可以与驾驶者一起分享奇妙的驾驶体验。屏幕上还会显示相应的文字解释信息。图5-8宇宙飞船模拟仿真系统。

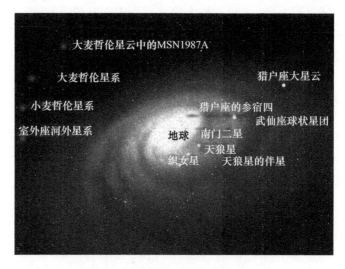

图5-8 宇宙飞船模拟仿真系统

4. 模拟滑雪仿真系统

模拟滑雪场景,参观者在滑板上模拟滑雪,必须在滑行过程中躲开障碍物,并尽快逃离雪崩经过区域。这是一个VR虚拟互动展项。图5-9为模拟滑雪仿真系统。

图5-9 模拟滑雪仿真系统(见书末彩图)

5.3.3　变压器虚拟装配仿真系统

亚仿公司早在 2000 年,在广州地铁培训多媒体教学系统中就开发出的变压器虚拟装配仿真系统,它是采用多三维建模、AR 技术、VR 技术建立各种配件模型,并进行仿真虚拟组装,可从各种角度进行观察对比安装效果,比单纯的多媒体展示更容易掌握学习变压器的安装流程,达到更好的教学和培训效果。图 5-10 为变压器虚拟装配仿真系统。

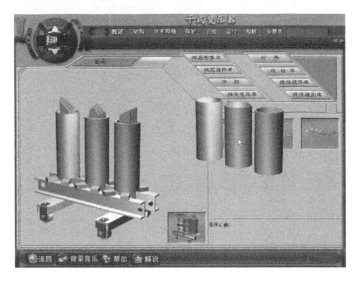

图 5-10　变压器虚拟装配仿真系统

系统通过多媒体技术演示设备的工作原理,用音频处理技术进行语言播放,以达到从视觉及听觉来感受知识和掌握知识。利用多媒体丰富的图形、图像及数字化处理技术,提供友好的人机界面,使学习者身临其境地进行实习操作,创造最佳的虚拟装配环境。

5.3.4　飞行模拟仿真

亚仿公司早在 1996 年就为中国民航飞行学院开发了 TB20 飞机仿真机视景,通过三维视景系统模拟现实环境、天气情况和各种气候条件以满足学校培训飞行员需要。随着硬件技术的发展和视景高质量的要求,由亚仿科技负责研制、实施的 C 级全动模拟机,比早期的飞机仿真机有很大的提高,整个飞行模拟器仿真系统结合对国外成熟产品的引进,采用目前国内最先进的模拟仿真技术,是一个集六自由度电动运动平台、数字式电动操纵负荷系统、计算机图像生成视景系统、多处理器的计算机系统和专业的实时管理软件等亚仿公司自主创新的先进高技术于一体的全动模拟机。

特别是视景系统,应用了最新的 VR、AR 相关技术,性能方面也大大提高了,如场景的范围扩大,以及云雾效果、雨雪效果等天气系统的功能增加,都大大提高了系统的沉浸感和体验感。

C 级全动模拟机的投运使用,将为飞行人员提供一个等同于驾驶真实飞机的全方位、多类型科目训练的逼真动态模拟系统,有效提高飞行人员的操作技能、缩短培训周期,同时降低了用真飞机培训飞行人员的成本与风险。图 5 - 11 为飞行模拟器仿真系统。

图 5 - 11　飞行模拟器仿真系统(见书末彩图)

5.3.5　电站等工业系统仿真

我们已经做过几百套电站等工业系统仿真机,以前的电站仿真机,特别是全范围仿真机,都是完整仿真现场的操作盘台甚至主控室环境,其费用高,制造周期长,而且还受制于场地空间。后面因用户的要求,我们通过 VR 的视景技术,虚拟模拟出主控室环境、盘台仪器设备,并通过仿真技术逼真地模拟出和现实场景中设备一样的反应效果,取得良好的仿真效果,同时节约了成本,取得了良好的经济效果。

(1)动态三维环境建模技术。这是建立 VR 系统的关键技术之一,目的是建立虚拟环境的三维数据。三维环境建模的底层函数库有 OpenGL、Open Inventor

等。亚仿公司是利用 3DMAX 技术及自主开发的 AF VISUAL 视景平台进行综合开发的。

(2)实时三维图形生成技术,用于对虚拟环境进行实时渲染。大规模的虚拟环境只有在图形工作站上才能完成,但计算机上的图形压缩和加速处理技术日趋完善,在三维视景的高速渲染中的应用也越来越多。虚拟环境渲染主要用 OpenGL 技术,但在计算机上也可以用微软的 DirectX 技术实施较简单图形的渲染。

(3)三维声音技术,产生三维虚拟环境中的声音。

(4)对象控制技术,用于控制对象状态和交互设备(如力反馈设备)的状态。

(5)仿真模型技术,通过仿真模型计算出虚拟环境中各部分的状态和对用户动作的响应。

在 VR 技术的实际应用中,实施方案是灵活多变的,而与 VR 相关的技术(如图像处理技术、高清晰度头盔、传感技术)的不断进步,也使 VR 系统的开发模式在不断变革。根据当前 VR 技术发展和应用,VR 技术在电站等工业系统仿真中的可实施方案有:

1. 虚拟全范围仿真系统

这是通过 VR 技术实现的电站全范围仿真机。在虚拟全范围仿真机中,我们用三维虚拟的主控室环境替代硬件盘台设备,并逼真模拟其中的灯光、指示和记录仪表、操作设备等。

2. 虚拟维修培训系统

由于很多电站设备是非常昂贵的,一般不可能有备件来对维护、维修人员进行实物培训,所以通常的维修培训主要是针对设备的理论性讲解。显然这样做并不能让维护人员对设备有全面和直接的认识。虚拟维修培训系统可以以较低的成本,让维修人员实时看到设备的安装环境、正常运转情况和各部件间的关系,对培训仿真系统所仿真的故障状态进行检修,实现对维修人员"身临其境"的培训。如此,必将大幅度提高维修人员的操作水平。

同虚拟全范围仿真机类似,虚拟维修培训系统也可以配置不同的硬件设备,形成沉浸式、桌面式和 WoW 式等不同配置级别的系统,以适应不同用户的需求。最简单的虚拟维修培训系统可以在带图形加速卡的 PC 机上实现。

3. 电站设备虚拟制造/虚拟原型机系统

虚拟制造(Virtual Manufacturing,VM,又称拟实制造)就是采用 VR 技术,在计算机上对新产品的设计、制造等过程进行仿真,让设计者在产品加工前就能"看到"产品的制造过程和样机。显然,对电站设备中大型、高成本的设备,通过虚拟制造系统可以预测和控制产品的成本、质量和开发周期。

虚拟制造中可集成产品设计、制造乃至全生命周期的情况,开发过程很复杂。VR 技术在产品设计中应用的另一个更直接的方式是虚拟原型机(Virtual Prototype,VP),即直接利用设计数据虚拟生成"样机",即虚拟原型机。其重点在于仿真设计产品的性能,对设计方案进行全面考察。虚拟原型机可以替代部分甚至全部物理原型机,对电站设计和改造提供有力的帮助。

4. 基于 WWW 的虚拟培训、宣传系统

当前,VR 技术也可以在 Internet 上实现了,其工具就是 VRML(virtual reality modeling language,虚拟现实建模语音)。VRML 是一种面向 Web 的三维造型语言,它用简洁的数学表达式描述三维模型,在用户端由浏览器(Netscape、IE 等)解释执行并显示三维动态图形。VRML 语言使三维图形在网络上以少量的数据传送,保证了图形传输速度。由于 VRML 和计算机硬件无关(在不同计算机和操作系统环境下看到同样的动态三维图形),对用户端没有特殊要求,因此得以迅速发展。

我们可以用 VRML 开发电站的基本原理级的虚拟仿真系统,用于培训和向公众的宣传。这种培训、宣传系统的最大特点是实施简单,用户可通过局域网或 Internet 随时远程访问,学习和了解电站的基本原理、运行特性,通过漫游的方式了解电站布局、设备运行情况等。

5. 遥现危难作业操纵系统

电站存在很多人无法工作的环境,通常是高温、高压或高放射性的区域。在紧急情况下,比如排除故障或进行维护,需要在这些区域作业,必需事先进程处理或等待相当长的时间,而进入其中的工作人员仍然有很高的人身危险。为了解决这个问题,我们可以用 VR 技术开发遥现系统,远程控制机器设备(如机器人)在相应现场进行危险的或人工完成非常困难的作业。我们称为遥现危难作业操纵系统。

VR 技术在电站等工业系统仿真中的应用前景非常诱人,这些应用必然会改变我们的思维模式和技术理念。

VR 技术在电站等工业系统仿真中应用的研究虽刚刚起步,但亚仿公司对虚拟现实技术所涉及的多项基础技术和应用方案已研究 20 年,亚仿公司也拥有自行开发的支撑平台。我们将在虚拟建设技术与实际应用结合过程中发展该项技

术。尚有大量工作要做。VR 相关技术的发展速度非常快,使电站等工业系统仿真中的 VR 应用方案处于不断改进和创新之中。

VR 中的一些高级技术(如 HMD、数据手套等)的造价仍使一般用户不容易接受。当前,我们可以先行开发低成本、适用的 VR 系统(比如 WoW 或桌面 VR 系统),同时,跟踪先进 VR 技术的发展。

▶ 5.3.6 船舶轮机仿真

船舶操纵和动力装置模拟训练大型仿真机在训练上具有很强的经济性。同时在反复训练学员的实际操作技能、提高学员分析故障的能力方面大大缩短机损的变化及进行某些在实船上难以实现的特殊训练(如机舱进水、主机应急运行/紧急刹车、全船断电、机舱着火等)中具有不可替代的优越性。船舶模拟器的训练费用仅为实际训练费用的 1/8~1/10。此外,船舶轮机仿真机也是进行轮机工程和船舶机舱自动控制系统科研的重要设备。因此,研究开发高性能的兼科学研究、工程设计论证与教学训练功能为一体的智能化船舶轮机推进系统仿真器,并将最新的计算机可视化图形技术应用其中具有极强的现实意义。

通过 AR、VR 技术可实现虚拟驾驶台、虚拟主机、虚拟控制台、虚拟配电板、机舱漫游等功能。用户通过立体眼镜观看投影屏幕能得到身临机舱的感觉,而且可对屏幕上的手柄和按钮进行操作,使系统做出相应的反应。

1. 虚拟驾驶台和虚拟集控室

船舶轮机仿真机中设置有物理船舶主机船桥遥控台和机舱集中控制室遥控台。本文采用硬件物理盘台和虚拟环境(虚拟驾驶台和虚拟集控室)并存的方式,既可以在物理盘台上对柴油主机进行操作,也允许在虚拟环境中操作主机,通过鼠标操作虚拟按钮等虚拟物体。虚拟环境通过网络、数据库及仿真器中其他设备进行数据交换。如图 5-12、图 5-13 为用 VRT 生成的虚拟船舶驾驶台和虚拟集控室。

2. 虚拟机舱和虚拟主机

设计制作虚拟机舱的作用是再现实船的轮机机舱,并可在机舱中任意漫游。系统可实现用户通过鼠标操作改变视点而在虚拟机舱中任意进行漫游,用户可以通过立体眼镜观看虚拟机舱场景。对机舱中的主要设备柴油主机建立其三维模型(虚拟主机),对其他设备和机舱背景采取贴图的方法,系统达到了较高的图像分辨率和较好的图像输出质量)。如图 5-14、图 5-15 为应用 WTK 软件工具包和亚仿公司 AF VISUAL 视景平台开发工具生成的虚拟机舱和虚拟柴油主机。

图 5-12　虚拟船舶驾驶台(见书末彩图)

图 5-13　虚拟集控室(见书末彩图)

图 5-14　虚拟船舶机舱

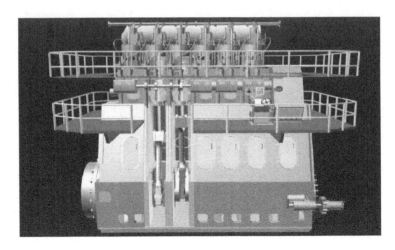

图 5-15 虚拟船舶柴油主机(剖视)(见书末彩图)

5.4 未来展望

技术发展的动力在于需求。VR、AR 技术的强势发展在于其广阔的应用前景。目前在军事、航空航天和娱乐界的应用已取得成功,不久的将来,它将会在艺术、商业、通信、设计、教育、工程、医学等其他许多领域得到广泛而深入的应用。在某种意义上说,它将改变人们的思维方式,甚至会改变人们对世界、自己、空间和时间的看法,对人类未来的生活将产生深远的影响。今后,我们将开发 VR、AR 技术在以下几个方面的应用:

1. 建筑领域

VR、AR 技术已经展示了它在建筑工业方面的潜能。一座建筑在它还处于设计阶段时,就可以被模拟出来,人们修改它,并可以身临其境地体验它的建筑风格。建筑师和房地产代理商可以在建筑开工之前就感受到建筑的结构,从而及时完善原有设计。

今后,代理商可以在建筑设计图纸最后完成,或工程开工之前,通过 VR、AR 来感受他的建筑。他不仅可以看见房屋的结构,而且还能听到其中的声响,感觉它的质地,闻到它的芳香。建筑商和房地产开发商对通过 VR、AR 技术出售他们的设计方案尤其感到兴奋。城市规划者们将利用 VR、AR 技术规划街区,适应社区的各种变化,推进智慧城市的建设。

2. 艺术

目前我们可以通过 Internet 虚拟地参观真实的艺术画廊和博物馆。最近,美国的 Guggen heim 和其他一些博物馆已经举行了 VR、AR 艺术品特殊展览。VR、AR 将改变我们关于艺术构成的概念。一件艺术品有可能成为一个可操作、可人机对话并令人沉浸其中的经历。你也许会在虚拟油画中漫游,那里就成了你进行探索的迷你世界。你可以影响画中的某些要素,甚至可以进行涂改。你也可以走进一个雕塑画廊,然后对其中的艺术品进行修改。在你这样做的时候,你的思想实际上已经融入到艺术品中。

3. 为伤残人解难

伤残人在实地参观一个新地方之前,可以先虚拟参观这些地方。他们还可以在虚拟世界里体验滑雪、滑翔以及其他体育运动。

4. 教育和培训

VR、AR 技术在教育和培训领域的应用有很重要的意义和很大的发展空间。学生可以通过 VR、AR 技术学习人体解剖或探索星系,尤其是那些与健康和安全有关的内容。利用虚拟现实技术要求受训者步行穿过虚拟工厂,并了解公害状况。这种设身处地的体验远比读一本手册或听一堂课强得多。

今后,学生们可以通过虚拟世界学习到他们想学的知识。化学专业的学生不必冒着爆炸的危险却可以做试验;天文学专业的学生可以在虚拟星系中遨游,以掌握它们的性质;历史专业的学生可以观看不同的历史事件,甚至可以参与历史人物的行动;英语专业的学生可以在世界剧院看莎士比亚戏剧,如同这些剧目首次上演一样。他们还可以进入书中与书中人物进行交流。

VR、AR 技术还可以用于成人教育。受训者无论在什么环境下都可以安全试用新设备。他们可以在实地操作之前通过 VR、AR 技术学习使用。他们将利用这些手段在危险环境下完成工作或处理紧急情况。然而,要使 VR、AR 技术完全进入教室或用于培训还有许多工作要做。美国约有 80 所大学允许通过网络修得学位,网上虚拟大学开出的课程已覆盖了各主要学科领域。例如,美国国家技术大学 1998 年开设了化学工程、桥梁工程、工商管理等 16 门课程,威斯康星大学 1998 年也针对商业、文学、教育学、图书馆学和社会科学 5 个门类开设了 17 门课程。

亚仿公司在过去 30 年的开发和应用积累基础上,将加快在科普和教育领域的 VR、AR 技术开发和应用。

5. 工程

许多工程师已经在利用 VR、AR 模拟器制造和检验样品。在航空工业,首次利用VR、AR技术设计、试验的飞机是新型的波音777飞机。

实物样品的生产需要许多时间和经费。而改用电子样品或模拟样品则可以省时、省钱,缩短新产品的推出周期。为了节省制作样品费用,美国军界甚至将"建设之前先模拟"作为座右铭刻在铜板上。

今后几乎所有的工程都将利用VR、AR制作样品,这样工人、客户都可以对设计议案提出改进意见,甚至制作程序和修改后的结果也可以模拟出来,节省了大量时间和原料。随着电子网络的发展,工程师可以在全球任何地方设计产品,并由远距离的虚拟工作站制作出来。而虚拟制造(virtual manufacturing)则是CIMS领域近年来提出的一个新概念,是指运用计算机,应用虚拟模型,而不是通过真实的加工过程,在计算机上预估产品的功能及可加工性等可能存在的问题,并对产品性能进行预评估。亚仿公司将用自主的技术体系在工程领域广泛开拓应用。

6. 娱乐

VR、AR已经在娱乐领域得到了应用。在全球一些大城市的娱乐中心,VR、AR娱乐节目已经随处可见。不久的将来,几乎所有的录像厅都将会变成VR、AR中心。所有的游戏都将是三维的,能人机对话并令人陶醉。

今后,随着这类娱乐中心的不断发展,VR、AR游戏将会扩大到家庭。由于受到计算机的限制及VR、AR设备高额价格的制约,目前的VR、AR系统尚处于初级阶段。但过不了多久,先进的VR、AR娱乐节目会进入家庭。在独立的娱乐系统面世的同时,最为重要的家庭VR、AR系统也许会进入Internet,这样人类远程操纵VR、AR的潜能将得以开发。

亚仿公司将在大量实践和积累基础上,开发有关娱乐仿真方面的VR、AR技术新产品。

7. 医学

VR、AR刚刚开始在医学和医学研究中应用。美国北卡罗来纳大学将这项技术用于生物化学工程。他们和其他一些单位还使用VR进行X射线治疗癌症的一些尝试。一些公司正在制作模拟人体,这是一种电子化的人体,它将满足医学院教学和培训的需要。

医学院的学生将通过解剖模拟尸体学习解剖学,这是一种了解人体的有效途径。医学专业的学生和外科医生可以尝试在一个新手术前进行模拟手术。他们甚至可以对一些有罕见病例的患者实施手术,因为这些患者独特的病理特征已被计算机扫描存档。VR、AR技术可以模拟各种不同的疾病和急诊病状,供医学专业的学生或医生学习,从而提高诊断和治疗水平。

在有些情况下,VR、AR 技术还可以提供有指导意义的形象化治疗方案。病人可以利用 VR、AR 技术看到自己患病部位的内部情况,以配合治疗。

8. 军事

VR、AR 技术最先应用的领域之一就是武器模拟。如今,这些应用不仅用于飞机模拟,而且还用于船舰、坦克及步兵演习。随着网络 VR 技术的出现,美军得以在被其称为"防御模拟互联网"的全球范围内实施 SimNet 坦克战斗计划。最先广泛应用的场合是海湾战争,SimNet 几乎可以使每场战斗或战役在实战之前在 VR 中进行模拟演练。海湾战争现已变成大规模模拟影像,它可用于测试军官和士兵的实战技能。

今后,战争的任何侧面都将在实战之前进行模拟演练,模拟演练将变得十分真实,完全可以达到乱真的地步。虚拟现实将在以下三个方面发挥重大作用:

(1) 武器系统性能评价;

(2) 武器操纵训练;

(3) 指挥大规模军事演习。

虚拟现实的应用将大幅度降低以上三者所需的费用,极大地提高效益,并消除意外伤亡事故。

5.5 结束语

VR、AR 技术的发展将是不可估量的,能够制约它的也许只会是我们的想象力。但是目前 VR、AR 技术的发展并不是一帆风顺的,甚至远没有达到人们预期的水平,这主要归因于:人的感知模型的复杂性;当今技术水平的制约。因此,加深对现实世界的理解,对人本身的理解,加强基础理论的突破,深化对 VR、AR 技术在仿真系统的应用,积极带动 VR、AR 技术在仿真系统中的应用将是仿真系统技术发展的必由之路。

第6章 培训仿真系统中教练员台功能技术开发

6.1 教练员台功能重要性

教练员台(IOS)系统在仿真系统中起到中枢神经的作用,它是教练员与仿真系统之间的人机系统,是仿真系统的指挥和监控中心,是仿真系统的重要组成部分。它的功能、水平、支撑各项指标实现的能力是仿真系统技术水平的重要标志、培训控制水平的重要标志和仿真系统的总体能力的体现。教练员台提供多种手段来评价和考核学员的操作水平和考核评分,教练员可以通过重演功能、返回追踪功能监视某些重要参数的变化以及查看操作员的历史记录,以提供人性化的教学方法提高教学质量。

随着计算机技术的发展,教练员台在功能、界面、操作等多方面都有了长足的进步,最大满足了教练员使用的各种需求。教练员使用人机交互式教练员台可视化界面将需要操作/控制的信息通过数据接口传递给仿真机实时控制进程,由它来控制仿真数据、I/O操作、实时运算、模型同步等动作从而达到培训目的。

亚仿公司从制作第一台仿真机开始就极为重视教练员台(IOS)系统的技术开发,创立了拥有自主知识产权的教练员台开发与应用的支撑技术。经过几百套包括火电、核电、轮船、飞机、化工、钢铁、水泥等各个领域仿真机的教练员台开发和应用的积累,已形成和达到世界领先水平的教练员台高档功能并集中表现在全动型飞机模拟机仿真机的教员台功能上,现以教练员台的设计为例说明教练员台的设计和应用技术。教练员台软件模块构成图如图6-1所示。

第6章 培训仿真系统中教练员台功能技术开发

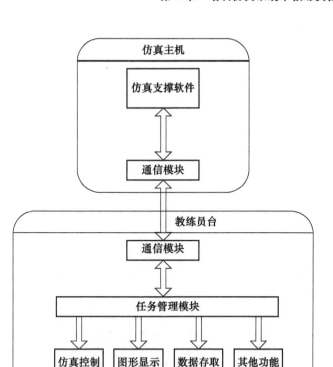

图6-1 教练员台软件模块构成图

6.2 教练员台构成和实现的功能

教练员台作为仿真系统的中枢神经不仅可以培训学员也可以作为就近的模拟机可视化维护中心。以全动飞机模拟机教练员台为例就集合了基础功能、高级功能、维护功能。基础功能指的是学员培训状态下教员经常会用到的设置比如：运行功能、冻结功能、快速复位、跑道条件设置等基础功能，高级功能则包括课程考核评价功能、初始设置功能、初始快速设置功能、特性记录功能、自动分析诊断功能。维护功能包括在线维护检测工具、操纵负荷管理工具及运动平台管理工具。

飞机模拟机教练员台在页面设计以富含工业色彩的蓝黑色调为主，区块的划分和按键的设计及操作都符合人体工程学的要求，每个功能操作按键在3次按压内都可实现。

模拟机教练员台(IOS)屏幕概况如图6-2所示。

触摸屏显示分成4个区域：

(1)功能状态标题栏,功能包括显示当前页面、模拟机当前状态、工况运行时间、工况号、故障诊断系统反馈信息；

(2)参数读数(在轨迹页面时可切换参数点,方便教练员在该页面查看不同关键参数)；

(3)页面显示；

(4)功能按钮。

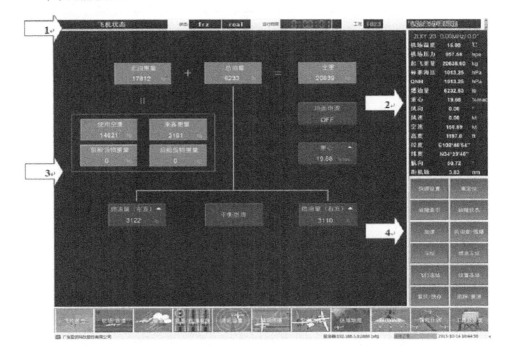

图6-2 主索引页

IOS基本上使用了蓝黑色调,其页面底色大部均为黑色功能键选择相应的图片。

6.2.1 功能状态标题栏设计

该标题栏集中体现模拟机当前状态分别为：

(1)当前页面显示；

(2)模拟机运行状态显示；

(3)模拟机复位运行时间显示;
(4)运行 IC 显示。

6.2.2 关键参数区设计

该区域集中显示 17 个关键参数,第一行(4 个参数)为固定格式显示(机场、跑道、频率和机头朝向),其余参数可在教练员台安装目录配置文件中按格式修改。

6.2.3 页面显示区设计

此区域显示互动页面,允许控制和监视训练科目。共有五种类型的页面:
(1)控制,可以用它来设置训练科目的条件,并控制和监视训练进程。
(2)地图,提供关于无线电导航设施或进近、起飞跑道的飞行地理位置显示。
(3)故障,可以用它来把模拟机故障输入到飞机各个系统。
(4)维护,允许技术人员设置教练员操作台并在模拟机上进行运行接收测试。这些页面通过密码加以保护。
(5)课程,可以用它来选择并控制课程计划。

6.2.4 按钮设计

页面使用了三种类型的按钮:
(1)直接启动按钮:点击直接启用该功能。

```
地面电源
OFF
```

(2)二级菜单按钮:上三角符号并带显示框显示当前值,弹出二级菜单操作。

```
重心 ▲
19.68 %mac
```

(3)下级页面按钮:右向三角表示,点击按钮将转至下级页面。

```
通用机场 ▶
```

6.2.5 颜色使用

根据其当前条件,按钮将以不同色彩加以显示,见表6-1。

表6-1 按钮色彩显示不同条件

	条件	色彩
一般按钮	目前不可用	浅灰
	可用/正常	蓝色
	发生	琥珀色
故障显示列表	预位	黄色
	发生	红色

6.2.6 参数更改

(1)弹出菜单;

(2)数字键盘;

(3)模拟键盘。

1. 弹出菜单

当点击相应菜单的时候将弹出相应选项的菜单供使用,每个菜单都有CAN-CEL(取消)按钮,选中要选择的选项则立即执行并销毁该2级菜单。

2. 数字键盘

当触摸点加以选择并且要求输入某个数字数据时,则自动显示数字键盘或旋转工具,输入参数的最大和最小值也在数字键盘上加以显示,其左边显示高低限按钮点击其可直接将高低限输入至键盘顶端显示格,点击OK输入。数字键盘顶端的显示行显示正在输入的数值,当满意该输入,则选择OK加以确认,然后新的数值将进入模拟机;如果不满意此输入,选择AC清除全部的输入数据或选择"清除(CLR)"清除最新输入数据;如果选择"取消",数字键盘则不再显示且参数返回到先前状态。当输入数据时,必须按要求精确地输入数字,除非输入的开头数字是零,零可以省略。

3. 模拟键盘

在需要输入英文字母或汉字的时候将弹出 Windows 自带模拟键盘。

6.2.7 页面功能

模拟机教练员台的构成如图 6-3 所示。按功能区划分为：模拟机状态条、页面显示区、参数监视区、功能区。

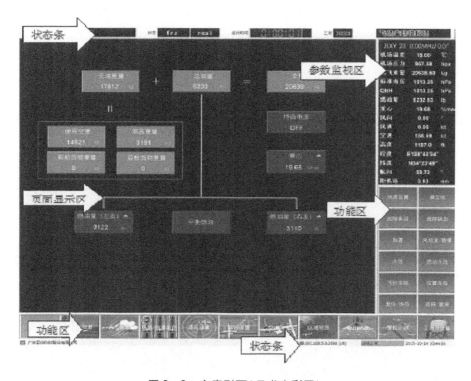

图 6-3 主索引页（见书末彩图）

6.2.8 模拟机状态条区域

（1）模拟机状态条（上）包括当前页面、模拟机状态、条件运行时间、当前运行条件。

（2）教练员台通信状态条（下）包括教练员台通信状况、当前服务器用户、本地时间。

6.2.9 参数显示区域

参数显示区域共显示 19 个常用参数(4 个为不可修改),用户可根据实际情况按照标准格式对配置文件的参数进行更改,此信息显示于所有页面。

6.2.10 基本功能

功能区域包括 23 个功能按键并且对应 23 个功能按键或页面。

1. 快速设置

提供快速设置机场、跑道、天气、油量等基本条件以达到快速部署展开飞行培训的需要。

2. 重定位

显示重定位选择页面提供 19 个重定位位置选项及机场、跑道选择。重定位页如图 6-4 所示。

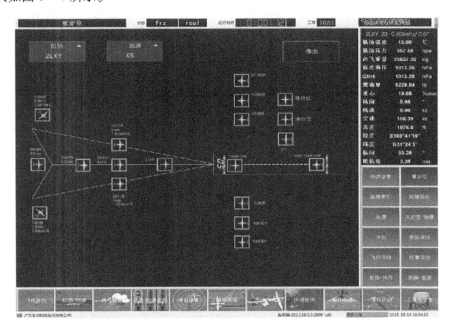

图 6-4 重定位页(见书末彩图)

重定位页面须满足可任意复位到各个备选机场和在机场 5 边近进 19 个位置。按钮上显示的数字为该点距离机场跑道的直线距离和高度。须先选择机场再进行定位(表 6-2),否则将会提示操作错误。

第6章 培训仿真系统中教练员台功能技术开发

表6-2 飞机重新定位

飞机重新定位	延程距离/海里	横测航迹/海里	航向	高度/英尺	速度/海里	外型(缝翼/襟翼起落架)
飞机地面重新定位						
滑行位置	根据现用跑道		–	ON GND	–	
等待点			–	ON GND	–	
停机位			–	ON GND	–	
起飞			RW	ON GND	–	
反向起飞			RW+180	ON GND	–	
飞机空中复位				(AGL)		
进近 I/CEPT1	15	R2	RW−30	2500	+30	FLP5
进近 I/CEPT2	15	L2	RW+30	2500	+30	FLP5
右三边	OPP THR	R2	RW+180	1500	+30	FLP5
左三边	OPP THR	L2	RW+180	1500	+30	FLP5
五边十海里	10	ON LOC	RW	2000	+30	FLP5
五边七海里	7	ON LOC	RW	3000	+10	FLP25 G/D
五边三海里	ON G/S	ON LOC	RW	ON G/S	+5	FLP30 G/D

3. 故障索引

显示故障选择页面,允许插入和预位17个系统的故障供教练员插入故障。故障索引页如图6-5所示。

4. 故障状态

显示故障状态页面,允许改变当前现用的或预位的故障,可以改变当前故障状态。故障状态页如图6-6所示。

5. 加速

每点击一次加速×2 最大为8倍,仿真主机模拟加速运行。

6. 风切变/微爆

切换到风切变微爆页面提供各种风切变选项及解释。

7. 运行/冻结

除FMC以外的全部模拟系统加以冻结。模拟机回到水平位置,音响系统受到抑制。驾驶舱操纵模拟输出不起作用或使模拟机开始运行。

8. 燃油冻结

将燃油量冻结在当前的数值。发动机燃油流量不受影响,但是不会出现燃油耗尽情况。

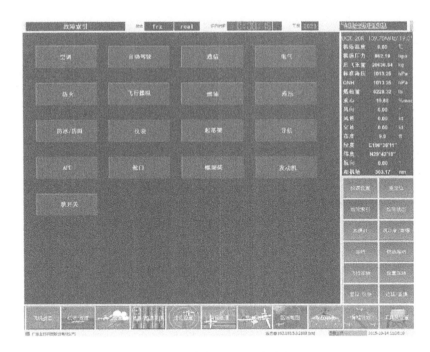

图6-5 故障索引页(见书末彩图)

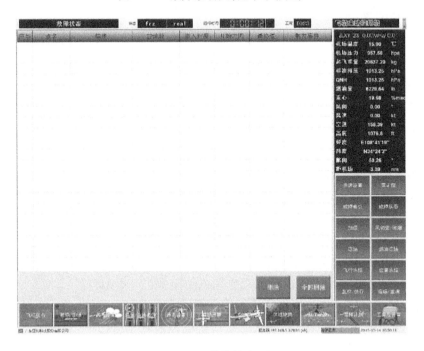

图6-6 故障状态页

9. 飞行冻结

冻结飞行动态参数(速度,姿态,高度和地理位置)。飞机各系统保持工作。

10. 位置冻结

将飞机位置冻结在当前的地理位置。所有其他飞行动态和各系统保持工作。

11. 复位/快存

显示复位/快存页面,允许改变当前现用的 IC 或记录当前 IC。复位管理页如图 6-7 所示。

图 6-7　复位管理页

12. 追踪/重演

将每分钟记录一次,保存当前所有数据,并可复现到记录时间的状态。返回追踪页如图 6-8 所示。

13. 飞机状态

显示飞机油量、总重、重心等飞机状态,允许设置部分参数。飞机状态页如图 6-9 所示。

14. 机场/跑道

显示 7 个机场和 18 条跑道的选择,允许根据科目来设置相应的机场和跑道。

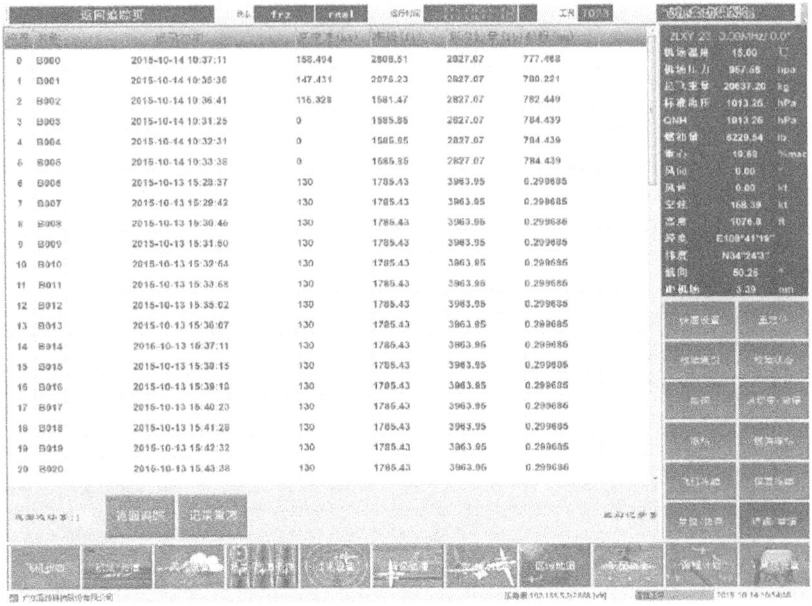

图6-8 返回追踪页

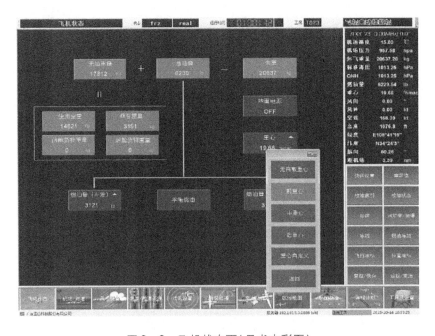

图6-9 飞机状态页(见书末彩图)

15. 天气设置

显示包括云底高、云顶高、风速等 29 个天气设置选项及天气场景(晴天、阴天等 4 个)页面,允许根据训练科目来设置天气条件。

16. 场景/跑道

显示视景跑道条件页面提供机场和跑道灯光选项,允许根据课程要求调节场景和环境灯光参数。

场景/跑道条件页如图 6-10 所示,提供了 17 个选项,跑道灯光选项类型分为 5 种类型分别为 Ⅰ、Ⅱ、Ⅲ、Ⅳ和 Ⅴ。

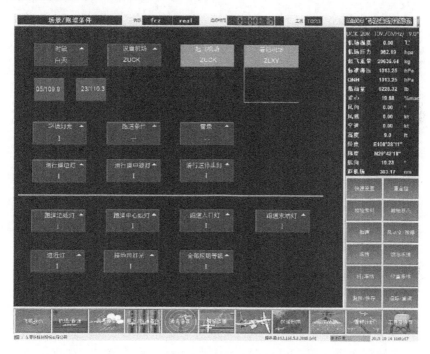

图 6-10 场景/跑道条件页面(见书末彩图)

17. 通信设置

显示通信设置页面,包括呼叫和频率设置。

18. 情况通播

显示情况通播页面,允许根据培训内容进行通播机场的各种环境参数设置。

19. 空中防撞

显示空中防撞页面可设置 8 个情节和两架入侵飞机选项,允许根据课程变化设置空中交通情节和突发事件。

20. 区域地图

显示区域地图页,具有飞机旋转、坐标实时显示、拖拽、航迹显示、区域地图大小调节等功能,可根据需要进行相应选择。区域地图页如图6-11所示。

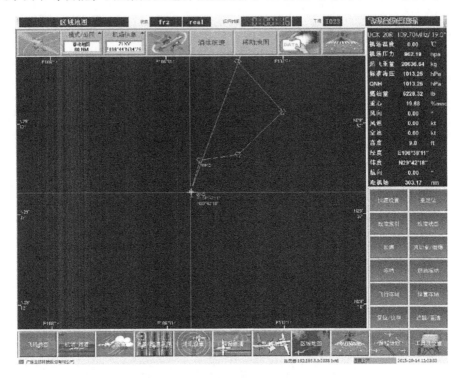

图6-11 区域地图页(见书末彩图)

(1)雷雨添加:提供10种典型雷雨模式。雷雨选择模块如图6-12所示。

(2)模式/范围:提供机场模式(机场为中心)/移动地图模式(飞机为中心)选择项,在地图直径大于640km时自动切换到移动地图模式。在直径640km以内可在该按钮的菜单下调节直径范围。区域地图范围模块如图6-13所示。

(3)机场信息:显示机场名称和经纬度。

(4)飞机旋转:跳出菜单供选择移动飞机的位置、速度、航向和高度。飞机旋转选择模块如图6-14所示。

(5)消除轨迹:消除飞机移动时画出来的轨迹;

(6)移动地图:快捷将监控状态转移至移动地图/机场方式;

(7)切换进近:将当前画面切换到进近监视页面;

第6章 培训仿真系统中教练员台功能技术开发

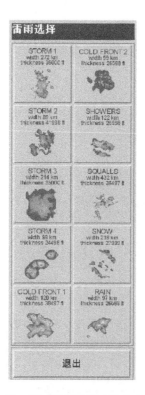

图 6-12 雷雨选择模块(见书末彩图)

图 6-13 区域地图范围模块

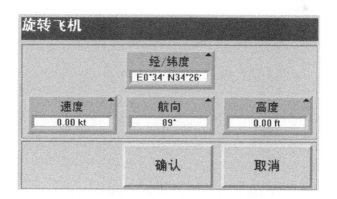

图 6-14 飞机旋转选择模块

（8）拖拽：点击飞机标志，飞机将闪动，再点击改变飞机移动过去的位置，将跳出菜单需要选择输入飞机朝向、高度、速度等，默认为移动前的值（移动时模拟机保持飞行冻结状态）。

141

21. 航图轨迹

显示航图轨迹页面提供起飞、近进及偏离跑道距离3个选项的9种曲线监视,可根据需要调整监视的曲线页面。

22. 课程计划

显示课程计划页面包括当前课程计划、初始训练、升级训练等,可根据培训的要求自行设定或者编辑课程。课程选择页如图6-15所示。

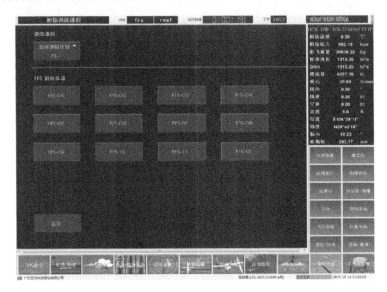

图6-15 课程选择页

23. 模拟机设置

显示模拟机设置页面,可根据培训要求设定模型加速、声音、操纵负荷系统设置、运动平台设置、教练员台退出和语言选择等功能。

6.2.11 高级功能

1. 课程考核评分功能

目前使用的飞机飞行模拟器都是以教练员控制台(教员台)为监控中枢,而培训中最重要的环节就是各类课程考核的飞行训练,繁重的培训任务给教练员带来了不小的压力,为解决这个问题课程图形界面孕育而生。课程考核图形界面有效结合了课程进度、监控数据、监控图形、飞行过程故障状态显示等功能,有效减轻教练员培训压力,增加培训工作效率。

课程考核评分功能严格按照飞机训练大纲的内容划分成4个功能页面分别为初始训练、升级训练、转机型训练、重获资格训练,共32个训练课程及考核科目。课程功能流程如图6-16所示。

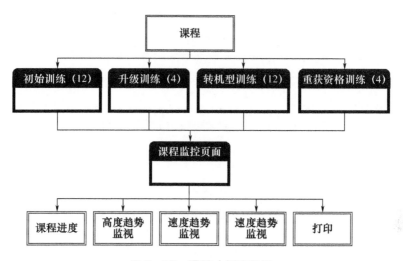

图6-16 课程功能流程图

2. 初始设置功能

大大简化了教练员初始化设置或选项,在强大的支撑软件的支持下提供30个初始化IC,大大减少了教练员初始化选项的操作步骤。

3. 特性记录分析功能

该功能将自动记录飞机模拟机的飞行特性进行精细记录,是工程仿真机特性研究有效的工具。

4. 自动分析诊断功能

在飞机模拟机的使用过程中该功能将自动分析和诊断整机的各个设备状态,加强对模拟机硬件诊断能力。

6.2.12 维护功能

1. 在线维护检测工具

在线维护检测工具为模拟机维护人员进行模拟机运行测试,并提供密码保护。在线维护检测工具的功能分为在线监视、日常检测、定期检测与远程维护四种。

(1)在线监视:在飞行模拟机处于运行状态时,可实时对飞机各子系统状态进行监视,如对于跳出的断路器给予统计,以按键形式显示出来,在断路器接通后自动消失等。

(2) 日常检测:在每天模拟训练开始之前,对各系统进行扫描检测,检测到板级,并可根据实际训练需要增加/减少/修改各种导航台站。

(3) 定期检测:在定期检测时,对飞行模拟机各子系统单独检测与校正,提供各系统的图形诊断,可以直接确认受损部件。

(4) 远程维护:利用Internet远程登录维护,进行软件升级、系统检测等。

2. 操纵负荷管理工具

操纵负荷管理功能是将操纵系统维护接口迁移至教练员台,以方便维护人员远距离进行可视化操作与操纵系统的维护。

3. 运动系统管理工具

运动系统管理功能是将运动系统接口迁移至教练员台,维护人员可根据维护需求进行舱内运动系统维护调节或者是舱外运动系统维护调节。

第7章 数字化工厂中仿真试验系统技术

仿真试验系统技术是在线仿真技术的重要应用之一，本章分四部分对其进行说明。一是仿真试验系统的重要性，二是仿真试验系统的组成，三是仿真试验系统的功能，四是仿真优化试验的设计。

7.1 数字化工厂仿真试验系统的重要性

7.1.1 节能降耗工作的重要性

资源枯竭、环境污染和温室气体排放是当今世界面临的主要问题，我国已把节能减排作为一项基本国策，同时能源也是构成生产成本的重要因素，面对政府对节能降耗工作的严格要求和激烈的市场竞争，电厂、水泥厂、钢铁厂等高耗能行业的节能降耗工作变得越来越重要。

7.1.2 节能降耗的方法

节能降耗的实现，除了要优化企业管理外，在生产运行上，首先，要能保证现场生产运行的正常，减少故障发生而引起的能耗异常增大，亚仿公司的离线仿真培训系统在提高运行人员操作水平、减少故障发生、及时发现并处理故障上发挥了很大作用，从而在很大程度上降低了能耗；然后，在保证生产运行正常的基础上，合理地确定影响生产能耗的关键参数的运行值，从而实现现场的精细化运行，成为降低生产能耗的主要方式。

确定关键参数的最佳运行值，一种方法是根据机组的设计参数和运行人员的经验，但随着机组的运行，设计参数与实际会有偏差，运行人员的经验，也难以做到全面和完全准确,为了弥补设计参数的不足,充分挖掘历史数据中的优秀经验,亚仿公司开发了基于大数据的全工况运行节能优化系统,并在平海数字化电厂成功应用;另一种方法是进行节能优化试验,大数据寻优是在已有的历史生产数据中进行寻优,所以如果生产中不尝试对平时的数据进行改变优化,那么大数据也难以寻找到平时的生产数据之外更优的数据,因此,为了寻找更优的运行方式和运行参数,进行优化试验尤为重要。

7.1.3 仿真试验系统的重要性

如果在现场实际机组进行优化试验:①试验参数可能是现场未运行过的参数,实施到现场可能引起现场生产运行异常;②现场无优化试验需要的对某些生产过程参数、质量指标和能耗指标的实时计算。为解决以上两个问题,亚仿公司在离线仿真的基础上开发了基于在线仿真的数字化工厂仿真试验系统,下面以其在水泥厂的应用为例进行说明。

7.2 仿真试验系统的组成

仿真试验系统的组成主要有高精度在线仿真模型、在线自学习计算、软测量、在线仿真控制站、在线试验床,下面分别进行说明。

7.2.1 高精度在线仿真模型

在线仿真连续从现场取得设备启停、阀门开关、各种调节指令和所有运行参数,通过高精度在线仿真模型计算出仿真参数值,通过仿真参数值与现场实际测量参数值的对比分析,仿真误差符合要求(关键参数的仿真误差在 ±1.5% 以内)从而验证了仿真模型的精确性,实现了在线仿真工况对现场运行工况的精确跟踪。以水泥熟料烧成系统为例,需要精确跟踪的关键参数有几十个,例如:各主要设备电流、窑头罩温度、三次风温度、窑尾烟室温度、分解炉出口温度、C1 出口气体温度、窑头电收尘入口温度、至余热锅炉入口温度。

7.2.2 在线自学习计算

设备运行过程中反映特性的参数很难用单纯的机理模型来揭示,因此运用模型自学习理论,实时地对反映设备运行机理的特征参数进行修正是必要的。在线仿真系统能从燃烧学、流体力学、传热学等理论出发,并运用模型自学习理论揭示设备运行状态的各种特性、机理,准确计算出在当前控制方式下的系统或设备的特性参数,为开展安全经济性分析计算提供数据支撑。通过自学习计算,自动修正在线仿真模型的系数,使仿真系统跟踪现场运行。

7.2.3 软测量

在线试验过程中,需要实时监视一些重要数据,这些数据现场 DCS 上没有,需要仿真模型根据现场已有的各种数据计算出来,这些数据就是软测量,以水泥熟料系统为例,主要有以下三种软测量数据:

(1)生产过程参数,例如:生料入窑分解率、烧成带温度、出篦冷机熟料温度;

(2)质量指标,例如:熟料抗压 3d 强度、f-CaO 含量;

(3)能耗指标,例如:熟料烧成电耗、熟料烧成煤耗。

7.2.4 在线仿真控制站

在线仿真控制站在仿真试验系统方面可以实现以下功能:

(1)运行状态初始化功能,可以在仿真系统上建立一个完全与现场工况相同的初始工况,初始化完成后,在线仿真工况便开始跟踪现场工况同步运行;

(2)在线快存试验功能,在线仿真工况跟踪现场运行工况同步运行,其指令来自现场 DCS 控制系统,仿真客户端并不能进行操作,如果需要对现场当前运行工况进行优化操作,就需要利用此功能将当前在线仿真工况截取到试验工况中;

(3)试验控制功能,可以实现对试验工况的运行、冻结、快存和复位等控制功能。

7.2.5 在线试验床

在上述功能的基础上,亚仿公司开发了仿真试验系统的操作客户端在线试验床,可以实现试验内容设置、控制试验进行等功能,在 7.3 节进行详细说明。

7.3 仿真试验系统的功能

图 7-1 是水泥厂在线仿真试验床主界面,图中左上部分是试验说明,右上部分是试验中的可调节量,下部是试验中监视的数据,在中部可以看到这些数据的变化趋势,下面介绍试验床的主要功能。

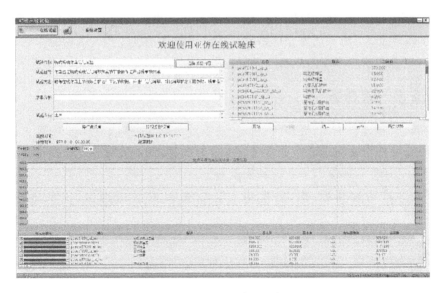

图 7-1　在线仿真试验床主界面

1. 操作点设置功能

操作点设置功能可以选择试验中需要操作的控制点,并加入试验床右上方列表,在试验进行过程中,可以对各操作点进行调节。

2. 监视参数设置功能

监视参数设置功能可以选择试验中需要监视的一般参数、关键参数和软测量参数,并加入试验床的监视参数列表,在试验进行过程中,各操作点的指令改变后,通过仿真模型计算将会得出与之相关的监视参数的变化。

3. 试验控制功能

试验控制功能可以实现对试验开始、暂停和结束的控制,点击"开始"按钮,在线仿真工况就被截取到试验工况,就可以对影响能耗指标的关键参数进行调整,通过仿真模型可以实时计算出调整后的相关参数、质量指标和能耗指标的变化,从而找到在保证质量指标的基础上,能耗指标最低时对应的关键参数值。

4. 趋势查看功能

趋势查看功能可以查看试验中参数的变化趋势,并可以改变趋势曲线的颜色,对曲线进行放大和缩小操作。

5. 历史试验查看功能

历史试验查看功能可以对历史试验的过程和结果进行查看。

7.4 仿真优化试验的设计

仿真优化试验的主要目的是通过仿真试验寻找到更优的运行参数,用以指导现场的生产,从而达到节能降耗的目的。下面以水泥系统为例说明如何进行优化试验的设计。

7.4.1 优化调节、优化参数和优化指标的关系

优化试验的过程就是:改变优化调节来改变优化参数,优化参数的变化会引起优化指标的变化,通过多次改变试验后就能找到优化指标最优时对应的优化调节和优化参数。以水泥熟料生产线为例,可优化参数主要有熟料三率值、煤粉细度、生料细度、熟料产量、篦冷机一段料层厚度、一段冷却风量、篦冷机二段料层厚度、二段冷却风量、分解炉出口温度、烧成带温度。每个可优化参数的变化都是由优化调节引起的,例如分解炉出口温度的变化最直接的原因是分解炉喂煤量的调节,每个可优化参数的变化都会引起质量指标和能耗指标的变化。

7.4.2 仿真优化试验设计的两种方法

对参数进行优化的方法有两种:一是整体优化,即设计多组可优化参数的组合,分别实施到试验床上,在达到质量指标的前提下,对应能耗指标最低的组合即是最优组合,但这个组合只能相对设计的其他组合是最优的,不能保证组合内所有参数都是最优的;二是逐个优化,即对每个可优化参数逐一进行优化,当每个参数都处于最优值时,形成的参数组合一定是最优的。当然各参数的最优值并不一定是唯一的,各可优化参数之间也有联系,例如发电厂中的主汽压最优值并不是一个,而是每个机组负荷都对应一个主汽压最优值。仿真试验优化与大数据寻优可以结合进行,从而实现理论和实际的结合,并且能互相印证。在线仿真试验的优点是不局限于现场设备的要求,可根据需要方便地将现场工况切换到试验模式,进行各种试验方案的仿真验证。

7.4.3 仿真优化试验举例

下面以水泥熟料生产线篦冷机一段料层厚度优化为例进行说明。
(1)优化调节:一段篦速、一段篦冷风机出力、头煤量、尾煤量。
(2)优化参数:一段料层厚度。

(3)优化标准:一段篦速降低会使一段料层厚度增加,增加一段篦冷风机出力维持一段冷却风量不变,以上会使一段篦冷机和篦冷风机耗电增加;一段料层厚度增加会使二次风温和三次风温升高;由上可知一段料层厚度的改变会同时使电耗和煤耗发生变化,并且试验中如果电耗增加煤耗可能会降低,所以用二者的综合即是熟料能耗,作为能耗优化标准。

(4)优化方法。调节一段篦速使一段料层厚度变化,同时,调节一段篦冷风机出力维持一段冷却风量不变,调节窑头和窑尾煤量维持烧成带温度和分解炉出口温度恒定,在一段篦冷机及料层运行正常前提下,对应熟料能耗最低的一段料层厚度即是最优料层厚度。

第三部分 应用篇

第8章 电力工业仿真系统

8.1 火电站全范围仿真机

▶ 8.1.1 概述

1985年国家电力部用630万美元引进火电站300MW仿真机之后,要求不能再引进第二套火电仿真机,要实现进口替代。为了实现火电仿真机的进口替代,在国家第一批火炬计划项目中,就把火电全范围仿真机列入,从而推动了亚洲仿真公司于1988年8月成立,国内的全范围全流程火电仿真机制造就此开始。相继还有清华大学、华北电力公司等仿真机公司投入国产化的大潮中,并肩努力一起把国外的仿真机堵在国门外。特别是国产仿真支撑软件平台的成功开发和应用,使得仿真技术实现了完全的国产化、产业化、商品化和国际化。亚仿公司从1988年起至今已经完成300多套火电仿真系统的开发,并成功投入应用。

亚仿公司及其他公司共同努力,完全实现了产业化和进口替代。几百台中国制造的达到世界先进水平的火电仿真机,确保我国电力行业的飞速发展,为国家节约了大量外汇(当年引进一套300MW仿真机要630万美元)。如今在实现"一带一路"的战略部署中,仿真机也可以成为重要抓手。

▶ 8.1.2 定义

火电站全范围仿真机是针对某个具体电站某个机组的全仿真系统,仿真主控制室内全部设备的数量和颜色、外观、布置、照明及声响,使学员的直观感觉如同在实际电站真实控制室一样。全范围仿真机、炉、电、自动控制系统的动态和逻辑,仿真电站计算机监控系统的功能。建立 0% 到 100% 负荷的全物理过程的数学模型,各种故障的模型包含在全物理过程的数学模型之中。受训的学员在仿真的控制室内能实现在实际电站的各项有关操作和仿真范围内的就地操作。无论是正确操作还是错误操作,都应和实际电站的反应一致。由教练员预设的故障或学员误操作引起的故障,其现象、因果关系应和实际电站一样。全仿真型的仿真机用于对机组运行人员全面地、系统地进行运行操作技术的培训在职运行人员和工程技术及管理人员的轮训,使学员学习和掌握机组在各种状态下的启停操作,提高在正常运行情况下、在异常和紧急事故情况下的监控能力,正确判断、排除故障的能力。

8.1.3 火电站全范围仿真机评价方法

8.1.3.1 问题提出

一般说来,火电站全仿真机无定型产品,它的制作需要根据对象的情况、用户的要求和厂家的能力来定,它是计算机技术、电子信息技术、仿真技术、建模技术、各个被仿真系统的专项技术基础上的综合技术所形成的系统工程产品,对它的技术分析或评价独具复杂性和特殊性。分析、比较和评价一台仿真机,涉及很多因素,既有购买者的意向因素,又有诸多的技术因素和价格因素。如何分析关键的因素而尽快决策,又如何把各方的因素进行细化分析,做量化的标定,拟定评价方法,建立评价的数学模型,并通过计算机进行评价计算,使之对各个制造厂家仿真机技术性能的评价有较科学的依据。无论采用简便的方法,或是细化的计算,最重要是对各种影响因素进行分析。通过有效的分析,可以更好掌握仿真机的全面技术、技术发展的特点和趋势,也更便于仿真机采购者了解仿真机的关键技术,确定仿真机的设计技术规范的主体思想和功能配备,把发展上的需要和技术上的可能性结合起来,使火电站仿真机的应用提高到一个新的水平,做到培训对象多级化,培训功能和手段多样化。

对火电站仿真机进行技术分析和评价,其思路可以延伸到其他复杂、庞大的系统工程产品。特别值得说明的是,有意识进行技术分析的过程将能更深入掌握技术和有关技术的发展方向,对采购者、使用者、研究开发者都有收益。

下面作者以曾经用于分析和评价一台引进的 300MW 火电站真机涉及的因素作为例子,加以细化说明。

8.1.3.2 被评价系统特点

1. 典型对象

1982年我国第一次引进300MW机组全范围火电机组仿真机,国外有4~5家仿真机公司激烈竞标,而价格又差异很大,整个系统价格昂贵。

2. 典型对象特性

1)符合系统的概念

现代科学技术的贡献在于把系统这一概念具体化了,它提供了系统分析的理论和方法。近来越来越多的事实和现象把系统的概念逐步明确化、具体化,并在工程技术的研究和管理中得到了广泛的应用。

系统工程观点认为,应当把市场当作一个整体来研究。把一个研究的对象看作一个系统,从系统整体出发来研究系统内部各组成的部分,它们之间的有机联系和系统外部环境的相互关系,这就是综合的研究方法。

从系统的定义来分析,每个系统都具有它特定的功能,是相互之间具有有机联系的许多要素所构成的一个整体。

综上所述,典型对象符合系统的特性,列举如下:

(1)整体化。系统是由两个或两个以上的可以互相区别的要素,按照作为系统整体所应有的综合整体性而构成。构成系统的各要素虽然具有它们之间不同的性能,但它们是根据逻辑统一性的要求而构成的整体。即使每个要素并不都很完善,但它们也可以综合、统一成为具有良好功能的系统。反之,即使每个要素是良好的,但作为整体都不具有某种良好的功能,就不能称为完善的系统。

(2)相关性。系统内各要素之间是有机联系的,相互作用的,在这些要素之间具有某种相互依赖的特定关系。

(3)目的性。通常系统都具有一定的目的性,要达到既定的目的,每个系统都具有一定的功能。

(4)环境适应性。任何一个系统都存在于一定物质环境中,必须适应外部环境的变化。在研究系统的时候,环境往往起着重要的作用,必须予以重视。因此,典型对象可以用系统工程分析的方法论,运用各种数学方法、计算技术和现代控制理论来实现系统的模型化和最优化进行系统分析,并基于系统整体化的概念建立起一系列衡量系统效果的综合性和特征性的指标,如价值、寿命、维护费用、造价等。

从局部来看效果是好的,但从全局来看就不一定好,某些因素从局部看不太好,但从整体却有应用价值。因此,只有根据整个系统的总目标来分析,才能对系统整体做出科学的判断。

2）采用系统分析方法

系统分析不同于一般的技术经济分析,它必须从系统的总体最优出发,采用各种方法,对系统进行定性的或定量的分析。具体的分析方法必须随着分析对象的不同、分析问题的不同而有所选择,即有目的、有步骤地探索和分析过程。对于火电站全范围仿真机而言,要分析影响决策的因素,而每个因素又可以分解为若干相应的指标,经过分析和整理,得出层次分明的关系,从各个方面来进行评价。

3）建立评价模型

在各种评价模型中选择了直观的、可操作性强的模型,如图 8-1 所示。

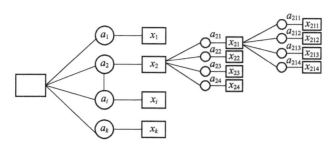

图 8-1　建立评价模型

图 8-1 中的 x_i, x_{21}, x_{211} 等为各层分解的,因素 a_1, a_2, a_x 以及 $a_{21}, a_{22}, a_{23}, a_{24}, a_{211}, a_{212}, a_{213}, a_{214}$ 为举例说明中的加权系数,以这些系数表达使用者对相关因素重要性的评价。

8.1.3.3　典型对象评价模型与定量计算

(1)本书中所讨论的评价模型,是把火电站全仿真机分为 4 个因素、19 项要素、180 个分项,对应上面各项技术性能指标,建立了评价数学模型(图 8-2),进行定量计算。

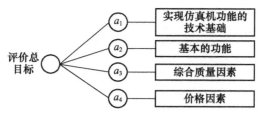

图 8-2　评价数学模型

(2) 每个因素又可分为几项要素,如图 8-3 所示。

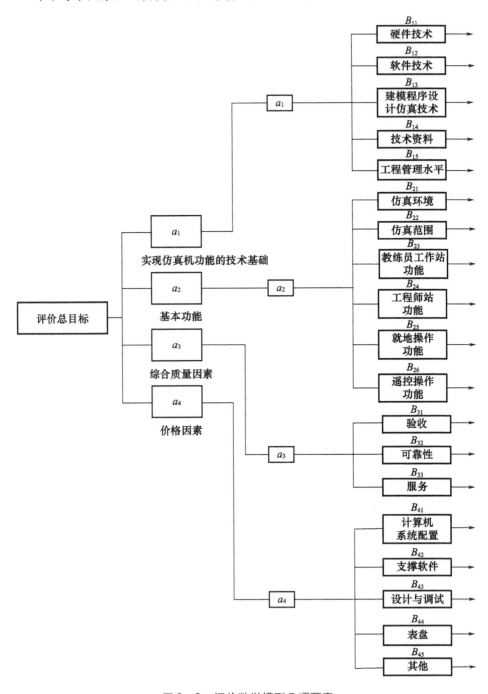

图 8-3 评价数学模型几项要素

(3) 在19项要素中,每一项又继续分成若干分项。举例说明:图8-4为影响建模技术的分项,图8-5为影响教练员工作站功能水平的分项。

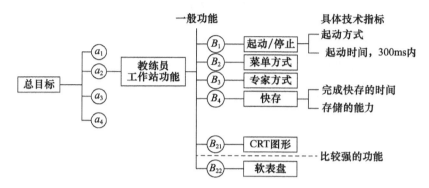

图8-4 影响建模技术的分项

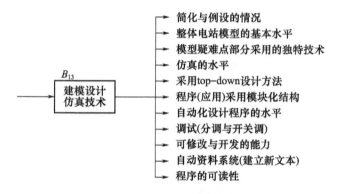

图8-5 影响教练员工作站功能水平的分项

(4) 在180个分项中的任何一项又可以分出主要的技术指标以下列举教练员工作站功能这一要素中,每个分项对应的技术性能和指标。

(5) 关于层的评价系数,以上所介绍的评价模型归纳起来,是有三个层次的分解,即如图8-6所示。

从图8-6可以看出,如何确定各层的评价系数仍属很重要,现以 a 层系统的评定方法为例,其他可以根据 a 层考虑的原则进行设计。

(6) 火电站全范围模拟培训系统评价模型,a 层系数的评定及其说明:

根据评价模型的设计要求,需要有关领导及部分专业人员对层的各评价指标进行加权系数评分。由于 a 层是评价指标体系的最高层,其指标的高低,对最终指标的总分有直接的影响。给各评价指标以适当的加权系数,是评价模型能

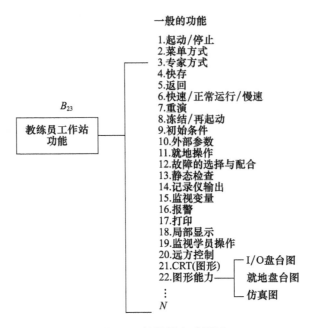

图 8-6 教练员台功能图

否可靠运算的关键所在。不仅如此，a 层的 4 个评价指标，还与我们对引进培训仿真机的战略目标有关。所以，首先要说明 4 个评价指标的定义、范围和相互之间的关系。模型中 a 层的 4 个评价指标分别为技术基础、仿真机功能因素、综合质量因素、价格因素。

①技术基础。对所有的仿真机系统而言，技术因素与价格因素是相互作用又相互制约的。为了在技术与价格之间进行最优的选择，总是要根据不同的需要有所取舍。对这个评价分析的考虑因素是：国务院、部、局各级领导对引进技术的方针政策和原则；目前国际上系统工程、仿真技术、计算机技术的发展趋势；今后这台培训仿真机在电力部火电站运行人员培训工作中的作用和地位；购买能力和消化引进技术的能力，以及今后的方向和任务；可能投标的几个厂家的技术状况和设备价格；分析和借鉴有关引进项目中的经验和教训；对于具有先进技术的设备不宜采用交钥匙工程的方式(turnkey system)来引进。

鉴于以上的考虑：技术因素是衡量这次引进工作是否成功的一个重要依据，它与价格因素比较起来，应该是前者比后者更重要。这是因为：首先，电力系统第一次引进全仿真的系统，应具有较先进的技术水平。再者，技术因素是长远的考虑，它保证长期的经济收益和技术收益。所以，把技术水平的高低作为衡量投标厂家能否中标的较重要的依据是合适的。其重要性表现在评价加权系数上，就是技术因素的加权系数比重要较大些。

技术基础包括硬件技术、软件技术、仿真技术、技术资料、人员培训与技术合作条件。

②功能因素。在这个评价模型中，要把功能因素与技术因素分开。在功能因素中所考虑的项目是从培训的角度考虑如何使用这台仿真机。有些仿真机制造厂家由于使用相同的计算机系列，故在评价技术因素时可能会出现难分高低的情况。功能因素中考虑的项目比技术因素的项目更直观，实际上在很大程度上技术因素是功能因素的基础。有一个良好的技术基础，就为产生一个良好的功能创造了先决条件，但是两者毕竟是不同的。

功能因素侧重于仿真机的训练使用、操作、维护，所考虑的问题多属于人机界面的问题、使用效果的问题。相比之下，技术因素的考虑更突出技术引进的需要，而功能因素所追求的是更实惠的东西。可以说，今后所要实现的功能与功能因素的考虑有直接的关系。

仿真机功能因素包括仿真机基本功能、功能水平、交互终端能力、电站模型水平。

③综合质量因素。随着国内外贸易交往的扩大和科学技术的发展，一般用户在购买较贵的先进技术设备时，会对卖方提出更多的技术和功能要求，这些要求随着设备的先进程度和价格水平的提高而提高。

这里所涉及的质量已超出了一般产品质量的概念，要通过这些因素对投标厂进行综合性的评价。这些因素包含了一部分技术因素，如产品质量。但还有一些因素不属于直接的技术因素，它们对技术因素有重要的影响，又是对技术因素的必要的补充。投标厂家在这些因素上的差别会比较大，即使是同等技术水平的厂家，也可能会有较大的不同。根据以往的经验，投标厂家的综合质量因素的水平高低会直接影响合同的执行、产品的质量寿命和技术的收益。所以综合质量因素是一个很重要的评价方面。价格因素对这次引进工作只产生一次性影响，而技术因素的影响则是长期的和广泛的。从这个意义上来讲，综合质量因素所产生的影响也将是长期的和广泛的。

综合质量因素包括验收、可靠性、服务、运输与安装工程管理水平。

④价格因素。价格问题是 a 层的 4 个因素中最敏感的因素，也是最容易衡量的因素。厂家在报价时，所提的价格水平有时悬殊较大，报价虚假成分难以断定，一般都缺乏必要的分项报价。这样使得价格因素变得复杂起来。由于厂家

的技术水平特别是软件技术水平常有较明显的差距,而且对仿真系统的设计原则也不尽相同,所以,考虑价格因素的时候,必须要结合技术因素、功能因素。单单依价格的高低来评价投标厂家,是很不科学的。

为了使得价格因素的评价能反映投标厂家的整体水平,在价格因素的 C 层,考虑了若干个加分因素。这样做的目的是为了提高下面这类厂家的价格评分,即报价较高,但高于其他厂家的部分是由于其特有设备的功能(这些设备和功能又是需要的)的价格而引起的。

价格因素包括计算机硬件价格、计算机软件价格、表盘价格、其他费用。

⑤评分方法简介。现采用多比例评分法,常用的 F、D 法中只有 1/0 一种比例,两者相比重要时得 1 分,次要时得 0 分。这比较绝对,也不够灵活。当两个比较对象的重要性非常接近或相差甚远时,比较对象之间差别不大或差别很大都是 1:0,这显然容易偏离人们的认识。因此在多比例评分中再增加 0.9:0.1、0.8:0.2、0.7:0.3、0.6:0.4、0.5:0.5,以及 1:0 这样就更接近实际些。

例如:一方比另一方略为重要一些,那么一方得 0.6,另一方得 0.4,如果两者相似难以分辨,可记为 0.5:0.5。

以表 8-1 为例说明此法。

表 8-1 评分方法

	技术因素	功能因素	综合质量因素	价格因素	得分	重要性系数
技术因素	×	0.9	0.6	0.7	2.2	2.2/6 = 0.367
功能因素	0.1	×	0.4	0.5	1	1/6 = 0.167
综合质量因素	0.4	0.6	×	0.5	1.5	1.5/6 = 0.25
价格因素	0.3	0.5	0.5	×	1.3	1.3/6 = 0.216
					总分	系数总和:1

8.1.4 火电站全范围仿真机的主要技术性能指标与应用水平梗概

8.1.4.1 技术分析的重要项目

分析和评价电站全仿真机,既需要综合水平的性能说明来分析其能力和技术水平,又需要很多具体的性能指标来作客观的量度,造成分析和评价的难度,不仅在于技术涉及面广、性能指标项目多,更难的是,各项性能及其指标既相互关联又交叉影响,体现了综合的技术。比如计算机硬件的技术指标为内存、外存容量、计算速度等,是全仿真电站仿真机的最本质的技术基础,但如果没有好的仿真支撑软件也无法发挥计算机本身的能力。因此,要从几个关键方面来分析,才不致于忽略某些环节。为清晰起见,采用宏观综览和具体分析相结合的方法,如表8-2所列。

表8-2 采用宏观综览和具体分析相结合的方法

项目		内容
一、实时计算机系统水平	1. 机型与厂家	目前计算机技术飞快发展,计算机型号不断变化、更新,欲选实时仿真机主机机型,应考虑: 计算机速度; 内存、外存容量; 支持实时的能力; 数据总线的传输速度; 主机与 I/O 及外部设备的配套能力; 网板的配置能力与灵活性; 图像的能力; 可运行的操作系统; 可靠性; 可维护点和备件的配套; 与计算机或其他机型的通信能力; 性能/价格比
二、计算机系统水平	2. 处理器性能	字长; 主频; 一级高速缓存; 二级高速缓存; 运算处理速度:(单个处理器)
	3. 系统总线速度	共享式系统总线; 交叉切换开关
	4. 输入/输出带宽	工业标准; 专用高速总线
	5. 内存配置	内存大小
	6. 外存配置	一般配置容量; 可扩最大容量

续表

项目		内容
二、计算机系统水平	7. 系统结构	对称多处理器； 处理器数量； 可扩展共享内存多处理结构； 处理器数量
	8. 操作系统	具有实时功能,开放式通用多任务操作系统,能支持多任务按多种不同优先级的运行调度,能支持多处理器并列运行
三、教练员工作站功能水平	9. 提供教练员工作站功能项目	至少应有以下功能：运行、冻结、速度控制、初态、开关检查、快存、复位、返回追踪、重演、超控、监视变量、故障、外部参数、在线数据库访问、表盘、诊断、报警、噪声、专家方式、菜单方式、计算机辅助练习、成绩评价。 特别是采用 X – Window 技术,加强了画面的表现能力,扩大操作员与指导员的视野,使用时可观察的数据量多,数字与曲线、图形并存,形象地满足操作与观察的需要
	10. 模型速度选择	与实时有关的所有模型均能实现慢速,放慢 1~10 倍可选 部分参数能实现快速,保证各仪表在快速条件下输出平滑,加快 1~10 倍可选
	11. 初始条件能力	可提供初始条件能力 <1000 个； 建立 20 个初始条件,其余根据需要再建立
	12. 完成快存初始条件的能力	每次快存时间 <300ms
	13. 重演	30s 间隔记录,重演 30min(可选择)； 240s 间隔记录,重演 4h(可选择)
	14. 在线监视变量能力	由终端监视变量数 >10000 点,每一画面 40 个
	15. 故障	可以提供 500~2000 个故障的能力； 可以同时组合 15 个故障； 对变量型故障,可设置故障深度； 故障起动方式 3 种故障类型：逻辑型、模拟量型、时间函数模型
	16. 外部参数	可以提供 3000 个外部参数的能力,常用 60~100 个（具体项目由用户提供）
	17. I/O 超控	一次最多可同时超控 30 个设备,不同时间的超控,可达 800 个以上

续表

项目		内容
三、教练员工作站功能水平	18. 返回追踪	最小步长为30s； 记录总数为60个
	19. 趋势记录	同时8线曲线，每条300个点，更新时间最小0.1s引入Page概念后，监视数据点达3000个点
	20. 遥控功能	信号可传送30块
	21. 专家方式	专家命令严格定义50种，可完成功能超过200项
	22. PPC功能	可以替代真正的PPC进行工作
	23. 图形能力	可以实现I/O盘台图、就地盘台图、仿真图
四、仿真机软件支撑能力	24. 仿真支撑软件系统	仿真支撑软件是实时仿真系统的核心，它不仅决定了仿真机的技术水平、仿真的能力和范围，也保证了仿真机的质量和工期。支撑软件本身技术水平和应用的能力随计算机技术和系统软件能力的提高而发展，同时又在应用软件功能要求不断增加的推动下，功能不断提高和扩展。 　　在Unix操作系统的支持下形成多功能、自动化、图像化、模块化和标准化的支撑软件系统。 先进的高水平支撑软件，其功能可归纳为： 管理一个大型数据库； 　　模块化系统，使仿真程序易实现结构技术； 　　仿真程序模块与数据库的自动结合； 　　仿真软件分级开发和调试，不仅提供保护和控制手段，而且提供了软件开发和试验环境，在此环境下各用户可以互不干扰地修改和测试自己的模块和数据库； 　　开发标准的仿真部件块，自动生成专用部件块； 　　一次连接/装入系统实现了仿真软件的快速装入过程； 高级调试系统提供离线和在线调试能力，同时可在符号级别上调试FORTRAN模块，为在此实时环境运行仿真软件提供多处理机的执行系统； 输入扫描和启动系统可快速的响应外部控制变化，响应时间为0.1s； 　　支撑图形图像编辑的能力，充分发挥图形图像界面，易于编程； 　　自动生成程序系统，保证质量，缩短工期； 　　支撑良好的调试环境和工具以保证分调与联调的计算； 　　支撑教练员工作站功能实现； 　　支撑I/O接口功能实现

续表

项目		内容
五、接口系统水平	25. I/O 接口	采用智能化分布式接口系统,优点是: 电缆大量减少,没有 I/O 接口柜; 抗干扰能力强,可靠性高; 维护量少,查错方便; 具有诊断能力,可诊断到字、字节和位
六、运行检查能力	26. 日运行检查系统	诊断主控制室全部表盘设备,包括仪表、记录仪、开关、灯、按钮、同步表、光字牌等
七、数学模型水平	27. 建模技术	建立全物理过程模型; 　　冷态、热态、温态起动的实现; 　　故障全部包含在全物理过程数学模型之中; 　　故障可选择不同的起始时间,在 0~4h 之间可调,有些故障的程度,例如管子堵、阀门漏等,可在 0~100% 的范围可调,故障可单独设置,也可成组设置,最多可同时输入 20 个互不冲突的故障。提供设立 2000 个故障能力; 　　逻辑与物理模型分开建模,并 1∶1 的仿真电站的逻辑功能和控制功能; 　　监控系统功能,除 SOE 之外,全部仿真电站的应用功能模型中的各种变量常数不少于 10000 个数据库点(对于 200MW 全仿真机),以及 15000~25000 之间(对于 300MW 全仿真机),40000 多个点(核电站仿真机) 　　模型的测试,既能定性,又能定量分析; 　　外部参数设置,通过教练员工作站,可以改变 2000 个外部参数,如:大气温度、大气压力、河水温度、燃料发热值、电网频率、功率因数等(实际常用量小于 100 个)
	28. 模型程序	采用 Top-down 的程序设计方法; 在仿真支持系统支撑下实现高度模块化的程序结构; 在最低模块级程序中语句数; 模块化能保证程序的在线、离线修改能力; 程序可读性好; 程序模块之间接口清晰

续表

项目		内容
七、数学模型水平	29. 自动设计与分析模型程序的能力	借助标准部件模块,自动生成与操作控制有关的特定部件模块; 采用流体自动网络程序设计软件; 采用可视化逻辑控制自动生成软件; 采用可视化电网模型自动生成软件; 采用算法到模型的自动生成软件
	30. 模型精度	关键参数的静态精度 < ±1%; 主要参数的静态精度 < ±2%; 关键参数的动态精度 < ±5%; 主要参数的动态精度 < ±10%
	31. 分布参数数学模型	锅炉炉膛分布参数模型; 汽包分布参数模型
八、就地操作	32. 就地操作站	就地操作是把控制室以外的操作集中后用操作盘或 CRT 操作站的形式实现,其方法由用户任选; 就地操作盘,要有完整的电站系统图,明确表示就地操作位置和合理的操作数; 就地操作站,要有十分清晰美观的 CRT 画面,而且在画面上能反应操作量大小和操作的变化
九、工程师工作站	33. 工程师工作站	工程师工作站是在支撑软件支撑下实现丰富的功能,同时也是支撑软件能力的表现; 实现编程、分调、联调、修改、监视数据库变量等功能
	34. 工程管理	采用成熟的仿真系统开发程式,系统工程化进度安排,规范化设计开发和验收
	35. 设计调试联络	初步设计结果提供用户进行设计审查,听取意见后再进行程序设计,提供完整的初步设计资料和用户意见的资料; 故障原因与结果,提交用户审查并把审查后形成的文本作为设计基础; 验收方法与大纲提供用户审查并把审查后形成的文本作为 ATP 测试大纲; 在验收大纲确定之后开始测试每个调试问题均写出解决方法和结果,交给用户备忘和使用(即 DR 表)
	36. 培训	用户工程师可参加计算机软硬件部分的培训,以达到可以做修改的水平; 教练员可以参加培训和测试

8.1.4.2 技术特点分析(目前国内外火电站仿真机的水平)

随着计算机技术、电子技术、信息科学、仿真技术、图形图像技术、多媒体技术等飞快的发展,使火电站全仿真机的水平发生显著变化和提高。由于国内火电站仿真机的需求和用户水平的提高,以及市场竞争的现实,有力地推动了中国仿真机制造技术的发展,因此目前中国的火电仿真机已达到和或超过世界水平。以及鉴于大量实践的总结和积累,中国仿真机的制造标准达到和超过了国际先进水平。综览全局,对其技术特点可归纳为以下几项。

1. 具有先进的培训功能

拥有很强的培训功能,适用于各种培训要求。例如:培训初级运行人员,培训的主要目的是熟练操作,因此对仿真机的要求是,能方便地改变初始状态,实现反复练习,操作灵活并现象正确,有足够的故障供练习处理。而对轮训在职人员和有关技术人员,其目的在于提高运行操作水平,分析运行中出现的异常现象产生原因,提高运行经济性的试验研究等,因此,对仿真机的实时性、逼真度和培训功能提出了更高的要求。仿真机的培训功能是以其硬件、软件为基础,并集中表现在教练员工作站,教练员工作站需具备灵活的控制和监视的能力、较完善的操作项目和作用范围。

2. 具有保证实时性的技术基础

全仿真机的实时性,是质量与水平的重要标志,可藉计算机选型和软件设计的方法等方面来保证系统的实时性。

首先在计算机硬件技术上,采用高级工作站或服务器,采用网络技术实现各计算机之间的通信,满足实时响应要求。

软件上拥有软件优先级,适应实时处理的要求。

在应用软件设计方面也采用了各种措施,例如,在主控制室台/盘上的各操作开关、控制器,都建立专用的部件程序。这类程序运行时间每 0.1s 可被调用一次。

各系统的数学模型,根据模块的性质和内容,按照实时运行的要求,来安排适当的运算周期。

3. 设计、调试和验收的全过程均可借助于高效率的软件工具,以提高生产效率和质量

例如,设计各类逻辑模型时,借助于用特殊定义编写的通用部件程序来生成各种能实际应用的特定部件程序,这种设计方法,可大量减少重复性劳动,提高

设计效率,减低错误。

在调试过程中,通过仿真支撑软件系统,实现在 Fortran 语言或 C 语言的修改和查错,特别是借助于软件工具块检查软硬件之间的接口,提高调试效率。

验收是检查仿真机质量的重要一环,仿真模型是系统的数学方程的组合,而这些方程决定了仿真的精度,控制室的各种仪表反映的是数学模型通过计算机运行得到实时解。系统数学模型的验证,仅依靠运行人员的感觉是不够的,还要对系统动态、静态特性和部分故障进行定量分析,以查找系统中可能存在的问题。

4. 采用先进的硬件接口技术,以保证可靠性和运行维护的方便

I/O 接口系统,结构简单,容量大,数据转换和传送效率高,并可进行在线有效检查和离线诊断,给硬件人员提供了操作维护的方便。

5. 采用了先进的模型技术

各系统的数学模型,按其性质和内容,一般可分成两个组成部分:

1)逻辑部分

逻辑模型严格按照设计单位提供的逻辑图纸来编写数学模型程序,主控制室台上所有操作开关、调节器控制、各种阀门和电动机的启、停、自动调节、连锁、保护和报警等,以及远方操作阀的启闭,都属于逻辑设计范围。

2)动态部分

动态数学模型是建立在"物理原则"的基础上严格遵守能量守恒和质量守恒定律。动态数学模型设计的主要内容有:

燃料和燃烧计算:

(1)燃料放热和热交换,金属壁温计算;

(2)流体的压力、温度、流量计算;

(3)流体的化学性质计算;

(4)汽轮发电机组的转速、功率计算;

(5)汽轮发电机组的偏心、振动、热膨胀及胀差计算;

(6)水泵、风机、磨煤机等辅机的特性计算;

(7)电力负荷分配及电网计算等。

数学模型的结构高度模块化、程序易读、易写、易调整、易修改,并具有以下特点:

(1)将许多常用的运算都编写子程序(Subroutine)。例如:表面式加热器热交换计算子程序;水泵马达电流和转速计算子程序;汽轮机热力过程计算子程

序;PI调节器运算子程序等。在各系统的数学模型中,可调用这些子程序,以提高设计的效率和质量。

(2)模型可修改能力强。借助于仿真支撑软件系统,数学模型可以很方便地实现离线和在线修改,以提高适应电站特性的能力可对任何系统作单独的修改、调试,并能很方便地进入实时系统再进行联调,以达到所要求的精度。

(3)借助可视化模型软件生成工具(包括电网、流体网、设备、逻辑控制等),提高了软件源程序的可读性,并用形象的方式对模型软件进行调试,使设计图与程序永保一致。

(4)借助数据库自动生成的软件工具,可用来将已编写好的程序中各变量和常数,按数据库中各项要求,列出文件,这样可节省工程师编制数据库的时间,提高工作效率。

8.1.5 国内首个全范围全流程仿进口火电机组仿真机案例

1988年四川省江油发电厂引进法国330MW火电机组,由于当时机组负荷容量大,控制系统复杂,又是整套国外机组,急需培训操作人员。当时,国家不允许再次用630万美元从国外引进火电仿真机,只能由国内研发。于是四川电力局、四川电力研究所、江油发电厂与亚仿公司的领导和科技人员联合攻关,按时完成了330MW仿真机制作任务,按时投运,本项目成果获得了四川省科学技术进步一等奖。现以该仿真机为实例介绍电力火电仿真机技术和应用。

8.1.5.1 火电站建模技术

火电站仿真机的仿真对象可以分为以下11个主要子系统:
(1)BR(锅炉本体系统);
(2)AG(锅炉风烟系统);
(3)FS(锅炉燃料系统);
(4)MS(主蒸汽系统);
(5)TB(汽机本体系统);
(6)CF(凝结水和给水系统);
(7)CW(冷却水和循环水系统);
(8)EG(发电机系统);
(9)ED(配电系统);
(10)CS(协调控制系统);

(11)TC(汽机控制系统)。

其中所有系统的逻辑和控制部分的建模都可以采用 ADMIRE_L(逻辑控制模型自动生成软件)。开发人员只须将对象的原始逻辑图用图符库中相应的图符再现于计算机屏幕上,即可自动生成所需的源程序,并能实现在线监视、修改、调试,其计算结果在图上动态显示。这样来基本避免了手工编程所发生的各种可能的人为错误,只要仿真图画对了,程序的质量就有一定的保障。此外由于生成的模块规范标准、可读性好,其可维护性也比手工编程有较大改善。

各系统中有关汽、水、风、烟、油等流体管网部分的压力流量、温度的仿真可以采用 ADMIRE_F(流体网络自动生成软件)。通过绘制流网图生成流网计算程序,并提供交互式图形化调试功能。

发电机配电系统的电网仿真则可以采用 ADMIRE_N(电网仿真模型自动生成工具),用图形界面编辑仿真对象结线原理图和输入原始参数的方式,自动生成实时计算仿真对象的拓扑结构、动态潮流和频率的仿真模型软件。

火电站各物理设备的建模则采用 ADMIRE_E(设备模块自动生成软件),如:加热器、除氧器、辅汽联箱、轴封系统、磨煤机、安全阀、发电机等。

仿真科技工作者所孜孜以求的是怎样使仿真机更"真"更"实",而仿真机外部感受的真实性,如控制室的环境、仪表开关的位置、背景声音等与对象达到一致是比较容易的,只有物理过程的真实性才是仿真机真实性的本质。仿真机的数学模型决定了其仿真过程的动、静态特性。为了满足仿真机数学模型的精度要求,建模须严格按照对象的物理过程进行,才能正确适应各种工况和事故过程的仿真要求。

下面将着重介绍一些典型子系统的建模思想和方法。

1. 锅炉本体系统(BR)

根据锅炉汽水系统的流程和实际设备的结构,锅炉本体系统模型可以分为以下几个模块:省煤器模型、水冷壁模型、过热器模型、再热器模型、燃烧反应模型等。其汽水流程流量和压力的仿真采用 ADMIRE_F 来实现。使整个流体网络能实时联立求解。

锅炉仿真的核心是水冷壁水热力特性的仿真,水冷壁工质热力计算方程如下:

(1)水冷壁金属至工质的传热计算方程为

$$Q_{mf} = Q_{mf \cdot cv} + Q_{mf \cdot cd} \tag{8-1}$$

式中:$Q_{mf \cdot cv}$ 为对流传热量;$Q_{mf \cdot cd}$ 为传导传热量。

(2) 水冷壁出口工质焓由能量守恒方程得到:

$$M\frac{dH_o}{dt} F_i H_i - F_o H_o + Q_{mf} \qquad (8-2)$$

式中:M 为汽水工质总质量;F_i 为进口流量;H_i 为进口焓;F_o 为出口流量;H_o 为出口焓;Q_{mf} 为金属至工质的传热量。

2. 锅炉风烟系统(AG)

风烟系统包括一次风系统、二次风系统、烟气系统和空预器系统。

风烟系统动态模块主要是计算空气及烟气的压力和流量,以及空气预热器进口及出口的烟气和空气温度。

在风烟系统流网模拟系统中,一次风机、送风机和引风机是动力源,风机的出口压力计算是基于风机的特性曲线。风机出口压差是由下面的公式计算的。

$$\Delta P = K_1 N^2 + K_2 NF + K_3 F^2 \qquad (8-3)$$

式中:ΔP 为风机压力;N 为风机标量化转速;F 为风机出口流量;K_i 为风机的特性常数。

在风机特性仿真程序中,转速 N 是一常数,所以风机的压头和流量成二次曲线关系,在仿真程序中,可根据所提供的一系列风机特性曲线计标上列方程中的三个常数值。

流量计标公式为

$$F = K \cdot V \cdot \sqrt{\Delta P} \qquad (8-4)$$

式中:F 为流道流量;V 为阀门的开度;ΔP 为上、下游压力点之间的压差;K 为流道的导纳。

3. 锅炉燃料系统

燃料系统(FS)包括燃油系统、雾化蒸汽系统和制粉系统。

燃油系统是用 G~flow 流网程序计算各点动力及流量,制粉系统热风及一次风的计算是在风烟系统中用 ADMIRE_f 实现的。

磨煤机制粉出力主要考虑以下几个影响因素:

(1) 热风量;

(2) 磨煤机内煤量;

(3) 煤粉含水量;

(4) 热风温度;

(5) 煤粉可磨性系数。

磨煤机出口风温是用能量平衡方程计算。

磨煤机出口温度方程：

$$M\bar{C}_P \frac{\mathrm{d}T}{\mathrm{d}t} = C_{\mathrm{PA}} F_{\mathrm{PA}} T_{\mathrm{PA}} + K \cdot I^2 + F_{\mathrm{PC}} C_{\mathrm{PC}} T_{\mathrm{PC}} - BT\bar{C}_P - K_{\mathrm{AMB}}(T - T_{\mathrm{AMB}})$$

(8-5)

式中：M 为磨内质量；$\bar{C}_P$ 为平均比热容；T 为磨煤机出口温度；T_{PA} 为磨入口空气温度；F_{PA} 为磨入口空气流量；C_{PA} 为磨入口空气比热容；K 为电流发热系数；T_{PC} 为磨入口煤温度；F_{PC} 为磨入口煤流量；C_{PC} 为磨入口煤比热容；I 为磨煤机电流；B 为磨煤机流量；K_{AMB} 为散热损失系数；T_{AMB} 为环境温度。

4. 凝结水和给水系统

凝结水和给水系统（CF）主要由凝汽器、低加、除氧器、高加、小汽机、电泵等部分组成，其仿真建模的重点在于对这些设备进行适当的简化，并用合理的数学模型来描述。凝汽器、低加、高加均可用平衡态两相箱体模型来描述，而除氧器可以用非平衡两相箱模型，将除氧器分为液体控制容积和气体控制容积两部分，可充分体现水相和汽相之间的不平衡状态以及两相之间的质量和能量的交换。

5. 汽机本体系统

汽机本体系统（TB）的仿真主要包括对汽机转速、振动、偏心、胀差、缸温和油系统的动态特性进行计算和模拟。其中汽机缸温的计算比较复杂，在机组的启停过程和改变初始条件下蒸汽与金属、金属与金属、金属与环境之间的传热是一个不稳定非均匀的三维传热过程。在 ADMIRE_E 中根据汽缸的结构以及是否带有汽加热装置将缸温计算分为三个模块以供调用。对缸温的计算建立在热量传递规律和能量平衡原则基础上。在建模时还考虑了轴封蒸汽漏入冷空气、缸体进水对缸温的影响，以及由于启停或冷凝器压力高引起的汽机低压缸过热的情况。汽机振动、偏心、胀差等参数则采用考虑了相关因素的经验公式进行计算。

6. 主蒸汽系统

主蒸汽系统（MS）主要包括二次蒸汽及旁路系统、相关的疏水、辅汽、轴封等部分，建立蒸汽热力特性模型是这部分仿真的基础。其中水蒸气表是根据 NBS/NRO 蒸汽性质表编成标准子模块以供仿真调用，蒸汽流量、压力的计算主要依据伯努利方程，在对各抽汽口焓值和排汽焓值的计算中，采用先依据给定的热力计算书反推各级在不同工况下的综合焓降效率，再用此效率由上游参数得下游参数。

7. 发电机系统

发电机系统（EG）的仿真数学模型建立在派克方程基础上，满足基尔霍夫电流、电压守恒定律。运用发电机基本方程计算发电机有功功率、无功功率、功率因数。根据空载特性曲线和 V 曲线动态计算发电机的同步电抗。

8. 配电系统

发电机配电系统(ED)中电网部分的仿真采用 ADMIRE_N 实现,只需将仿真对象的结线原理图画出,并按要求输入原始数据,即可生成其拓扑分析和潮流计算程序。潮流计算又分为稳态潮流计算和故障潮流计算。根据结点电压方程建立起线性方程组后,采用快速 P、Q 分解法迭代计算,其中用到了求解大型稀疏矩阵的方法。模型具有收敛快、精度好的特点,故障潮流计算则是依据分序法,可模拟一至两重故障,对两重故障的仿真建立在故障用两端口网络理论上。这部分动态计算采用矢量运算,为该部分的继电保护仿真提供了可靠的数据支持。

9. 汽机控制系统、协调控制系统(TC、CS)

火电站控制和逻辑部分的仿真按仿真对象的资料 1∶1 进行,其中绝大部分可以用 ADMIRE_L 实现。由于 ADMIRE_L 提供了模型的图形化在线调试手段,有关参数在计算机屏幕上实时动态显示,给这部分模型的调试带来了极大的方便和直观性。为缩短建模时间、联调时间,保证工期提供了可靠的基础。

另外,现在火电站控制和逻辑部分仿真也很多采用转换工具方式实现,利用针对性的转换工具,将控制逻辑源文件直接转换成仿真逻辑程序。

8.1.5.2 仿真机表盘设计

对于有表盘的电站系统,表盘是仿真系统功能赖以体现的基础,是仿真机与操作员之间的一个最重要的界面。包括表盘本体盘上元器件、仪表等。

仿真机表盘并不是现场的简单复制。一方面它的外观必须保持与现场的一致,同时又要根据用户的需求、合同的规定及仿真的范围进行恰如其分的修改,使之符合仿真机的技术要求。

一般仿真机表盘的设计,主要包括以下几个方面:
(1)盘面仪表的布置;
(2)仿真仪表的接线分配;
(3)平面布置;
(4)表盘盘内设备(接口、电源等)的布置。

一个完整的表盘设计,将对用户提供一整套完整的施工图纸,主要包括下列清单:
(1)表盘平面布置图;
(2)仿真表盘正面布置图;

(3)仿真仪表清册；

(4)仿真仪表单元接线图；

(5)仿真表盘盘内设备布置图；

(6)仿真表盘背面接线图。

仿真表盘的设计涉及机械、仪表、电子、热工等诸多知识，它要求设计人员有广泛的专业知识、综合能力和强烈的责任感。

实际上，在国内仿真机的制造时，大家所面对的仿真对象不仅有国产机组、引进机组，还有部分国产、部分引进的机组，因此必须面对大量与国内标准相距甚远的特殊仪表、非标仪表和设备。国内、国外标准的差异，使得仿真机的设计难度大大增加，因此在国内制造出性能与进口表盘相当的国产表盘，难度是可以想象的。即便是全国产机组，通过整理对其表盘进行优化本身也是十分重要。

仿真机的硬件设计是极富创造性的工作，不是对电站控制室原型的简单重复，而是一个完全不同的、独具特色的设计、研制开发工作。

在仿真机设计的过程中，广泛应用CAD技术，仿真机制造公司多已积累了一定的宝贵经验，初步建立了仿真表盘的设计规范。仿真表盘的设计规范的建立依据是现行的国家标准，并参考美国标准，以符合国内电站仿真机制造的要求。从资料收集、整理、研究开始，就按照仿真对象的具体情况，把原电站资料、图纸进行整理，重新做必要设计，进而得出一套完整的仿真表盘图纸资料并提供仿真表盘制造厂。设计过程中的修改，按照严格的工程程序进行，以保证设计规范的贯彻。

在表盘设计中，已涉及了从国产机组到引进机组，从小火电到大型火电站的宽广领域。在工作中，表盘设计不仅严格地遵循工程管理模式，而且依赖自身的技术力量进行着更科学、更先进的设计手段、方法的开发与研究。

8.1.5.3 特殊仪表与子盘设计与制造

在仿真机制作过程中，特殊仪表与子盘设计的内容主要是指对仿真盘台上所需的特殊或进口仪器仪表及专用微电子设备进行研制和改装。

在特殊仪表方面所进行的研究、开发、设计和研制的项目，其中包括了下列各种常用的系统：

1. 同期表驱动系统的研制

这是一套以计算机为主体的专用微电子装置，采用软硬件结合的方法，为同期表提供了逼真的工作条件。整个系统精确地仿真了电站关键仪表、同期表的工作过程和操作过程,同时也以新颖的方法,在功能和外观上仿制了各类同期装置的本体。

2. 火焰、水位监视系统的研制

这是一套以计算机、程控激光视盘和彩电组成的系统或多媒体技术,采用高技术手段,精确仿真了电站中关键的炉膛火焰和汽包水位监视系统。随着电子技术发展,仿真的手段也在变化。

3. 电站集控室和就地设备音响仿真系统的研制

这是一套以计算机和高保真立体音响组成的系统,采用数字存储的合成方法或其他方法,逼真地模仿了电站中央控制室环境噪声和各种主要设备的起动和运行声音,为电站仿真机提供了逼真的声音环境。

4. 汽机系统的控制系统操作和显示面板

这是一套以计算机和多块触摸键盘面板或非触摸键盘组成的系统,逼真地仿真了原控制系统的操作和显示功能及外观,为模型软件仿真整个控制系统功能提供了完美的硬件支持。

5. 电站控制系统操作器的研制和生产

电站控制系统操作器的仿真,也是必要而又有难度的制造工作。由于实际控制系统操作的实物是十分昂贵的,因此必须仿真以减少用户的负担,但其仿真过程既要外观一样,又要低价位,工作相对非常复杂。比如在仿真法国 ALSTHOM 公司的机组时就仿真了所有 12 种共 500 个序列操作器和 3 种共 68 个控制操作器,这些操作器仿真了原控制系统操作器的操作显示功能与外观,与仿真软件的配合,并对整体功能的实现提供了重要的支撑。

6. 设计研制和改装的国产和进口仪表

设计研制和改装的国产和进口仪表的内容也是大量的,在国内许多的进口仪表仿真中,下列是一些例子:

(1)专用键盘;

(2)CY10 分接位置指示器;

(3)多点切换开关;

(4)UNZ 系列电接点水位计;

(5)ZBFH-2000 操作器;

(6)DK-2、JK-2 型调速控制器;

(7)点火程控子盘;

(8)旁路控制子盘;

(9) 料位计;

(10) 开关板表、槽形表;

(11) 智能温度巡测仪;

(12) 报警窗;

(13) 报警声响系统;

(14) 闪光报警仪;

(15) TC-2B 定值器;

(16) 数字温度显示仪;

(17) FOXBORO 操作器。

7. 子盘设计和制造

在仿真项目中,有时为实现一机双模拟的功能,需要设计许多子盘的装置,这些子盘在面板布置、颜色、尺寸和选用元器件仪表等方面都需要仿真电站控制盘上的子盘,为软件全面仿真这些子盘的功能提供了完善的硬件支持。

设计和制造的子盘主要内容分列如下:

(1) 显示子盘;

(2) FSSS 显示子盘;

(3) FSSS 操作子盘;

(4) DEH 手动盘;

(5) DEH 显示子盘;

(6) DEH 操作子盘;

(7) DEH CRT 控制子盘;

(8) MEH 子盘;

(9) 旁路子盘;

(10) 吹灰子盘;

(11) 给水泵、汽机安全监测装置子盘;

(12) 空预器多路温度显示控制器子盘。

8. 系统结构举例

为了让读者更具体地了解电站仿真机的系统结构,这里以一个电站仿真机系统实例进行说明。该火电机组全仿真机的计算机网络系统是由主计算机、操作员站、教练员工作站、就地操作站、工程师站等几部分组成。其中操作员站、教练员工作站、就地操作站和工程师站,通过以太网连接到主计算机,形成整个计算机网络系统。如图 8-7 所示为典型的仿真机硬件系统结构图,完成各部分的

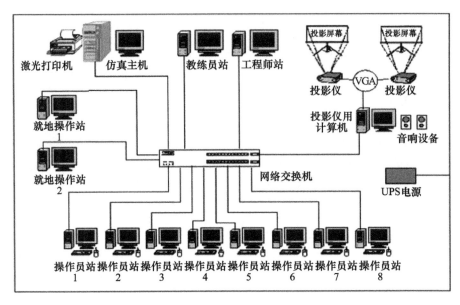

图 8-7 仿真机系统设备配置图

指令传输及数据交换。

(1) 主计算机。主计算机系统是仿真机的主要设备,它可以用来存放所有设备的数学模型及控制程序,以控制整个仿真机的运行。

(2) 操作员站。操作员站用于仿真主控制室的操作站,与仿真培训相关的全部操作员操作。

(3) 教练员站。教练员站是教练员与仿真机之间的接口,教练员通过它控制仿真机的运行,指导学员培训,从而实现仿真机的培训功能。

(4) 就地操作站。就地操作站用于仿真主控制室外的,与仿真培训相关的全部就地设备操作。

(5) 工程师站。工程师站是系统维护员与仿真机之间的接口,系统维护员通过它维护仿真机的正常运行,解决仿真系统出现的系统故障,修改仿真系统程序和配置,从而实现仿真机的维护、修改功能。

(6) 投影系统。投影系统用于投影仿真系统软表盘画面或教学画面,用于操作员观察,以及教练员培训讲解。

(7) 音响系统。音响系统用于播放模仿的各种中央控制室环境声音,为仿真系统提供逼真的声音环境。

8.1.5.4 火电站全范围仿真机总体设计

火电站全范围仿真机是在具有世界先进水平计算机软件、硬件的基础上，应用实时仿真技术而制造出的，为电力建设和发展提供培训和研究分析的关键设备之一。火电站全范围仿真机既是有规范、有标准、有指标的设备，又是无定型的灵活产品。体现在仿真机的制作标准上是明确的，参照美国标准和我国电力部颁布的火电机组仿真机技术规范。仿真机的性能和技术标准应全面达到和超过能源部规定的技术规范。但是，用户和制造厂家签定仿真机的技术规范书（也称仿真机的技术附件），往往在技术性能指标要求上达到和超过部颁标准。因此仿真机的验收，一般是根据厂家和用户的技术规范书的标准。

1. 总体设计的重要性

由于影响仿真机技术性能水平和质量涉及的因素多、指标复杂，各因素和对应的指标之间又有互相影响的关系，而且涉及工作人员多、时间长，尤其是在总调试的后期，任何一项出问题都影响全局的质量和工期，因此总体设计就显得格外重要。当然总体设计需要翻阅很多资料，思考很多问题。在诸多问题中，最重要的是搞清楚总体设计的思路和任务。

2. 总体设计的任务

（1）在分析仿真机的技术规范书的要求、特点以及国际、国内制作标准的基础上，考虑硬件的配置、软件的结构、仿真系统的划分和功能的实现，以综合满足仿真机技术规范的要求，体现仿真机的特点。

（2）总体设计是规划各项工作的先后次序，以保证硬件与软件设计工作进度协调，决定资料冻结和鉴定资料的短缺以及解决资料的短缺。

（3）总体设计要在技术规范书的基础上，进一步理解和确认用户的要求，把各项性能和技术指标具体化。

（4）通过总体设计，预计和发现存在问题，提醒双方共同考虑和寻求解决的措施。

3. 总体设计主要工作

（1）分析仿真机技术规范的要求，确认仿真的范围，提出收集资料提纲。

（2）分析仿真机技术规范中所需要电站运行数据的要求，提出电站调试试验的提纲。

（3）分析和领会仿真机技术规范的特点，进行仿真机功能设计的总体构思和措施的安排。通过合同谈判和规范书的文字，仿真机一般要求总体的水平应达到国际或国内先进水平，并拥有一些独特的要求和特点。因此，在总体设计阶段，要把独特的要求和特点具体化。

（4）分析全厂 P&ID 图和逻辑、控制图、确认控制系统的仿真方案，包括设计出系统划分、要设计和加工的子盘内容以及特殊逻辑或功能模块的仿真算法。

（5）确定软件中配置科学子程序库以保证离线科学计算和实现管理程序的能力。

（6）根据仿真机技术规范的要求，对电站模型及系统有关软件进行软件结构的系统划分和确定系统接口。

（7）数据库的安排和各系统所用的变量名称规定。

（8）要确定整个仿真系统的工作量，安排出工程总计划和质量计划。

（9）若有运行分析和控制系统研究项目，要定下运行分析的项目和控制系统研究的内容。

（10）确定故障数、IC 条件、外部参数个数等条目具体化。

4. 发现和预计在制造中可能出现的问题

（1）汽机控制系统的资料空缺，以及可能造成的资料生成和假设的工作量。

（2）由于送风机、引风机、点火系统、各种泵等辅机系统的逻辑量相当大，又采取全仿真的方式，因此，计算机的时间和空间占用的情况将比预计的多，应在实时运行安排上加以注意。

（3）由于硬件设备变动带来软件工作量增加，比如就地操作盘，原商定为 3m 的盘，实际上增加 4m，I/O 接口由原来 200 个增加到 600 多个。

5. 火电站全范围仿真机总体设计涉及的内容

1）火电站全范围仿真机的任务

（1）全物理过程的、高性能的全范围培训仿真机，应能使运行人员正确地、熟练地掌握火力发电机组在各种初始条件下的启动、停止、正常运行操作调整技术，并具有准确分析、判断、处理各种应急故障的能力；

（2）火电站全范围仿真机应具有进一步修改和扩充电站数学模型的能力，以满足电站设备和系统改进的需要；

（3）火电站全范围仿真机能有效地进行电站机组运行方式的分析和机组控制方案的研究；

（4）火电站全范围仿真机具有对在岗运行人员、技术管理人员进行再培训、再提高的能力；

(5)火电站全范围仿真机应具有在实时仿真培训运行人员的同时,具有利用计算机开发的能力;

(6)火电站全范围仿真机应具有在用户有要求的情况下,实现离线计算和管理程序的功能。

2)火电站全范围仿真机的仿真范围

火电站全范围仿真机的仿真范围是需求和技术可能性相结合而确定的仿真机的范围和边界,有些被仿真的设备和范围的多少与价格有关,而有些对专有技术的限制技术可能产生的影响。对于火电站仿真而言,其范围应明确以下几项:

(1)被仿真的系统包括从电站制粉系统到变压器组的各系统,一般不包括化学水处理。

(2)电站集散控制系统功能将全部被仿真,但不包括电气继电盘及其所涉及的系统功能。

(3)控制室内能操作到的设备和被选的一般为300~500个就地操作所涉及的设备和系统应属于仿真范围。

(4)配电系统的仿真是无穷大电网为边界条件的,电网的电压、频率等参数的变化,可以由外部参数来实现。但在数据允许的条件下,可扩展到有一定边界条件的有限网。

(5)仿真监控系统的全部操作功能和对应的画面,但不能仿真100ms之内继电器等动作的确切时间顺序操作。

3)火电站全范围仿真机的特性与功能

火电机组全仿真机必须真实地仿真其仿真对象,能有效地实现对火电运行人员的培训任务。其控制室的仪表盘和控制台的外观应根据要求仿真实际电站的相应部分。在正常运行和故障时对运行人员操作的反应,包括仪表指针变化的幅度、仪表的随机噪声、操作人员在实际控制室看到的灯光变化,都能仿真实际电站的运行情况。汽机、锅炉、电气等电站系统的运行特征和暂态过程应符合所提供的动态和静态特性数据。此外,设备的故障和各种故障的组合,电站外部参数的变化以及初始点的选择,均由教练员借助教练员工作站的功能实现,对于控制室外的操作由就地模拟台或就地模拟屏实现。

(1)火电站全范围仿真机的仿真培训功能。

①仿真机的仿真程度与范围必须符合执行标准的要求,因此需建立从零负荷到满负荷机组全范围数学模型,对主控制室内控制台所控制的主设备系统测量仪表和控制系统进行仿真。

②电站全仿真对于整个电站系统的全过程数学模型,能在实时条件下连续计算,能完成冷态、温态、热态、极热态启动和停机,带到满负荷,实现负荷的手动、自动调整等条件下的仿真。另外对于规定的非正常操作条作和故障操作条件也被仿真。

③电站全仿真机能够真实地仿真在不同压力、流量、排渣、吹灰、切投火嘴、外界电负荷变化、送风机、引风机叶片安装角度变化、安全门动作及各种设备故障等内部和外部的扰动下过程的动态特性。

④电站全仿真机能使操作员能在控制台上实现启动过程、停机过程、正常运行过程、故障处理过程等各项操作。其操作应符合实际操作的规程和顺序。

⑤电站全仿真机机组运行的静态和动态变化,以及运行人员进行正常的操作时,仪表、控制器、报警和状态指示出现与实际电站应具有一致的反应。各设备和部件系统反应的时间特性,应符合设计资料和数据中的动态特性参数。当电站的某些特性参数未能提供时,则根据典型的特性进行设计和假设。

⑥电站全仿真机系统在整个负荷范围内都是可以操作的,具备允许在任何操作方式下或任意初始条件范围内实现暂停、启动、重演等功能。

⑦电站全仿真机建立了从零到满负荷的全物理过程电站系统模型,与过程有关的故障模型应包括在电站系统模型中。每个故障的原因和结果以及控制方式都有明确的规定。

⑧电站全仿真机能在所有记录仪和指示表上提供随机"噪声",产生的噪声将被加入相应模型输出中。

⑨电站全仿真机具备提供 99~1000 个初始条件设备的能力(提供 30 个固定初始状态)。

(2)火电站全范围仿真机仿真数学模型特性。

①在仿真范围内建立全物理过程数学模型。机组启停、正常运行以及故障等全部直接包括在该模型中,不含模型以外的函数发生器。

②火电机全范围仿真机的每个电站子系统有明确的定义,并由一个或多个软件模块来实现。每个模块应能独立地加入和取出,也应能借助于仿真软件支撑系统方便地进行修改。各种软件模块应与相应的电站子系统相对应。每个模块按相应的电站功能的物理特性来定义。程序模块典型地表示物理上可分割的电站系统的子系统或组件,如果这个子系统或组件的功能是复合的,那么程序模块可能再进一步分成程序子模块,以保证整体模块的完善。模型之间的相互关系必须清晰。

③火电机全范围仿真机整个仿真软件以模块化的方式编写,以保证子模型的精度和整体模型的逼真度和系统性。当修改模型中的任意参数或程序,或者更换某个模块或加入新的模块时,能方便、灵活地实现并编入在线软件运行系统。

(3)火电站全范围仿真机仿真软件的质量保证。

①仿真软件的实时响应。为了保证仿真软件的实时响应,建立模型时应满足:电站模型选用的迭代率,满足被仿真的电站系统时间特性要求;在正常、快速、慢速等三种模型运算速度条件下保证仪表输出平滑;计算机应留出足够的 CPU 时间和主存空间,以保证修改之后的实时响应。

②仿真软件的检验。在验收测试过程之前,各仿真软件模块应独立检验,在验收调试过程中全部加以检验。

③仿真软件的可修改性和可扩充性。

④仿真软件检验。需对仿真机所有模型和有关软件进行最终检验,即工厂检查测试和现场恢复调试。检验标准及内容在 ATP 报告中规定。

(4)火电站全范围仿真机的教练员工作站功能。

按最新能达到的指标设计。

(5)火电机组全范围仿真机的就地设备模拟台功能。

主控室外的就地设备的操作将在就地设备模拟台上实现。经过键盘操作,设备和管道仪表图将显示在显示器上,同时使用键盘或鼠标操作需操作的设备。

(6)火电机组全范围仿真机的工程师终端功能。

工程师终端功能为计算机软件工程师服务,实现仿真系统软件修改、扩充、开发新程序。一般应具有如下几部分功能:

①借助于显示器能显示正在运行的数学模型中的有关参数。

②能访问子程序库和全部支撑软件。

③与实时数据库通信。

④能在线对程序进行编译、调试、联结、装入。

⑤实现批量数据输入输出。

⑥能通过仿真机系统的计算机查找需要的技术资料和修改技术资料,需要时可以打印新的资料文本。

4)火电机组全范围仿真机的仿真机软件系统。

(1)仿真机的软件系统一般应保证以下性能要求。

①仿真机的软件系统应保证下述性能要求:实时响应;可靠性;可读性;可维护性;可修改性;可扩充性。

②提供下述内容的仿真机软件：计算机软件；仿真软件支撑系统；仿真模型软件；DCS控制系统仿真软件；教练员台软件；火焰、水位监视控制软件；日运行准备试验程序；就地设备操作功能软件。

(2)计算机软件。计算机软件是随计算机系统购买的软件。

(3)仿真模型软件。仿真模型软件在计算机和表盘硬件基础上实现对被仿真对象，即机、炉、电、控制系统的动态仿真，仿真的基础是用户提供的技术资料。

①仿真模型软件的功能。一般所提供的仿真模型软件具有以下功能：

a. 在实时运行中仿真模型软件连续运算，并完成冷态、温态、热态和极热态启动到满负荷状态，负荷或初始条件变化和停机，此外能仿真异常或紧急事故状态。

b. 仿真软件仿真由各种运行参数变化引起的动态响应。仪表和调节器的响应或在正常和异常操作过程中发生的状态响应，与被仿真的电站状态比较起来，其差别应在要求的范围内。故障仿真的结果应是逼真的，部件响应的时间（如阀门特性、泵和马达的启动、报警顺序等）将反映真实电站同样部件时间响应关系。

c. 计算对应具体运行状态的参数（正常和异常），在仪表和显示器上显示这些参数，当达到或超过预先确定的极限时，具有报警和保护的功能。

d. 作为电站运行、机组特性、控制系统试验研究的基础。

②仿真软件的特性：

a. 仿真软件模块按其时间特性计算率分别为10Hz、5Hz、4Hz、2Hz。即其计算周期为0.1s、0.2s、0.25s、0.5s、1s，一般最快的仿真模块的计算期为0.1s。如有必要可以达到0.05s或更小。

b. 操作部件的扫描率为10Hz，逻辑模型的运算率为2Hz或4Hz。

c. 模型精度：

关键参数的静态精度 < ±1%；

主要参数的静态精度 < ±2%；

关键参数的动态精度 < ±5%；

主要参数的动态精度 < ±10%。

d. 仿真软件采用FORTRAN77语言和C语言编写。

e. 采用Top–down结构化程序设计方法或采用图形建模。

f. 电站部件通用仿真模块的自动生成。

g. 仿真软件满足下述性能要求：可靠性；可修改性；可扩充性；可读性。

h. 自动化生成程序的范围约占70%。

③仿真模型软件使用的语言。全部仿真模型软件用 Fortran 或 C 语言编写。

④教练员工作站软件。教练员工作站是控制仿真过程的中心,也是教练员和仿真机系统程序之间的接口。教练员可通过显示器、键盘或鼠标器控制仿真机运行,从而对学员进行有效的培训。教练员工作站一般需要实现以下功能:

a. 控制仿真机启动、停止和初始条件的改变,实现仿真机的全部功能;

b. 教练员能根据学员水平选择和组合培训项目;

c. 教练员能很容易、灵活地监视学员的操作;

d. 当仿真机在实时培训环境中时,教练员能访问数据库内的任何数据;

e. 能实现就地操作功能;

f. 学员成绩评价。

⑤仿真机软件系统的日运行准备试验程序。

日运行准备试验程序实现的功能是:对仿真机主控制室内的全部硬件设备的试验和诊断。在每日开始培训之前,硬件工程师或教练员要对控制室内表盘设备进行检查和诊断,确认表盘设备或部件是否损坏,以便进行检修。该程序对每个表盘可进行独立的测试,测试的内容应包括以下各项:

a. 试验全部灯输出,包括光字牌的输出;

b. 试验全部仪表、同期表和记录仪,试验的方法有下述几种:平滑周期地测试仪表和记录仪,即从 0~100% 满量程周期地进行试验;跳步方式测试,即测试仪表或记录仪量程的 0、25%、50%、75%、100% 读数;

c. 试验全部模拟量输入设备;

d. 试验全部盘开关和按钮;

e. 试验全部数字显示。

8.1.6 部分仿真项目列表与典型案例说明

8.1.6.1 电厂仿真业绩表(表 8-3)

表 8-3 电厂仿真业绩表

序号	用户	项目	状况
1	四川电力试验研究所	江油发电厂330MW 火电机组仿真系统	1993 年投运
2	郑州电力高等学校	焦作电厂200MW 火电机组仿真系统	1993 年投运
3		首阳山电厂200MW 火电机组仿真系统	

续表

序号	用户	项目	状况
4	北京节能服务中心	鞍山第一热电厂12MW火电机组仿真系统	1993年投运
5		鞍山第二热电厂12MW火电机组仿真系统	
6	山东电力试验研究所	华鲁电厂300MW火电机组仿真系统	1993年投运
7		石横电厂300MW火电机组仿真系统	
8	黑龙江电力职工大学	哈尔滨第三发电厂600MW火电机组仿真系统	1996年投运
9	北京石景山热电厂	石景山热电厂200MW机组仿真系统	1996年投运
10	沙角A电厂	沙角A电厂300MW火电机组仿真系统	1994年投运
11	华东电力培训中心	吴泾发电厂300MW火电机组仿真系统	1994年投运
12	秦山核电公司	秦山核电300MW机组仿真系统	1996年投运
13	上海石洞口发电一厂	石洞口发电一厂300MW火电机组仿真系统	1995年投运
14	香港中华电力公司	青山A发电厂350MW火电机组仿真系统	1994年投运
15		青山A发电厂数据处理升级巡回检测系统	
16		青山A发电厂煤码头系泊缆载荷监测系统	
17	南京电力高等专科学校	常熟电厂300MW火电机组仿真系统	1997年投运
18	上海电力学校	吴泾电厂300MW火电机组仿真系统	1995年投运
19		石洞口电厂300MW火电机组仿真系统	
20	山东电力试验研究所	青岛电厂WDPFⅡ控制系统改造	1996年投运
21		十里泉电厂WDPFⅡ控制系统改造	
22		石横电厂WDPFⅡ控制系统改造	
23	四川电力试验研究所	白马电厂200MW火电机组仿真系统	2000年投运
24		重庆电厂200MW火电机组仿真系统	
25	山西省火电模拟培训中心	阳泉二电厂300MW火电机组仿真系统	1999年投运
26	黄埔发电厂	黄埔发电厂300MW火电机组仿真系统	1997年投运
27	华能大连电厂	华能大连电厂350MW火电机组仿真系统	2000年投运
28	河南电力工业学校	典型300MW火电机组仿真系统	1997年投运
29	东南大学	典型300MW火电机组仿真系统	1997年投运
30	厦门嵩屿电厂	厦门嵩屿电厂300MW火电机组仿真系统	1999年投运
31	华能珞璜电厂	华能珞璜电厂360MW火电机组仿真系统	2000年投运
32	沙角A电厂	沙角A电厂300MW仿真系统升级	1997年投运
33	核电秦山联营公司	国产600MW核电机组仿真系统	2001年投运

续表

序号	用户	项目	状况
34	扬子石油化学工业公司技工学校	自备电厂50MW火电机组仿真系统	1999年投运
35	新疆红雁池第二发电有限公司	红雁池电厂200MW火电机组仿真系统	2002年投运
36	哈尔滨第三发电厂	哈尔滨第三火电厂600MW仿真系统升级	1999年投运
37	华阳工业有限公司	后石电厂600MW火电机组仿真系统	2001年投运
38	四川电力试验研究院	白马电厂200MW火电机组DCS改造后仿真系统升级	2000年投运
39		重庆电厂200MW火电机组DCS改造后仿真系统升级	
40	四川电力试验研究院	龚嘴水电机组仿真系统	2002年投运
41		铜街子水电机组仿真系统	
42	上海外高桥电厂	外高桥300MW火电机组仿真系统	2002年投运
43	云南电力仿真培训中心	西洱河三级水电站仿真系统	2003年投运
44	山西漳泽电力集团河津电厂	河津电厂350MW火电机组仿真系统	2003年投运
45	清华大学	核电仿真计算机系统升级	1992年投运
46	华能天津杨柳青热电厂	华能杨柳青电厂300MW火电机组仿真系统	2003年投运
47	华能上海石洞口发电厂	华能石洞口电厂300MW仿真系统升级	2003年投运
48	华能伊敏煤电公司发电厂	华能伊敏煤电公司发电厂550MW火电机组在线仿真系统(OLS)	2004年投运
49		华能伊敏煤电公司发电厂550MW火电机组运行优化分析系统(POA)	
50	上海华东电力培训中心	华东电力培训中心300MW仿真系统升级	2003年投运
51	山东电力高等专科学校	300MW火电机组仿真系统硬件设备和软件系统升级移植	2001年投运
52	中国实验快堆工程指挥部	实验快堆(CEFR)仿真系统	2004年投运
53	四川电力试验研究院	江油发电厂330MW机组DCS改造仿真系统	2003年投运
54	河南省焦作电厂	焦作电厂220MW火电机组仿真系统	2006年投运
55		华福/金冠公司135MW火电机组仿真系统	
56	贵州黔桂发电公司	210MW火电机组仿真系统	2004年投运

续表

序号	用户	项目	状况
57	北京京能热电公司	200MW 火电机组仿真系统	2005 年投运
58	北京国华发电公司	神木电厂100MW 火电机组仿真系统	2008 年投运
59		北京热电厂200MW 火电机组仿真系统	2005 年投运
60		准葛尔电厂320MW 火电机组仿真系统	2008 年投运
61		三河电厂350MW 火电机组仿真系统	2005 年投运
62	登封热电公司	210MW 火电机组仿真系统	2004 年投运
63	河北西柏坡发电公司	300MW 火电机组仿真系统	2008 年投运
64		600MW 火电机组仿真系统	
65	嘉兴发电有限责任公司	300MW 火电机组仿真系统	2006 年投运
66	上海高桥石化公司热电事业部	上海高桥石化热电事业部 65/25MW 母管制机组仿真机	2006 年 1 月投运
67	华阳电业有限公司	后石电厂600MW 火电机组仿真机升级改造项目	2005 年 6 月投运
68	山东青岛黄岛电厂	山东黄岛发电厂三期工程#5 机组仿真系统	2007 年 6 月投运
69	青岛公司一期工程	青岛公司一期工程 2×300 MW 亚临界强制循环机组仿真系统	2006 年 1 月投运
70	青岛公司二期在建工程	青岛在建工程 2×300 MW 亚临界环机组仿真系统	2006 年 4 月投运
71	十里泉电厂	十里泉电厂5×140MW 机组仿真系统	2010 年 6 月投运
72	十里泉电厂	十里泉电厂2×300 MW 亚临界机组仿真系统	2011 年 6 月投运
73	莱城电厂	莱城电厂4×300MW 亚临界强制循环机组仿真系统	2006 年 4 月投运
74	国投北海电厂	国投北海电厂300MW 仿真系统	2006 年 2 月投运
75	国投钦州电厂	国投钦州电厂600MW 仿真系统	2006 年 4 月投运
76	九江电厂	九江电厂200MW 机组仿真系统	2010 年 6 月投运

续表

序号	用户	项目	状况
77	邹县发电厂一、二期工程	邹县发电厂4×335MW火电机组仿真机	2010年6月投运
78	邹县发电厂三期工程	邹县发电厂三期工程2×600MW火电机组仿真系统	2011年6月投运
79	山东滕州新源热电有限公司	山东滕州新源热电150MW火电机组仿真系统	2013年8月投运
80	潍坊电厂一期工程	潍坊电厂2×300MW亚临界自然循环机组仿真系统	2009年6月投运
91	潍坊电厂二期工程	潍坊电厂2×670MW超临界机组仿真系统	2010年8月投运
92	华电章丘发电公司	章丘发电公司140MW机组仿真系统	2011年7月投运
93	秦山核电联营有限公司	2#模拟机仿真系统	2010年3月投运
94	国电石嘴山发电厂	2×330MW机组技改工程仿真机	2009年4月投运
95	华电广安电厂一期	2×300MW机组仿真系统	2008年6月投运
96	华电广安电厂二期	600MW机组仿真系统	2009年8月投运
97	邹县发电厂四期在建工程	邹县发电厂四期2×1000MW火电机组仿真系统	2010年12月投运
98	安徽华电芜湖电厂	660MW超临界燃煤机组仿真系统	2010年2月投运
99	广西贵港电厂	630MW超临界燃煤机组仿真系统	2010年5月投运
100	山东华电滕州电厂	330MW燃煤机组仿真系统	2012年1月投运
101	新疆乌鲁木齐热电厂	330MW燃煤机组仿真系统	2011年5月投运

续表

序号	用户	项目	状况
102	黑龙江省牡丹江电厂	330MW 燃煤机组仿真系统	2012 年 5 月投运
103	陕西神木发电公司	135MW 火电机组	2013 年 8 月投运
104	华电山东滕州电厂	135MW 火电机组	2013 年 10 月投运
105	华电新乡发电公司	660MW 机组	2011 年 12 月投运
106	内蒙古国华准格尔发电有限责任公司	仿真机技改升级项目	2010 年 4 月投运
107	茂名石化分公司	茂名石化 40MW 火电机组	2010 年 4 月投运
108	内蒙古国华准格尔发电有限责任公司	2×330MW 火电机组仿真升级改造	2015 年 9 月投运
109	华电新乡发电公司	新乡发电公司 660MW 机组升级项目	2014 年 12 月投运
110	广东红海湾发电有限公司	2×600MW 汕尾电厂仿真机系统研究完善项目	2014 年 6 月投运
111	广东红海湾发电有限公司	600MW 火电机组仿真系统升级	2016 年 9 月投运
112	中国石油天然气股份有限公司	长庆油田陇东实训基地项目	2012 年 11 月投运
113	华电淄博热电有限公司	2×330MW 火电机组仿真项目	2014 年 11 月投运
114	新疆乌鲁木齐热电厂	330MW 燃煤机组仿真系统升级	2016 年 11 月
115	华电广安电厂	600MW 机组升级改造项目	2017 年 3 月投运
116	广东惠州平海发电厂有限公司	脱硫脱硝仿真培训系统	2018 年 5 月投运

8.1.6.2 电厂仿真典型工程实例介绍

1. 330MW 火电机组全范围仿真机项目(见图 8-8 四川江油电厂仿真机照片)

图 8-8 四川江油电厂仿真机照片

用户:四川电力仿真研究培训中心。

仿真对象:四川江油发电厂#7 机组。

特点:国内开发的首台进口火电机组全范围仿真机,当时为国内单机容量最大、系统最复杂的全仿真机。

状况:已投入培训运行,良好,荣获四川科学技术进步一等奖。

2. 600MW 火电机组全范围仿真机项目(见图 8-9 黑龙江职工大学 600MW 仿真机照片)

用户:黑龙江电力职工大学,现移交哈尔滨第三发电厂。

仿真对象:哈尔滨第三发电厂 600MW 火电机组。

特点:采用当代最先进的仿真模型软件开发平台及建模工具,多窗口多功能的教练员台软件以及美国先进的 SGIW6-4D310S 主机及 RTP 接口系统。是当时国内最大型的火电机组仿真机。

状况:已投入培训运行、良好,荣获广东省科学技术进步三等奖。

图8-9　黑龙江电力职工大学600MW仿真机照片

3.350MW火电机组全范围仿真机升级项目(见图8-10香港青山Ａ电厂仿真机照片)

图8-10　香港青山Ａ电厂仿真机照片

用户：香港中华电力公司青山A发电厂。

仿真对象：香港青山A发电厂350MW火电机组。

特点：国内首台为大陆境外开发的火电机组仿真机。

状况：已投入培训运行，良好。

4. 1000MW火电机组全范围仿真机项目（见图8-11 华电邹县1000MW火电机组仿真DCS画面）

用户：山东华电邹县发电厂。

仿真对象：华电邹县发电厂1000MW火电机组。

特点：采用最先进的仿真模型软件开发平台及建模工具，是目前国内最大型的火电机组仿真机。

状况：已投入培训运行、良好，曾作为全国仿真机比武大赛的比赛系统。

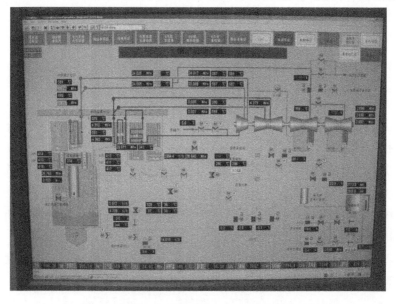

图8-11 华电邹县1000MW火电机组仿真DCS画面

8.2 电网仿真系统

8.2.1 概述

随着国民工业的不断发展，电力系统的规模持续不断扩大的同时，对电力系统的运行质量和稳定性也提出了更高的要求。变电站仿真系统的诞生为培训变电站运行人员，提高变电站运行水平提供了一个很好的平台。它力求通过对电力系统运行状况的仿真，给变电站人员提供逼真、方便、灵活的培训环境，以丰富其运行经验，提高变电站人员的专业水平和事故时的快速应对能力。亚仿公司致力于提供电网仿真系统给电网运行人员培训使用，至今已完成几十套电网仿真机的开发。

8.2.2　电网仿真系统定义

综合变电仿真系统是利用先进的计算机仿真技术，开发一套变电站仿真和等值电网仿真为一体，实现变电运行过程的全范围仿真培训系统。主要用于针对运行值班员的运行监控、巡视、操作、事故处理等生产技能及运行管理能力进行培训和考核，提高运行人员的岗位技能和专业素质，达到提高电力生产的安全、稳定、经济运行的目的。

8.2.3　电网仿真系统总体目标

(1)实现变电站和等值电网相结合的一体化实时仿真。

(2)引入实际的室外配电装置、室内控制盘台，与虚拟盘台有机结合为一体的逼真仿真环境。

(3)具备完善的运行人员培训功能，提供向受训人员展现正常、异常和故障情况的实际现场运行状态，有效地提高运行人员的专业知识、操作技能、应变能力和熟练程度，使运行人员经培训后能够熟练地掌握变电站启停过程和维持正常运行的全部操作，学会处理异常、紧急事故的技能，提高实际操作能力、分析判断能力和决策能力，训练应急处理能力，积累经验，提高岗位技能，确保变电站安全、经济运行。

(4)能对控制专业、继电保护专业的技术人员进行培训，使受训人员能够熟练地掌握自动控制系统或继电保护系统的工作原理，正确分析、判断、处理相关的各种故障，对自动控制系统以及继电保护系统的参数进行整定、优化，为自动控制系统以及继电保护系统运行的稳定性提供验证手段和测试平台。

(5)提供智能的培训评价考核系统，满足变电站运行与技术人员的业务考核、岗位培训、技能竞赛、晋级鉴定等工作的要求。

(6)能够复原、回溯演示已发生的各种事件以及事件过程中运行人员的处理操作行为，以供事件的分析和研究。

(7)仿真机系统具备下列特色:

①计算机系统采用网络拓扑结构,具有先进、可靠、开放等特点,通用性强,易于维护。

②计算机软件系统符合国际发展潮流,采用视窗技术,全中文菜单,操作简单、维护方便。

③仿真支撑软件基于 Unix 操作系统平台,协调和管理所有仿真机资源,具有效率高、占用内存资源少的特点。

④教练员台提供多种对仿真机的监控手段及教学管理手段,学员成绩评定和教案生成均可由用户根据需要自己构置。

⑤仿真算法库精度高,仿真范围广,对于变电站及电网具有自动拓扑分析、动态潮流计算、实时故障分析、暂态稳定计算、频率计算的功能,建立全物理过程的电力网络数学模型及继电保护数学模型。

⑥仿真机系统整体性能价格比高。

⑦采用多媒体技术,提高培训效果。

8.2.4 电网仿真系统仿真原则

(1)实现对变电系统的全部设备及监控、继保、自动化装置的全范围仿真。采用模块化的结构,保证系统的可扩充性,对继电保护部分的仿真采用模块化的方式进行开发,以保证可切换配置,依据不同的培训对象可选择不同的保护配置。

(2)实现一机多模仿真,支持多个用户模型同时运行,具体数量取决于主机的运算速度。

(3)采用实际变电站自动化系统界面,设计变电系统仿真系统的运行监控及操作界面。

(4)实现对系统五防操作功能的全范围仿真,并可根据需要投切该部分功能。

(5)实现自动开票系统功能。

(6)利用多媒体技术实现对就地状态、就地操作的全过程和全范围仿真,该部分图像通过大屏幕投影仪进行投影播放。

(7)仿真系统采用虚拟表盘技术,整个系统中各个软表盘可通过大屏幕投影仪进行投影再现。

(8)对仿真范围内的变电站各电压等级系统进行计算机仿真,上级电网的进出线作为与外部系统相联的边界条件考虑,以外部参数的形式进行仿真,下级电网的出线以等效负荷形式考虑,分别仿真到进线开关和出线开关为止。

(9) 真实地再现所仿变电系统的静态和动态过程,包括监控系统和线路、变压器、电抗器、电容器、母线、断路器、隔离开关等输变电设备,仿真机的数值、仪表、灯光、音响和状态指示与变电系统反应相同,各设备和装置反应的时间特性,符合真实系统、设备的设计资料和数据的动态特性。系统具有电气量的计算功能,故障时反映网内变电站相应保护、开关动作情况和潮流变化。

(10) 能方便地变换不同的运行方式对学员进行培训,学员台可设置为软表盘,也可设置为监控站或就地站;学员台为通用终端,可按需装入不同的内容。

(11) 教练员可很方便地对学员下达各种命令或任意设置故障,操作灵活方便,使系统能很快进入新的运行状态。仿真机的操作部分将包括教练员台、集控中心站、变电站监控站、变电站就地站、变电站软表盘操作站。

(12) 仿真机提供自动评分功能,对标准考试题目进行自动评分;同时提供详细的学员操作记录。

(13) 训练结束后能重放操作或事件发生和处理的全过程,供分析操作或处理的正确性。

(14) 在结构上具有可靠性、易维护性和较好的可扩展性,用户可以修改电气主接线、增加回路、设备更新、增加保护类型和进行保护配置等工作。程序可读性和结构性强,修改简单,维护方便。

8.2.5 电网仿真系统仿真举例

本节以 1 座 220kV 变电站仿真系统举例,具体说明电网仿真系统的仿真内容和仿真方法。

8.2.5.1 仿真范围

仿真的范围包括虚拟的室外配电装置和室内配电装置以及虚拟的室内控制信号屏、直流屏、保护屏等。

虚拟的室外配电装置按采用双母线接线方式;主变压器为三相三绕组变压器;110kV 出线,采用双母线接线方式;10kV 采用单母线分段接线方式,每段母线设计 4 组电容器、1 台站用变压器,配置全部一次设备,与实际变电所完全一致。

虚拟的室内配置:

(1) 监控系统与实际情况完全一致。

(2) 虚拟控制屏按上述接线形式配屏,应与实际情况完全相符。

(3) 虚拟保护屏与 220kV 变电站完全一致。

(4) 虚拟直流屏、操作屏等与 220kV 变电站完全一致。

1. 等值电网仿真

电网结构模拟电网接线规划进行等值仿真,包括一次电源和负荷,用以支持上述变电站的运行工况的完整性。

2. 详细仿真和简单仿真的内容

1) 详细仿真内容

一次设备:变压器、开关、刀闸、互感器、电容器、电抗器、阻波器、GIS 组合电器、母线、接地变、消弧线圈、避雷器、耦合电容器、所变等一次设备及其操作控制机构。

二次设备:变电站内的控制屏、模拟屏、中央信号屏、事故照明屏、保护及自动装置屏、远动屏、交直流屏、表计屏、同期并列装置以及其他装置组屏等设备及其操作控制机构。

变电站监视系统所有功能和人机界面的仿真,并可根据需要增加新类型监控系统界面仿真。

变电站巡视内容包括变压器、开关、刀闸、母线、电容器、电抗器、互感器、避雷器、载波设备、交直流、蓄电池、控制保护及自动装置屏等一、二次设备及其操作控制机构、巡视所用的各种专业设备和装备,并仿真各种气候下的巡视工况。仿真一次所有设备的各种异常工况。

将以变电站所配置的保护和自动装置为仿真对象,在虚拟保护与自动装置屏上可以进行压板投退、把手及按钮操作、液晶屏菜单查看、操作、打印等操作,并可根据需要增加新的保护类型。

五防系统、调度和变电站内操作票、工作票等系统的仿真。

站内外设备本身、控制回路、系统、环境影响等各种原因引起的各类故障仿真。

详细仿真以仿真对象现场的实际设备、功能和要求为准,上述未涉及部分根据实际仿真对象也将在仿真内容之列。

2) 简单仿真内容

电网中非细仿变电所的一次主接线(包括变压器、开关、刀闸、电容电抗器、避雷器、互感器、母线)到 35kV 母线,有功、无功负荷可分多段投退。其他仿真内容按实际需要进行适当仿真。

8.2.5.2 仿真系统功能和仿真内容

变电站仿真系统的主要功能是对各级变电站运行人员培训和考核,具体功能如下。

1. 变电站仿真工作台功能(学员台)

学员台为通用终端,可按需运行不同的内容。仿真的变电站仿真系统、巡视系统、操作票工作票系统、培训评价考核系统、教练员台功能软件等所有软件均可按需在学员台上单独或同时运行。接受教练员台培训模式、教案、考题、提示等监控命令和信息,完成并反馈学员的答案和所有活动。学员台之间彼此独立,学员操作时互不影响。

变电学员台人机界面和监控功能与变电站实际监控系统相同,并可根据培训对象不同调用不同的监控、监视界面。变电学员可以在学员台上进行变电运行的一切日常活动,包括监视、操作、调整、巡视、事故处理和各种报表、报文的查看、打印、上传、填写工作票和操作票等一切工作内容和过程符合变电运行、保护、通信等相关现场规程,与实际仿真变电站工作内容和过程相同。

1)监视培训

实现变电运行人员的监盘工作,包括对主控室的中央信号屏、控制屏、保护及自动装置屏、站用交直流屏等的开关刀闸状态、电压、电流、有功、无功、频率(并列时的频差、压差、同步表)、变压器温度、信号指示灯、光字牌、保护及自动装置的运行状态、压板、切换连片、报警等信号的监视工作。

2)操作培训

(1)正常操作(包括利用操作票、工作票系统开出两票)。涵盖变电站典型操作票中的所有操作,包括主接线图、虚拟现实系统中全部一次设备及保护和自动装置、站用电、直流系统等设备的各种操作、相关信号、表计、指示灯的实时变化等;二次部分小开关、保险的分合、电流端子;保护自动装置的投切、方式切换及其液晶面板的操作、打印、保护定值修改等;并包括验电操作;各种操作的信号灯及位置指示器实时响应,对电网的影响与现场一致;代路时的保护定值调整,CT 电流回路的倒换等。

(2)误操作(启用"五防"闭锁和退出"五防"闭锁)。在"五防"系统退出状态下,运行人员发生误操作(如:误拉合开关,带负荷误拉合隔离刀闸,带地线合闸,带电挂地线或合接地刀闸,误入带电间隔等),均将自然引发相应的事故,保护和自动装置将按不同的地点、保护状态、开关状态相应动作,与实际运行一致。

3）巡视培训（利用三维动画、视频素材、图片的再制作等手段）

按规程所规定的项目和巡视周期的规定，利用虚拟现实系统进行一、二次设备的巡视，对设备运行的正常、异常、缺陷进行判别和处理。

对于详细仿真变电站的就地利用多媒体技术进行仿真，其中的就地设备将以多媒体动画、多媒体真彩照片真实地展现在学员面前，动画和照片中不但能反应出设备的具体形状，而且能显示出设备的状态，甚至设备状态变化的具体过程也一目了然。在设备状态的变化过程中，根据需要，配备相应的声音。使学员在视觉和听觉上都将得到有效的培训。软件将逼真地模拟变电站各种设备及各种运行工况，让学员有如同置身于实际运行现场的临场感，并可进行现场操作，可以正确、真实反映各设备的形状、状态位置，而且对设备状态的变化也能如实再现。

巡视对变电站操作人员来说也是一项非常重要的工作，变电站工作人员每天都要进行巡视工作，在变电站仿真系统中，以多媒体的方式进行巡视工作的全范围仿真，利用多媒体系统进行一、二次设备的巡视。根据变电站运行规程，按变电站固定或自选巡视路线，以点击设备图标的方式实现，多侧面显示设备的正常或异常状态；巡视点根据教练员需要有所提示；设备状态由教练员设置，当巡视到相应的设备时，其影像、音响有正确反映，如变压器油温、油位、油色、吸湿剂颜色，冷却系统运行情况，风扇运行情况，接头发热；开关机构位置、压力等。

巡视现场及具体设备以 3D 图片方式进行仿真再现。要求不仅可以正确、真实反映各设备的形状、状态位置，而且对设备状态的变化也能如实再现。

所有可操作的设备和可观测的动态量都属巡视培训内容。图 8-12～图 8-18 是一些就地典型画面。

4）事故处理培训

（1）异常状态处理的培训。事故的仿真分两种情况：一种是设置的事故，如线路故障、母线故障、变压器故障等；另一种是误操作事故，这种故障在模型中自然引发。另外还可设置开关拒动、保护拒动、误动来扩大事故范围。利用设置事故可进行各种事故演练、重演，提高学员对事故处理的能力。

事故分电力网络、线路、变压器、母线、断路器、隔离开关、互感器、电抗器、电容器、站用交流/直流系统、保护及自动装置、二次回路、监控系统等方面。在设置的事故中，其类型（如相间短路，接地短路、三相短路、二相短路接地）、性质（永久或瞬时）、地点（所有线路从首端到末端任意点）可任意排列组合，同时还能与断路器、继电保护及自动装置误动、拒动任意组合。由于误操作和不当调整引起的故障由系统自然实时响应，不需要事先设置和人为干预，如同实际一样。

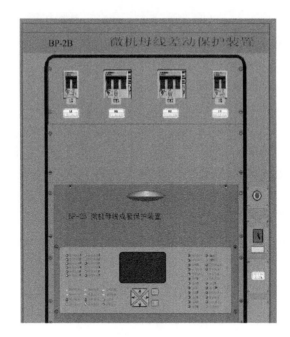

图 8-12 母差保护装置图

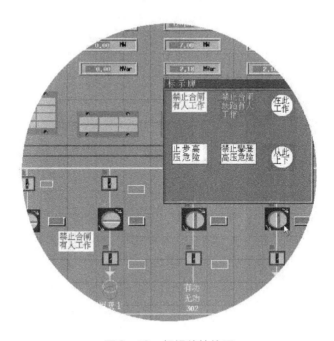

图 8-13 标识牌挂接图

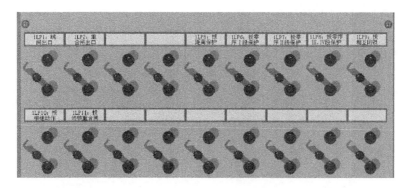

图 8-14 压板

图 8-15 开关机构箱合上时的就地图　　图 8-16 开关机构箱打开时的就地图

图 8-17 刀闸操作多媒体画面

图 8-18 主变压器 3D 画面

仿真系统可人为地设置单个或复合故障,制造事故现场,让学员判断事故性质、类型、地点等并进行处理,由系统记录其处理过程并打印输出,可以对学员的事故处理能力和技巧进行评定,找出事故处理中的差错、疏漏,牢记正确的处理方法,提高技术水平。

对事故发生时,配合事故处理的信息显示,采用提示或不提示两种形式,便于对学员进行考察。

"五防"系统培训按现场实际的功能仿真,但防护措施可以由教练员随时取消,使"五防"失灵,学员任何误操作引起的后果自然产生。

(2)异常、故障、设备缺陷处理培训。设备异常仿真分两种情况:一种是在运行中自然发生的,如变压器过负荷、变压器油温超过允许值、电源消失等;另一种是需要设置的异常,如变压器漏油、变压器匝间轻微短路、PT 断线等。设备异常发生时,将引发相应告警信号,相应画面及监视仪表反应与现场一致。

现场运行、检修、试验中经常发现设备缺陷,有些危及安全但尚未构成设备异常及事故,必须进行处理。在培训过程中,教练员可适时插入设备缺陷(缺陷有原因分析及相应处理方法讲解),以考核学员在设备巡视过程中,能否及时发现并作相应的处理。

(3)事故处理培训。包括下列内容,具体根据现场和培训要求。

开关本体及其相关的故障:

①开关拒动。

②开关误动。

③开关动作时间延长。

④非全相。

⑤开关操作机构故障。

⑥控制直流回路断路、短路、接地。

⑦控制回路继电器、切换开关粘连、接触不良。

⑧SF6 开关轻微、严重泄漏。

⑨油开关轻微、严重泄漏。

⑩开关空压、油压低。

⑪开关合在有故障的线路或母线上。

刀闸本体及其相关的故障：

①带负荷拉、合刀闸。

②带电合接地刀闸及其造成弧光短路。

③用刀闸拉空载变压器励磁电流。

④用刀闸拉高压长线空载电容电流。

⑤在系统接地时拉合变压器的中性点刀闸。

⑥在系统接地时拉合电压互感器和避雷器。

⑦带地线合刀闸。

⑧刀闸操作机构故障。

⑨刀闸分、合不到位，三相不一致。

⑩刀闸和开关联锁失灵。

变压器本体及其相关故障：

①变压器油箱内故障，包括相间短路、接地短路、匝间短路。

②变压器油箱外故障，包括套管和引出线上相间短路，接地短路（中性点直接接地电网一侧）。

③变压器套管、引线发热。

④变压器漏油。

⑤变压器着火、爆炸。

⑥变压器过负荷。

⑦变压器受潮。

⑧变压器油温过高。

⑨强油、风冷部分或全停。

母线故障：

①母线短路。

②母线接地。

③瞬时性、永久性故障。

④电压互感器故障。

线路故障：

①三相出口短路。

②任意点短路。

③接地（含单相、二相）。

④断线（含一相、二相）。

⑤线路过流熔断。

⑥雷击过电压、短路、接地。

⑦其他线路故障。

⑧同杆架线路异名相故障。

⑨瞬时性、永久性故障。

⑩高压电抗器故障。

⑪电压互感器、电流互感器故障。

电容器、电抗器故障：

①内部故障。

②外部故障。

继电保护及自动装置故障：

①保护、自动装置拒动、误动。

②装置异常。

③定值异常。

④自动重合闸不成功。

⑤低频低压减载拒动、误动、动作延时。

⑥高频切机拒动、误动。

⑦保护通道告警（含载波、光纤通道）。

⑧稳定控制系统故障。

⑨其他自动装置故障。

交、直流系统故障：

①整流装置故障。

②UPS 系统故障。

③直流系统监察装置故障。

④蓄电池故障。

⑤直流系统正负极接地故障。

⑥直流系统绝缘降低。

⑦交流系统短路、接地故障。

⑧交、直流失电。

二次回路故障：

①二次回路熔丝熔断。

②二次回路小开关误跳。

③TA 断线、短路、二次回路开路。

④TV 断线、短路、二次回路短路。

⑤交流串入直流回路。

⑥继电器触点粘连、拒动、接触不良。

⑦二极管击穿。

⑧二次回路接地、断线。

⑨二次回路检修工作误碰、错用仪表。

其他故障及异常：

①瓷瓶裂纹。

②套管裂纹。

③套管渗油。

④穿墙套管放电。

⑤电抗器烧坏。

⑥电容器鼓肚。

⑦站用变烧坏。

⑧CT 渗油。

⑨CT 爆炸。

⑩PT 渗油。

⑪PT 爆炸。

⑫避雷器渗油。

⑬避雷器爆炸。

⑭由各种原因引起的不同类型的系统振荡。

⑮由各种原因引起的铁磁谐振。

⑯保护死区发生的故障。

⑰保护重叠区发生的故障。
⑱一次设备发生的各种异常。
⑲二次设备发生的各种异常。
⑳遥测系统故障。
㉑遥信系统故障。
㉒遥调系统故障。
㉓遥控系统故障。
㉔通信系统故障。
㉕全所失电。
㉖主变故障时,站用变失电。
㉗同期并列装置(实际设备)故障。
㉘综合自动化系统发生死机或阻塞。
㉙微机监控系统故障。
以上各种故障异常情况可以任意组合构成各种复合故障。
仿真系统能与物理仿真保护装置联合动作来模拟事故跳闸的状态。

5) 事故后系统的恢复操作
培训学员在最短的时间内使已解列的系统带上负荷,恢复到正常运行方式。

6) 事故分析和典型事故的演示
培训后对事故进行分析,重放事故发生和处理的全过程,分析调度员每一步操作的正确性。另外可对电网发生过的重大典型事故进行演示和培训,分析事故发生的原因及事故时的现象,使学员从中吸取教训,总结事故经验。

2. 等值电网仿真的功能
正常操作的模拟:
(1) 开关分、合操作;
(2) 刀闸投、切操作;
(3) 发电机的并网、退出;
(4) 发电机出力调节;
(5) 负荷调节;
(6) 发电机无功调节;
(7) 电容器、电抗器的投切;
(8) 变压器分接头调节;
(9) 中性点接地刀闸操作;

(10)电动机启停操作;

(11)故障后的恢复操作(含正常的同期并列、非同期并列、线路故障后强送等)。

3. 教练员台功能

教练员可灵活控制培训的模式、内容和进程,对培训进行控制、监视和管理。可在教练员台上根据培训需要自动生成教案、试题,设置、激发各种单个或复合故障,模拟调度员下达调度命令等。

教练员台软件按照功能来分可以分为控制、设置和监视查看三个部分。

控制部分是控制仿真模型的运行以及在运行过程中需要做的动作。主要包括运行、冻结、终止、复位IC、快存IC、狼嚎报警、在线装入、记录重演、设备检测、报警控制和学员成绩评定。

设置部分用来对仿真过程中的一些参数或是需要触发的故障的设置。主要包括仿真速度设置、故障设置、仪表噪声设置、事件触发(主要是对触发故障的事件进行设置)、返回追踪、超控选择(超控盘台的设置)和就地选择(就地参数的设置)。

监视和查看部分用来对仿真过程中仿真机的状态进行监视和查看,另外我们把辅助练习也放在这里。可以查看的内容为超控总汇、就地总汇、工况总汇、故障总汇、返回追踪一览、外部参数、教练员记录、仿真图(包括系统图和就地图)、盘台图;还可以对某个参数的趋势进行监视,对仿真过程中的参数进行监视。具体的实现方案如下:

(1)启动/停止。通过教练员台的控制键盘可以自动装入仿真模型软件,使普通的计算机系统成为运行状态的仿真机,每次启动时间小于1min。同时,能方便地进行模型运行的正常退出及事故停止的操作。

(2)运行(run)。run功能是教练员台最基本的功能。教练员台首先复位一个工况,即将仿真机的各个参数设置成这个工况中的值,然后运行run功能,此时仿真机在此工况状态的情况下启动数学模型。

(3)冻结(freeze)。冻结的功能是暂停仿真机的运行,此时,仿真机的数学模型不再进行运算,仿真机的各参数、盘台的各种仪表保持冻结前的各种状态,教练员可以随后运行Run功能恢复仿真机的运行。

(4)终止仿真(abort simulation)。当仿真机系统软件或I/O设备等出现故障,或其他原因需要停止仿真机时,可以终止仿真。终止仿真后,仿真系统退出仿真模型的运行,终止I/O任务,停止实时控制及工况处理,但是并不影响教练员台工作站和主机(运行仿真模型的计算机)的通信,只释放主机系统中用于实时系统的共享资源。

(5)快存工况(snap IC)。当仿真机运行到一些特殊时刻,教练员可能想把此刻的各种参数储存起来,作为以后运行的一组初始值,snap IC 提供了这种功能。snap IC 使得教练员在任何时候都可以将仿真机的当前状态快存起来,每次快存时间小于 300ms。

(6)复位工况(reset IC)。在仿真机开始运行之前,必须给仿真机的各个参数赋初值,这个功能是通过 Reset IC 来实现的。教练员可以选择任何一个已经存在的 IC 中的一组值作为仿真机开始运行的一组初值。

(7)狼嚎报警(cry wolf)。狼嚎报警是在培训学员过程中加入的假报警。为了训练学员的判断能力,在没有故障的情况下,教练员可以人为地加入狼嚎报警。此操作后,相应的盘台将出现和真报警一样的现象,直到教练员取消这次狼嚎报警,或重新复位 IC。

(8)在线装入(reload simulation)。在学员培训期间,教练员可能会发现仿真模型有些缺陷,需要模型人员对它的错误和弱点进行修改和完善。在线装入提供一个方便的途径将作了微小修改的模型在当前的仿真环境下在线重载。

(9)记录重演(record/replay)。记录的功能是在仿真机运行过程中,将模型的 IC 按照一定的频率记录成一系列文件,可以供模型在任意时刻返回追踪到某一时刻的运行状态,然后在从这个状态开始运行;仿真机在运行过程中,支撑软件不断地记录从软、硬盘台上来的 I/O 操作,重演的功能是,能够将某一段时间(前 4h)内模型的运行、外界的操作等根据培训的需要用正常、快速、慢速不同的速度重演出来。能完成类似与实际现场的事故追忆功能,以备作事故分析用。

(10)设备可运行检测(device operational readiness test,DORT)。运行前对硬件设备进行检测,看设备是否可以正确运行、接收和发送各种信号等。

(11)报警控制(annunciator control)。在教练员台上可以控制所有的报警设备,可以对报警器进行测试,测试完后可以复位各个报警器。报警控制中的消音功能可以将所有的报警设备都屏蔽掉,而禁声功能和确认功能取消当前的报警。

(12)学员成绩评价(trainee performance evaluation,TPE)。在培训结束时能自动地打印学员成绩的完整报告,包括日期、姓名、训练项目、处理故障的次数、操作错误的次数、维持经济运行的能力、成绩等。

(13)返回追踪(back track)。即回退功能。允许教练员在培训的过程中暂停仿真运行,回到本次培训状态的前一些时候的状态,并且允许教练员从那一个时刻开始继续培训,覆盖以往的培训过程。返回追踪可以让教练员追踪以前特定的仿真状态,亦可以简单地复位到那一点,当然,返回追踪功能可以让教练员在整个仿真机发生意外之后,进行恢复。对应的返回追踪时间为30~240min。

(14)时间控制(time control)。仿真模型在运行时一般使用实时运行,但是有时候为了很快运行到某一个地方,就需要使仿真机快速运行;有时为了让学员了解某一个重点操作,需要模型以很慢的速度运行,甚至是以单步的速度运行。时间控制即提供这些有关模型运行快慢的操作。另外,时间控制还可以加快某一个分系统的运行速度。如汽机冷暖缸加快、发电机转子冷却加快等。

(15)故障加入(malfunction)。依照真实情况,模型工程师在仿真模型中加进了许多故障的模拟。为了更好地培训学员,在仿真机运行期间,教练员经常启动各类故障让学员去处理。故障加入功能能非常方便地让教练员在仿真模型中随时插入各个系统中可能出现的故障。

(16)仪表噪声(instrument noise)。在不经过处理情况下,控制室内的仪表一般不会来回摆动,这样就和实际情况不符合。为了使得仿真过程更加逼真,一般都在模型中加入仪表噪声。教练员通过"仪表噪声"功能可以非常方便地加入高低噪声因子,而使仿真机的仪表输出具有随机摆动的特性,从而达到逼真的效果。

(17)事件触发(event trigger)。当在仿真过程中加入故障时,故障的触发方式有时间触发和事件触发;教练员对盘台上各种操作器的超控也可以用事件触发。事件触发实际上是编辑一组逻辑表达式,当一个逻辑表达式为真时,模型将启动一个相应的故障。

(18)超控选择(override)。在培训学员的过程中,为了达到某些培训效果,可能会需要对一部分仪表、开关等的状态进行强制的设置。超控功能可以让教练员人为地设置盘台的操作器、开关、指示器、光字牌、报警器及各种仪表的假损坏(失效),即对这些设备进行超控。

超控后的效果相当于被超控的仪器损坏,对这个仪器的任何操作将被忽略,此仪器的值将始终保持超控时设置的常量。超控一旦设置,将在整个仿真过程中起作用,除非教练员删除掉,或重新复位IC。

(19)就地选择(mimic function)。有一部分不在主控制室的设备对整个培训及主控盘台的操作非常必要,因此,教练员需要有能力在教练员台上对这一部分设备进行操作。就地操作即实现这个功能。

(20)超控总汇。超控总汇的主要功能是将已经设置超控的部件以列表的方式显示给教练员看,除此以外,在超控总汇中还可以删除一部分超控设置,增加一部分超控。

(21) 就地总汇。以列表形式显示已经设置的就地参数,并且提供对列表的增加、修改和删除。

(22) 故障总汇。将故障的情况以列表的方式显示给教练员,并且提供添加、修改和删除功能。

(23) 工况总汇。工况总汇按工况序号列出所有 snap 过来的工况,在此列表中还可以 snap 工况,也可以 reset 工况。

(24) 返回追踪一览。列出系统按照一定频率记录的仿真机的 IC,包括记录的一些时间信息。

(25) 外部参数。显示模型运行中的各种外部参数,可以结合其他变量的值对学员进行评价。

(26) 辅助练习。即培训内容预编功能,允许教练员将一组操作命令集合在一个文件中,教练员台依次执行这些命令,而学员针对相应的情况做出反映,达到培训的效果。

(27) 教练员记录。为了使教练员对自己和其他教练员的操作有全面的了解,教练员台将所有的教练员的动作都同时显示在教练员台的面板上。

(28) 趋势监视。教练员台提供对任意模拟量变化的趋势监视,教练员台可以同时画出八个变量的变化趋势图。

(29) 参数监视。可以对各种参数进行实时监视,但是一般不给教练员修改参数的权限。

(30) 就地图。可以显示出就地图,同时对不在控制室的设备或机械进行就地操作。

(31) 盘台图。显示盘台图,并且可以进行和盘台有关的操作。

(32) 运行分析。教练员可通过画面和键盘操作深入了解机组在各种运行方式下的主要经济指标,并能以表格的方式在 CRT 画面上显示或打印机输出,并能进行经济性能分析。

(33) 画面选择。教练员能通过键盘操作选择培训画面,画面可以通过菜单方式索引选择,对于多页画面,具有向前向后翻页功能,并以窗口方式完成。

4. 学员管理及评价系统功能

1) 学员管理功能

学员管理系统具备完善的学员档案管理功能,建立完善的数据库系统,包括学员的个人信息和培训考核记录等详实信息,具备方便的查询、输出功能,并与评价考核系统、远程教育培训系统有机结合,构成科学、规范的学员管理系统。

2) 培训评价考核功能

仿真系统提供一整套智能的培训评价、考核系统,在理论、技能操作和事故处理方面均能科学、全面地记录和考核学员的实际水平,准确、及时、科学、公正地给出评判结果。具有覆盖全面、内容丰富的理论和操作题库,并能方便地进行资源的补充和完善。

(1) 有覆盖全面、题型丰富、题量充足的理论和技能操作试题库。

(2) 根据教练员对题型、题量、分值等的设置,自动生成试卷,并可以自由更改题目、题量、分值等项目;也可以手动选择生成试卷。生成的试卷可以灵活输出和打印。

(3) 对于是非或选择类题型,由教员预先设置分值,计算机自动评判。

(4) 对于操作或文字类题型,由教员预先设置每一个步骤或关键字、词、语句的分值,可根据答案内容各部分重要性给予加权,计算机自动评判。

(5) 打分依据包含事件记录、越限统计、报警统计、事故扩大的统计、曲线、错误操作、漏项、操作次序等项目。

(6) 理论和操作、巡视等考试均在计算机上进行,教练员能科学地监控学员的考试。

(7) 计算机自动评判过程无法进行时在教员台发出告警,弹出评判画面显示学员答案和标准答案,由教练员干预完成。

(8) 对于操作、巡视和事故处理方面的考核,有相应的专家系统或针对具体考核项目可由教练员事先录制标准答案。

(9) 评分过程可选择自动和人工方式。

(10) 无论何种评判方式,学员答题的全部过程步骤、内容、操作记录等均予以记录存档,能方便地以文本、表格、曲线等形式输出和打印,并方便载入学员管理系统。

8.2.5.3 仿真硬件系统

电网仿真系统的硬件组成与火电仿真系统硬件类似,系统结构图如图8-19所示。

(1) 主计算机系统。计算机是整个仿真机的主要设备,用来存放变电站和电网数学模型及控制程序,以控制整个仿真机的运行,主计算机也是数据库的管理和控制中心。主计算机性能的好坏是仿真机性能的标志之一,是精细数学模型的物质基础。

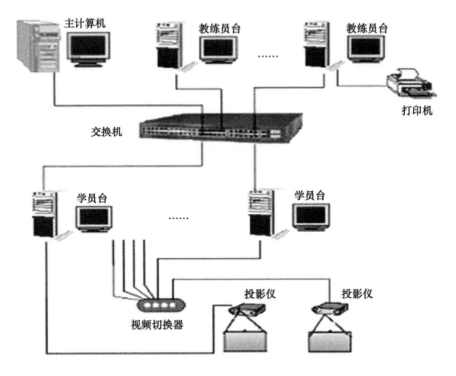

图 8-19 系统结构图

(2) 教练员台。教练员台是教练员和仿真机之间的接口,是本仿真机的控制中心,教练员通过它控制仿真机运行,指导学员培训,从而实现仿真机的培训功能。教练员可以在此编制教案、试题,并可监视管理各学员终端,可以根据不同的培训内容和对象赋予各学员终端不同的权限以限制其使用范围,教员可以调用任一画面。

(3) 学员台(包括学员终端、仿真操作台、就地操作台)。学员台主要完成学员操作功能,包括变电系统监控系统、软表盘操作、就地操作系统及多媒体巡视等内容,是培训仿真的重要设备,也是学员和仿真机的主要接口。

(4) 网络器件。所有微机均配一块网卡,主机配一块网卡,主机和微机系统通过一台 HUB 构成一个传输速率为 1000MB 的星型以太网。

(5) 投影仪、屏幕。可进行教学演示,竞赛考评等。

(6) 视频分配器。通过视频分配器将学员机教练员机中任一台切换至投影仪显示。

(7) 打印机。打印实时运行数据参数,教学资料等。

8.2.5.4 电网仿真模型建模举例

根据电网的结构及参数、变电站的主接线及设备参数,建立元件模型、网络拓扑模型、潮流计算模型和短路计算模型(外部网络采用等值模型)等。

(1)正常运行状态:取实际系统几种典型运行方式下的运行参数作为运算条件,实时计算电网的动态潮流和变电站的运行工况。地区电网或仿真变电站的表计显示应以潮流计算为依据。

(2)事故运行状态:根据给定参数及边界条件,计算不同故障类型的短路电流和故障电压的分布。以确定变电站的仪表指示、继电保护、自动装置及断路器等的动作行为。

由于仿真系统节点比较多,为了保证其实时性,要求模型软件的算法必须快速及精确。模块化的软件包有助于模型软件的优化,并为其后扩展提供方便。

1. 模型软件的构架

电网仿真的模型软件一般分为拓扑分析、故障分析、保护逻辑几大部分,当然还包括一些监视、操作等接口部分。通过图 8-20 可以清晰地看出模型软件的构架及大部分的相互关系:

2. 电网模型结构

对于电网模块将分拓扑、潮流计算、故障分析、保护逻辑几大部分进行介绍,并给出各部分的基本算法及实现方法。电网的模型软件由以下部分组成:

(1)电力系统元件模型;
(2)网络拓扑模型;
(3)负荷分配、调整模型;
(4)潮流计算模型;
(5)频率计算模型;
(6)短路计算模型;
(7)继电保护模型;
(8)自动装置模型;
(9)暂态模型。

3. 电力系统的实时拓扑分析

此部分的任务是根据开关、刀闸的状态,求得各节点间的连接关系,并以此为依据修改网络参数,为潮流计算和故障计算提供实时的结构信息。通过拓扑分析,可以获得整个系统所分的子系统数,每个节点所属何子系统。

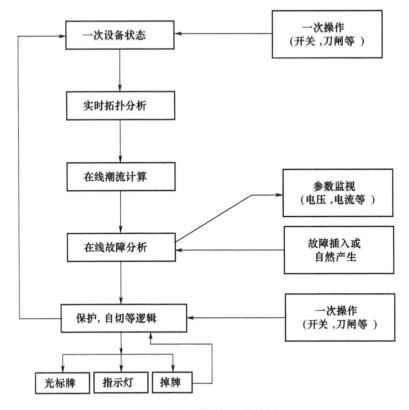

图 8-20 模型软件的构架

在实时的拓扑分析中,采用了广度优先搜索法。广度优先搜索的过程就是从起始点出发,由近及远,依层次访问与起始点有路径相通的节点,从而可以集结出子系统数和节点所属子系统。

以图 8-21 为例。

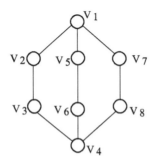

图 8-21 拓扑分析

广度优先搜索法的具体搜索过程为:

从 V1 出发,遍历其所有邻边,找出第一层未访问的顶点(V2,V5,V7);然后依次从第一层节点出发,遍历它们各自的相邻顶点,找到第二层未访问过的顶点(V3,V6,V8);从第三层顶点出发,找到第四层未访问的顶点(V4);从第四层顶点出发,已没有新的未曾访问过的相邻顶点,至此,图中与起始点 V1 相连通的顶点均已被访问过,一个节点或网络子系统已形成。如网络中尚有其他未被访问过的顶点,则从其中之一出发又可形成另一个节点或子系统。

4. 潮流计算

(1)基本原理。潮流计算的目的是正常情况下,根据网络的结构参数等信息实时地计算出网络中各节点的电压,为故障计算提供初始节点电压。潮流计算的关键在于实时性,为确保实时性,潮流计算要尽可能快,以达到逼真的效果。

为了尽早地收敛,确保实时性,采用了 PQ 分解法计算潮流,其基本原理如下:(其中 n 个节点,s 个平衡节点,m 个 PQ 节点):

$$\begin{bmatrix} \dfrac{\Delta P_1}{V_1} \\ \dfrac{\Delta P_2}{V_2} \\ \vdots \\ \dfrac{\Delta P_{n-s}}{V_{n-s}} \end{bmatrix} = - \begin{bmatrix} B_{11} & B_{12} & \cdots & B_{1,n-s} \\ B_{21} & B_{22} & \cdots & B_{2,n-s} \\ & & \vdots & \\ B_{n-s,1} & B_{n-s,2} & \cdots & B_{n-s,n-s} \end{bmatrix} \begin{bmatrix} V_1 \Delta \delta_1 \\ V_1 \Delta \delta_2 \\ \vdots \\ V_{n-s} \Delta \delta_{n-s} \end{bmatrix} \quad (8-6)$$

$$\begin{bmatrix} \dfrac{\Delta P_1}{V_1} \\ \dfrac{\Delta P_2}{V_2} \\ \vdots \\ \dfrac{\Delta P_{n-s}}{V_{n-s}} \end{bmatrix} = - \begin{bmatrix} B_{11} & B_{12} & \cdots & B_{1,n-s} \\ B_{21} & B_{22} & \cdots & B_{2,n-s} \\ & & \vdots & \\ B_{n-s,1} & B_{n-s,2} & \cdots & B_{n-s,n-s} \end{bmatrix} \begin{bmatrix} V_1 \Delta \delta_1 \\ V_2 \Delta \delta_2 \\ \vdots \\ V_{n-s} \Delta \delta_{n-s} \end{bmatrix} \quad (8-7)$$

根据式(8-6)可解出不平衡量 $\Delta \delta_i$,用于修改电压的相角 δ_i。

根据式(8-7)可解出不平衡量 ΔV_i,用于修改电压模值 V_i。

式(8-6)、式(8-7)中的 ΔP_i、ΔQ_i 可根据下列两式求得：

$$\Delta P_i = P_{ig} - P_i = P_{ig} - V_i \sum_{j=1}^{n} V_j(G_{ij}\cos\delta_{ij} + B_{ij}\sin\delta_{ij}) = 0 \quad (8-8)$$

$$\Delta Q_i = Q_{ig} - Q_i = Q_{ig} - V_i \sum_{j=1}^{n} V_j(G_{ij}\sin\delta_{ij} - B_{ij}\cos\delta_{ij}) = 0 \quad (8-9)$$

式中：P_{ig} 为节点已知有功功率；Q_{ig} 为节点已知无功功率。

电压的修改公式为

$$V_i^{(K+1)} = V_i^{(K)} + \Delta V_i^{(K)} \quad (8-10)$$

$$\delta_i^{(K+1)} = \delta_i^{(K)} + \Delta\delta_i^{(K)} \quad (8-11)$$

利用式(8-10)~式(8-11)进行迭代计算，当满足

$$\max\{|\Delta P_i^{(K)}|\} < \varepsilon_P, \max\{|\Delta Q_i^{(K)}|\} < \varepsilon_Q$$

时，表示迭代结束。

(2) 稀疏技巧的应用。由于潮流计算是一种迭代计算，且式(8-6)、式(8-7)中系数矩阵 **B** 直接与节点的多少有关，当节点很多时，矩阵 **B** 的阶数也随之增大，将会影响计算速度，难以满足实时性要求。根据矩阵 **B** 的特点，即对称性、稀疏度高(节点越多，稀疏度越高)，因此可以采用稀疏技巧，只对非零元素进行储存和计算，这样可以节省机时和内存。

举一简单的例子说明稀疏技巧的应用，对一简单的矩阵 **B**：

$$\begin{bmatrix} B_{11} & B_{12} & 0 & B_{14} \\ B_{21} & B_{22} & B_{23} & 0 \\ 0 & B_{32} & B_{33} & 0 \\ B_{41} & 0 & 0 & B_{44} \end{bmatrix}$$

用一单维数组 bdia 记录对角元素：

bdia： | B_{11} | B_{22} | B_{33} | B_{44} |

用一单维数组 bndia 记录非对角元素的非零元素：

bndia： | B_{12} | 2 | B_{14} | 4 | B_{21} | 1 | B_{23} | 3 | B_{32} | 2 | B_{41} | 1 |

bndia 中奇数维记录非零元素，偶数维记录此元素的第二个角码，需要注意的是，**B** 矩阵中每行的非零元素在 bndia 中的存储必须紧挨存储，不能各行非零元素交叉储存。

再用一单维数组 Pnum 记录着 **B** 中每行非零元素在 bndia 中存储的起始位置和结束位置。

Pnum： | 0 | 4 | 8 | 10 | 12 |

从例子可看出 Pnum(i) + 1 即为矩阵 **B** 的第 i 行非零元素在 bndia 中的存储起始位置，Pnum($i+1$) 为结束位置。(Pnum($i+1$) − Pnum(i))/2 即为第 i 行非零元素的个数。通过数组 Pnum 可行很方便地查找一个具体的非零元素。

另外，由于 **B** 是一个对称矩阵，可以只存储 **B** 的上三角阵的非零元素，这样可进一步节省存储空间。

(3) 节点的重新编号。节点重新编号的目的是在求解式(8-6)、式(8-7)时，形成系数 **B** 的上三角阵的非零元素最少。节点重新编号的原则是连接支路数最少的节点编在前面。

(4) 节点属性的可变性。在潮流计算过程中，根据具体的情况，节点的属性允许发生变化，如 PQ 节点变为平衡节点，或平衡节点转为 PQ 节点。

5. 故障分析

故障分析计算目的在于计算故障下的电流、电压，送往各保护、驱动保护逻辑，使保护动作，并触发相应一次开关动作和点亮二次光字牌，保护牌及信号灯。因此故障分析在电力系统仿真中占有非常重要的地位。

就故障电路而言，可分为两大类。一类是横向故障，在电力系统网络中某一节点和公共参考点(地节点)之间构成端口，该端口一个是高电位点，另一个是零电位点。如：三相短路、两相短路、各类接地等故障。另一类是纵向故障，是由电力系统网络中两个高电位点之间构成故障端口，如：各种断线故障。

1) 三序电压方程

在电力系统中，每个故障是一个端口，程序中考虑的是最实用的双重故障，也即有两个端口，利用戴维南原理和叠加原理，将双重故障三序电路等效成图 8-22。

图中 a、b 为故障点，m、n、q、k 分别为 a、b 故障端口的两点，$I_{fa(1)}$、$I_{fa(2)}$、$I_{fa(0)}$ 是 a 故障点正序、负序、零序电流，$I_{fb(1)}$、$I_{fb(2)}$、$I_{fb(0)}$ 是 b 故障点正序、负序、零序电流，对横向故障，n 或 k 为零电位点，m 或 q 为故障点。对纵向故障，m、n、q、k 分别是故障点断开的两端点。

从图 8-22 可知,系统内部各节点正序电压由三部分迭加而成,负序和零序由两部分迭加而成。写成下式:

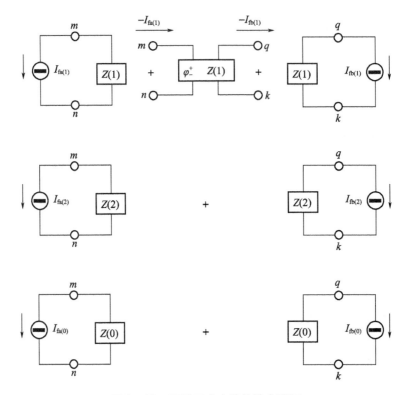

图 8-22 双重三序电路等效电路图

$$\begin{bmatrix} V_{i(1)} \\ V_{i(2)} \\ V_{i(0)} \end{bmatrix} = \begin{bmatrix} V_{i(0)} \\ 0 \\ 0 \end{bmatrix} - \begin{bmatrix} Z_{ia(1)} \cdot i_{fa(1)} + Z_{ib(1)} \cdot i_{fb(1)} \\ Z_{ia(2)} \cdot i_{fa(2)} + Z_{ib(2)} \cdot i_{fb(2)} \\ Z_{ia(0)} \cdot i_{fa(0)} + Z_{ib(0)} \cdot i_{fb(0)} \end{bmatrix} \qquad (8-12)$$

式中:

$$\begin{cases} \dot{Z}_{ia(1)} = \dot{Z}_{im(1)} - \dot{Z}_{in(1)} \\ \dot{Z}_{ib(1)} = \dot{Z}_{iq(1)} - \dot{Z}_{ik(1)} \end{cases} \qquad (8-13)$$

其中,$Z_{im(1)}$、$Z_{in(1)}$、$Z_{iq(1)}$、$Z_{ik(1)}$ 为各节点对应端口的转移阻抗。

对于横向故障 $Z_{in(1)}$、$Z_{ik(1)}$ 等于零。式(8-13)也适用于负序和零序阻抗。

2) 阻抗的求解

电力系统的导纳节点方程为

$$\begin{bmatrix} Y_{11} & Y_{12} & \cdots & Y_{1n} \\ Y_{21} & Y_{22} & \cdots & Y_{2n} \\ \vdots & \vdots & & \vdots \\ Y_{n1} & Y_{n2} & \cdots & Y_{nn} \end{bmatrix} \begin{bmatrix} V_1 \\ V_2 \\ \vdots \\ V_n \end{bmatrix} = \begin{bmatrix} I_1 \\ I_2 \\ \vdots \\ I_n \end{bmatrix} \quad (8-14)$$

根据自阻抗和互阻抗的定义，对于横向故障，只要令 $\dot{I}_m = 1$ 或 $\dot{I}_q = 1$，其余电流为零，求解式(8-14)，得到的电压数值即为 $\dot{Z}_{ia}$ 或 $\dot{Z}_{ib}$。对于纵向故障令 $\dot{I}_m = 1$，$\dot{I}_n = -1$ 或 $\dot{I}_q = 1$，$\dot{I}_k = -1$，其余电流为零，求解式(8-14)，得到的电压数值即为 $\dot{Z}_{ia}$ 或 $\dot{Z}_{ib}$。

3) 求解故障电流 $I_{fa(1,2,0)}$，$I_{fb(1,2,0)}$

根据式(8-12)可写出 a 端口节点 m，b 端口节点 q 的三序电压方程。

$$\begin{bmatrix} \dot{V}_{m(1)} \\ \dot{V}_{m(2)} \\ \dot{V}_{m(0)} \\ \dot{V}_{q(1)} \\ \dot{V}_{q(2)} \\ \dot{V}_{q(0)} \end{bmatrix} = \begin{bmatrix} \dot{V}_m^{(0)} \\ 0 \\ 0 \\ \dot{V}_q^{(0)} \\ 0 \\ 0 \end{bmatrix} - \begin{bmatrix} \dot{Z}_{ma(1)} & 0 & 0 & \dot{Z}_{mb(1)} & 0 & 0 \\ 0 & \dot{Z}_{ma(2)} & 0 & 0 & \dot{Z}_{mb(2)} & 0 \\ 0 & 0 & \dot{Z}_{ma(0)} & 0 & 0 & \dot{Z}_{mb(0)} \\ \dot{Z}_{qa(1)} & 0 & 0 & \dot{Z}_{qb(1)} & 0 & 0 \\ 0 & \dot{Z}_{qa(2)} & 0 & 0 & \dot{Z}_{qb(2)} & 0 \\ 0 & 0 & \dot{Z}_{qa(0)} & 0 & 0 & \dot{Z}_{qb(0)} \end{bmatrix} \begin{bmatrix} \dot{I}_{fa(1)} \\ \dot{I}_{fa(2)} \\ \dot{I}_{fa(0)} \\ \dot{I}_{fb(1)} \\ \dot{I}_{fb(2)} \\ \dot{I}_{fb(0)} \end{bmatrix}$$

$$(8-15)$$

式(8-15)中有 12 个未知量，要借助端口的边界条件才能求得故障电流，下面给出各种故障类型的边界条件。

(1) 三相短路。包括三相接地短路和三相不接地短路。对于经阻扰短路，应作相应修正。

$$\begin{cases} \dot{V}_{(1)} + \dot{V}_{(2)} + \dot{V}_{(0)} = 0 \\ \dot{I}_{f(2)} = 0 \\ \dot{I}_{f(0)} = 0 \end{cases} \quad (8-16)$$

(2) 单相接地。这里只给出 A 相接地情况，对 B 相或 C 相接地应加移相变压器，对经阻扰接地应作相应修正。

$$\begin{cases} \dot{V}_{(1)} + \dot{V}_{(2)} + \dot{V}_{(0)} = 0 \\ \dot{I}_{f(1)} = \dot{I}_{f(0)} \\ \dot{I}_{f(2)} = \dot{I}_{f(0)} \end{cases} \quad (8-17)$$

(3) 两相短路。下式适用于 BC 相短路，AB 或 BC 相短路，应加移相变压器，同样地，对各阻扰短路，应作相应修正。

$$\begin{cases} \dot{V}_{(1)} = \dot{V}_{(2)} \\ \dot{I}_{f(0)} = 0 \\ \dot{I}_{f(1)} = -\dot{I}_{f(2)} \end{cases} \quad (8-18)$$

(4) 两相对地短路。下式适用于 BC 相对地短路，对 AB 或 CA 情况，应加移相变压器，对经阻扰短路接地，应作相应修正。

$$\begin{cases} \dot{V}_{(1)} = \dot{V}_{(0)} \\ \dot{V}_{(2)} = \dot{V}_{(0)} \\ \dot{I}_{f(1)} + \dot{I}_{f(2)} + \dot{I}_{f(0)} = 0 \end{cases} \quad (8-19)$$

(5) 单相断线。下式适用于 A 相断线，对 B 相或 C 相情况，应加移相变压器。

$$\begin{cases} \dot{V}_{m(1)} - \dot{V}_{n(1)} = \dot{V}_{m(0)} - \dot{V}_{n(0)} \\ \dot{V}_{m(2)} - \dot{V}_{n(2)} = \dot{V}_{m(0)} - \dot{V}_{n(0)} \\ \dot{I}_{fa(1)} + \dot{I}_{fa(2)} + \dot{I}_{fa(0)} = 0 \end{cases} \quad (8-20)$$

利用式 (8-12) 消除 n 节点电压变量：

$$\begin{cases} \dot{V}_{m(1)} - (\dot{V}_n^{(0)} - \dot{Z}_{na(1)} \cdot \dot{I}_{fa(1)} - \dot{Z}_{nb(1)} \cdot \dot{I}_{fb(1)}) = \\ \quad \dot{V}_{m(0)} + (\dot{Z}_{na(0)} \cdot \dot{I}_{fa(0)} + \dot{Z}_{nb(0)} \cdot \dot{I}_{fb(0)}) \\ \dot{V}_{m(2)} + (\dot{Z}_{na(2)} \cdot \dot{I}_{fa(2)} + \dot{Z}_{mb(2)} \cdot \dot{I}_{fb(2)}) = \\ \quad \dot{V}_{m(0)} + (\dot{Z}_{na(0)} \cdot \dot{I}_{fa(0)} + \dot{Z}_{nb(0)} \cdot \dot{I}_{fb(0)}) \\ \dot{I}_{fa(1)} + \dot{I}_{fa(2)} + \dot{I}_{fa(0)} = 0 \end{cases} \quad (8-21)$$

(6) 两相断线。下式适用于 BC 相断线,对 AB 相或 CA 相断线的情况,应加移相变压器。

$$\begin{cases} \dot{V}_{m(1)} - \dot{V}_{n(1)} + \dot{V}_{m(2)} - \dot{V}_{n(2)} + \dot{V}_{m(0)} - \dot{V}_{n(0)} = 0 \\ \dot{I}_{fa(1)} = \dot{I}_{fa(0)} \\ \dot{I}_{fa(2)} = \dot{I}_{fa(0)} \end{cases} \quad (8-22)$$

消除 n 节点的电压向量:

$$\begin{cases} \dot{V}_{m(1)} - (\dot{V}_n^{(0)} - \dot{Z}_{na(1)} \cdot \dot{I}_{fa(1)} - \dot{Z}_{nb(1)} \cdot \dot{I}_{fb(1)}) + \\ \quad \dot{V}_{m(2)} + (\dot{Z}_{na(2)} \cdot \dot{I}_{fa(2)} + \dot{Z}_{nb(2)} \cdot \dot{I}_{fb(2)}) + \\ \quad \dot{V}_{m(0)} + (\dot{Z}_{na(0)} \cdot \dot{I}_{fa(0)} + \dot{Z}_{nb(0)} \cdot \dot{I}_{fb(0)}) = 0 \\ \dot{I}_{fa(1)} = \dot{I}_{fa(0)} \\ \dot{I}_{fa(2)} = \dot{I}_{fa(0)} \end{cases} \quad (8-23)$$

对于 b 端口将 m、n 改为 q、k。

根据式(8-15)及式(8-16)~式(8-23)中两端口的边界条件共 12 个方程,可求得 $\dot{I}_{fa(1,2,0)}$、$\dot{I}_{fb(1,2,0)}$。再根据式(8-12)求得各节点三序电压,合并可得各节点电压。

利用三序电压及各支路三序阻抗,可求得各支路三序电流,合并可得到各支路电流。

4) 故障计算的程序框图(图 8-23)

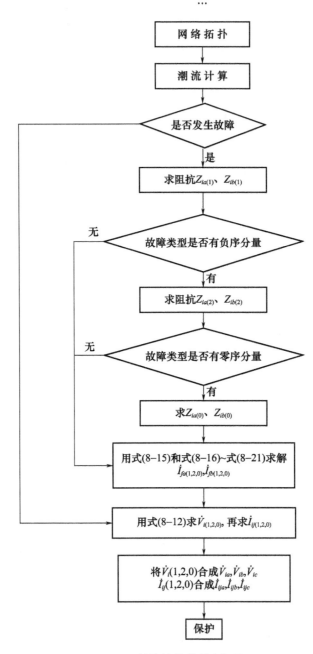

图 8-23 故障计算的程序框图

5)故障计算需注意事项

(1)故障采用两端口,适用于双重故障,利用同样原理可推及三重故障。

(2)在实际编程中,应考虑特殊相问题,在边界条件中加入理想移相器。

(3)由于求解转移阻抗时很消耗机时,而且占内存大,因此一般需要考虑使用稀疏技术。

▶ 8.2.6 部分仿真实例

8.2.6.1 电网仿真业绩表(表8-4)

表8-4 电网仿真业绩表

序号	用户	项目	状况
1	陕西彩虹电子集团公司	变电配电仿真系统	1996年投运
2	上海电力公司教育培训中心	新建220kV变电站仿真系统	1996年投运
3		南桥500kV变电站仿真系统	
4		长春220kV变电站仿真系统	
5		元江220kV变电站仿真系统	
6		钦州110kV变电站仿真系统	
7		峨嵋110kV变电站仿真系统	
8		厦门35kV变电站仿真系统	
9		市南调度电站仿真系统	
10		闵行调度站仿真系统	
11	重庆电力高等专科学校	重庆500kV变电站仿真系统	1997年投运
12		自贡500kV变电站仿真系统	
13	四川成都电业局	220kV变电站及测控中心仿真系统	1999年投运
14		110kV变电站及测控中心仿真系统	
15	安徽合肥电力学校	500kV变电站仿真系统	2000年投运
16		220kV地调仿真系统	
17		35kV变电站仿真系统	
18	广东工业大学	220kV变电站仿真系统	2002年投运
19	广电集团揭阳供电分公司	220kV变电站仿真系统	2003年投运
20	四川电力试验研究院	洪沟500kV变电站仿真系统	2004年投运
21		龙王500kV变电站仿真系统	
22		220kV变电站仿真系统	

续表

序号	用户	项目	状况
23	福建电力培训中心	500kV 变电站仿真系统	2004 年投运
24		220kV 变电站仿真系统	
25		110kV 变电站仿真系统	
26	重庆电力高等专科学校	重庆 500kV 变电站仿真系统升级	2004 年投运
27	广西电力实验研究院	广西 220/110kV 变电站仿真系统	2008 年投运
28	广西电网公司电力科学研究院	500kV、110kV、220kV 和 35kV 变电站升级项目	2010.12 投运

8.2.6.2 电网仿真典型工程实例介绍

1. 上海市区输变电网络仿真系统项目

用户：上海电业职工大学。

仿真对象：53 个变电站、三个地调、三个区调、电压等级为 500kV、220kV、110kV、35kV、10kV。

特点：首台高逼真度大城市输变电仿真系统，典型的一机多模，仿真 54 个变电站的各种一次、二次操作，选择性的仿真异常和故障，调度部分详细仿真现场的 SCADA 系统，并仿真负荷分配、负荷转移、分接头调压、电容器/电抗器调压及无功补偿和各种保护自动装置。

状况：已投入培训运行，良好，荣获广东省科学技术进步一等奖。

2. 一机多模变电站仿真培训系统项目

用户：福建电力培训中心。

仿真对象：福州 500kV、鼓山 220kV、泮洋 110kV 及某 35kV 变电站。

特点：一机四模，电压等级包括 500kV、220kV、110kV、35kV，具有多媒体和远程培训功能。

状况：已投入培训运行，良好。

8.3 水电仿真系统

8.3.1 概述

随着国家水电的大规模开发，水电仿真系统越来越受到重视，它可以为水电站的运行人员提供逼真的培训环境,达到提高运行人员的运行操作素质,增强其安全运行的能力,同时经过反事故演练后,提高其对电站非正常和事故状态的判断、处理能力,为电站安全、稳定和经济运行作出贡献。亚仿公司是国内最早提供水电仿真系统给水电运维人员培训使用的厂家,至今已完成几十套水电仿真机的开发。

8.3.2 定义

水电仿真系统是通过仿真水电站,向受训人员展现正常、异常和故障情况的实际现场运行状态,培训受训人员的专业知识、操作技能、应变能力和熟练程度,使受训人员经培训后能够熟练地掌握水电机组启停过程和维持正常运行的全部操作,学会处理异常、紧急事故的技能,提高实际操作能力和分析判断能力,训练应急处理能力,确保机组安全、高效、经济运行。

8.3.3 水电仿真系统总体目标

1. 运行操作培训

水电仿真系统主要用于水电站运行人员的培训。可对运行人员进行上岗前培训及在岗提高培训,使其能正确熟练地掌握在各种工况下水电站的启停及正常和异常运行的监视操作技术,提高运行人员正确分析判断和处理各种应急故障和事故的应变能力。

2. 运行规程验证

(1)验证已有规程的正确性,包括正常运行、异常工况和事故工况的处理规程;

(2)检查对现有规程进行修改的合理性;

(3)引导新规程的确定。

3. 运行事件分析和研究

(1)复原运行中已发生的事件,以供判断和分析;

(2)预演计划中进行的重大操作,发现并解决问题;

(3)提供机组在各种工况运行的分析功能,改进操作方式,提高安全经济运行的能力,为制定反事故措施及对策提供验证环境;

(4)提供对机组进行安全、经济运行分析的工具;

(5)对水电站系统进行研究修改时,可方便地利用仿真系统工程师站对模型进行在线和实时的修改、扩充和复原工作;

(6)可利用仿真系统完成控制系统研究、修改及其参数整定和验证功能。

4. 运行操作演示

(1)演示设备各种操作的画面；

(2)演示水轮机过流部件汽蚀、磨损等故障发生时的现象,为学员提供平时不易观察的故障现象的演示。

8.3.4 仿真原则

(1)仿真系统采用仿真控制室软盘台操作,包括大屏幕投影及就地的操作。

(2)仿真系统实时再现仿真对象的性能与行为。

(3)对于某些变化较快的现象,仿真系统可以与实际相同的速度或减慢的速度进行仿真,减慢的倍数在 1~10 范围内可调。同样对于较慢的过程可以与实际相同的速度或加快速度进行仿真。

(4)仿真系统在正常运行或事故工况下,对运行人员的操作,无论是正确的或错误的操作,还是调节过量或调节不足,所有监视参数和画面的变化都与仿真对象的实际情况一致。

(5)对某些系统允许一定的简化或假设,但是不会因此降低仿真的真实性。

(6)对于所有主要系统采用的物理公式均能保证稳态和瞬态过程中的仿真精度。

(7)仿真系统全部仿真过程均借助计算机实现。

(8)仿真系统测试、维护方便,采用标准化的高可靠性部件。

8.3.5 水电仿真系统举例

8.3.5.1 仿真内容

水电仿真系统一般以一台机组为主要对象进行仿真,其余机组进行适当简化,作为该机组的外部参数。下面具体说明各部分仿真内容:

1. 首部枢纽及引水系统仿真

仿真范围:设备包括拦河闸、取水设施、闸门、引水隧洞、调压井、压力钢管。

仿真程度:按水力学理论对引水系统进行仿真,准确描述引水系统的水压、流量和时间的关系。能反映汛期水位变化情况及其对系统运行的影响。

按照现场系统图建立其数学模型,能正确系统内阀门的开启、关闭的过程,包括油泵启动等过程,阀门可以手动和自动操作,能反映阀门系统的各种事故故障。

2. 水轮机系统仿真

1) 水轮机

仿真范围:设备包括水轮机、导叶、尾水管、尾水闸门、导轴承与推力轴承、制动系统、发电机冷却系统等。

水轮机基本参数,包括水头、流量、出力、效率、转速、转轮动力矩等。

运行监视参数,包括压力、振动、摆度、水位、流量,以及各导轴承油位、油温、瓦温等。

仿真程度:按水轮机的运转特性建立水轮机的数学模型,遵循水头、流量、力矩、转速及导叶开度之间的关系,除此之外,还要计入动态力矩、转动惯量,使水轮机的各运行参数变化关系和原型基本一致。

无论手动或自动开、停机,其开机升速、停机减速、增/减负荷、发电/调相、紧急停机速度变化和实际情况基本一致。

2) 调速系统

仿真范围:调速器包括调速器各主要特性,系统频率、水头、机组转速、负荷的调整,一次调频,油压装置等。油压装置系统,包括油压、油位的自动和手动控制,油压油位的各限值。

仿真程度:

(1) 能正确反映调速器的调节特性;

(2) 能正确反映油压、油位的调节过程;

(3) 调速器控制面板和触摸屏上的菜单,可以在就地站进行仿真;

(4) 能够实现手动和自动开停机过程;

(5) 既可按照导叶反馈对机组频率进行调节也可以按照功率反馈进行调节;

(6) 能自动完成有功调节,能手动或自动完成停机过程;

(7) 能自动完成部分甩负荷、甩全负荷处理,并实现紧急停机;

(8) 能对调速器的动态特性进行仿真,实现不同的 PID 参数对应不同的动态调节特性;

(9) 调速系统动态特性应与原型一致,对调速器运行过程的绝大多数环节和状态都可以进行仿真。

3. 辅助设备系统仿真

1) 油系统

仿真范围:油系统包括透平油系统和压力油系统。

仿真程度：

(1)能模拟现场的各种操作和响应。凡现场能在中控室操作的设备，仿真机上也能在操作员站操作；凡现场在机组启停、停复役及故障处理时需进行现地操作的设备，仿真机中也能在就地站进行操作。

(2)油系统各处油压、油位可正确指示，各阀门应可操作，其操作对相应油压、油位产生影响；各油泵控制盘、动力盘上各种开关、表计、指示灯、按钮等均与实际设备一致。包括上述各油系统的工作过程、运维操作和监视参数，对厂内油库、供油管道，不进行仿真，即总认为其是可用的，除非人为设置故障。

2)水系统

仿真范围：水系统包括技术供水系统、排水系统、消防水系统。

(1)技术供水系统仿真范围。技术供水系统、闸门、阀、高位水池、各水泵。

(2)排水系统仿真范围。渗漏排水系统、检修排水系统、集水井。

(3)消防水系统仿真范围。消防供水系统、消防泵、阀门、喷淋系统等。

仿真程度：

(1)属仿真范围内的所有设备，都能进行操作和控制，且其响应与现场一致。现场具有的监视仪表，被监视的参数都能正确反映。

(2)水系统各处压力、流量等能正确指示，各阀门均可操作，其操作能对相应压力、流量产生影响；各水泵控制盘、动力盘上各种开关、表计、指示灯、按钮等均与实际设备一致；按照实际设备原理建立各水泵的控制回路；闸门系统有与实际相符的控制方式。

3)气系统

仿真范围：气系统分为高压气系统和低压气系统。

(1)高压气系统仿真范围。高压空压机控制系统、机组压油罐补气系统、公用压油罐补气系统、储气罐、管路、各种阀门、仪表、电源开关状态、熔断器。

(2)低压气系统仿真范围。低压气机控制系统、机组风闸制动系统、空气围带系统、储气罐、管路、各种阀门、仪表、电源开关状态、熔断器。

仿真程度：气系统各处压力能正确指示，各阀门应能操作，其操作应对相应压力产生影响；高、低压空压机控制盘、动力盘上各种开关、表计、指示灯、按钮等均与实际设备一致；按照实际设备原理建立空压机控制回路。

4. 开关站仿真

仿真范围：仿真开关站的各种设备。包括母线、断路器、隔离开关(包括接地刀闸)、电流互感器、电压互感器、避雷器、出线等。

仿真程度：

(1) 正确仿真开关站的各种一次设备系统，反映输电线路及开关站系统在各种运行方式下以及事故情况下对发电机组的影响。应正确反映断路器的动作特性，正确反应各回路在正常和事故情况下的潮流分布。

(2) 能正确反映稳态和故障时/故障后各线路的功率流向、各电源的出力和各负荷的变化情况。

(3) 能正确反映母线、断路器、隔离开关的连接关系，并形成电网拓扑。能正确反映正常和事故情况下，上述各电气设备的状态，也能正确反映由于运维人员误操作所引起的相应响应。除断路器的机械故障是设定的，电气模型在机理上与原型一致。所仿真的正常、异常和事故现象与原型一致。

5. 电气系统仿真

1) 发电机系统

仿真范围：主要包括发电机及其冷却系统等辅助系统，以及接地开关、各断路器、隔离开关、互感器、避雷器等。

仿真程度：

(1) 准确地仿真发电机电压、电流、有功功率、无功功率、励磁电流、转速转子角度间的动态关系。无论在发电机空载、并列、解列、增减转速、发电调相、增减有功、无功负载时的特性，都应与原型一致。

(2) 能准确地模拟发电机的全物理过程，在各种运行工况和不同负荷下，能够准确实时地模拟发电机动、静态行为，现象与现场一致，真实地反映其运行特性、规律。在正常工况以及异常和事故情况下，各表计的变化应与实际运行情况一致，各有关参数的变化符合物理定律。

(3) 能准确反映发电机的空载特性、短路特性、调节特性和各种负载下不同功率因数时的负载特性。

(4) 能正确反映机组启动、停机、负荷变化、甩负荷、超速、发电机和变压器各种异常和故障等现象，当故障加入后，有关参数反映正确，保护动作和报警情况与现场一致。

(5) 能准确模拟发电机的冷却系统，当负荷变化或冷却系统故障时，能够正确地反映各参数的变化。

2) 励磁系统

仿真范围：包括励磁变压器及其断路器、互感器、整流装置、微机励磁调节器、启励装置、灭磁开关等。

仿真程度：

(1) 对励磁变压器、整流装置、微机励磁调节器、启励装置等的特性进行精确仿真。

(2) 准确地模拟自动励磁装置的就地控制/远方控制方式及其自动调节过程，其逻辑关系、操作方式等与实际一致。

(3) 准确地模拟励磁系统的各种运行方式及其切换过程，包括恒机端电压、恒励磁电流、恒无功、恒功率因数等方式，并正确反映微机励磁调节器通道的切换逻辑和过程。

(4) 正确地仿真励磁系统的各种保护和限制功能，例如最大励磁电流限制、过励限制、欠励限制、定子电流限制、V/Hz 限制、TV 断线保护等，各种限制和保护的动作过程、动作结果、产生的现象、逻辑关系等与实际一致。

(5) 正确地对励磁系统的故障进行仿真，故障加入后，仪表、保护、报警以及对其他系统的影响等反映正确，与实际一致。

3）主变压器

仿真范围：主要包括主变压器及其冷却系统、消防系统等辅助系统，带负载调压装置，以及换相隔离开关、接地开关、各断路器、隔离开关、互感器、避雷器等。

仿真程度：

(1) 能正常反映变压器分接开关对变比和潮流的影响；变压器绕组和油在正常、异常和事故情况下的温升，以及冷却器的投入或退出对温升的影响。变压器作为电力系统中的一个元件，变压器的操作、内部故障或外部故障在整个系统机电暂态过程的行为得到了充分的体现。变压器空载投入时的冲击电流在表计上也有反映。

(2) 能准确地模拟主变压器的能量平衡关系以及变压器的空载特性和负载特性等，正确反映在各种正常和异常运行方式下变压器一、二次电压、电流的关系。

(3) 能准确模拟主变压器的强油循环导向冷却系统，当负荷变化或冷却系统故障时，能够正确地反映出主变油温的变化，正确反映冷却器的工作方式变化或投入/退出对变压器各部分温升的影响。

4）继电保护、自动装置

仿真范围：该系统包括继电保护、同期系统、现地监控单元（LCU）、备用电源自动投入装置等。

发电机、变压器、线路、开关、母线、厂用电交流系统中的继电保护和自动装置,保护和自动装置的种类、型号、数量按实际设备的保护配置。自动装置包括现地监控单元(LCU)、备用电源自动投入、自动重合闸、自动同期、自动启动/停机装置。

仿真程度:

(1)能准确地模拟备用电源自投装置,包括其动作条件、逻辑、信号等。

(2)可以保证继电保护和自动装置的外部特性与原型一致。每套继电保护、自动装置的小刀闸、熔丝、压板的状态,都包括在模型中,每套保护都有其整定值。在事故情况下动作情况和效果与原型一致,所产生的光字牌和声音信号与原型一致。

5)量测系统

仿真范围:用于表计和保护的电流、电压量测回路,包括电压互感器的熔断器。

仿真程度:包括正常工况和故障情况。故障内容应包括各项电流互感器断线、电压互感器熔丝熔断等,能反映量测回路出现故障而引发的各种结果。

6)控制系统和同期系统

仿真范围:

(1)包括机组、变压器、线路、母线等所有单元的控制回路,包括其中的控制开关、切换开关、按钮和信号灯。

(2)同期系统包括手动和自动同期回路,同期检查装置以及各切换开关。

仿真程度:

(1)所有控制逻辑都可以得到真实地仿真,信号灯的亮、闪、灭应和原型一致。

(2)同期装置的操作方式、各种现象应与实际一致。可以准确反映同期操作过程中自动准同期对电压、转速的调节和同期合闸;手动准同期对电压、转速的调节和同期合闸。

7)交流厂用电系统

仿真范围:包括高压厂用变压器、低压厂用变压器、各小车开关、互感器、厂用母线及附属设备,厂用电开关控制盘、厂用电备自投系统等,其数学模型应正确反映系统的潮流分布,各支路电流、电压动态变化应与实际一致。

仿真程度:

(1)能正确反映正常和异常工况下厂用变压器原、副边的电流、电压关系。

厂用变压器的各个电量随整个电厂动态过程变化的情况而变化,符合实际,能正确反映厂用母线失电对断路器、变压器、发电机组的影响。母线切换的条件和现象与现场一致。厂用电系统的备自投能够正确动作。

(2)能准确地模拟高压及各低压厂用变压器的运行方式及切换操作,操作过程、反映的现象、自动切换的条件和逻辑等与实际一致。

(3)能准确模拟厂用电系统的各种联锁、保护及信号,其逻辑、动作特性与现场相符。

(4)能正确反映厂用电系统各断路器的操作,其操作、逻辑、信号与实际一致,包括开关的手动分合、自动分合、分合的条件逻辑关系及信号指示均与现场相符。

(5)能准确地模拟厂用电系统的各种故障,故障加入后保护、开关、仪表、信号、联锁等反映正确无误,与实际一致。厂用电系统正常、异常和事故等情况下,与其他系统相互之间的影响与实际一致。

8)直流系统

仿真范围:包括蓄电池、直流母线、可控硅主充电设备、可控硅浮充电设备、绝缘监察装置、各熔断器、开关等。直流屏上仪表、光字信号、转换开关、切换开关等均应仿真。

仿真程度:

(1)能正确模拟直流系统的参数、操作及运行方式,正确模拟直流系统出现的各种异常和故障。直流系统运行状态与其供电的仪表、控制回路、信号回路、直流设备等直流负荷运行状态相一致。在各种正常和异常状态下,直流系统的电流、电压等关系应正确反映,各种表计的变化应与实际运行情况一致。

(2)能模拟真实系统的直流供电网络,为各保护装置、控制回路和自动装置提供直流电源。直流电源消失或异常后,各保护装置和控制回路的反应应与实际情况一致。

6. 中控室监控系统仿真

凡是在仿真对象中央控制室内进行的操作和监视及其所涉及到的仿真对象的设备和系统均含在仿真范围内。仿真现场的监控后台系统,完成综合自动化水电站的监控。

仿真范围:

系统工况显示:包括系统各节点的电压、电流、有功、无功等的显示;机组辅助系统各处的压力、液位;机组的状态参数如:振动、摆度、工况参数(有功、无功、接力器行程、励磁电压、励磁电流等)、油温、瓦温等;所有模拟量、开关量及二次参数的单点、成组、棒图、报警、趋势、操作指导及机组启停画面、控制回路状态显示等。

记录报告:包括事件记录、操作记录、误操作记录、设备故障记录等。

事故故障报警:包括简报信息窗和机组、线路、母线、公用系统等的报警台光字。

仿真程度:仿真现场的监控后台系统,完成综合自动化水电站的监控。仿真系统的简报信息窗、画面索引窗、监视画面以及报表、曲线、棒图等画面,操作界面和操作方法应与实际系统保持一致,以满足综合自动化站的培训和考核需求。系统可连续监视机组的各种运行参数,并为运维人员提供各种文字、声光报警。

(1)监控系统的画面应与实际机组一致。

(2)可连续监视机组的各种运行参数。

(3)为运维人员提供各种文字、声光报警。

(4)控制系统应与实际机组相符;调节系统的功能、特性与实际机组相同,调节系统品质不低于实际系统;调节系统逻辑动作准确无误;各调节系统的手/自动切换逻辑及方式与实际系统一致。

(5)具有机组工况转换控制功能:对机组发电、空载、停机等工况进行自动转换,包括这些转换所需的开关操作及机组附属和辅助设备操作,与实际机组一致。

(6)机组的有功功率及频率调节、无功功率及电压调节,应与实际机组一致。

(7)机组操作既可以自动执行,也可以按照操作流程,逐一设备进行手动操作。

(8)顺序控制的逻辑动作关系及信息显示方式应与实际机组一致,联锁、保护逻辑正确无误。

7. 外部参数仿真

对于运维人员不可控制而又影响机组运行特性的因素,如环境温度、电网频率、水情信息等,作为外部参数,可在教练员站进行设置,并能够真实地影响仿真效果。

水电仿真系统具备外部参数修改能力,外部参数是仿真机教练员台设定的一项重要功能。仿真机的外部参数仿真通过通用子程序的形式,由教练员台设定来实现,具有界面清晰,内容易扩充等特点。

8. 多媒体视景仿真

多媒体视景仿真是采用基于虚拟现实技术,通过场景仿真技术与多媒体虚拟技术的结合,实现作业现场的虚拟化动态效果,使得运行人员可以在虚拟的变电站场景中巡视水电站设备和操作仿真,并对设备进行故障排查和各种安全措施的操作,尤其是对保护及自动装置进行操作。

多媒体视景仿真利用最新的计算机图像、图形技术、音频技术、网络技术、传感技术、数据库技术和机电一体化技术的综合应用。采用计算机实时成像方式,利用 MultiGen Creator 建模软件、OpenGL 三维图形开发工具等形成的强大的三维建模能力、大容量纹理技术,实现水电站各生产、运行设备的三维再现,形成仿真水电站监控的总监控图,形象地反映设备及区间的带电情况和危险区域警告、异常、事故状态及其预演和事故回放过程,不但可以对虚拟场景中的设备巡视、检查、漫游,而且可以进入不同的位置进行虚拟就地操作,并实现事故场景真实再现。使学员在仿真机的帮助下,无需亲临现场,就如亲处现场实践自己所学的知识一般,实现学习与生产实践相结合。

下面是一些范例展示。

1)设备展示

旋转多媒体画面范例,画面是实时受控的,它会根据使用者的操作而旋转或停止。图 8-24 为水电站发电机层厂房的多媒体画面。

图 8-24　水电站发电机层厂房的多媒体画面

图 8-25 为控制室保护屏的画面。

图 8-25 控制室保护屏的画面

2) 巡视功能

巡视功能是用三维视景漫游技术展示了巡视场景,图 8-26 为闸首的漫游巡视场景画面。

图 8-26 闸首的漫游巡视场景画面

8.3.5.2 水电部分仿真模型举例

1. 泵出口压力模型

1) 恒速泵出口压力

对于恒速泵出口压力根据泵的特性曲线(压头与流量)求得,这里以多项式的形式表示：

$$\begin{cases} P_D = P_S + K_O * N^2 + K_1 * N * F + K_2 * F^2 \\ P_H = P_D - P_S \end{cases} \quad (8-24)$$

式中：P_D 为泵出口压力；P_S 为泵进口压力；N 为泵转速($0\sim1$)；F 为泵流量；K_O,K_1,K_2 分别为泵特性线常数；P_H 为泵的扬程。

这是个二次多项式，根据下列三个条件求出三个常数。

泵在全速下(即 $N=1$)，分别令 $F=0$；$F=F_{设计}$；$F=F_{1/2设计}$ 三个工况点对应的压力值。

2) 调速泵的扬程

将相同泵的扬程公式：

$$P_H = K_O N^2 + K_1 NF + K_2 F^2 \quad (8-25)$$

应用于调速泵。在泵的特性资料上，有多条特性曲线。每条曲线可提供在不同转速下 P_H 与 F_{pump} 的关系。为了求解泵曲线常数 K_O、K_1 和 K_2，泵总压头方程可写为

$$P_H/N^2 = K_O + K_1 * (F/N) - K_2 * (F/N)^2 \quad (8-26)$$

改写成：

$$X = K_O + K_1 y + K_2 y^2 \quad (8-27)$$

式中：y 为在不同泵的条件下 F/N；X 为 PH/N^2。

该方程可以用类似于恒速泵的方法求解，只是需要从三条不同的曲线选出三个不同转速的点即可。

2. 电气主要模型

电气模型中的参数计算主要包括：电流计算；电压计算；频率和功角计算；其他参数计算。

这些参数的计算依据主要是发电机的基本方程，电路基本定律和发电机基本特性。

1) 同步发电机转子运动方程

$$\begin{cases} \dfrac{dw}{dt} = \dfrac{1}{T_J}(P_M - P_G) - D(W-1) \\ \dfrac{d\delta}{dt} = 2\pi \cdot (w-1) \end{cases} \quad (8-28)$$

式中：w 为转子角速度；δ 为功角；T_J 为发电机组惯性时间常数；D 为阻尼系数；P_M 为汽机输出的机械功率；P_G 为发电机电磁功率。

2) 同步发电机派克方程

(1) 磁链方程:

$$\begin{bmatrix} \varphi_d \\ \varphi_q \\ \varphi_o \\ \varphi_f \\ \varphi_D \\ \varphi_Q \end{bmatrix} = \begin{bmatrix} X_d & O & O & X_{ab} & X_{aD} & O \\ O & Xq & O & O & O & X_{aQ} \\ O & O & X_0 & O & O & O \\ X_{ad} & O & O & X_f & X_{fd} & O \\ X_{aD} & O & O & X_{fD} & X_D & O \\ O & X_{aQ} & O & O & O & X_Q \end{bmatrix} \times \begin{bmatrix} -i_d \\ -i_q \\ -i_o \\ -i_f \\ -i_D \\ -i_Q \end{bmatrix} \quad (8-29)$$

(2) 电压方程:

$$\begin{bmatrix} U_d \\ U_q \\ U_o \\ U_f \\ O \\ O \end{bmatrix} = \begin{bmatrix} r & o & o & o & o & o \\ o & r & o & o & o & o \\ o & o & r & o & o & o \\ o & o & o & r_f & o & o \\ o & o & o & o & r_D & o \\ o & o & o & o & o & r_\alpha \end{bmatrix} \times \begin{bmatrix} -i_d \\ -i_q \\ -i_o \\ -i_f \\ -i_D \\ -i_\alpha \end{bmatrix} - \begin{bmatrix} P\varphi_d \\ P\varphi_q \\ P\varphi_o \\ P\varphi_f \\ P\varphi_D \\ P\varphi_a \end{bmatrix} - \begin{bmatrix} (1+s)\varphi_q \\ -(1+s)\varphi_d \\ 0 \\ 0 \\ 0 \\ 0 \end{bmatrix}$$

$$(8-30)$$

式中:φ_d 为发电机直轴等效磁链;φ_q 为发电机交轴等效磁链;φ_o 为发电机等效零序磁链;X_d 为发电机直轴电抗;X_q 为发电机交轴电抗;X_o 为发电机零序电抗;X_f 为励磁绕组电抗;X_D 为直轴阻尼绕组电抗;X_Q 为交轴阻尼绕组电抗;X_{ad} 为直轴定子绕组间互感抗;X_{fD} 为励磁绕组与直轴尼绕组间互感抗;X_{aQ} 为定子绕组与交轴尼绕组间互感抗;i_d 为发电机直轴电流;i_q 为发电机交轴电流;i_o 为发电机零序电流;i_f 为励磁绕组电流;i_D 为直轴阻尼绕组电流;i_Q 为交轴阻尼绕组电流;U_d 为发电机直轴电压;U_q 为发电机交轴电压;U_o 为发电机零序电压;U_f 为发电机励磁电压;r 为发电机定子电阻;r_f 为励磁绕组电阻;r_D 为直轴阻尼绕组电阻;r_q 为交轴阻尼绕组电阻;p 为算子 $p = d/dt$;s 为转差率 $s = \omega - 1$。

3) 基尔霍夫定律

(1) 对网络任一回路:

$$\sum U_i = 0 \quad (8-31)$$

式中:U_i 为回路中第 i 段支路电压。

(2) 对网络任一节点

$$\sum I_i - \sum I_0 = 0 \tag{8-32}$$

式中:$\sum I_i$ 为节点注入电流代数和;$\sum I_0$ 为节点流出电流代数和。

4) 欧姆定律

$$I = YU \tag{8-33}$$

式中:I 为支路电流;U 为支路电压;Y 为支路导纳。

5) 发电机空载特性曲线(图 8-27)

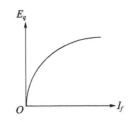

图 8-27　发电机空载特性曲线

6) 发电机 V 形特性曲线(图 8-28)

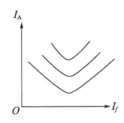

图 8-28　发电机 V 形特性曲线

3. 发电机系统的数学模型

1) 励磁系统

(1) 电压偏差方程

$$S_1 = V_{set} - V_t + QK_{droop} \tag{8-34}$$

式中:S_1 为电压偏差信号;V_{set} 为 AVR 电压设定值;V_t 为发电机机端电压;Q 为发电机无功功率;K_{droop} 为调差系数。

(2) AVR 手动和自动调节方程

$$\begin{cases} V_{AVR} = K_P S_1 + K_I S_1 \Delta t + K_D \Delta s / \Delta t + H(V_{fb}) & \text{(自动方式)} \\ V_{AVR} = K_1 (B - i_f) & \text{(手动闭环方式)} \end{cases} \tag{8-35}$$

式中:V_{AVR} 为 AVR 输出电压;Δt 为计算时间段;Δs 为偏差增量;K_P 为 PID 比例常数;K_I 为 PID 比例常数;K_D 为 PID 比例常数;V_{fb} 为反馈综合信号;$H(\ )$ 为反馈与限制综合函数;K_1 为手动调节闭环比例常数;B 为手动电位器调节位置。

(3) 副励机输出电压方程

$$V_P = K_P N \tag{8-36}$$

式中:V_P 为副励磁机输出电压;K_P 为速度变换常数;N 为汽机转速。

(4) 主励机励磁电流方程

$$i_{ff} = K_{ff} V_{AVR} / R_{ff} \tag{8-37}$$

式中:i_{ff} 为主励机励磁电流;K_{ff} 为主励机励磁电压常数;R_{ff} 为主励机转子电阻。

(5) 发电机转子回路方程

$$\begin{cases} R_f = R_{fo} + K_R T_R \\ U_f = K_f I_{ff} \\ U_f = i_f R_f + L \dfrac{di_f}{d_f} \end{cases} \tag{8-38}$$

式中:R_f 为发电机转子电阻;R_{fo} 为 0℃ 时转子电阻;T_R 为转子温度;K_R 为温度变换系数;U_f 为发电机转子电压;i_f 为发电机转子电流;K_f 为主励机空载性拟合常数;L 为发电机转子回路电感。

2) 发电机——主变压器组系统

(1) 发电机空载电压方程

$$\begin{cases} E_q = k_u I_f \\ E_q = K_A + K_B I_f + k_c I_f^2 \\ E_q = K_D I_f + K_G \end{cases} \tag{8-39}$$

式中:E_q 为发电机空载电势;k_u 为空载特性线性部分拟合常数;I_f 为励磁电流;K_A、K_B、K_C 分别为空载特性饱和拟合常数;K_D、K_G 分别为空载特性完全饱和拟合常数。

(2) 发电机同步电抗方程

$$\begin{cases} Q_1 = P(1-P_F^2)^{\frac{1}{2}}/P_F \\ Q_2 = 3(E_q^2 I_a^2 - P^2)^{\frac{1}{2}} \\ X_d = \dfrac{Q_2 - Q_1}{3 I_A^2} \end{cases} \tag{8-40}$$

式中：X_d 为发电机同电抗；Q_1 为发电机机端无功功率；Q_2 为发电机电源无功功率；P_F 为功率因数；I_A 为定子电流。

（3）发电机频率方程

$$f = N/60 \tag{8-41}$$

式中：f 为频率；N 为转速。

（4）发电机功角方程

$$\begin{cases} \rho = \dfrac{E_2 v}{x_d}\sin\delta \\ \delta = \arcsin\left(\dfrac{\rho x_d}{E_q v}\right) \end{cases}$$

式中：δ 为发电机功角；γ 为机端电压。

（5）发电机无功功率方程

$$Q = \dfrac{E_q v}{x_d}\cos\delta - \dfrac{v^2}{x_d} \tag{8-42}$$

（6）发电机机端电压方程

$$V = \sqrt{E_q^2 - (IXd\cos 4)^2} - Ixd\sin\varphi$$

式中：V 为机端电压；φ 为相差角。

（7）发电机定子电流及视在功率

$$\dot{S} = P + jQ = \sqrt{3}\,\dot{U}\dot{I}\,\mathrm{conj}(\dot{I}A) \tag{8-43}$$

$$\dot{I}A = \dfrac{S}{\sqrt{3}\,U}$$

式中：S 为视在功率；I_A 为定子电流。

8.3.5.3 仿真功能

1. 仿真系统的基本功能

1）操作培训

仿真系统能连续、实时地仿真电气一次系统、二次系统、辅助系统等部分的各种正常运行工况。仿真系统根据具体的运行工况，计算出相应的系统运行参数，并使这些参数在控制盘仪表和操作员站上显示出来。

对机组、变压器、断路器、隔离开关、接地刀闸、辅助系统以及二次回路上的各种刀闸、按钮、连片、切换压板、电流端子、熔断器等都应该能够进行操作，各种操作受控部分，其仪表、信号灯及位置指示器均应实时响应，且应在屏幕上也同时显示。

此外,系统还能反映在正常操作中发生设备异常的情况,以提高学员对此类特殊情况的处理能力。

系统还能正确仿真黑启动的整个过程,包括全厂停电后,由柴油机组启动,到逐步恢复厂用电,直到全厂恢复供电的情况。

为了对学员进行更全面的培训,操作培训不仅能在三维就地操作站上进行(实景操作),还能在系统图(包括辅助系统图)上进行。三维就地操作更具沉浸感、真实感,而在系统图上的操作可以加强学员对整个系统的理解和掌握。

正常运行和操作的仿真包括:
(1)主阀系统的正常运行和操作;
(2)油压装置系统的正常运行和操作;
(3)机组调速系统的正常运行和操作;
(4)技术供水、排水系统的正常运行和操作;
(5)压缩空气系统的正常运行和操作;
(6)机组制动系统的正常运行和操作;
(7)发电机励磁系统的正常运行和操作;
(8)保护装置的正常运行和操作;
(9)机组的并网、解列操作;
(10)机组的负荷调整;
(11)厂用电系统的正常运行和操作;
(12)直流电系统的正常运行和操作;
(13)开关站的正常运行和倒闸操作;
(14)机组的手、自动启停机操作;
(15)首部枢纽及引水系统正常运行和操作;
(16)操作过程中设备异常;
(17)黑启动。

2)日常监控培训

系统具备日常监控培训功能。能仿真现场的监控后台系统,包括监视画面、简报信息以及报表、曲线、棒图等画面,操作界面和操作方法与实际系统保持一致。系统应能连续监视系统的运行方式、机组的各种运行工况,并为运行人员提供各种文字、声光报警。并应具备控制功能,能实现运行方式的转换、机组工况改变、有功、无功负荷调整等功能。

3)事故、故障处理培训

仿真机能模拟系统实时运行中的异常和故障。仿真系统发生故障与事故的可能性可分为两种:一种是由于运维培训人员操作不当而引发的;另一种是由于设备质量原因发生的故障与事故。教练员可在仿真机上任意设置该类故障,其产生的现象应当自动生成,其现象与实际情况反映一致。

仿真机对事故、故障的仿真能实时、准确地反映真实的事故、故障现象。发生事故、故障时,仿真机仿真的动、静态特性与仿真对象在事故、故障时的动、静态特性一致或相像,或与运行经验和工程分析所估计得到的动、静态特性相符合。如仿真对象的事故和故障可以通过运维人员的操作得以消除,在仿真机上,运维人员也可通过操作以消除事故、故障的影响,或恢复机组正常运行;如处理不当,引起事故、故障扩大的效果与仿真对象的真实现象一致或相像。

设置事故分水轮机、发电机、机组辅助系统、线路、变压器、母线、断路器、厂用交流系统、直流系统等方面。在设置的事故中其类型(如相间短路、接地短路、三相短路、二相接地短路、单相断线)、性质(永久或瞬间)、地点(线路从首端末端、反方向,下段线路的首端等)可以任意排列组合,同时还可以与断路器、继电保护及自动装置误动、拒动及控制电源状态排列组合。

系统能反映火灾事故、防汛事故等多种重大事故。如火灾事故发生时,消防系统正确启动。

系统还能正确反映孤网运行等机组的异常运行情况。

事故处理是仿真机的一项重要功能。仿真机故障仿真可以分为通用故障和特定故障。通用故障即指某一类设备具有的同一类型的故障。亚仿公司将通过通用子程序的形式实现通用故障,具有结构清晰,调试方便和内容容易扩充等特点。

水电仿真系统不仅能模拟电厂实际运行过程中的异常和故障,并且能正确地反映故障发生所引起的控制系统一系列自然反应。仿真机组发生故障与事故从原因上可以分为两种:一种是由于运行培训人员操作不当自然引发的;另一种是由于设备质量不好等原因偶尔发生的,也就是随机故障。在仿真机上可以通过教练员人为设置发生。无论是自然引发的还是教练员人为设置的故障,其产生的物理现象都可以通过模型的计算真实地反映出来,并且和实际电厂反映一致。各种故障或事故发生后,学员可以在盘台或操作员站上模拟现场的处理过程进行操作处理,仿真系统可以正确反映学员的操作处理情况,若处理恰当,故障或事故应逐步减弱消除,若处理不当,则可以模拟出事故扩大后的现象。

事故、故障的仿真范围包括：

(1) 水轮发电机组的事故、故障；

(2) 压缩空气系统的事故、故障；

(3) 技术供水、排水系统的事故、故障；

(4) 油压装置系统的事故、故障；

(5) 主阀(快速闸门)系统的事故、故障；

(6) 变压器的事故、故障；

(7) 厂用电系统的事故、故障；

(8) 直流电系统的事故、故障；

(9) 开关站的事故、故障；

(10) 保护系统的事故、故障；

(11) 自动控制系统的事故、故障；

(12) 电力系统故障引发的站点故障；

(13) 火灾事故；

(14) 防汛事故；

(15) 孤网运行。

事故、故障的类型设置如下：

(1) 发电机—变压器组事故、故障。

①发电机定子事故故障：单相接地；匝间短路；相间短路。

②主变压器故障：主变压器单相接地；主变压器匝间短路；主变压器相间短路；潜油泵失电；冷却风扇跳闸；冷却主电源误跳；冷却备用电源开关失灵；主变压器油位低；轻瓦斯保护动作。

③发电机冷却水系统故障：滤水器滤网堵；定子冷却器堵；定子冷却器均匀沾污；蜗壳取水供水阀误关；冷却器正向供水阀误关；冷却器正向回水阀误关。

④发电机转子：转子一点接地；转子两点接地；励磁回路断线；转子电流变换故障；转子电压变换故障。

⑤励磁系统：发电机灭磁开关合闸回路故障；励磁机灭磁开关跳闸回路故障；励磁电压互感器故障；励磁机磁场电阻故障；励磁机磁场电阻监控机故障；励磁机调节器控制回路故障；励磁机调节器监控机故障；励磁调节器故障。

⑥断路器、刀闸事故、故障：发电机—变压器组出口断路器拒动；发电机—变压器组出口断路器压力异常；并网时发电机—变压器组出口断路器拒动；运行中

发电机一变压器组出口断路器误跳。

⑦同期装置事故、故障：升压/降压失控；就地加/减有功操作故障；就地加/减无功操作故障；加/减速故障；系统 PT 信号故障；发电机非同期合闸。

⑧保护有关事故、故障：发电机差动保护拒动；发电机一变压器组差动保护拒动；横差保护拒动；发电机一变压器组保护柜故障；发电机电压互感器故障；失磁保护拒动。

⑨顺序控制事故、故障：事故停机继电器故障；紧急停机继电器故障；停机继电器故障。

(2) 直流系统事故、故障。

①直流系统蓄电池事故、故障：直流系统蓄电池接地；直流系统蓄电池保险熔断。

②直流系统母线故障：直流系统母线正极接地；直流系统母线负极接地。

(3) 水力机械故障。

①导轴承温度升高；

②推力轴承温度升高；

③轴承油槽油位异常；

④水导轴承进水；

⑤主密封漏水；

⑥顶盖水位异常升高；

⑦机组过速；

⑧真空破坏阀漏水；

⑨主备用密封水中断；

⑩机组压油槽油位低；

⑪漏油箱油位升高；

⑫压油装置油压低；

⑬发电机热风温度高；

⑭机组进水口拦污栅堵塞；

⑮机组剪断销剪断；

⑯蜗壳严重堵塞。

(4) 主阀故障。

①球阀（快速闸门）不能平压；

②远方开启主阀不成功，流程退出。

(5) 辅助设备(油气水系统)事故、故障。

①压油装置系统事故、故障:压油装置油压低;备用泵启动报警;压油装置回油箱油位异常;压油装置集油箱油位异常;压油罐压力异常;压油装置电动机故障;控制电源故障;压力传感器故障;事故低油压;压力油槽油位异常;油槽油位异常。

②压缩空气系统事故、故障:低压系统压力异常;高压系统压力异常;安全阀故障。

③技术供水系统事故、故障:冷却水中断及水压异常;滤水器堵塞;集水井水位高;离心泵事故、故障;深井泵失电。

(6) 水轮机调速系统事故、故障：

①调速器运行不稳定;

②调速器主配压阀卡住;

③调速器反馈故障。

(7) 厂用电系统事故、故障：

①10kV 厂用电系统单相接地;

②400V 厂用母线三相短路。

(8) 系统故障：

①系统震荡;

②系统频率异常;

③系统电压异常;

④系统送出故障。

(9) 火灾事故：

①主变着火;

②发电机着火;

③其他设备着火。

(10) 防汛事故:水淹厂房。

(11) 机组孤网运行。

2. 教员站功能

水电仿真系统的教练员站功能与电网仿真系统教练员站功能基本一致,可参看"8.2.5.2 节中 3. 教练员台功能"内容。

8.3.6 仿真硬件系统

水电仿真系统的硬件组成与火电仿真系统硬件类似,系统结构图如图8-29所示。

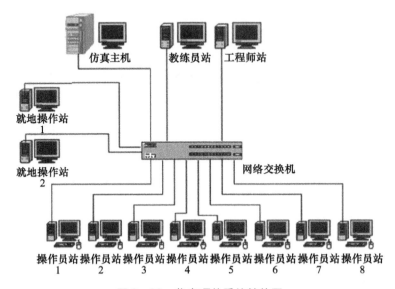

图8-29 仿真硬件系统结构图

(1)主计算机系统。主计算机是整个仿真机的主要设备,用来存放水轮机、发电机和各类控制系统的数学模型及控制程序,以控制整个仿真机的运行。仿真主计算机性能的好坏是仿真机性能的标志之一,是精细数学模型的物质基础。

(2)教练员台。教练员台是教练员和仿真机之间的接口,教练员通过教练员台控制仿真机运行,执行和使用仿真机的所有功能,培训学员并监督学员操作,从而实现仿真机的培训功能。

(3)操作员站。操作员站是仿真计算机监控系统的控制台,主要完成集控操作员的操作功能。

(4)就地操作员站。就地操作员站是仿真电厂的就地设备的操作,采用软表盘和系统图相结合的方式,提供操作界面。

(5)工程师站。工程师站提供对仿真系统维护、修改的功能。可以与教练员台共用同一硬件。

(6)网络交换机。整个仿真机系统通过一台交换机相互连接,构成一个完整网络,采用TCP/IP标准协议。

8.3.7 仿真实例

8.3.7.1 水电仿真业绩表(表8-5)

表8-5 水电仿真业绩表

序号	设备名称	工程及用户名称	交货完成及正式投产日期
1	水电站机电实训室建设项目	工程名称:长春工程学院水电站仿真机实训室建设项目 用户名称:吉林省长春工程学院	2019年6月投运
2	水电仿真系统	工程名称:和禹水电站仿真机系统项目 用户名称:国电和禹水电开发公司	2018年8月投运
3	水电仿真系统	工程名称:映秀湾水电站仿真机系统项目 用户名称:国网映秀湾水力发电总厂	2016年12月投运
4	水电站机电运行软仿真实训室建设项目	工程名称:资阳公司水电站机电运行软仿真实训室建设项目 用户名称:四川省电力公司资阳公司	2013年2月投运
5	水电仿真系统升级	工程名称:发电设备计算机仿真培训系统升级改造 用户名称:国电大渡河流域水电开发有限公司	2012年12月投运
6	水电仿真系统升级	工程名称:发电设备计算机仿真培训系统升级改造 补充完善 用户名称:国电大渡河流域水电开发有限公司	2012年12月投运
7	水电仿真学员机系统大修	工程名称:水电仿真服务器(学员机)系统大修合同 用户名称:四川电力试验研究院	2012年11月投运
	100MW的水轮发电机组	工程名称:水轮发电机值班员技能竞赛仿真机技术服务合同 用户名称:中国国电集团公司	2011年11月投运

续表

序号	设备名称	工程及用户名称	交货完成及正式投产日期
8	龚嘴 7 台 100MW 的水轮发电机组	工程名称:龚嘴水力发电总厂仿真系统建立承包合同 用户名称:国电大渡河公司龚嘴水力发电总厂	2008 年 7 月投运
9	铜街子 4 台 150MW 的水轮发电机组		
10	西洱河三级水电站 2×25MW 水电机组	工程名称:云南水电仿真系统合同 用户名称:云南电力集团有限公司仿真培训中心	2004 年 3 月投运
11	100MW 的水轮发电机组	工程名称:四川水电仿真机培训系统合同 用户名称:四川电力试验研究院	2002 年 8 月投运
	150MW 的水轮发电机组		

8.3.7.2 典型工程实例

四川龚嘴水力发电总厂仿真系统项目概况。

用户:国电大渡河公司龚嘴水力发电总厂。

仿真对象:龚嘴 100MW 的水轮发电机组、铜街子 150MW 的水轮发电机组。

特点:仿真系统仿真范围全面,仿真精度高,在仿真竞赛的功能设计上有多项独创设计,使得系统具备很好的竞赛功能。

状况:已投入培训运行,良好,连续多年作为国电集团水力发电站仿真技能大赛指定比赛仿真系统。

第9章 国内首个全自主技术产权的全范围全流程核电仿真机——秦山一期核电站仿真机

9.1 概 述

由于人们对核电站安全的极端关注以及安全审批和运行人员认证的严格要求,核电站全范围仿真机的研制起步早,技术发展非常快。今天,仿真机在核电站操作人员的培训中起了主要作用,绝大多数核电站都有自己的核电培训仿真机。

第一台核电站全范围仿真机由美国通用电气公司(GE)于1968年研制成功并投入运行,这实际上是核电站全范围仿真机的第一台原型机。由于这个时期的数字计算机计算速度慢、容量小、售价高昂,早期的仿真机多使用模拟-数学混合计算机来完成。为了减少仿真计算量,一些硬件设备,如汽轮-发动机控制器,完全复制电站原始设备,同时采用"黑匣子"来避免对复杂系统的仿真计算,以简化数学模型的仿真。之后,随着容量更大的32位计算机出现,在20世纪70年代后半期,核电站仿真机技术发展形成了至今仍然沿用的一些技术概念,如快存(snapshot)、跟踪返回(backtrcak)功能、调试、维护及教练员专用软件,这是现代仿真支撑软件的雏形;与早期原型机相比,初始条件(IC)数和故障数也有所增加,数学模型的仿真范围更大,高级语言 Fortran 语言引入了模型软件的编写,尽管仍然要用汇编语言来编写部分公用模块。在这期间,美国 Singer - Link 公司建造了第一台由核电站业主购买的仿真机。此前,全范围仿真机都是由核蒸汽供应系统(NSSS)的供应商(如 GE、B & W、西屋公司等)投资,放置在相关的集中培训中心。同时,核电站仿真机的美国国家标准 ANS3.5"用于操作员培训的核电站仿真机"的第一版于1977年由美国核管会(NRC)批准执行。这一标准及其后的版本成为了核电站仿真机的事实上的国际标准。

核电站全范围仿真机发展的一个重要转折点,是1979年3月28日发生在美国三哩岛二号核电站(TMl-2)的事故。这次事故中,由于一系列的设备故障和人为错误,导致的堆芯过热和放射性气体向大气环境释放。对TMI-2事件的研究结论是"这是一次反省培训的灾难"。这导致了核电站仿真机在20世纪80年代的全面普及和发展。技术方面的发展主要体现在:

(1)超级小型机被用作主机,计算速度和容量都大为发展;

(2)真正两相流模型用于计算环路、堆芯及冷却系统;

(3)一群或一群半、三维堆芯中子动力学模型,堆芯仿真多个寿期点;

(4)电站配套设施(BOP),特别是电气系统的模型得到拓展;

(5)仿真备用盘、应急停堆盘及电站计算机系统(安全参数显示系统、技术支援中心、应急响应设施及电站监控系统等);

(6)采用高速I/O接口板;

(7)故障数和初始条件数只受计算机硬件容量的限制;

(8)仿真机具有冻结(freeze),记录重演(replay)等更强的功能;

(9)可以仿真设计基准事故,仿真的范围和逼真度大为提高。

进入20世纪90年代后,随着计算机技术的发展,工作站和服务器的计算速度和容量大为提高,价格却远低于超级小型机。仿真机开始转向以工作站和服务器为主机的标准Unix操作系统。基于标准X-motif开发平台和X-Window的支撑软件系统和教练员工作站的功能更为强大,用户界面更友好。由于采用具有实时功能的标准Unix操作系统,仿真系统的维护和移植比较方便。数学模型也更为完善和复杂,事实上,目前的发展趋势是,仿真机模型的算法与适用范围越来越接近安全审批和分析程序。在90年代开发的热工水力模型主要采用比较详尽的多组分、两相流模型,考虑相间非均匀现象和瞬态过程中的不平衡效应,可较准确地计算正常运行工况到包括LOCA事故(甚至超设计基准事故如ATWS)在内的各类事故和非正常工况。先进的仿真机堆芯模型则采用真正的双群三维模型。对安全壳的仿真也实现了两相、多节点的方法。目前,仿真技术发展的另一个重要方面是工具软件的开发,出现了各类模型软件自动生成工具,可视化编程调试工具,减少人为错误,提高编程质量和调试效率。

国内开发的第一台核电站全范围仿真机是由亚仿公司和秦山核电公司共同承担完成的,设计核电站的上海核工程研究设计院(上海728院)在整个仿真机的制作过程也起了至关重要的作用,不仅提供设计数据,还在特性研究上提供了

第9章　国内首个全自主技术产权的全范围全流程核电仿真机

重要的数据。三个单位团结一致,协同作战,对中国核电发展起了重要的推动作用。当时,我国第一台秦山核电站要投入运行,必不可少的设备要配套一台全范围、全流程的核电培训仿真机。从国外进口要1200万~1500万美金,在技术上还要受很多限制。形势决定要国内制作。但是国内也有不同的意见,国外,不少预言,中国制造不出高难度、高标准的全范围核电仿真机。在核工业部的支撑下,亚仿公司、秦山核电站、上海核工程研究设计院发挥中国人的志气,集中优势兵力打歼灭战,按时制造出了达国际标准和世界水平的核电仿真机,及时支撑了第一台核电厂投产。项目成功,打破了国外对我国核电仿真机的封锁和垄断,填补了国内空白,使我国成为世界上少数几个能够制造核电站全范围仿真机的国家之一。项目于1996年获"国家科技进步二等奖"和"国家十大科技成就奖"。参考电站为我国自行设计开发的第一座核电站-秦山核电站,于1996年初交付使用。这台仿真机的开发和验收标准采用美国国家标准 ANSI/ANS 3.5—1993,其总体水平达到了20世纪90年代国际先进水平。

随着核电工业发展需要,我国秦山二期工程加速进展,亚仿公司与秦山二期领导和科技人员密切合作,研发全范围、高精度的600MW核电仿真机。其功能从实现操作员培训提升到用以核电站控制逻辑和系统的设计验证,使秦山二期核电站工程安全地一次投产成功。该项目获得"95 国家重点科技攻关优秀成果奖"。在承接秦山二期仿真机项目过程中又加强了产业化的实施,1996年亚仿公司承担了"核电站仿真系统"的国家级火炬计划项目。亚仿公司在自主创新过程中一直致力于应用仿真技术,推动核电发展的国产化。亚仿公司先后承接的核电项目有:秦山一期、二期、三期仿真机项目,核潜艇的核动力仿真,"九五攻关"计划600MW核电机组数学模型研究,核安全分析系统的可视化,高校核研究仿真机,基于在线仿真的在线核安全研究等。

正当国内核电和配套产业飞速发展之际,基于亚仿在核电领域的成果,2007年中国核工业集团公司成了亚仿科技的股东,促进亚仿应用仿真技术为核电工业服务,2009年亚仿公司提出核电厂全生命周期的数字化服务,以及以在线仿真技术为核心的核电站安全保障系统。

随着核电站仿真机技术的发展和性能的不断提高,仿真机的应用范围也远超出了操作人员培训这一初始目的,已成为核电站安全、稳定、经济地运行的基本保证。仿真机在核电站的主要应用可归纳为以下几点:

(1)是核电站运行人员培训和考核的基本手段。

(2)协助电站运行规程的制定:验证运行规程;指导新规程的制定。

(3) 电站运行分析的有效工具:复原运行事件,协助运行分析研究;预演计划要进行的重大运行操作,发现并解决问题。

(4) 协助设计人员进行设计方案的选择与验证。

9.2 核电站全范围仿真机的技术特点

核电站全范围仿真机的开发涉及核物理、热工水力、自动控制、计算机技术、网络技术、图像技术及电站运行等多学科领域,是一项高科技系统工程。与常规电站的仿真机相比较,核电站仿真机在仿真范围、仿真精度和逼真度方面都有更高的要求。

9.2.1 核电站建模技术特点

核电站仿真机的有效仿真范围和精度,主要决定于仿真模型软件。核电站仿真机数学模型首先要满足在现有技术条件下,实现实时计算的要求,同时达到最佳预估分析的效果,保证仿真的逼真度。仿真范围包括从换料停堆,到满功率运行及其他所有事故、故障工况。核电站系统复杂、设备多,对不同的系统和设备有不同的建模要求。下面以压水堆(PWR)核电站实时仿真模型为例,说明核电站建模技术的特点。

9.2.1.1 热工水力模型

热工水力模型主要用于计算反应堆冷却剂热工水力系统、蒸汽发生器的动态特性。

压水堆冷却剂系统和蒸汽发生器的主要特点是高温、高压的工作工况和各种两相流过程的存在。复杂的两相流过程包括:

(1) 瞬态过程中出现的两相不平衡过程;

(2) 两相间流速不等的非均匀流动;

(3) 不可凝气体的存在;

(4) 对流换热,特别是沸腾传热过程;

(5) 临界流现象;

(6) 气体和液体可能采取的拓扑构形(即两相流型)十分复杂。

由于两相流传质过程和传热过程的时间常数相差悬殊,两相流动态计算是典型的刚性微分方程求解问题。同时,一些关键的两相流物理量间的函数关系形成目前尚不清楚，因此，模型中要采用相当的两相流经验公式。尽管在安全分析程序的发展中已开发出两相流的问题求解的多种方法，但这些计算方法计算量大，时间步长变化大（最小时间步长为 10^{-6}s 量级，实时仿真为 0.1~0.01s 量级），用于实时计算有其一定的困难性。目前先进的实时仿真计算模型，是参考安全分析程序建立的五方程的多组分两相流模型，模型中的基本算法包括：

（1）多方程多组分模型，最简单的但仍能用来计算相滑移和热力不平衡的漂移流模型是四方程模型。

（2）非均匀流模型，目前一般采用漂移流模型，并考虑在极限工况下出现的逆向流动现象。

（3）模型中应考虑两相非平衡效应的影响，并考虑不凝性气体的存在。

（4）完整的冷却剂泵模型，包括冷却剂泵特性曲线，含正向和反向流动，两相压头因子，两相转矩因子等。

（5）采用适当导热模型计算燃料芯块、燃料包壳及其他管壁的导热。

（6）考虑多种流型下的两相对流传热模型，计算临界热流密度和烧毁点。最基本的五个传热区为：单相液体对流传热；泡核沸腾传热；过渡沸腾传热；膜态沸腾传热；单相气体对流传热。

（7）破口流量及高压差管路流量的计算采用临界流模型计算。

（8）多物质守恒计算，如系统硼浓度、液体和气体的放射性、氢浓度等。

（9）在堆芯实现真正的多环路计算，反映各环路工况不均匀对堆芯的影响。

（10）模型能处理部分重要超设计基准事故（ATWS）。

（11）压降的计算包括形阻、位差、摩擦阻力、两相压降因子。

（12）反应堆容器、稳压器、蒸汽发生器（一、二次侧）、冷却剂主管道被划分为多个节点来计算。

模型仿真程度要求：

①准确计算冷却剂通过堆芯的温升、堆芯温度场、压力场和流率场；

②精确计算包壳和燃料芯块的温度分布；

③能仿真诸如一条环路上主蒸汽管道破裂等可能引起不对称和不均匀的传热效果的事故；

④精确仿真不同位置的破口事故（包括 LOCA）；

⑤精确仿真主泵在各种工况下的压头、流量（含倒流）、电流及振动等参数，正确反映其汽蚀和两相运行特性；

⑥真实准确地仿真蒸汽发生器传热管内、外的一、二回路流体之间的热交换过程；

⑦精确计算在各种工况下蒸汽发生器蒸汽流量、给水流量、液位等的变化过程；

⑧能仿真换料结束到满功率运行之间的各种模式的运行工况，每一步操作所带来的有关系统的精确和逼真；

⑨实现各类事故的仿真。

9.2.1.2　反应堆中子动力学模型

由于两群中子扩散模型的求解特别耗费机时，使得真正两群、三维的反应堆中子动力学实时仿真模型在20世纪90年代才成为可能。两群、三维模型的基本算法如下：

(1)基于二群、三维中子扩散方程，求解各节点中子通量；

(2)在每个节点内计算氙和钐的浓度；

(3)计入6组缓发中子的效应；

(4)在径向每个燃料组件为一个网点，轴向至少分为10层；

(5)反应性反馈的计算考虑如下各因素：空泡份额；慢化剂温度；燃料温度；控制棒及可燃毒物；氙毒；燃料类型；多普勒效应；硼浓度。

模型仿真程度要求：

①精确计算反应性、中子通量及分布、反应堆功率及分布；

②准确反映控制棒效应、硼浓度影响、慢化剂稳度和密度的变化及分布的影响、毒物效应、多普勒效应、燃耗和空炮份额的影响；

③堆芯物理与热工水力模型的耦合能反应实际的功率畸变和环路间严重不对称的事故工况；

④正确反映轴向功率偏差和可能出现的堆芯通量分布畸变，如氙振荡，部分落棒或失控提升等现象；

⑤精确计算裂变产物的衰变热(即剩余功率)。

9.2.1.3　安全壳模型

在核电站正常运行工况下，安全壳内参数的变化很小，安全壳的精确计算主要意义在事故瞬态过程中。多节点两相流安全壳模型能提供在一些泄漏事故(如LOCA)过程中安全壳内关键参数变化，更准确的仿真事故过程，特别是控制、保护系统的响应。同时也能进行安全壳热工水力特性实时分析。

多节点安全壳模型,以基本守恒方程为基础,推导两相流模型。模型将整个安全壳共划分为多个区间,对每个区间进行质量、能量、动量平衡计算,从而得到安全壳内不同区间的温度、相对湿度,压力及水、蒸汽、氧、氮等不可凝气体的质量。模型考虑泄漏及破口流体的闪蒸、各种因素引起的冷凝作用、喷淋冷却降压效应、壳内设备的热源效应、不可凝气体的浓度、相对湿度等,反映瞬态热力效应的"非平衡态"现象。

仿真程度要求:

(1)准确计算各工况下温度、压力的变化和分布;

(2)在电站瞬变及发生事故(如电站启停,LOCA,主蒸汽管道破裂,主给水管道破裂等)时,能准确地计算地坑水位、水温;

(3)用适当模型计算两相间的闪蒸、冷凝过程,考虑到两相间的非平衡态及瞬态热力效应;

(4)准确仿真安全壳通风、空气冷却器投用、安全壳喷淋等减压过程。

9.2.1.4 一回路辅助系统数学模型

一回路辅助系统设备和管路多,使得模型计算量非常大。为了仿真异常工况或事故工况,还要考虑一些系统(如化学和容积控制系统)的两相流现象。

目前,对一回路辅助系统的仿真,较先进的仿真机制造公司多采用模型软件工具来完成编程、调试。如亚仿公司新采用 ADMIRE 系列模型软件包来开发模型。

9.2.1.5 常规岛系统

由于火电站仿真技术的发展,常规岛的仿真模型已比较完善。

9.2.2 电站监控系统的仿真

先进的核电站全范围仿真机中包括了几乎所有的电站过程计算机,如都有安全参数显示系统、技术支援中心、应急响应设施、电站过程计算机、汽轮-发电机监视系统及汽轮机控制系统等。电站监控系统的仿真一般有激励方式(stimulation)和仿真方式(simulation),前者在实践上有一定难度,仿真的逼真度较高,后者会使仿真机造价大为降低,特别是在电站监控系统是进口产品的情况下。

从技术角度上讲,simulation 方案有如下特点:

(1) 用标准的 X-Window 图形环境完成,保证良好的可移植性;

(2) 与仿真系统一致的维护和数据更新功能,具有良好的维护能力,主要包括系统数据库修改、模拟图和流程图的增加、删除及修改等;

(3) 电站监控系统受仿真系统控制,完成一致的仿真机状态设置和操作,如系统复位、记录重演、跟踪返回、系统冻结和加快运行等过程中,可以做到更为逼真。

9.2.3 硬件仿真技术特点

核电站全范围仿真机要求仿真机的主控室与电站主控室的布置、外观等完全一致。除主控室的操作盘台外,还要仿真备用盘台、应急停堆盘台、堆内测量盘台。

核电站仿真的输入、输出数据多,对 I/O 接口系统有较高的要求。

9.3 关键技术与指标分析

这里主要讨论核电站与常规火电站相比较特殊的一些技术和指标。

9.3.1 模型软件

1. 热工水力模型

(1) 两相流基本方程。两相流基本守恒方程是热工水力模型的基础。五方程、双组分模型可达到较高的仿真精度。

(2) 两相不平衡。在很多两相流过程中,存在两相间不平衡的现象,如压力变化较快的瞬态过程中的稳压器闪蒸或凝结过程,在卸压事故中,两相不平衡的影响更为明显。要精确逼真地仿真这些过程,就必须采用两相不平衡模型。

(3) 非均匀流。非均匀流是指两相间流动速度不相等的相间滑移现象,通常采用漂移流模型来计算这一过程。漂移流模型对瞬态和事故仿真非常重要,如 LOCA 事故后堆芯内汽化及淹没过程。

(4) 临界流。在高压差管内流动及压力边界的泄漏或破口事故中,其流量变化可能出现临界流,即流量与压差无关,而是决定于流体的热工三参数。临界流模型是准确仿真 LOCA 等事故所必需的。

(5) 节点数。节点划分越细,计算结果越精确;数值计算稳定的时间步长越小,计算量越大。逼真有效的实时仿真计算中的基本要求应是:稳压器中三个节点;蒸汽发生器 U 形管管侧至少 4 个节点(上升段和下降段各两个),一次侧进、出口腔室各一个;二次侧至少 4 个节点(下降段 1 个,上升段 2 个,汽腔及干燥器 1 个);反应堆容器内的沿冷却剂流动方向划分至少 8 个网点,即下降段 1 个,下腔室及上腔室各一个,下封头及上封头各一个,为了准确仿真各管路不对称运行(如冷却剂泵未启动)对堆芯造成的影响,压力壳内应对应于各回路,划分为多个通道;主冷却剂管道的划分至少应将各环路划分为冷段、热段及过渡段各一个节点。

(6)参数极限(温度、压力)。参数极限主要决定于模型有效计算的参数极限及水蒸气表的范围两个因素。它的要求远大于设计值。

2. 堆芯中子动力学模型

(1)中子扩散方程求解。中子动力学仿真模型经历了一群、一群半及到 20 世纪 90 年代初出现的两群模型。两群即将中子按能量分为热群和快群。对热中子反应堆,这样更准确计算中子通量分布和功率分布。

(2)三维模型。点堆中子动力学模型已在全范围实时核仿真机中淘汰。目前先进的模型是在三维空间中用改进的准稳态方法求解扩散方程。通常径向每个燃料元件作为一个网点,轴的节点数大于 10 个。

(3)反应性系数。模型应准确计算各反应性系数及反应性反馈。

3. 安全壳模型

(1)两相流。安全壳在泄漏事故工况下,是典型的两相流瞬变过程。安全壳两相流模型中包括水、水蒸气和不可凝气体的计算。

(2)多节点。即将安全壳空间划分为多个节点来计算,从而反映不同区间在事故过程中的差异,更精确计算各测量点的值。

(3)非平衡。安全壳内的典型仿真工况是两相热力学非平衡的,如 LOCA 后的闪蒸和喷淋过程。非平衡模型更准确计算两相间的传热、传质过程,仿真两相非平衡瞬态。

4. 故障数量和分布

仿真机故障的数量和涵盖面直接影响仿真机的使用效率。故障主要包括(如泵、阀门、传感器、控制器、控制棒驱动机构等)及系统任意位置的泄漏、破口事故。核电站仿真机的故障数已由早期的 100 多个发展到今天 1000 多个。

5. 故障程度极限

极限故障即能仿真的故障的最严重程度,在操作员应急操作规程(EOP)培训课程中,需要能仿真设计基准事故甚至超设计基准事故。

6. 模型仿真范围

（1）堆芯燃耗。燃耗深度的变化，对整个电站的特性有较大的影响，比如慢化剂温度系数甚至可能会出现由正变负的过程。因此，仿真多个堆芯寿期点是必要的。全范围核电站仿真机的堆芯通常仿真 3 个寿期点，即寿期初期（BOL），寿期中期（MOL）及寿期末期（EOL）。

（2）运行极限。即仿真电站正常运行工况范围。全范围仿真机的仿真的正常运行工况应包括从换料冷停堆到满功率运行的所有工况，可完成从冷停堆开始，对系统充水、赶气、升温升压、反应堆临界、并网到满负荷工况的全过程的仿真。

（3）统一模型。由于在特殊瞬态过程，特别是极限事故过程仿真对模型计算方法和机时的苛刻要求，核电站全范围仿真机标准允许在非正常瞬态中切换模型，甚至通过切换计算机来实现。模型切换必然引起逼真度和连续性的问题。先进的数学模型加之适当大机器配置则可使仿真系统采用统一模型完成所有仿真任务。

7. 模型软件自动化程度

模型软件的自动化生成会大大提高编程效率和质量，这要求模型软件已相当成熟，且有支撑软件和图形界面的开发能力。模型软件自动化程度包括下列内容：

（1）自动化编程的范围，亦即占所有模型软件大份额；

（2）可视化程度，工具对软件的调试、管理和修改的能力；

（3）软件自动生成工具和其他软件联合调试的能力及方便程度。

8. 初始条件数量

从理论上讲，初始条件和故障的数量只受计算机硬件容量的限制。这里指由仿真机制造商提供给用户，可直接调用而进行培训的初始状态（或称工况）。各种中间状态为培训课程的安排和重点课目的反复训练提供方便。目前仿真机制造厂交付给用户使用的固定初始条件可达 50 个左右，但支撑软件的初始条件管理能力远大于此，可允许动态存储上千个初始条件。

9.3.2 硬件

1. 盘台仿真

核电站仿真机主要的盘台有下列几种：

（1）主控盘台；

(2)备用盘台；

(3)应急停堆盘台；

(4)堆内测量盘。

2. 计算机网络通信速率

核电站全范围仿真机的计算机部分，包括一个由一台或多台主机和其他计算机组成的计算机网络系统。为了保证仿真实时运行及所有数据的正常传输，网络传输速率是仿真系统所有考虑中的一个重要参数。

3. I/O 接口系统传输速率

连接计算机和盘台的 I/O 接口系统的传输速率应能满足实时逼真仿真的要求并有一定的冗余容量。

4. 主机容量

核电仿真机所采用主机系统，它所考虑的要素包括主机硬盘容量、内存、CPU 速度及主机网络通信速率。

9.3.3 电站监控系统仿真范围

仿真的对象则涉及下列各个系统：

(1)安全参数显示系统；

(2)技术支援中心；

(3)应急响应设施；

(4)电站过程计算机；

(5)汽轮－发电机监视系统；

(6)汽轮机控制系统。

9.3.4 系统精度

对于不同的参数，仿真精度的要求有所不同。一般对参数精度的要求可以分为关键参数与普通参数两级，或者是分为关键参数、重要参数及普通参数三级。关键参数一般是指稳压器压力、水位、冷却剂温度、核功率、电功率等经济和安全运行的主要相关参数。

1. 稳态初始条件误差

一般对关键参数误差的要求是小于 1%，而对其他参数的要求则为 2%~5%。

2. 稳定运行误差

这是指对 25% 功率以上的稳定状态，仿真机经过 1h 以上的长时间稳定运行后所造成的误差,精度误差要求同上节。

3. 瞬态运行误差

一般对 1 类、2 类运行工况(即正常运行工况和中等频率故障工况)和 3 类、4 类运行工况(即稀有故障和极限故障工况)有不同的精度要求。精度要求包括物理量的数值和变量出限权限值、保护系统动作的时间等两方面的要求。

9.4 核电站全范围仿真机举例

核电站全范围仿真机是属于高难度的仿真技术,世界上只有少数几个国家有研制能力,因此在国际市场上价格昂贵,每一套核电站全范围仿真机价值超过 1500 万美金。

秦山核电站是我国自行设计的核电站,其全范围仿真机的研制是集中了核物理、热工水力、自动化、计算机、图像技术等多学科、多领域的新成果,实现了压水堆核电机组全范围的实时仿真。该仿真机已成功地用于操作员培训,并对未来核电机设计校正和建造产生影响。能表现核电站仿真机技术的内容列举如下。

9.4.1 反应堆堆芯物理模型

秦山 300MW 核电站仿真机反应堆堆芯物理模型采用二群、三维并带 6 组缓发中子的中子动力学模型。该模型与其他堆芯中子动力学模型相比,由于基于二群扩散计算和采用新的数值计算方法,其计算精度和计算速度都有量级上的飞跃。对于秦山核电站堆芯,仿真模型采用 121×12 的节点划分。其中将堆芯的每组元件(共 121 组)作为一个径向节点,每组元件的轴向均分成 12 个节点。中子动力学模型在 121×12 共 1452 个节点中展开真正的三维中子扩散计算,以求得各个节点快中子通量和热中子通量。由各节点快中子通量和热中子通量可以方便地得出堆芯各节点的瞬发裂变功率。衰变热的计算包括 11 组先驱核的衰变效应。图 9-1 为反应堆芯径向节点和控制棒位置。

秦山 300MW 核电机组堆芯物理模型的仿真包括在初装料、平衡装料两个工况下堆芯寿期初期(BOL)、寿期中期(MOL)、寿期末期(EOL)三个燃耗状态的各种瞬态过程,其中包括上述三个燃耗状态下的反应堆启动和关闭。模型能够正确反映由径向或轴向反应性的变化致使堆芯功率及分布的变化,能计算控制棒各个故障(如滑棒、卡棒、落棒、弹棒等)对堆芯反应性和功率分布的影响,能够对堆芯慢化剂反应性、燃料多普勒反应性、硼反应性、氙和钐毒以及空泡反

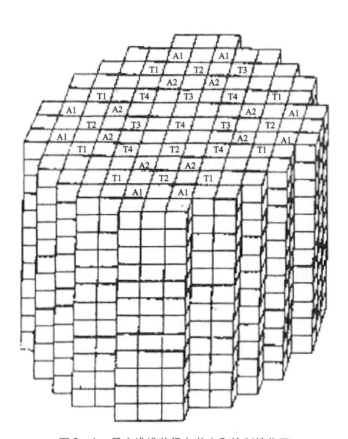

图9-1 反应堆堆芯径向节点和控制棒位置

应性做出准确计算。堆芯物理模型的仿真还包括各种运行工况下反应堆径向功率和轴向功率分布的准确计算。

9.4.1.1 基本数学模型

1. 二群扩散方程及节点中子通量求解

在轻水型反应堆,普遍采用的是二群扩散模型。秦山 300MW 核电机组仿真机堆芯物理模型采用的二群扩散方程基于下列假设:①中子平均速度 V_1 和 V_2 与空间和时间无关。②中子参数(例如各种截面等)可以在一个节点内处理成均匀。③从热群到快群的扩散可以忽略。

$$\frac{1}{V_1}\frac{\partial \phi_1(r,t)}{\partial t} = \nabla D_1 \nabla \phi_1(r,t) - \Sigma_1 \phi_1(r,t) + (1-\beta)[v_1 \Sigma_{f1} \phi_1(r,t)$$
$$+ v_2 \Sigma_{f2} \phi_2(r,t)] + \sum \lambda_l C_l(r,t) + S(r,t) \qquad (9-1)$$

$$\frac{1}{V_2}\frac{\partial \phi_2(r,t)}{\partial t} = \nabla D_2 \nabla \phi_2(r,t) - \Sigma_2 \phi_2(r,t) + \Sigma_{1-2} \phi_1(r,t) \quad (9-2)$$

$$\frac{\partial C_l(r,t)}{\partial t} = \beta_l [v_1 \Sigma_1 \phi_1(r,t) + v_2 \Sigma_2 \phi_2(r,t)] - \lambda_l C_l(r,t) \quad (9-3)$$

$$l = 1, 2, \cdots, 6$$

式中：Σ_1 为快中子移动截面，其中包括中子吸收截面(cm^{-1})；Σ_{1-2} 为下扩散截面(cm^{-1})；Σ_2 为热中子吸收截面(cm^{-1})；$S(r,t)$ 为源项，包括外部中子源项和 $\gamma-1$ 射线的光中子源(n/s)；β 为缓发中子份额；ϕ_1 为快中子通量($n/cm^2 \cdot s$)；ϕ_2 为热中子通量($n/cm^2 \cdot s$)；D_1 为快中子扩散系数；D_2 为热中子扩散系数；V_1, V_2 为每次裂变产生的中子数；λ_l 为衰变常数；C_l 为缓发中子先驱核平均浓度($n/cm^2 \cdot s$)：v_1, v_2 分别为快中子和热中子速度(cm/s)。

上述方程考虑边界条件并经过代入、整理后仍很难得出 ϕ_1 的解析解，特别是方程中同时存在节点平均通量和节点中心通量。在此，模型采用了既能有效求解方程又能得出实时下正确解的数值处理方法。首先，将通量转变成振幅函数 $T_k(t)$ 和归一化形状函数 $\varphi_{ijk}(t)$，即

$$\phi_{ijk}(t) = T_k(t)\varphi_{ijk}(t) \quad (9-4)$$

然后通过数值方法分别得出振幅函数和归一化开关函数。

2. 节点裂变功率计算

由快中子通量和热中子通量可以方便地得出裂变功率。

$$P_{ijk} = K_1 \Sigma_{f1} \phi_1 + K_2 \Sigma_{f2} \phi_2 \quad (9-5)$$

式中：ϕ_1 为节点快中子通量($n/cm^2 \cdot s$)；ϕ_2 为节点热中子通量($n/cm^2 \cdot s$)；Σ_{f1} 为快中子裂变截面(cm^{-1})；Σ_{f2} 为热中子裂变截面(cm^{-1})；K_1 为快子中子每次裂变的能量释放系数；K_2 为热中子每次裂变的能量释放系数。

3. 反应性反馈

两群截面和扩散系数是空间和时间的函数，其大小取决于材料组成、密度和温度等因素。在此模型中，截面计算考虑下式中包含的因素：

$$\Sigma = \Sigma(\alpha, T_1, T_f, f_d, C_B, X_e, F) \quad (9-6)$$

式中：α 是空泡份额；T_1 慢化剂温度(K)；T_f 是燃料温度(K)；f_d 是控制棒份额；C_B 是硼浓度(mg/L)；X_e 是氙浓度(pcm)；F 是燃料类型。

(1) 氙和钐的密度计算

$$dI/dt = -\lambda_I I + \gamma_I \phi \Sigma_f \quad (9-7)$$

$$dX/dt = -\lambda_X X - \sigma_X \cdot X \cdot \phi + \gamma_X \phi \sum_f + \lambda_I I \qquad (9-8)$$

$$dPm/dt = -\lambda_P Pm + \gamma_P \phi \sum_f \qquad (9-9)$$

$$dSm/dt = -\sigma_s \phi Sm + \lambda_P Pm \qquad (9-10)$$

(2)慢化剂密度对截面计算的影响

$$\sum_{a1} = \sum_{a1,base} + \sigma_{a1,w} N_w \qquad (9-11)$$

$$\sum_{a2} = \sum_{a2,base} + \sigma_{a2,w} N_w \qquad (9-12)$$

$$\sum_s = \sum_{s,base} + \sigma_{s,w} N_w \qquad (9-13)$$

$$\sum_{g,tr} = \sum_{g,tr\,base} + \sigma_{g,tr,w} N_w, g = 1,2 \qquad (9-14)$$

式中:N_w 为慢化剂分子数的变化,原子核数(cm^{-3});下标 a 表示吸收截面;s 表示散身截面;tr 表示输运截面。

9.4.1.2 堆芯物理模型验证

堆芯物理模型是核电厂系统仿真模型的关键,堆芯物理模型计算结果正确与否直接关系到整个仿真机模型的计算精度和仿真机质量。为此,专门组织各方面专家对建立的堆芯物理模型进行独立测试验证。测试的范围包括控制棒价值、慢化剂温度系数、功率亏损、氙中毒效应、硼价值、棒位与 AO 关系、功率分布、临界硼浓度等八大项,各测试大项针对各种工况划分为若干小项。测试项目的部分结果及现场数据见图 9-2~图 9-3。

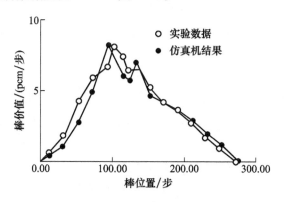

图 9-2 T4 棒微分价值

测试结果的分析表明,仿真机模型的计算结果与实际电站的测量值或理论计算值符合很好,建立的堆芯物理模型完全可满足秦山核电站仿真机设计的要求。

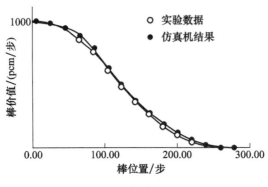

图 9-3　T4 棒积分价值

9.4.1.3　有关堆芯物理模型的部分验收测试结果

堆芯物理模型与反应堆热工水力模型、核电厂二回路系统模型以及其他辅助模型相联后,组成了整个核电厂仿真机物理模型。从整个核电厂仿真机物理模型的运算结果,可以反映堆芯物理模型在整个电厂系统运行状态下的瞬态过程,并检查实际电厂工况下计算结果的正确与否及精度。

与堆芯物理模型有关的整体测试项目包括:稳态工况下的核功率及径向通量分布、停堆工况下的衰变热、核功率对二回路负荷瞬态响应、控制棒故障弹出、控制棒故障下插、氙毒随工况变化过程及氙振荡等。作为反映堆芯物理模型的一个方面,现列出控制棒故障弹出和控制棒故障下插两种工况下的瞬态功率变化结果。

1. 控制棒故障下插

假设反应堆处于满负荷运行工况下,某控制棒组因故障从堆芯顶部下落。由于突然引入的负反应性,堆芯功率很快下降,堆芯平均温度同时随功率下降而下降。核功率下降至某一水平后,由于堆芯平均温度下降,堆芯将引入正反应性,导致功率回升,并最后稳定在一定的功率水平上。

秦山核电厂仿真机在 T2-1 控制棒下落时堆芯功能的变化过程。电厂初始运行功率 900MW(归一化功率 93.3%),T2-1 棒下落后,最低功率降至 540MW(56%)。事故工况最后因负温度效应及自动棒调节,功率返回并稳定于 618MW(64%)。由于一组控制棒的下插,堆芯轴向功率和径向功率将发生变化。从堆芯轴向功率分布看出,T2-1 控制棒下插使堆芯轴向功率峰下移,功率峰值增大(图 9-4)。而径向功率分布所下插控制棒位置的影响,通量分布会发生畸变。

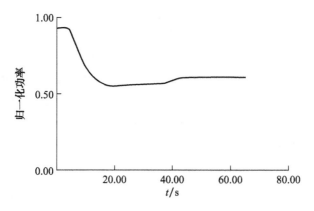

图 9-4 T2-1 落棒时堆芯核测功率

2. 控制棒故障弹出

在满功率运行工况下,控制棒 T4-1、T4-2 发生故障弹出的瞬态功率变化见图 9-5。控制棒故障弹出,堆芯瞬间引入一个大的正反应性,核功率急速增长;此外,由于弹棒引发压力壳顶部破裂,反应堆冷却剂系统出现小破口,事故发生后冷却剂压力和稳压器水位急骤下降,最后触发事故停堆和低压安全注射。对于秦山核电站仿真机发生 T4-1、T4-2 组弹棒事故,功率峰值达 977MW(101%),由于满功率工况核测功率为 93.3%,而高核功率停堆定值设定为 109%,因此事故最后由稳压器低压停堆信号停堆(1min45s)。不能及时停堆现象将恶化堆芯的热量导出。

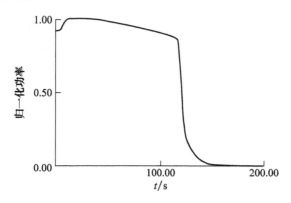

图 9-5 T4-1,T4-2 弹棒时堆芯核测功率

9.4.2 反应堆冷却剂系统及蒸汽发生器的模型

秦山 300MW 核电机组全范围仿真机的热工水力模型设计的主要目的,是进行实时的操作人员培训和对正常运行工况及异常事故工况提供最佳预估分析。本书介绍了热工水力模型的基本算法及在秦山 300MW 核电机组全范围仿真机中的应用。该模型用于反应堆冷却剂系统(RCS),U 形管蒸汽发生器(SG)及稳压器卸压绷(PRT)的仿真。本节给出了 I 环路热段 LOCA 及蒸汽发生器传热破裂(SGTR)的仿真结果。

9.4.2.1 模型介绍

1. 模型的基本特点

(1)由五个基本守恒方程组成的两相、双组分公式;

(2)非均匀流模型,包括逆流流动界限(CCFL),采用飘移流模型计算气液混合流内相间非均匀流动的影响;

(3)两相不平衡模型,并考虑不可凝气体的存在;

(4)包括了完整的反应堆冷却剂泵(RCP)特性曲线,含正向和反向流动;

(5)采用集总参数模型来计算燃料棒的热传导;

(6)用含五个传热区的两相对流传热模型,计算燃料包壳与冷却剂及流体与管壁间的换热;

(7)在正向或反向流动中,采用施主单元差分方法;

(8)采用临界流模型计算翻口流量,能处理系统任何位置上的破口事故;

(9)模型在每个节点内跟踪计算硼浓度,液相和气相的放射性,氢浓度等;

(10)模型可完成从满负荷到换料停堆的正常工况及所有故障工况的全仿真。

2. 基本守恒方程

(1)不可凝气体质量守恒方程

$$A\frac{\partial(\alpha\rho_N)}{\partial t} + \frac{\partial W_N}{\partial Z} = \sum S_N \qquad (9-15)$$

式中:A 为流通面积(m^2);S 为源(汇)项产量(kg/s);t 为时间(s);W 为质量流量(kg/s);Z 为沿流动方向距相对零点的距离(m);a 为空泡份额;ρ 为密度(kg/m^2);下标 N 为不可凝气体。

(2) 蒸汽质量守恒方程

$$A\frac{\partial(\alpha\rho_V)}{\partial t}+\frac{\partial W_V}{\partial Z}=\sum S_V+\Gamma_V \cdot A \qquad (9-16)$$

式中:Γ 为闪蒸/凝结量(kg/s);下标 V 表示蒸汽。

(3) 两相混合物动量守恒方程

$$\frac{\partial W}{\partial t}+\frac{\partial}{\partial Z}\left[V_r W+\alpha(1-\alpha)\frac{\rho_g\rho_l}{\rho}V_r^2 A\right]=-A\left(\frac{\partial P}{\partial Z}+f+F-\Delta P_P+\rho g\right)+\sum SV_s \qquad (9-17)$$

式中:V_r 为两相对速度(m/s);f 为摩擦阻力(Pa/m);F 为由于流动方向或流动载面突变而引起的"形阻"(Pa/m);ΔP_P 为泵的压头(Pa/m);最后一项是注入流量(源项)的贡献;下标 g 表示气相;下标 l 表示液相;下标 s 表示源。

(4) 混合物能量守恒方程

$$A\frac{\partial}{\partial t}(\rho h)+\frac{\partial}{\partial Z}(W_g h_g+W_l h_l)$$
$$=A\left\{q'''_w-\frac{\partial P}{\partial t}+[\alpha V_g+(1-\alpha)V_l]\frac{\partial \rho}{\partial Z}\right\}+\sum Sh_s \qquad (9-18)$$

式中:h 为焓(J/kg);q'''_w 为壁面向混合物传热(J/m²)。

(5) 气相能量守恒方程

$$A\frac{\partial}{\partial t}(\alpha\rho_g h_g)+\frac{\partial}{\partial Z}(W_g h_g)$$
$$=A\left[q'''_{wg}-q'''_{gi}+\Gamma \cdot h_{vf}+\alpha\left(\frac{\partial P}{\partial t}+V_g\frac{\partial \rho}{\partial Z}\right)\right]+\sum S_g h_{sg} \qquad (9-19)$$

式中:q'''_{wg} 为气相与壁面的换热(J/m²);q'''_{gi} 为气相现形两相界面间的换热(J/m²);h_{vf} 是气化潜热(J/kg)。

3. 环路流量求解

环路流量用动量积分法求解。这种方法的好处是,将动量方程沿闭合环路积分时,动量方程的中的 $\partial P/\partial Z$ 项的积分为零,这将大大简化计算,同时求解过程也要稳定很多。

定义:

$$\beta=A\Gamma\frac{\rho_l\rho_g}{\rho_l\rho_g}-A\left(\frac{\alpha}{\rho_g}\frac{\partial\rho_g}{\partial t}+\frac{(1-\alpha)}{\rho_l}\cdot\frac{\partial\rho_l}{\partial t}\right)$$
$$-\frac{W_g}{\rho_g^2}\frac{\partial\rho_g}{\partial Z}-\frac{W_l}{\rho_l^2}\frac{\partial\rho_l}{\partial Z}+\sum\left(\frac{S_g}{\rho_g}+\frac{S_l}{\rho_l}\right) \qquad (9-20)$$

则两相混合物的质量守恒方程可写为

$$\frac{1}{\rho_g}\frac{\partial W_g}{\partial Z} + \frac{1}{\rho_l}\frac{\partial W_l}{\partial Z} = \beta \qquad (9-21)$$

体积流量为

$$Q = \frac{W_g}{\rho_g} + \frac{W_l}{\rho_l} \qquad (9-22)$$

并将式(9-21)从环路中相对参考0点处开始,沿环路积分,则:

$$Q = Q_0 + \int_0^z \beta dZ \qquad (9-23)$$

定义:

$$R = -f - F + \Delta P_P + \rho g - \frac{1}{A}\frac{\partial}{\partial Z}\left[V_r W + \alpha(1-\alpha)\frac{\rho_g \rho_l}{\rho} V_r^2 A\right] \qquad (9-24)$$

将式(9-24)代入方程(9-17),并沿环路积分,得到:

$$\frac{\partial}{\partial_t} \oint \frac{W}{A} dZ = \oint R dZ \qquad (9-25)$$

令 $Y = \oint (W/A) dZ$ 且考虑到 $W = \rho Q$,由式(9-23)、式(9-25)得:

$$Y = Q_0 \oint \frac{\rho}{A} dZ + \oint \frac{\rho}{A} \int_0^z \beta dZ dZ \qquad (9-26)$$

由此可直接求出 Q_0。对于多个环路组成的系统,类似地得到一个关于多个 Q_0 的方程组。求出参考点的值后,可用式(9-23)计算其他各点的体积流量。

4. 系统压力求解

系统压力的计算采用 Newton – Ralphson 迭代法。

首先根据系统热工参数求得系统总质量的"计算值":

$$M_c^{(n)} = \sum_k (A \cdot \Delta Z \cdot \rho)_k \qquad (9-27)$$

而系统总质量的实际值为

$$M' = M + \Delta t \cdot \sum_k S_k \qquad (9-28)$$

式中:M 为前次计算的系统总质量,质量误差;

$$\varepsilon^{(n)} = M_c^{(n)} - M' \qquad (9-29)$$

则校正压力为

$$P^{(n)} = P^{(n-1)} + \varepsilon^{(n-1)} / \left(\frac{\partial \varepsilon}{\partial \rho}\right)^{(n-1)} \qquad (9-30)$$

然后用新的系统压力计算系统热工参数、$M_c^{(n)}$ 及误差 $\varepsilon^{(n)}$,如此迭代计算,

直到 $\varepsilon^{(n)} < \epsilon$ 为止。其中 ϵ 是预先设定的"可接受的"质量误差。

5. 漂移流密度模型(Zuber,Ishii)

我们采用漂移流密度模型来计算相间非均匀流动的效应；并考虑以下流型：单相水流动；过冷沸腾流动；完全发展的泡状流；完全发展的弹状流；环状流；单相气体流动。

6. 传热计算

流体与壁面换热，分为以下五种典型的传热区域来处理：单相液体对流传热；泡核沸腾传热；过渡沸腾传热；膜态沸腾传热；单相气体对流传热。

对于临界热流密度的计算，用与 TRAC-PIA 程序相同的关系式，即对一维流动，用 Zuber 的池式沸腾及 Biasi 的烧毁关系式。

7. 破口流量

模型用临界流模型计算破口流量、通大气管线及系统间管线（如 pRZ 卸压阀，安全阀）的流量。模型中所采用的临界流模型：均相平衡态模型(HEM)，用查表插值方法计算临界流量；等熵膨胀模型。

8. 反应堆冷却剂泵模型

反应堆冷却剂泵(RCP)模型是参考 RELAP5/ODI 的离心泵模型建立的，其中考虑了完全的泵特性曲线，两相压头因子，两相转矩因子等。

泵的转速用下式计算：

$$I\frac{\mathrm{d}\omega}{\mathrm{d}t} = T_m - T_{hy} - T_{fr} \qquad (9-31)$$

式中：ω 为角速度(rad/s)；I 为转动惯量(kg·m^2)；T_{hy} 为水力学转矩(N·m)；T_{fr} 为转子摩擦力矩(N·m)；T_m 为电机电磁力矩(N·m)。

9.4.2.2 仿真应用及结果

秦山核电站 300MW 机组是单机双回路压水堆(PWR)型的设计。电厂的核蒸汽供应系统由反应堆冷却剂系统和两个 U 形管蒸汽发生器组成。其中反应堆冷却剂系统包括一个反应堆压力容器(R/V)，两台 U 形管蒸汽发生器（一次侧），两台反应堆冷却泵(RCP)，稳压器(PRZR)及连接这些设备的管道。

在秦山核电站 300MW 机组仿真机中，用上述模型对 RCS 和 UTSG 的热工水力和传热特性以及 RCP 的动态特性进行仿真。另外 PRT 的热力学特性也用该模型进行仿真。

系统的节点划分如图 9-6 所示。RCS 及蒸汽发生器二次侧共 56 个节点，卸压箱则单独作为一个节点处理。另外,系统还设置包括从设备故障到LOCA在内共65个故障,16个就地操作功能。因篇幅所限,这里仅列出几个典型的计算结果。

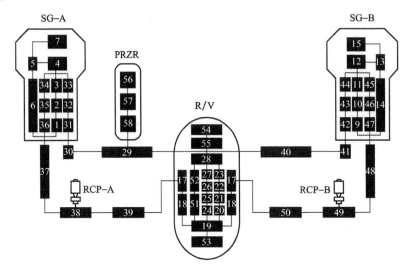

图 9-6　NSSS 节点划分图

1. 大破口失水事故

如前所述,NSSS 热工水力模型可计算环路任何位置的破口事故。这里以 I 环热段双端断裂为例,图 9-7 和图 9-8 分别给出破口流量和稳压器压力。事故导致稳压器低压并引起停堆,由图可看到,最大破口流量约 13500kg/s。在 20s 后,喷放流量又有所增加,这是由于注入流量增加所引起。计算结果合理地反应了破口事故的整个过程。

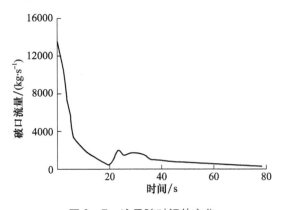

图 9-7　流量随时间的变化

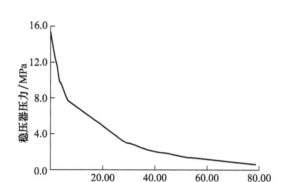

图9-8 稳压器压力随时间的变化

2. 蒸汽发生器传热管破裂(SGTR)

在这里,我们引入的 SGTR 是仿真中所设定的最严重程度,即一根传热管完全断裂。另外,在整个过程中,没有人员干预。图9-9~图9-12是一些主要参数的瞬变过程。SGTR 发生在1号蒸汽发生器(SG-A)中,使一次侧的水进入二次侧,SG-A 的水位由正常的10.474m 上升到10.6m 左右,之后,由于给水减小,液位呈下降趋势。同时,稳压器压力下降(图9-9),并在近110s 时,由于稳压器低压而停堆、停机;主给水隔离;SG-A 二次侧压力急剧上升,导致安全阀开启(图9-12)。SG-A 水位出现波动,其后,SG-A 的水位持续上升,在600s 时,已达满量程(12m)液位。另外,在364s 时,由于平均温度低使主蒸汽隔离阀关闭。在事故发生后,稳压器水位开始下降,在220s 后,水位到零。安全注射使其在410s 时恢复并上升。

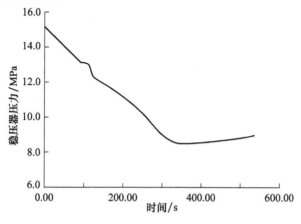

图9-9 稳压器压力随时间的变化

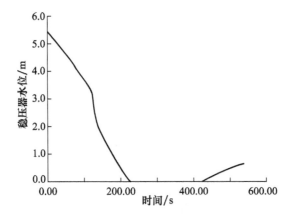

图 9-10　稳压器水位随时间的变化

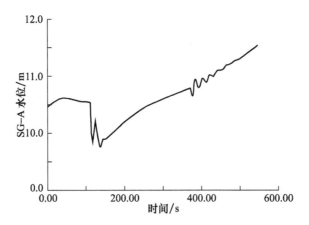

图 9-11　1 号蒸汽发生器水位随时间的变化

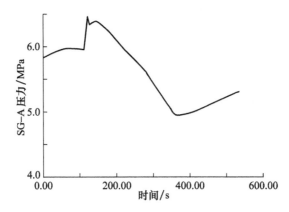

图 9-12　1 号蒸汽发生器压力随时间的变化

总之,反应堆冷却剂系统和蒸汽发生器热工水力模型是基于五个基本守恒方程的非均匀,非平衡两相流模型,经过系统的验收测试证明,模型成功地兼顾了实时仿真和分析功能,能够准确有效地仿真核电厂核蒸汽供应系统的热工水力特性。

9.4.3 多节点安全壳模型

9.4.3.1 模型说明

在本套仿真系统中整个安全壳共划分成 15 个节点,对每个独立节点进行质量、能量平衡计算,从而得到安全壳内不同区域的温度及安全壳的整体压力;安全壳内发生如失水事故、主蒸汽管破裂等事故时,该模型能如实地反映安全壳内的温度、压力和地坑水温、水位;在主蒸汽管破裂、LOCA、小量泄漏时的压力升高过程,以及在安全壳通风、空气冷却器、安全壳喷淋等投用时减压过程的仿真,应与核电站的实际过程一致。

在仔细、认真研究被仿真对象秦山核电站安全壳的结构及其原设备布置的基础上,对安全壳进行了节点划分。同时在参考了 CONTEMPT - LT/028 和 CONTEMPT - 4/MOD 程序的基本模型,以及其他文献的基础上,建立了多节点安全壳实时动态仿真的数学模型。结合 1∶1 的控制逻辑仿真,开发、调试成功了多节点安全壳实时动态仿真程序。成功地仿真了如泄漏及破口流体的闪蒸、冷却导致的冷凝作用、喷淋冷却降压效应、壳内设备的热源效应、不可凝气体浓度、相对湿度等"非平衡态"及瞬态热力效应。满足了秦山 300MW 核电机组全范围仿真机合同对安全壳仿真的要求。下面就模型的节点划分、基本的数学模型、仿真效果分别介绍。

9.4.3.2 仿真效果

图 9-13 给出了多节点安全壳实时仿真模型对大破口失水事故计算得出的秦山核电站安全壳压力响应及变化曲线。与《秦山核电站最终安全分析报告》中安全壳压力响应曲线,以及 CONTEMPT - 4/MOD3 程序计算出的曲线对比,安全壳压力变化趋势基本吻合。最终安全分析报告计算出的安全壳压力峰值为 0.2559MPa,多节点安全壳实时仿真模型的压力峰值为 0.23MPa,仿真模型计算出的压力峰值略低于最终安全分析报告给出的安全壳压力峰值,并且仿真模型计算出的安全壳压力峰值出现时间稍迟于最终安全分析报告和 CONTEMPT -

4/MOD3 程序计算出的时间。CONTEMPT-4/MOD3 程序和最终安全分析报告计算程序都偏于保守;而安全壳实时仿真模型为多节点模型,破口流体带入的大量能量和蒸汽将首先影响破口所在节点,然后才传递影响到安全壳其他空间,而不是瞬间影响到安全壳全空间。

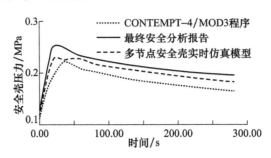

图 9-13 大破口失水事故安全壳压力变化

当反应堆士冷却剂系统或化容等辅助系统发生小量泄漏时,发生事故所在节点的相对湿度会发生变化,相应的安全壳全空间的相对湿度也发生较快的响应,在这过程中安全壳的温度、压力、污水坑水位也将逐渐升高。仿真机运行结果表明,安全壳内相对湿度的监测是及时发现泄漏的重要手段。

多节点安全壳实时仿真模型计算表明,发生大破口失水事故时,破口所在节点与其他节点间短时(约 20s)会出现较大的压力差,该压力差值最高可达 1.02MPa,但压力差会很快消失,整个安全壳各节点压力趋于一致。

多节点安全壳实时仿真模型反映出在安全壳气空间处于不同状态时,安全壳喷淋对安全壳动态的影响会有所不同。在安全壳气空间处于过热状态时,如电站正常运行时,误投入喷淋,会产生非常明显的降温、降压效果,造成安全壳较大负压;在气空间处于饱和状态时,如发生大破口失水事故或主蒸汽管破裂后,投入喷淋,降温降压效果不明显,但对安全壳温度、压力的长期响应有重要影响,能确保安全壳温度压力不会超过破口发生后出现的第一个峰值。

该多节点安全壳实时仿真模型能如实地反映出局部温度效应。安全壳不同区间,模型计算出其温度是不同的,在不同工况下,以及壳内循环冷却风机、空调器运行发生变化情况下,其局部温度将发生合乎物理规律的变化。如核电站满功率运行时,设备室转送系统(XI-3,XI-4,XI-5 等)必须正常运行,以便将安全壳大厅操作层以上的冷空气转送入大厅操作层以下的设备室(主泵、蒸汽发生器等设备间),以维持设备室空气平均温度不超过 50℃。在秦山300MW核电站仿真机上,可以通过设置故障使设备室转送系统中任意一台风机停止运行,则该风机所对应的设备室空气温度将升高超过50℃,甚至更高。

秦山300MW核电站仿真机运行表明,多节点安全壳实时仿真模型如实地反映了安全壳通风排气系统对安全壳动态的影响。通过安全壳通风排气,可去除安全壳内放射性,安全壳内的放射性水平下降明显;通过安全壳通风排气系统,可将安全壳压力维持在负压水平。

9.4.4 放射性监测系统仿真

放射性监测系统(RMS)是核电站特有的监测系统。它主要涉及对重要设备、燃料元件完整性的监测,放射性流出物的监测和控制区内辐射场的监测。RMS对保证电站设备的完好、运行的安全及工作人员和公众安全健康等都起着不可替代的作用,核电站的运行人员必须充分熟悉了解RMS。

9.4.4.1 放射性监测系统简介

按秦山300MW核电机组全范围仿真机的设计要求,RMS的仿真分为三个子系统:工艺放射性监测系统、区域 γ 放射性监测系统、区域空气放射性监测系统。

1. 工艺放射性监测系统

工艺放射性监测系统对核电厂的工艺过程和放射性排放物进行监测,以便运行人员从放射性水平的变化来监测设备、系统的运行。本系统分为以下几个部分:

(1)燃料元件总破损监测,探测位置在下泄流床前过滤器前;
(2)设备冷却水系统放射性监测,探测位置在设冷水泵出口总管;
(3)蒸汽发生器(SG)取样水监测,探测位置在取样水冷却器后;
(4)蒸汽发生器排污水辐射监测,取样位置在蒸汽发生器排污系统的后置过滤器前;
(5)冷凝器排气放射性监测,取样位置在排气管上;
(6)除氧器排气辐射监测,取样位置在排风管上;
(7)反应堆厂房的 P.I.G 辐射监测系统,安全壳内设有探测点17点;
(8)烟囱排气辐射监测,取样位置在烟囱内;
(9)主蒸汽管道 ^{16}N 监测,探测位置设在安全壳外的主蒸汽管壁。

2. 区域放射性监测系统

区域 γ 放射性监测系统主要对反应堆厂房、辅助厂房和燃料厂房的各特殊部位的 γ 辐射进行监测,以及时了解工艺过程的变化,并提示工作人员避免接受过量的辐射。系统共仿真 58 个区域 γ 探头的测量值、报警。

3. 区域空气放射性监测系统

区域空气监测实质上有两个目的:一是监测惰性气体;二是对空气中放射性气溶胶进行取样,以发现辅助系统设备管路的泄漏。系统仿真 45 个空气取样点的放射性测量值。

9.4.4.2 RMS 仿真系统数学物理模型简介

1. 代表性放射性核素的选取

由于核电厂反应堆核反应产生的放射性产物有几百种之多,要在仿真机上对这么多的核素进行计算是不可能的也是不必要的,为保证仿真机动态计算的实时性,必须对仿真对象进行简化。

根据电厂实际情况,一些放射性监测仪器设计时即以某种核素或某类核素作为重点监测对象。在进行 RMS 仿真时,可以对一类核素取一个具有代表性的核素,或是对某类核素取几个具有代表性的核素,作为一个等效的代表性核素,这样大大简化了仿真计算,并可以更好地实时反映核电厂放射性的动态变化,选取的代表性核素见表 9 – 1。

表 9 – 1 代表性核素的选取

放射性核素类	主要核类	代表性核素	半衰期 $T_{1/2}/s$
微尘	主要包括 Mn、Fe、Co 等活化微粒	取为等效核素	1.868×10^8
卤素	主要有 ^{83}Br、^{85}Br、^{131}I、^{132}I、^{133}I 等裂变产物	取为等效核素	2.952×10^4
惰性气体	主要有 ^{85}Kr、^{87}Kr、^{131m}Xe、^{133}Xe 等裂变产物	^{133}Xe	4.406×10^5
堆外 γ 场	^{16}N 设备,管道也产生 γ 辐射场	^{16}N	7.1429

2. 放射性浓度的计算

(1) 放射性物质衰变公式:

$$\frac{\mathrm{d}A(t)}{\mathrm{d}t} = -\lambda A(t) \tag{9-32}$$

解得 $A(t) = A(t-1) \cdot \mathrm{e}^{-\lambda t}$

转化为 $A(t) = A(t-1) - \lambda A(t-1)$

式中:A 为放射性比活度(Bq/L);λ 为衰变常数(1/s)。

(2)管道内放射性棍合。本混合平衡浓度计算为

$$A(t) = \frac{\sum_{j-1}^{m}(F_{ij}A_j)}{\sum_{j-1}^{m}F_{ij}}K \qquad (9-33)$$

式中:A 为放射性比活度(Bq/L);F_i 为流入节点的流量(kg/s);K 为衰变常数(据实验数据确定)。

(3)各分系统内放射性浓度的计算。系统内放射性物质平衡示意图见图9-14。

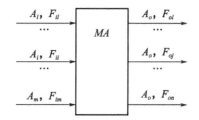

图9-14 系统内放射性物质平衡示意图

如图9-14所示,假设该系统内某核素的活度分布均匀,(即输出流体的放射性活度相同),则对该系统可以写出该种核素的下列质量守恒方程:

$$\frac{d(M \cdot A)}{dt} = \sum_{i-1}^{m}(F_{ij} \cdot A_i) - \sum_{j-1}^{n}(F_{oj} \cdot A_o) + (F \cdot A)_{\text{source}} \qquad (9-34)$$

其中,$(F \cdot A)_{\text{source}}$ 为系统内放射性源项。对于堆芯外各分系统,可不考虑放射性源项的影响,即 $(F \cdot A)_{\text{source}}$ 为0。

由于

$$\frac{dM}{dt} = \sum F_i - \sum F_o \qquad (9-35)$$

对以上公式进行推导,则

$$M \cdot \frac{dA}{dt} = -A(\sum F_i - \sum F_o) + \sum(F_i A_i) - \sum(F_o A_o) \qquad (9-36)$$

即

$$M \cdot \frac{dA}{dt} = \sum[F_i(A_i - A)] - \sum[F_o(A_o - A)] \qquad (9-37)$$

设 $A_o = A$,则

$$\frac{M}{dt}(A - A') = \sum[F_i(A_i - A')] \qquad (9-38)$$

即
$$A = A' + \sum [F_i \cdot (A_i - A')] \cdot dt / M \quad (9-39)$$

由于
$$M = M' + dt \cdot (\sum F_i - \sum F_o) \quad (9-40)$$

重新安排以上各式,可得

$$A(t) = \frac{M(t-1)A(t-1)k + [\sum(F_i A_i) - \sum F_0 A(t-1)]\Delta t}{M(t)} \quad (9-41)$$

式中:$M, M(t)$ 为系统内流体质量(kg);$A, A(t)$ 为系统内流体的放射性比活度(Bq/L);$M', M(t^{-1})$ 为上一时刻的流体质量(kg);$A', A(t^{-1})$ 为上一时刻的流体放射性比活度(Bq/L);Δt 为程序循环运行时间(0.25s);K 为衰减常数(综合考虑衰变去除的影响);A_i 为进入流的放射性比活度(Bq/L);F_i 为进入流的流量(kg/s);F_o 为排出流的流量(kg/s)。

9.4.4.3 放射性监测系统软件模型

有了正确的数学物理模型以后,即可以按照软件工程的原则与方法进行软件设计。采用结构化的设计方法,根据合同的要求、初步设计报告(PDS)及核电厂提供的资料完成模型软件的设计。

模型软件分为动态和逻辑两部分,动态模块分三层计算:

(1)工艺放射性由主冷却剂、安全壳、化学容积控制、停堆冷却、设备冷却水、主蒸汽等分系统计算(处理放射性混合,衰变,转送)。通过专门模块对各分系统计算出来的放射性浓度值进行单位转换。考虑放射性在该系统的滞留时间以及各种核素的叠加效应。计算值送仪表显示。

(2)计算区域 γ 放射性监测系统的测量值。

(3)计算区域空气放射性监测值。

9.4.4.4 仿真计算结果

RM 系统与其他分系统联调完毕后,成功地完成了下面各种事故下的仿真测试:燃料元件包壳破损事故,各种大、小 LOCA 事故,蒸汽发生器传热管断裂事故(SGTR),主蒸汽管双端断裂事故,以及各分系统放射性物质泄漏事故等。

表 9-2 是堆芯寿期末,100% 功率,正常运行时部分测点仿真计算值与实际值的对比。由表 9-2 可见,在燃料元件包壳没有破损,设备无泄漏的情况下,仿真计算值与实际值同一数量级,基本一致。

表9-2 仿真计算值与实际值对比

监测系统	工艺监测系统			区域γ监测系统		区域空气监测系统	
监测项目	燃料元件总破损监测A	主蒸汽管道^{16}N监测A	安全壳空气辐射监测	安全壳18m标高大厅	02厂房停冷阀门操作间	01循环风机出口	02往复上充泵房
监测点	re1001(F10A)点比活度/(Bq·L^{-1})	ren16A处蒸汽泄漏率/(L·h^{-1})	re0201点比活度/(Bq·L^{-1})	re2401处吸收剂量/(μGy·h^{-1})	re2350处吸收剂量/(μGy·h^{-1})	/(Bq·L^{-1})	245房的比活度/(Bq·L^{-1})
电厂测量值	2.27×10^3	0.8	0.4	7.44	0.60	0.4	本底值
仿真计算值	2.27×10^3	0.4853	0.29	1.057	0.25	0.376	1.098×10^{-5}

图9-15给出了堆芯寿期末期,满功率运行工况下,阶跃引入1.0%燃料元件包壳破损事故后,监测点A监测到的冷却剂中放射性比活度变化曲线,曲线的变化趋势是符合事故机理的。

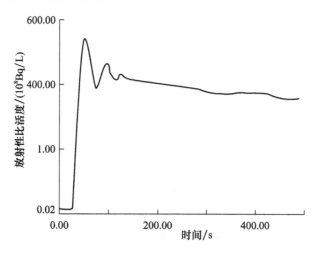

图9-15 测点A监测的放射性比活度变化曲线

堆芯寿期末,满功率运行工况下,插入10% SGTR事故后进行了主蒸汽管道^{16}N监测、冷凝器排气监测、除氧器监测、蒸发器取样水监测、凝结水监测和蒸发器排污水监测,以测试盘台大光字牌依次延时报警功能。经测试,其延迟时间和放射性变化趋势均符合事故机理。

9.4.5 一回路辅助系统仿真

9.4.5.1 系统仿真范围及功能

1. 化学容积控制系统(CVCS)

化学容积控制系统是一回路主要辅助系统,担任保障核电厂正常运行及维护电厂安全的重要作用。仿真机根据电厂实际情况,对容积控制、水质控制、硼酸溶液制备贮存、化学补偿4个分系统进行了全面仿真。化容系统仿真包括了这四个系统的主要设备,可以实现4个系统的主要功能。硼回系统只做了简化仿真。

2. 余热排出系统(RHRS)

余热排出系统的仿真包括两条独立平行的分系统,每个分系统上的余热排出泵、余热热交换器及相应管道阀门、仪表都做了对应仿真。

在仿真机上,余热排出系统根据电厂实际功能,可按以下几种工况运行:停堆冷却工况;低压安注工况;再循环运行工况;再循环喷淋工况;高压安注再循环工况;换料运行工况。

3. 安全注射系统(SIS)

在工程意义上,安全注射系统分为离心上充分系统、高压安全注射分系统、安全注射箱分系统及低压安全注射分系统。在实际仿真中,安全注射系统只包括高压安全注射分系统及安全注射箱分系统,其余系统功能分别在化学容积控制系统及余热排出系统中实现。

4. 设备冷却水系统(CCWS)

设备冷却水系统的功能是在电站正常运行、停堆与事故工况下,从含有放射性流体的设备中导出热量。设备冷却水仿真系统由三台设冷泵、三台设冷热交换器、一个波动水箱及相应的阀门、管道和仪表组成。无论在反应堆正常运行工况,还是在反应堆冷停堆工况、换料工况及事故工况,都可逼真仿真现场实际运行。

5. 疏排水系统(WDS)

疏排水系统仿真包括:两台疏排水泵、一台疏排水热交换器、一个疏排水箱以及相应的阀门、管道和仪表、地坑、堆腔坑疏排水系统的四台污水泵、两台堆腔坑泵、一个污水监测槽以及相应的阀门、管道。

9.4.5.2 一回路辅助系统仿真建模技术

1. 不可压缩流体流量、压力计算模型

一回路辅助系统中,流体部分为非高温水。在这里的仿真中,不考虑其可压缩性,认为流体密度为常数。

1) 基本方程

(1) 流量压力关系方程 当认为流体为理想流体、不考虑流体黏性、且管道中无能量移出或加入时,伯努利方程表示如下:

$$p_1 + \rho_1 g z_1 + \frac{v_1^2}{2}\rho_1 = p_2 + \rho_2 g z_2 + \frac{v_2^2}{2}\rho_2 \quad (9-42)$$

但在实际工程应用中,流体黏性总是不可忽略的。黏性流体的伯努利方程可表示为

$$p_1 + \rho_1 g z_1 + \frac{v_1^2}{2}\rho_1 = p_2 + \rho_2 g z_2 + \frac{v_2^2}{2}\rho_2 - h_L \quad (9-43)$$

式中:p_1、p_2 分别为上、下游压力(Pa);z_1、z_2 分别为上、下游高度(m);ρ_1、ρ_2 分别为上、下游流体密度(kg/m^3);v_1、v_2 分别为下、上游流体流动速度(m/s);g 为重力加速度(m/s^2);h_L 为总压降(Pa)。

黏性流体的压降,包括摩阻压降和形阻压降。其值皆与速度压头成正比,其表达式为

$$h_L = k_{\text{loss}} \frac{v^2}{2}\rho \quad (9-44)$$

式中:k_{loss} 为阻力系数;v 为流体流速(m/s)。

式(9-43)中,速度压头 $v^2\rho/2$,通常并不显著,在大多数情况下可忽略,且密度为常数,即 $\rho = \rho_1 = \rho_2$,故式(9-43)可改写为

$$F = K_{ad}[(p_1 - p_2) + \Delta p_z]^{1/2} \quad (9-45)$$

$$K_{ad} = \sqrt{2}A/(\rho k_{\text{loss}})^{1/2} \quad (9-46)$$

$$\Delta p_z = \rho g(z_1 - z_2) \quad (9-47)$$

式中:A 为流通面积(m^2);F 为流量(kg/s)。

式(9-45)即为仿真模型中用到的流量-压力关系式。

(2) 离心泵压头计算。在一回路辅助系统中,拥有大小泵20多台,除化学容积系统内的两台往复泵外皆为离心泵,其扬程均可用二次多项式表示为

$$\Delta p = K_1 N^2 + K_2 N F_p + K_3 F_p^2 \quad (9-48)$$

式中：Δp 为泵扬程（Pa）；N 为归一化无因次转速；F_p 为泵流量（kg/s）；K_1、K_2、K_3 为泵曲线常数，可由泵特性曲线求出。

(3) 节点流量守恒

一回路辅助系统中，管道纵横，设备众多，对流量压力计算采用划分节点的方法处理。将管道、设备按测点和控制点分布合理地用压力节点、流量线联系在一起，形成符合现场实际布置的网络结构。流量线起源于压力节点，终止于压力节点。流量线与压力节点皆不储存能量与质量。据此，可列出压力节点流量守恒方程。

$$\sum_{i=1}^{n} F_i = 0 \tag{9-49}$$

式中：F_i 为进、出压力节点流量（kg/s）。

2) 仿真处理

(1) 线性化处理式(9-45)、式(9-48)皆为非线性化方程，不利于求解。为此，必须将式(9-45)、式(9-48)进行线性化处理。

当忽略高差的影响时，式(9-45)可改写为

$$F = K_{ad}(p_1 - p_2)^{1/2} \tag{9-50}$$

式(9-50)可线性化为

$$F = K_{ad}(p_1 - p_2)/(\sqrt{p_1 - p_2})_1 \tag{9-51}$$

式中：$(\sqrt{p_1 - p_2})_1$ 为上次计算所得值，为已知量。

式(9-48)用另一种形式表示为

$$F_p^2 + (K_2 N/K_3) F_p + K_1/(K_3 N^2) - \Delta p/K_3 = 0 \tag{9-52}$$

令 $C_1 = K_1/K_3$，$C_2 = K_2/K_3$，$C_3 = 1/K_3$，则式(9-52)可变为

$$F_p^2 + (C_2 N) F_p + (C_1 N^2 - C_3 \Delta p) = 0 \tag{9-53}$$

式(9-53)为标准一元二次方程，用公式法求解，且考虑流量为正值，则可得

$$F_p = -0.5 C_2 N + [(0.25 C_2^2 - C_1) N^2 + C_3 \Delta p]^{1/2} \tag{9-54}$$

进行线性化处理，得

$$F_p = A + B \Delta p \tag{9-55}$$

式中，

$$A = -0.5 C_2 N + (0.25 C_2^2 - C_1) N^2 / [(0.25 C_2^2 - C_1) N^2 + C_3 \Delta p]_1^{1/2}$$

$$B = C_3 / [(0.25 C_2^2 - C_1) N^2 + C_3 \Delta p]^{1/2}$$

其中，$[(0.25C_2^2 - C_1)N^2 + C_3\Delta p]_1^{1/2}$ 为上次计算值，属已知条件。

(2) 流量、压力求解。对复杂管系节点化后，可对流量线及压力节点列出相应方程。对流量线而言，其流动情况可分为三类：

①流量线起源于压力边，终止于压力节点。压力边界指压力恒定的压力节点或无需本系统计算之压力节点，为已知。流量线的表达式为

$$F + Cp_p - Cp_p = 0 \qquad (9-56)$$

式中：$C = K_{ad}/(p_b = p_p)_1^{1/2}$；$p_b$、$p_p$ 分别为压力边界利压力节点压力：(Pa)。

②起源于压力节点，终止于压力节点。此时，流量线可由下式求得

$$F + Dp_2 - Dp_1 = 0 \qquad (9-57)$$

式中：$D = K_{ad}/(p_1 - p_2)_1^{1/2}$。

③含泵流量线，其表达式与式(9-55)相同。

对每一流量线可根据上述三种情况列出方程，对压力节点则可列出节点流量守恒方程。据此可解出流量线流量值及压力节点压力数值。

3) 阻力系数计算

为求解流量压力，根据式(9-45)，必须计算 K_{ado} 由式(9-46)，$K_{ad} = \sqrt{2}A/(\rho k_{loss})^{1/2}$。对某一管道而言，$A$ 为确定值，需确定的是 K_{loss}。

(1) 摩阻压降。对直管段，摩阻压降可表示为

$$\Delta p_f = R_1 F^2 \qquad (9-58)$$

$$R_f = 8\lambda L/(\pi^2 \rho g d^5) \qquad (9-59)$$

式中：Δp_f 为摩阻压降(Pa)；λ 为摩阻系数；L 为管道长度(m)；d 为当量直径(m)。考虑流动为充分紊流，λ 只与相对粗糙度有关，与雷诺数(Re)无关，因此，对某一确定管道而言，R_f 为一常数，其值可根据现场运行数据确定。

(2) 形阻压降。由于形阻压降与摩阻压降具有相同形式，且对某一阻力件而言，形阻系数为一常量。因此，在实际仿真中，由弯管、接头、过滤器、树脂床、换热器所引起的形阻压降皆并入摩阻压降中，可不另考虑。

(3) 流量调节阀压降。流量调节阀压降表达式为

$$\Delta P_v = R_V F^2 \qquad (9-60)$$

式中：ΔP_v 为流量调节阀压降(Pa)；R_V 为流量调节阀阻力系数，其值需根据具体阀门"流量-开度"曲线求出。

2. 温度计算模型

一回路辅助系统中，温度计算模型包括换热器模型与温度混合模型。在此

只介绍温度混合模型。对某一无内热源控制体,能量平衡方程为

$$\mathrm{d}(Mc_pT)/\mathrm{d}t = F_iT_ic_p - F_oT_oc_p - K_{tl}(T-T_a)c_p \qquad (9-61)$$

式中:M 为控制体内质量(kg);T_i 为进入控制体流体温度(℃);F_i 为进入控制体流量(kg/s);T_o 为流出控制体流体温度(℃);F_o 为流出控制体流量(kg/s);c_p 为比热容(J/(kg·K));K_{tl} 为热量损失系数;T_a 为环境温度(℃);T 为控制体温度(℃)。

依据不同积分条件,对式(9-61)积分,可得出箱体及管道汇合点的流体温度。

① 箱体流体混合温度

积分条件:$\mathrm{d}M/\mathrm{d}t = F_i - F_o$;$T_o = T$;$c_p =$ 常数,对式(9-61)积分,得

$$T' = T + [F_i(T_i - T)K_{tl}(T-T_a)]\mathrm{d}t/M \qquad (9-62)$$

式中:T' 为新计算得出的箱体流体温度(℃)。

② 管道汇合点温度

积分条件:$\sum F_i = \sum F_o$;$c_p =$ 常数;$M = 0$;$T_o = T$。对式(9-61)积分,得

$$T' = [\sum F_iT_i - K_{tl}(T-T_a)]/\sum F_i \qquad (9-63)$$

3. 硼浓度计算模型

一回路辅助系统中,不考虑密度变化对硼浓度的影响,并假定:在一回路辅助系统内,硼浓度发生变化只是因为流体混合,或因为树脂床的衡释、硼化作用;硼结晶现象只发生在硼酸储存箱中,据此,列出基本方程

$$\mathrm{d}(BM)/\mathrm{d}t = F_iB_i - F_oB_o - K_{bl}(B_i - B_a) \qquad (9-64)$$

式中:B 为控制体内硼浓度(mg/L);B_I、B_o 及 B_a 分别为进、出控制体流体硼浓度及树脂床自身硼浓度(mg/L);K_{bl} 为树脂床衡释、硼化系数。

对于箱体,$\mathrm{d}M/\mathrm{d}t = F_i - F_o$;$B_o = B$。对式(9-64)积分可得

$$B' = B + F_i(B_i - B)\mathrm{d}t/M \qquad (9-65)$$

式中:B' 为新计算出的硼浓度(mg/L)。

对于树脂床,$K_{bl} \neq 0$;$F_i = F_o$;$M = 0$。对式(9-64)积分则得

$$B_o = B_i - K_{bl}(B_i - B_a)/F_i \qquad (9-66)$$

式中:B_o 为新计算所得树脂床出口硼浓度(mg/L)。

在管道汇合点,$K_{bl} = 0$;$\sum F_i = \sum F_o$;$c_p =$ 常数;$M = 0$。故可求得

$$B' = \sum (F_iB_i)/\sum F_i \qquad (9-67)$$

4. 往复泵模型

化学容积控制系统有两台往复式上充泵,其流量 F(kg/s)与其转速 SP(r/min)

成正比,即 $F=0.0015\text{SP}$。

在往复泵模型中,SP 决定的流量为目标流量 F_{ob}。由整个管系流动状态决定的流量为要求的流量 F_c。模型要解决的问题是如何根据 F_{ob} 计算得出一最优往复泵出口压力 p_o,使 F_c 极好地跟踪 F_{ob} 的变化。

由式(9)可得,

$$F_c = K_{ad}(P_0 - P_n)^{1/2} \quad (9-68)$$

式中:P_0 为往复泵出口压力(Pa);P_n 为往复泵与整个管网接合点压力(Pa)。

由式(9-68)则可求得

$$p_o = p_n + F_c^2/K_{ad}^2 \quad (9-69)$$

令:$E=(K_{ad})^2$,$F_c = F_{ob}$ 则

$$p_o = p_n + F_{ob}^2/E \quad (9-70)$$

用式(9-70)计算后,在实际仿真中,计算出的 F_c 能极好地跟踪 F_{ob} 的变化。其中,常数 E 的选取是决定性因素。

9.4.6 硬件系统配置

秦山 300MW 核电机组全范围仿真机对硬件系统的要求是:

(1)逼真性:与集控室一致的操作环境,要求1:1仿真;

(2)实时性:迅速对输入操作作出响应,及时输出操作结果,每秒对全部 I/O 接口扫描 10 次;

(3)可靠性:能满足 200h 拷机的要求,其间的系统可利用率应不小于 98%,以满足长时间培训学员的要求;

(4)可维护性:能便利地进行日常维护;

(5)可扩充性:必要时能方便地扩充硬件设备和功能。为满足这些要求,采用 SGI 公司的双 CPU 的 CHALLENGE 作为仿真机的主计算机。

9.4.6.1 计算机局部网络

本仿真机的硬件系统由计算机局部网络、输入和输出接口、仿真控制台盘及电源四大部分组成,详见图 8-7(典型的仿真机硬件系统结构图)。

从计算机网络拓朴结构的观点来看,本仿真机计算机局部网络是单总线型以太网局部网络。它以 SGI 公司的双 CPU 的 CHALLENGE 网络资源服务器作为主计算机,连接若干台 SGI 公司的 INDY 工作站、INDIGO 工作站和 COMPAQ

公司 PC 微型计算机构成局部网络。

主计算机 CHALLENGE 中存放有核反应堆、汽轮机、发电机等核电站主要设备的数学模型软件。其 CPU 为 RISC 结构的双 MIPS R4400MC 处理器,主频 150MHz,字长 64 位,32kB 一级缓冲存储器,IMB 二级缓冲存储器,64MB 内存,带 2GB 硬盘。每个 CPU 的运算速度为 128MIPS/72MFLOPs。带有 600MB 的 CO-ROM 和 150MB 的 1/4 英寸磁带机、8 个 RS-232 串口(接 8 台字符终端)、1 个并行接口(接 600LPM 高速行打)、2 个以太网接口、5 个 VME 总线插槽和 1 个 VME 总线适配器。

教练员工作站采用 SGI 公司 IRIS INDIGO 工作站,用以控制和监视仿真机的运行,并对学员的操作水平进行评价,其 CPU 为 RISC 结构的 MIPS R300A(带 3010A 浮点加速器),主频 33MHz,字长 32 位,64kB 高速缓冲存储器,16MB 内存,带 500MB 硬盘,2 台分辨率为 1024×768 的 48cm 彩色显示器。教练员工作站还配置有无线遥控发送/接收器,供教练员对培训过程进行遥控。遥控发送器以 265MHz 的载波频率发送教练员的各种指令。

为了提高整个仿真系统的可靠性,教练员工作站配置了两套相同的硬件设备,即两套 INDIGO 双显示器工作站,两套遥控收发器。均接在以太网上,一套使用,另一套热备用。

工厂过程监控仿真和技术支持中心计算机均采用 SGI 公司 INDY 工作站实现,用以完成对核电站运行过程中的各种参数的实时监视和计算。其 CPU 为 RISC 结构的 MIPS 4600PC,主频 100MHz,字长 64 位,32kB 高速缓冲存储器,内存 32MB,带 535MB 硬盘,150MBI1/4 英寸磁带机和 21MB 软驱、1 台分辨率为 1024×768 的 48cm 彩色 CRT。

DEH 仿真计算机用 COMPAQ 公司的 PC 486/33 微机实现,用以对汽轮机的转速和负荷进行控制。其 CPU 为 INTEL 80486(带 80457 协处理器),主频 33MHz,字长 32 位,内存 8MB。带 200MB 硬盘和 1.44MB3.5 寸软驱、1 台分辨率为 1024×768 的 48cm 彩色 CRT 及 1 个以太网口。

9.4.6.2 输入输出接口

输入输出接口用以连接仿真控制台盘和仿真计算机,实时地把各种操作和参数输入计算机,并把运算结果和设备状态输出到台盘上的仪表和指示灯。本仿真机采用 CPI 公司的 G2 和 RTP 系列输入、输出接口。

G2 是一个带有微处理器的智能式独立控制器机箱。G2 作为 RTP 系列输入输出接口机箱与仿真主计算机之间的界面,用以减轻仿真主计算机对 I/O 进行处理的运算负担,提高整个系统的响应速度和实时性。

VME/RTP 总线转换 IOBC 卡用以控制 RTP 口机箱链路。

RTP 系列接口机箱直接安装在各仿真控制台盘内。

本仿真机控制台盘总计实用 I/O 点数为 9885。其中,AI 为 45 点,AO 为 998 点,DI 为 3293 点,DO 为 5549 点。

9.4.6.3 仿真控制台盘

仿真控制台盘的大小、形状、颜色和台盘设备的正面布置均与秦山核电站主控室真实台盘一致。台盘上的各种设备,如指示仪表、记录仪、开关、按钮、信号灯、报警窗等的大小、形状、颜色都与实物一致或尽可能接近。台盘总长度为 55.33m,采用厚 4mm 的优质钢板和骨架式结构,表面处理采用高压静电塑工艺。

9.4.6.4 电源

本仿真机采用 32 台 24V–25A,24 台 ±15V–5A 和 +9V–25A 直流开关电源供电。用 4 台 10kVA 的交流稳压电源和 2 台 5kVA 的 UPS 供电。交流稳压电源的输出(通过配电柜和台盘内的配电箱)向台盘上的各种交流仪表、RTP 接口机箱及各直流开关电源供电。UPS 的输出(同样通过配电柜)向各计算机供电。仿真控制台盘耗用交流稳压电源的总功率约为 36kVA,各计算机的总功率约为 6kVA。整个仿真机耗用的总功率约为 45kVA。

9.4.7 I/O 接口系统

从硬件上讲,I/O 接口系统,是联接仿真机表盘与计算机网络系统的一套硬件设备。对秦山核电项目,我们选用了美国 CPI 公司的系列产品,包括 G2 系统机箱、RTP 机箱、联接电缆等。从软件上讲,I/O 接口系统是一组由亚仿公司自行开发的 I/O 管理和实时运行的程序。因此,I/O 接口系统在整个仿真机系统中,其最终的作用就是实现仿真模型与仿真表盘之间的实时数据交换。

9.4.8 总体设计

核电站全范围仿真机总体设计涉及的问题很多,需要周密的分析和思考,它采用的标准是最新美国国家标准 ANSl/ANS3.5—1993。总体设计是大型系统工程产品成功的关键。

9.4.8.1　核电站全范围仿真机的任务

(1)核电站全范仿真机是物理过程的、高逼真度的和性能优良的全范围培训仿真系统,应能使操作人员全面地、正确地、熟练地掌握核电站在各种工况下的启动、停止、正常运行的操作调整技术,正确分析、判断和处理各种应急故障和事故的能力,应能具有培训新上岗运行人员、提高在岗运行人员运行水平和技术管理人员管理水平的功能。此外,该仿真机还应具有验证运行规程,包括正常运行、异常工况和事故工况的处理规程的能力。

(2)具有对岗位的运行人员、技术管理人员进行再学习、再提高的能力。

(3)仿真机应有方便的修改能力,以适应生产情况变化的需要。

9.4.8.2　仿真范围

控制室内能操作到的设备,以及被选的就地操作所涉及的设备和系统均应属于核电站全范围仿真机的仿真范围,仿真机系统作了具体系统的定义。即详细仿真和简化仿真的系统分类:

(1)一回路系统 22 个;

(2)二回路系统 23 个;

(3)仪表和控制系统 22 个;

(4)发电机及电气系统 19 个;

(5)暖通空调系统 8 个;

(6)给排水系统 4 个;

(7)动力系统 4 个。

以上共 102 个系统,这些设备和系统,在仿真过程中是按仿真方法和计算方法以及物理流程进行仿真模型的系统划分。

9.4.8.3　总体设计任务

(1)仿真机总体设计首先是将技术规范书的要求具体化,用文字、表格、仿真图、程序接口图等形式勾划出要仿真的系统和系统内所包括的内容,尽可能具体和明确,并以此作为编程的基础。

(2)总体设计最重要任务要使技术概念确切,系统划分清晰,各系统任务明确。因此,要在分析仿真机技术规范书的目的、任务和应达到的水平要求和特点的基础上,进行控制室盘/台的设计、硬件的配置、软件配置和结构,应用软件系统的划分和功能的实现,以综合满足仿真机技术规范书的要求和体现出仿真机的特点。

(3)总体设计也是规划工程各项工作的先后次序,以保证硬件和软件设计工作进度协调,审查设计变更和实现的可能性,决定资料冻结和鉴定资料短缺以及是否需要进行某些资料的生成。

(4)通过总体设计,预计和发现一些存在问题,提醒双方共同考虑和研究一些解决措施。

(5)通过总设计,确定合理的简化和必要的假设。

9.4.8.4 仿真机的特点和配置措施

(1)建立全物理过程的核电站的仿真模型,尤其在堆心部分,能量及反应性计算时,采用二群、三维并带6组缓发中子的模型,对时间和空间实行变量分离,轴向元件至少分为12段。并至少有BOL、MOC、EOL包括初次装料和以后的平衡循环装料六个运行状态。

(2)仿真过程、逻辑与动态分开,并且100%仿真核电站的所有逻辑,以保证核电站操作的逼真性。

(3)合理的仿真系统划分和明确的接口,以保证能根据动态的特性安排运算周期和顺序以实现实时效果。

(4)全仿真了秦山核电站300MW机组并拥有20世纪90年代仿真与图像技术和教练员工作站功能,科学地引导操作员的培训并对培训进行管理,并借助热备用的教练员工作站安排就地操作功能。

(5)拥有定量验证的软件工具,使得全仿真机不仅采用定性的验证方法,并采用定量的验证方法,来实现机组特性的验证。

(6)自动化编程的能力强,不仅节约工期,而且提高程序标准化水平,以便更科学地保证仿真机质量。

9.4.8.5 仿真机的硬件配置

硬件的配置是仿真机实现整体功能的基础,只有合理地选择硬件的设备及其系统的结构,才能保证全仿真机整体功能的实现,才能保证足够的信息流通量,足够的空间和机时进行实时运算以及留余足够的备用时间和空间,为今后修改与扩充作准备,只有选择高性能的设备才可能保证运行的可靠性。

硬件配置的任务：

(1)通过系统的总体设计,再一次检查技术规范书中所选择的硬件设备是否合理和完整。

(2)由于制造周期较长,在这段时间里计算机硬设备的更新变化比较大,因此必要时,在初步设计阶段可以选择更新的机型,即当前性能价格比更优的机型或设备。

(3)按控制室表盘的图纸和电站 P&ID 图等逐个落实盘台的开关、按钮、仪表、控制器、记录器和特种仪表,并确定类型和选型和/或仿真的方案。并在此基础上作出盘面及布线的设计。

(4)按照表盘的布局和结构以及操作功能,落实每个盘对应的各类 I/O 的个数并进行 I/O 分系统设计,从而最后确定各类 I/O 个数。

9.4.8.6　仿真机软件系统配置

1. 软件系统配置的指导思想

就一般来说,在仿真机的功能实现配置的方面,支撑软件所工作的操作系统环境常常决定了硬件的选型,因为支撑软件的移植有时需要太多时间。但仿真机所配的仿真支撑软件可以在 Unix 操作系统环境下运行,就使仿真机的硬件有了广泛的机型选择的可能性,可以选择当前性能价格比最佳的机器。而软件系统配置则采用最新的软件技术。从而体现了仿真软件系统配置的指导思想：

(1)仿真机拥有大型的模型软件,又面临新机组和新运行方式的研究,需要强有力的支撑软件,以便修改和扩充。

(2)硬件选用先进而可靠、性能价格比优越的美国 SGI 机型,配置现代先进的操作系统。

(3)应用软件和文件是模块化结构,程序之间的接口清晰。

2. 操作系统的选择

(1)以 Unix 操作系统为基础,开发和使用高级支撑软件。Unix 操作系统是一组程序(软件),它控制计算机,在用户和计算机之间起联接作用,并为用户提供了强有力的工具,提供了一个简单的、有效的和灵活的计算机环境的系统。由于 Unix 操作系统具有开放性、可移植性、多用户多任务以及稳定性等特点,加上本身的实时处理能力和强大的网络通信功能,目前也是国际上被广泛采用的操作系统。由于它的流行,很多计算机厂家都选用了 Unix 作为其机型所用的操作系统。那么在 Unix 之下运行仿真支撑软件,就使得仿真机可使用的机型选择范围很广,可以根据系统配置的大小和资金的情况,选择小型机;小型机+微机;微机网;工作站等多种灵活的配置,以便选择性能/价格比最佳的系统配置。特别在仿真机投入运行一段时间后,由于计算机更新换代,备品备件的变化,在相当时间里 Unix 不会被淘汰,这样仿真机升档的机型也就容易选择,仿真支撑软件的设计也就随着 Unix 的特点进行开发与发展。

(2) Unix 系统的结构:主要由以下四个部分作基础,图 9-16 为 Unix 系统模型。每个图代表 Unix 系统的主要部分之一,即核、外壳和用户程序或命令。箭头指出了外壳(shell)做为一种中间体的作用,通过它,用户与核进行联系。

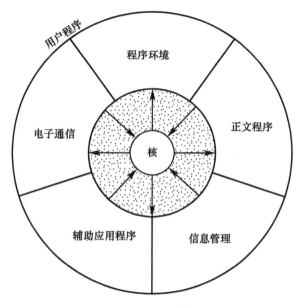

图 9-16　Unix 系统模型

① 核(the kernel):核是组成操作系统核心的一个程序,它协同计算机内部部件的工作,分析系统资源、控制计算机存取和维护文件系统。图 9-17 为核的功能图。

② 文件系统(the file system):文件系统提供了一种处理数据的功能即组织、修改、管理信息的逻辑方法。文件系统结构是分层的,像一棵颠倒的树,见图 9-18,文件 Unix 系统的基本单元,它可以是以下三种中的任何一种,即普通文件、目录或特别文件。

图 9-17 核的功能图

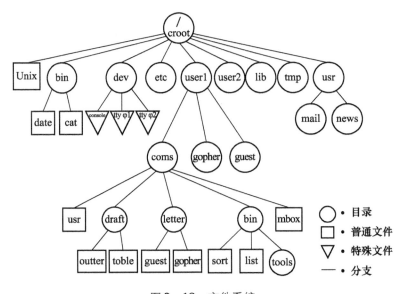

图 9-18 文件系统

③外壳(the shell):外壳是一个命令解释程序,它把用户和核心程序联系起来,解释并执行用户使用的命令,由终端读进输入并把所需要的信息输出。可称为人机对话。

④命令(command):是用户需要执行的程序名,这些程序需要执行的程序可以统称为工具(tool),Unix 提供了丰富的工具。命令执行的过程如图 9-19 所示的命令执行框图。系统的原理用图 9-20 表示。

第9章 国内首个全自主技术产权的全范围全流程核电仿真机

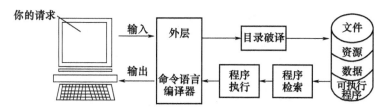

图9-19 命令(commands)执行框图

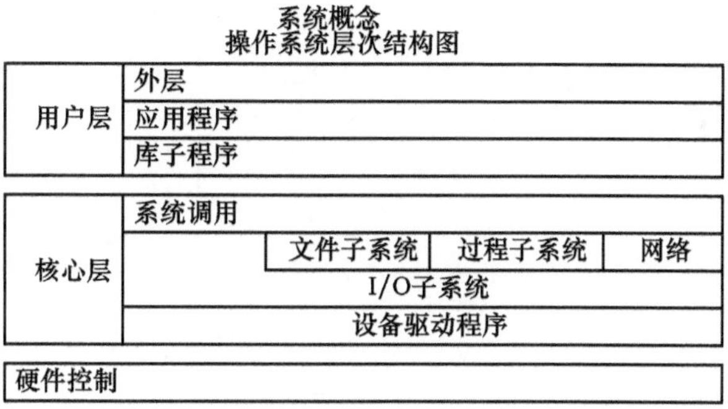

	系统概念 操作系统层次结构图			
用户层	外层			
	应用程序			
	库子程序			
核心层	系统调用			
		文件子系统	过程子系统	网络
	I/O子系统			
	设备驱动程序			
硬件控制				

图9-20 系统基本原理图

(3) Unix 操作系统与实时的结合：

① 实时操作系统的要求：提供和支撑工业标准；高处理效率；高 I/O 传送量（传送率）；快速中断响应能力。

② 为了满足实时的要求，Unix 在适应实时应用方面作了扩充，图9-21 为 Unix 与实时的结合；图9-22 为内存管理数据结构；图9-23 为实时运行的队列组织。

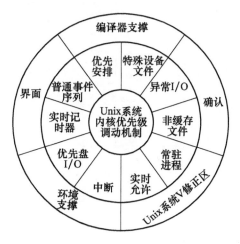

图9-21 Unix 与实时的结合

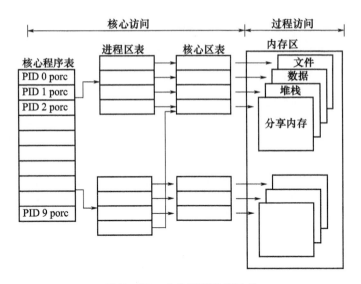

图 9-22 内存管理数据结构

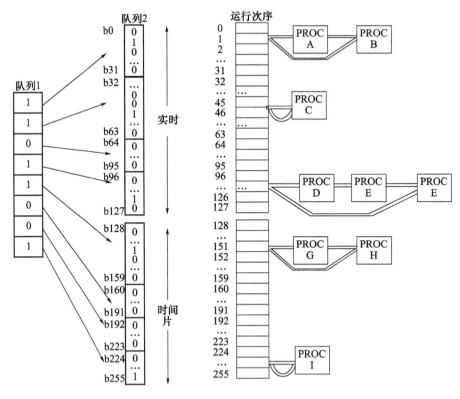

图 9-23 实时运行的队列组织

3. 图像能力的配置

采用了 X‑Window 的先进图象技术,在系统配置中选了在 Unix 操作系统环境中运行的 X‑Window development system 软件,在这基础上开发就地操作台的功能和教练员功能,实现图文并茂、多观察窗的多功能教练员工作站,以满足仿真机教练员工作站和就地操作站的功能要求。

4. 高级支撑软件系统

(1)简述。在每台仿真机中均配置,支撑软件与模块框图见图 9‑24。

软件的强有力支撑下,应用软件结构是 top‑down 设计的模块结构,实现标准化设计,或图形建模自动生成程序,要求达到以下几点:格式、资料标准化;使用方便;可维护性好;可修改性好;灵活组合的能力强。

(2)应用软件系统模块的划分原则,采用 top‑down 的设计方法,分到最小的程序,以保证可读性和可修改性。

(3)应用程序的本身就是软件说明书,程序结构清晰,注解明确,可读性好。

(4)系统软件

仿真机配置的系统软件是:Unix 基本系统;NFS Network file system;FORTRAN 77 Compiler;Software development package;X‑Window development system。

在系统软件的配置下,支撑软件和模块关系,见图 9‑24。

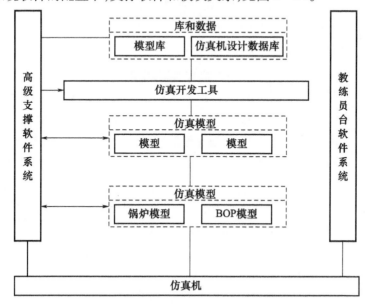

图 9‑24　支撑软件开发工具与模块框图

5. 措施

为实现技术规范全面功能和实现仿真机的诸项特点,采取了如下各项措施:

(1)分析仿真机技术规范的要求和确认的仿真范围,提出资料收集提纲。

(2)认真进行计算机系统和 I/O 接口的选型,配置满足功能实现的硬件系统。

(3)建立全物理过程的数学模型,不用任何"函数发生器"加入动态模型中,蒸汽发生器、传热等关键模型采用分布参数,全部故障的模型包括在物理过程的数学模型中,以保证在各种初始条件下开始运行仿真机均能有逼真的效果。为了实现运行分析的功能,在模型中应充分考虑分析的因素,以保证分析的效果。

(4)为保证程序的可读性、可修改性和可扩充性,诸系统之间有清晰的接口。全部程序、接口和数据库的数据点均按标准化的方法编号,以保证源程序的高水平和调试的效率,并在仿真软件的支撑下保证自动生成程序和在线(或离线)修改、联接、更换程序模块。

(5)采用功能齐全、使用方便的教练员工作站,提供了灵活、清晰的多窗口操作界面。

(6)设置了 99 个初始条件。通过对不同初始条件的选用,教练员可以方便地实现在各种运行工况下的操作培训工作。

(7)仿真机具有实时仿真正常和紧急事件状态的能力,包括电厂运行设备故障、自动控制设备功能故障、操作失误引起的设备或系统故障。仿真机设计了 373 种类型、1000 多个故障的生成能力。

(8)可提供 50 个或更多外部参数设置的能力。

(9)就地操作系指控制室盘/台控制范围以外的表盘或就地控制的开关与阀门等。仿真机的就地操作项目和所涉及的系统都是与起、停操作有关且很有培训意义的。仿真机共设计了 41 幅画面的 304 个操作点。

(10)仿真机拟对一回路系统、二回路系统、电气和控制系统中的保护、逻辑进行全仿真。

(11)在仿真支撑软件和图像支撑软件的环境下,设计 PPC 仿真软件包以及其他控制系统软件,实现 300MW 机组的各项控制系统的逻辑、操作、运算功能。

(12)在熟悉系统、研究资料的基础上,认真组织进行仿真机的初步设计,以确认仿真范围、确定系统配置、接口数量、故障项目、简化假设以及仿真系统划分等。

6. 控制系统仿真的实现方法

这里所讲的控制系统的仿真是指保护(逻辑,连锁关系)及模拟调节。

对于逻辑控制来讲,除了在一回路中分出 RP 和 RL 分别实现反应堆保护和 RC 的逻辑之外,其他系统的逻辑均并入各设备所属的仿真系统中,但逻辑和动态是分开的。

模拟调节部分,除了考虑秦山反应堆控制的特殊性,专门提出 RX 系统来实现其控制外(注:由于 RX、RD 接合紧密,本仿真机考虑减少系统之间的接口合并在一起),其他各系统的模拟、调节都归入各系统。如蒸汽发生器、除氧器、凝汽器、各加热器的水位控制归入 FW 系统,旁路 AV6 归入 MS 系统。

由于控制系统的仿真是参照电站的控制系统资料,1∶1 地实现它们的仿真,因此控制系统的初步设计报告,不可能把整个图重画出来,而是只画出调节系统框图,不画详细的逻辑图。ATP 检查时可按实际逻辑图和功能图测试。

7. 就地功能实现的安排

核电站的运行人员一般是不离开主控室的。根据运行需要,需了解其他控制室中所显示的参数,或操作主控室以外的设备,运行人员是通过打电话要求各岗位的人员来实施。而在仿真机中,学员的电话是打到教练员室,由教练员来模拟现场人员与主控室人员交换信息。就地操作的任务有下列:

(1)完成操作主控室外需操作的设备功能;

(2)显示主控室以外可监视到的参数,供教练员查询,以回答主控室操作人员的询问。

因此就地台的设计就不是面向运行人员的,而是面向教练员的,作为主控室没有,而在核电站运行又必须操作、显示的实际具体设备。

对特定的秦山核电模拟机来讲,由于不可能仿真核电站的所有辅控室、辅控盘如剂量控制室、就地切换开关等均藉此就地台来实现。对于放射性监测中的工艺流程放射性监测,虽然在剂量控制室中有,但在主控室的盘台上及 PPC 中分别有报警及显示,就不再列于就地台中;而对于区域性的放射性监测,则是以图像的方式显示于就地台的就地画面中。就硬件设备而言,是把就地台功能安排在教练员工作站上,那教练员站与就地站合二为一,考虑到教练员工作站是整台仿真机的控制中心,另外还特别设置了一个双 CRT 的热备用教练员工作站。

8. 模块划分

模块划分是十分重要且难度很大的工作,为了保证仿真机实时运行成功,作为系统划分必须认真划分系统。

从直观上,将动态数学模型分为核岛数学模型、常规热力数学模型、电气部分数学模型,通常又将整个核电站系统分为核蒸汽供应系统 Nsss(含 CR、RC 及 SG 系统)和 BOP(CV、CT、WD、HV、CA、RH、RL、SI、TB、NI、MS、CF、CW、FW、TC、CC、SW、ED、EG、RM、RX、RP)。其中:

CR:堆芯物理模型;

RC:一回路主冷却剂模型;

SG:蒸汽发生器。

因为这三个系统牵涉到复杂的中子能量及热工水利的计算是核电站数学模型的难点。

上述三个系统与其他系统的接口是通过 RL 系统。

BOP 的数学模型,基本上根据特性即:水、汽、汽水共存、气、电等。

仿真系统的划分是总体设计中重要的环节,该核电仿真机仿真系统的划分与被仿真实际系统的对应关系是经过实际运行所验证,可以作为经验而收集,表 9-3 列出仿真的系统与被仿真的实际系统的对应关系。

表 9-3　仿真的系统与被仿真的实际系统对应关系

序号	系统标识	仿真系统的描述	对应的电厂系统
1	AN	没有独自列成系统,而是把 1.3(7)、(9)、(10)并入各个专用设备系统中	1.3(7)主控制室报警系统; 1.3(9)主控制室报警处理系统; 1.3(10)全厂报警系统
2	CA	压缩气体系统包括控制用压缩气系统、氮气、氢气供应系统。仪表用压缩空气系统主要是为一些受气体驱动的阀门提供驱动力。氢气供应系统一方面维持一回路某些水箱的压力,同时保证主冷却剂中含有一定量的氢,防止主冷剂中氧量过高。氮气供应系统主要维持水箱的压力。 该系统属于简化仿真系统	1.7 (1)压缩空气生产和分配系统; (2)仪表用压缩空气生产和分配系统; (3)氮气生产和分配系统; (4)气气生产和分配系统

第9章 国内首个全自主技术产权的全范围全流程核电仿真机

续表

序号	系统标识	仿真系统的描述	对应的电厂系统
3	CC	设备冷却水系统是一个中间冷却系统,在输送放射性流体的设备和电站最终热阱(即最终冷却源,由海水部分组成)之间提供一个可进行监督的中间屏障,避免放射性流体与电站海水之间相互泄漏。 设备冷却水系统的功能是在电站正常运行、停堆或事故工况下,从含有放射性流体的设备中导出热量,它的具体功能是: (1)反应堆正常运行时,设冷系统向电站一回路主辅系统某些设备提供所需要的冷却水; (2)反应堆在停堆换料时,通过设冷热交换器带走反应堆余热及换料水池的热带; (3)在事故工况下,反应堆冷却剂系统失水或安全壳内主蒸汽管道破裂时,对专设安全设施(包括安注、停冷、喷淋和消氢系统),各设备提供冷却水	1 (5)设备冷却水系统
4	CR	反应堆堆芯系统 秦山核电站是单机双环路压水堆(PWR)型设计。该厂核蒸汽供给系统(NSS)由反应堆主冷却系统(RCS)和两台U形管蒸汽发生器(UTSGS)构成。 反应堆压力壳作为反应堆堆芯的包壳容器,在其中进行核反应并产生热量。压力壳内空间通常划分为下列几个区间——下降段、下腔室、活性区、上腔室和上封头。 堆芯内进行的原子核链式反应产生热量,堆芯成为一个热源。堆芯由121组燃料组件构成,冷却剂流过燃料栅元内通道来冷却这些燃料组件,保持合适的冷却对反应堆的控制非常重要。堆芯出口热电偶用于准确地监测堆芯温度的变化。压力壳和堆芯内的冷却剂流体的热力学和热传导特性由RC动态系统仿真,活性区内的原子核反应、中子通量分布和热量产生由反应堆堆芯系统仿真。 CR系统与RC、NI和RD系统有接口,堆芯的总功率及其分布和通结形态取决于37组控制棒的位置,控制棒的位置通过RD系统仿真。燃料温度、慢化剂温度(或密度)、系统硼浓度均较大影响堆芯动态。所有这些参数由RC动态系统计算并传递给CR系统,CR系统根据有关参数计算堆芯功率并传递给RC系统,堆芯的特性,特别是功率分布,通过堆外探测器(功率量程、中间和源量程)、堆内控测器和热电偶监测。对仿真机,这些参数由CR系统计算并传递给NI系统	1.1 堆芯物理

续表

序号	系统标识	仿真系统的描述	对应的电厂系统
4	CR	堆芯高约2.9m,直径约3m,这一堆芯空间被划分为轴向12个节点,径向121个节点;1个径向节点对应1组燃料组件。通过这样的节点分能够很好地仿真两群中子通量的影响和功率变化。单一节点内更进一步的通量变化不仿真。 堆芯模型将考虑氙和钐中毒对反应性的影响,精确计算氙和钐随中子能量和时间的变化。振幅函数方程采用6组缓发中子,衰变热采用11组衰变热计算。	1.1 堆芯物理
5	CT	安全壳喷淋系统作为专设安全系统,在发生失水事故或安全壳内主蒸汽管时,用于降低安全壳内大气的温度和压力,除去壳内大气中的放射性碘。它包括二条容量为100%的安全机同且各自独立的支路。每条支路包括一台喷淋泵,一台喷射器,它从NaOH添加储存箱中将NaOH溶液引入喷淋液中;一台热交换器,系统停冷热交换器,一个安全壳地坑,再循环喷淋时,由地坑提供喷淋液。该系统还包括两条支路的公用部分,包括一台NaOH储存器,换料水箱与二台喷淋泵入口连接集管。 系统壳消氢系统的功能是消除在LOCA等事故中,因水—锆反应所产生的并且泄漏至安全壳内大气中的H2。由两个独立的、具有100%容量的分系统组成,每个分系统包括一台风机、空气洗涤器、消氢器等。事故后,氢浓度的增加为一个动态过程。 安全壳通风空调系统安全壳内子系统包括:X1-1 安全壳氢气混合系统,X1-2 安全壳空气循环冷却系统,X1-3、X1-4、X1-5 设备室转送系统,X1-6 安全壳空气循环过滤系统,X1-7 控制棒驱动机构冷却系统,X1-8 堆腔冷却系统,X1-9 环廊变送器冷却系统(简化),X1-10 中子通量测量设备室转送系统等。 在反应堆发生失水事故后,X1-1 系统使安全壳顶部空气循环流动,避免事故后环境中的氢气在顶部积聚。反应堆正常运行期间,X1-2 系统用来散除安全壳内工艺设备产生的热量。设备室转送系统(X1-3,X1-4,X1-5)将安全壳大厅操作层以上冷空气转送入大厅操作层以下的设备室(主泵、蒸汽发生器、稳压器间),以维持设备室空气平均温度不大于50℃。X1-6 系统由安全壳剂量信号控制,定期循环过滤安全壳空气,去除放射性物质。X1-7 系统为控制棒驱动机构通风罩提供冷却空气,使其在较低的温度下运行。X1-8 堆腔冷却系统用以排除反应堆本体散热,压力支承散热等。X1-10 系统为中子通量测量设备区提供合适的温度条件。	1 (9)安全壳喷淋系统; (10)安全壳消氢系统; (18)喷淋泵润滑油系统。 5 (2)控制棒驱动机构冷却通风系统; (3)安全壳放气系统; (4)反应堆堆控冷却通风系统

第9章　国内首个全自主技术产权的全范围全流程核电仿真机

续表

序号	系统标识	仿真系统的描述	对应的电厂系统
5	CT	一个多区域的安全壳模型将用来对安全壳动态特性进行仿真。整个反应堆安全壳共被划分成 15 个区间,在每个独立区间内对水、蒸汽及不可凝汽体应用质量及能量平衡从而求解整个安全壳的温度场、压力及放射性浓度分布、壳壁温等。 安全壳内发生的诸如 LOCA、主蒸气管道、主给水管道破裂等事故,安全壳内的温度、压力和地坑水温、水位将如实地反映。 消防系统也归入该系统	
6	CW	循环水系统包括下列子系统: (1)海水取水系统; (2)凝汽器冷却及胶球清洗系统; (3)海水循环水系统; (4)一回路海水冷却水系统。 海水取水系统用 9 台海水泵通过吸水并抽取海水冷却水,其中 5 台海水泵为二回路供应海水,四台海水泵为设备冷却水冷器供应海水。 凝汽器冷却及胶球清洗系统为二台凝汽器供应海水冷却水,共有四条进出水母管,每个凝汽器各有 4 个进出水口。海水通过虹吸并回到大海。 海水循环水系统从循环水进水母管向工业水冷却器、发电机空冷器、转子水冷却器、定子水冷却器供应冷却水。冷却水由出水母管流入大海。 一回路海水冷却水系统为设备水冷却器提供冷却水。该系统共有三台设备水冷却器。 根据不同的运行工况,启用不同数量的设备水冷器	常规岛闭式循环冷却水系统循环水系统
7	CVCS(CV)	化学和容积控制系统为一回路辅助系统,包括容积控制、水质控制、硼酸溶液制备及贮存、化学补偿控制四个分系统。 容积控制分系统功能是反应堆在起动、停堆、功率变化过程中,保持主系统的合适的水容积,使稳压器的水位按规定的"水位一功率曲线"变化,在主系统出现较大泄漏及小破口时向主系统补水。正常下泄流经再生热交换器与上充换热。再经一组节流孔板降压后进入下泄热交换器,经过过滤器、树脂床,进入容控箱。容	1.1 (2)化学和容积控制系统; (3)硼回收系统; (6)磨燃料池冷却及净化系统; (19)上充泵润滑系统

续表

序号	系统标识	仿真系统的描述	对应的电厂系统
7	CVCS (CV)	控箱上部空间充氢气,由气空间压力自动控制进气、排气,维持一定工作压力。容控箱出口接四台上充泵,其中两台离心上充泵,由流量控制阀根据稳压器的液位,控制上充泵的流量;两台往复上充,利用改变电机的转速控制上充泵流量。上充流的一部分作主泵轴封水提供给主泵轴封水系统。当正常下泄故障或主系统温度变化过大时,可建立过剩下泄通道,过剩下泄流经过剩下泄热交换器,轴封回流热交换器后,进入容控箱或上充泵入口。 水质控制系统用于保持主冷却剂化学成分及放射性水平在允许范围内,以及合适的腐蚀抑制剂的浓度。在启动过程中,通过化学物添加箱加入 N_2H_4,达到除氧的目的,正常运行时,容控箱的复盖气体由 N_2 置换成 H_2,使主系统中有一定的氢含量,达到抑制辐照分解氧积集的目的,硼酸溶液制备及储存系统,用于制备和储存足够量的4%的浓硼酸,以供反应堆化学补偿之用。 化学补偿控制系统功能是调节冷却剂中硼的浓度,以适应不同的功率水平下运行。运行稳定时,补给水的硼浓度与主系统一致,工况变化时,则改变补给水的硼浓度,以达到对主系统进行硼化或稀释的目的。根据容控箱液位、硼浓度等,通过反应堆补给控制系统实现调硼和补水,也可由单设备手动启动实现。 硼回系统,将浓硼酸分离出来送往硼酸储存箱中备用,其余水经净化处理后,送补水箱中储存作硼回补水水源。硼回系统包括三个硼回补水水源。硼回系统包括三个硼回暂存箱、三台补水泵、一个除盐水箱、一个除氧水箱	
8	ED	配电系统用于机组起动、正常运行、正常停机及事故停机情况下,向机组辅机及仪表设备等电气负荷供电,主要包括以下配电系统: 6KV 交流系统; 380V 交流系统; 重要仪表电源; AC 不停电系统; 应急发电机系统; 棒电源机组。	1.4 (2)6kV 主结线每系统; (6)核岛 220kV 直流电源系统; (7)常规岛 220V 直流电源系统; (8)常规岛 24V 直流电源系统;

第 9 章　国内首个全自主技术产权的全范围全流程核电仿真机

续表

序号	系统标识	仿真系统的描述	对应的电厂系统
8	ED	6KV 有工作Ⅰ段、工作Ⅱ段、公用Ⅰ段、公用Ⅱ段、安全Ⅰ段、安全Ⅱ段。工作母线经厂变得电、公用母线和安全母线经启/备变得电。安全Ⅰ、Ⅱ段分别用电缆与公用Ⅰ、Ⅱ段相连，厂用工作母线与公用母线之间设置联络开关，正常处于断开位置，当一方失电时，可以自动切换，相互供电。 380V 系统采用中性点直接接地系统，分为工作Ⅰ段、工作Ⅱ段、堆用Ⅰ段、堆用Ⅱ段、安全Ⅰ段、Ⅱ段、Ⅲ段、Ⅳ段和化水段。 直流系统包括 220V 直流和 24V 直流。220V 直流有两回路，一回路有 A、B 两母线，二回路有Ⅰ、Ⅱ段母线。24V 直流有 A、B 两段母线。 AC 不停电系统包括计算机电源和重要仪表电源的Ⅰ、Ⅱ、Ⅲ、Ⅳ段。 应急发电机系统由三台互相独立的柴油发电机组成，当 6kV 安全母线失电时，应急发电机将自动起动向其供电。 棒电源机组，是由两台电发电机组成。正常时两台机组并联运行，向控制棒驱动机构送电，当一组故障或失电时，另一组可继续向控制棒驱动机构提供足够容量的负荷，当故障排除后，二台机组进行再同期并联运行	（9）常规岛 24V 直流电源系统； （10）220V 交流重要仪表电源（IE 段）； （11）220V 交流仪表电源系统（非 IE 级）； （12）220V 交流计算机电源系统（非 IE 级）； （13）棒电源系统； （14）应急柴油发电机系统； （15）380V 交流电源系统； （16）正常照明系统； （17）应急照明系统； （18）应急电源系统
9	EG	主发电机系统可划分为 4 个子系统：220kV 网控系统、发电机－变压器组系统、励磁及电压调节系统、发电机双水内冷系统。发电机把汽轮机输出的机械能转变成电能，变压器则将发电机端电压从 18kV 升高到 220kV，与网络并网，并把发电机输出的电能传送给电网及厂用负荷。 220kV 网控系统双线接线形式，正常运行母联开关处于断开状态，母线带有三条出线（金山线、峡石线和嘉兴线）和一条备用线以及厂启/备变。	1.2 （8）发电机冷却水系统。 1.4 （1）发电系统； （2）发电机励磁及电压调节系统；

续表

序号	系统标识	仿真系统的描述	对应的电厂系统
9	EG	励磁及电压调节系统采用同轴交流励磁机它激式静止半导体励磁方式,交流励磁机的励磁可由下方式提供,在正常运行时,由与交流励磁机同轴的350周/s中频永磁副励磁机经自动励磁调节器提供,并能实现从空载到满载以至2倍强励时的励磁自动调节。当励磁调节器自动回路出现故障时,使自动平滑地切至自身的手动回路继续提供励磁。 汽轮发电机运行中要产生能量损耗,大部分将转变为热能,使发电机的转子和定子线圈发热,影响绝缘和寿命。发电机双水内冷系统使发电机在允许的温度下正常运行。发电机双水内冷系统由转子和定子水冷系统各成回路组成,分别设有各自的水箱、水泵(两台)和水水冷却器(三台)。转子和定子线圈内部直接由凝结水冷却。转子和定子线圈外部由空气冷却	(3)电网同步及并网系统; (4)发电机及输电保护系统。 1.6 (4)变压器消防系统。
10	FW	主给水系统包括凝结水(含低加)、除氧水(含高加)等子系统。 在凝结水系统中,排入凝汽器的乏汽(或减温减压的旁排蒸汽)凝结成水后进入热水井,由凝结水泵打至化学除盐装置进行全除盐处理。再由凝升泵升压送到两台并列的主抽气器、轴封热加器,又经水位调整器进入凝汽器喉部的两组并列的二、三号低压加热器加热,然后通过一号低压加热器再加热,使凝结水达到102.8℃送入除氧器。凝结水系统的功能就是将凝汽器热水井内的凝结水,经逐级低压热交换设备加热后连续不断地向除氧器送水。 除氧水系统包括两台出力各为1080T/H的除氧器和两只容积各为180m³的给水箱、三台出力均为1077T/H的主给水泵、一台供除氧给水箱打循环和冲洗用的除氧循环泵、三台卧式串联并带小旁路高压加热器,两套调节和控制给水流量的给水调节阀,以及给水隔离阀。除氧给水系统的功能是连续不断地向蒸汽发生器送合格的给水,储存一定容量的除氧水,以满足电站稳态和瞬态工况变更的需要。 辅助给水系统是核电站的安全设施,主要功能是在电站发生事故,主给水系统不能向蒸汽发生器提供给水的情况下,向蒸汽发生器持续地提供应急给水,冷却反应堆冷却剂系统,导出堆芯的剩余热量,保证堆芯的安全。	1.1 (13)蒸汽发生器排污系统; (14)辅助给水系统; (20)柴油机和辅助给水泵润滑油系统。 1.2 (3)冷凝水抽气系统; (9)低压给水加热器系统; (10)除氧给水箱系统; (11)高压给水加热器系统; (12)给水加热器疏水回收系统;

第9章 国内首个全自主技术产权的全范围全流程核电仿真机

续表

序号	系统标识	仿真系统的描述	对应的电厂系统
10	FW	直至完成停堆后的第一阶段冷却,使余热系统可以投入运行为止。 辅助给水系统的次要功能,是在电站不需要大量给水,可以不投入大功率给水泵的工况下,代替主给水系统运行。这些工况包括: (1)在反应堆冷却剂系统正常启动和升温期间; (2)在热停期间,保持反应堆冷却剂系统温度在规定范围内; (3)在反应堆正常停堆过程中,完成第一阶段冷却,使反应堆冷却系统温度降至180 ℃ 。 辅助给水系统在下列信号之一发出时,自动启动: (1)任何一台蒸汽发生器2/4 低低液位; (2)蒸汽发生器低液位、蒸汽/给水流量失配; (3)全部主给水泵脱扣; (4)主给水泵停机信号; (5)6kV安全母线断电信号(直接启动柴油机辅助给水泵)。 辅助给水系统放置三台给水泵,其中两台为电动,并分接两段安全电源母线(安全电源母线可由外电源及应急柴油发电机组供电),一台由柴油机拖动,在全部电源丧失时,仍可向蒸汽发生器提供给水。辅助给水泵有三个水源,正常使用的水源为除氧水箱内的符合给水品质的除氧水,第一备用水源为除盐水箱中的除盐水,第二备用水源电厂区消防水,水质为澄清水	(13)冷凝器真空系统; (14)给水泵系统; (15)冷凝器给水和排放系统; (20)凝汽器水位调节系统; (21)高加、低加水位与压力调节系统。 1.2 (7)汽轮机排汽口喷淋。 1.3 (13)蒸汽发生器给水调节系统 (23)除氧器水位,压力调节系统。
11	HV	核岛厂房通风空调净化系统属于简化仿真系统。主要分为反应堆厂房通风空调系统、辅助厂房专设安全设施泵房循环冷却系统、主控制室可居留区通风系统。 安全壳清洗通风系统在停堆换料期间运行,主要降低安全壳空气中放射性水平达到允许进入的水平,并为进行换料操作和设备检修人员提供或维持安全壳内适应的温度。 辅助厂房专设安全设施泵房循环冷风系统,保持各设备的通风换气,降低放射性。 主控室可居留区通风系统保持主控室一定的温度、湿度,并在厂房发生失水事故时,主控室能够继续运行	1.5 (1)安全壳通风系统; (5)辅助厂房专设安全设施泵房循环冷风系统; (6)辅助给水系统通风系统; (7)其他通风系统; (8)主控制室可居留区通风系统

续表

序号	系统标识	仿真系统的描述	对应的电厂系统
12	MS	主蒸汽系统的主要作用将核反应堆内的蒸汽发生器中的蒸汽输送给汽轮机,并提供轴封汽和抽汽输送给汽轮机,并提供轴封和抽汽。该系统包括主蒸汽系统、高压缸排汽系统、汽机抽汽系统、辅助蒸汽系统、一级再热器系统、二级再热器系统、轴封蒸汽系统、门杆漏汽系统、旁路排放蒸汽系统、主蒸汽及汽机疏水系统。 (1)主蒸汽系统。本系统将蒸汽发生器产生的新蒸汽送入汽机高压缸,回到再热器,由再热器进入汽机高压缸,再回到再热器,由再热器进入汽机低压缸,最后进入凝汽器,同时也包括厂疏水排放管路及安全排放管路。 (2)高压缸排汽系统。本系统管路包括将高压缸作为蒸汽分别导入低压缸部分及疏水排放管路。 (3)汽机抽汽系统。本系统包括高、低压缸直接抽汽去凝汽器及给水加热器,同时提供蒸汽给辅助蒸汽系统、热交换器及除氧器。 (4)辅助蒸汽系统。本系统在启动时,由启动锅炉供汽,正常时由主蒸汽及抽汽供汽,辅助蒸汽系统供除氧器参数启动。 (5)一级再热蒸汽系统。本系统用于加热高压缸排汽,热源为汽机级抽汽,用以提高高压缸排汽的汽品质,减少蒸汽温度,同时将产生的流水送至高压疏水扩容器及二号高加。 (6)二级再热蒸汽系统。本系统用于加热一级再热蒸汽,热源为主蒸汽母管来汽,将蒸汽品质提高到额定要求,同时也将产生的疏水送至高压疏水扩容器及一号高加。 (7)轴封蒸汽系统。本系统用于防止高压缸内蒸汽向外泄漏及空气向凝汽器的泄漏。正常运行时,高压端汽封的漏汽送入低压端汽封,多余漏汽溢流入凝汽器,机组启动汽封系统的外供蒸汽是辅助蒸汽联箱。 (8)门杆漏汽系统。本系统是将主汽阀、主汽调节阀、再热蒸汽阀、低压缸进汽阀的漏汽送入轴封加热器。 (9)旁路排放蒸汽系统。本系统包括 AV6 控制控制、控制油系统以及旁排阀和喷淋阀执行系统,AV6 控制系统功能可分为排放功能与闭锁排放功能。 (10)主蒸汽及汽机本体疏水系统。本系统是为方便与给水系统的接口设置的,主要是将各疏水汇总以减小与给水系统的接口数目。	1.2 (1)主蒸汽系统; (2)主蒸汽旁路系统; (3)汽轮机轴封系统; (4)汽轮机疏水系统; (5)汽水分离器水位调节系统; (6)汽旁路排放系统

续表

序号	系统标识	仿真系统的描述	对应的电厂系统
12	MS	上述所有系统的仿真由逻辑与动态的方程来描述时刻变化的参数,压力、流量、温度和焓值都将仿真。在各种工况下,能量与质量是平衡的,流量则由质量平衡来完成的,它也是压差,阀位和导流系数的函数	
13	NI	核仪表系统(NI)包括核测量系统(堆外核仪表系统)、堆芯中子通量测量系统(堆内核仪表系统)和堆芯温度测量系统。 核测量系统主要用来测量反应堆功率和周期,它是确保反应堆启动、运行过程的重要保障,设有三个量程范围的仪表,即源量程、中间量程和功率量程。当反应堆需要启动并将功率升至满功率时,上述三个量程仪表将一个一个地用于探测堆芯功率的变化。源量程和中间量程各具有两个测量通道,功率量程设有四个通道。 堆芯中子通量测量系统用于测量堆芯内不同位置的中子通量,其测量结果用于提供堆内功率分布的三维图象、计算热管因子以及标定堆外核仪表等。该系统在堆芯共有 30 个测量通道,分为三组,每组十个通道各配置一个微型裂变室,用于测量该组通道内的中子通量。每一个微型裂变室可通过组选择开关和路选择开关用以探测其他两组的堆芯通道。 微型裂变室测量的信号分别送往计算机、记录仪和测量控制柜。 堆芯温度测量系统用于测量堆芯出口冷却剂的温度。该系统共有 42 个热电偶,分布在堆芯不同的燃料盒出口上,温度信号分别送至计算机和记录仪	1.3 (2)反应堆轴向功率分布报警系统; (3)测量系统; (4)堆芯中子通量测量系统; (5)堆芯温度测量系统
14	PPC	监控机系统包括了 SPDS 系统	1.3 (18)SPDS 系统
15	RC/SG	秦山核电站是单机双回路压水堆(PWR)型的设计。电厂的核蒸汽供应系统(NSSS)由反应堆冷却剂系统(RCS)和两个 U 形蒸汽发生器(UTSG)组成。其中 RCS 包括一个反应堆容器、一个稳压器、两台反应堆冷却剂泵及它们间的连接管道。 反应堆冷却剂动态系统,将用 TPFN 模型对 RCS 和蒸汽发生器的热工水力和传热特性以及反应堆冷却剂泵的动态特性进行仿真。卸压箱(PRT)的热力学特性也将由反应堆冷却剂动态系统仿真,尽管卸压箱本身并不属于 NSSS。	1.1 (1)反应堆冷却剂系统 (2)反应堆压力容器放气系统

续表

序号	系统标识	仿真系统的描述	对应的电厂系统
15	RC/SG	RCS/SG 和 PRT 的有关阀门及压力、温度、流量和液位测量指示仪表等将由反应堆冷却剂逻辑系统(RL)完成。 TPFN 模型的设计是为了给正常工况和异常事故工况分析提供最佳估计预测。该模型的特点列举如下： 　由五个基本守恒方程组成的两相及双组分公式； 　非均匀流，包括逆流流动界限(CCFL)；飘移流模型，用来考虑气液混和流的相间非均匀流速； 　能处理系统任何位置上的破口事故；用临界流模型来计算破口流量； 　采用集总参数模型计算热传导，应用一个五区两相热对流模型计算燃料包壳至冷却剂的传热； 　模型在每个节点内跟踪硼浓度、流体和气体放射性、氢浓度等； 　包括了完整的冷却剂泵泵特性曲线，含正向和反向流动工况； 　模型可完成从满功率到冷态半管运行工况，包括由于主管道低液位形成旋涡而导致热端吸入丧失等所有运行工况的全仿真。 下面给出 RCS/SG 系统各主要部件的描述： (1)稳压器。稳压器通过一个称为波动管的狭长管道与 I 环路热段相联接，稳压器内存在汽液两相，在额定功率工况下其液位保持在一半高度附近，对较低的功率水平液位也较低。不同功率水平下的设定液位是根据 RCS 的流体的热膨胀特性来确定的。稳压器的容积为 $35m^3$，是系统冷却剂的容积，压力的补偿和调节器。 之所以需要稳压器，显然是由于系统控制的原因。如果没有稳压器，反应堆冷却剂系统将变成液态单相，可压缩性很小，这将使系统的压力很难控制。 换句话说，系统质量容量的很小变化，将引起压力的大幅度波动。稳压器中的可压缩汽态空间增强了 RCS 的可控性。 在稳压器靠近低部处有 130 个加热元件，当压力低于某设定值时，将部分或全部地投入这些加热器。加热器的总容缺为 1.3MW。加热稳压器内的水将产生蒸汽，从而使系统压力上升，或防止系统压力的下降。加热器淹没在液态冷却剂中，以防烧坏。当液位低于某一设定值时，控制系统会自动关闭加热器，这将由反应堆控制系统仿真。	

续表

序号	系统标识	仿真系统的描述	对应的电厂系统
15	RC/SG	稳压器也保护系统防止超压。当系统压力超过某设定值时,导阀控制卸压阀(PORV)将自动开启,将蒸汽释放在卸压箱(PRT)中。对于某些瞬态,如系统趋向水密实状态时,压力会非常高,除卸压阀外,两个安全阀(SRV)也将打开以卸压。 在稳压器及波动管上有压力、温度和水位指示仪。反应堆冷却剂动态系统将计算这些压力、温度和水位值,并将它们传递给反应堆冷却剂逻辑系统,由反应堆冷却剂逻辑系统完成与盘台显示及其他系统的接口。在 RCS 动态模型中,稳压器被分为三个区处理。 (2)反应堆容器。反应堆容器是反应堆堆芯的外壳,核反应就在这里发生并产生核热能。反应堆容器内的空间通常分为下降段、下腔室、活性区、上腔室及上封头等区域。 下腔室是堆芯区以下的容积。从两个冷段来的冷却剂在此混合,这种混合并不是完全的混合。之后,冷却剂将被强迫向下流动,穿过堆芯并带走由链式核反应产生的热能。堆芯由 121 个燃料组件组成。冷却剂流过组件内的通道,以冷却燃料组件。在反应堆的控制中,保持堆芯适当的冷却是非常重要的。这将通过热电偶及其他仪器进行密切监测。反应堆容器及堆芯内流体的热力特性和传热由反应堆冷却剂动态系统仿真,而活性区内的核反应、中子通量及热量的产生则由堆芯系统(CR)仿真。 在堆芯之上的空间就是上腔室,冷却剂在进入热段管道之前,先在此混合。在上腔室以上有一个区域,称为上封头,这里的流体通常是热态的,并停滞不动。唯一的热量散失是通过壳壁的传热,但这并不显著。在系统降温过程中,为防止汽泡的形成,冷却速度需限制在50℃/h 以下。另外,在主泵运行时,从下降段泄漏到上封头内的冷却剂,也有助于上封头的冷却。 在反应堆冷却剂动态模型中,将反应堆容器分为 16 个控制容积或节点:下降段两个、下腔室两个、活性区八个节点、堆芯旁路一个节点、上腔室一个节点、上封头两个节点。活性区的八个节点实际上分成两个节点。活性区的八个节点实际上分成两个通道。每个通道四个节点。 (3)连接管道。RCS 各部件是通过管道连接的。两根热段管道连接反应堆容器与 UTSG。稳压器的波动管与 I 环路热段相连。冷却剂流过热段之后,进入蒸汽发生器内的 U 形管,并将所携带热量,	

续表

序号	系统标识	仿真系统的描述	对应的电厂系统
15	RC/SG	传给二回路的工质。在换热冷却后,冷却剂流经过渡段进入反应堆冷却剂泵(RCP),再经冷段管道,返回反应堆容器。 连接管道中的一部分是连接主系统与其他接口系统的,这些系统包括安注系统(SI)、余热排出系统(RH)、废物排除系统(WD)、化学和容积控制系统(CV)等。这些接口系统协助主系统控制质量、化学和热量等各量。还有为测量冷却剂温度而设于热段和冷段之间的旁通管路,这将由反应堆冷却剂逻辑系统进行仿真。 反应堆冷却剂系统动态模型将这些连接管道划分为一定的控制容积或节点。其中每个热段划分为两个节点;每二个热段节点实际上表示的是UTSG的入口腔室。UTSG的U形管总容积被划分为6个节点,上升段3个,下降段3个。过渡段、冷段及RCP分别设一个节点。每个节点向安全壳的散热都将被计算,在每个节点上,温度、流量、压力、硼浓度及放射性都是动态地计算的。 (4)反应堆冷却剂泵。在反应堆冷却剂系统中有两台离心式泵(RCP)分别布置在每个环路中。RCP给系统冷却剂的循环提供驱动力。对于离心泵,其压头、转矩和转速等特性是由称为同族曲线(homologous Curves)的一组曲线描述,这些曲线通常是由泵的生产厂商提供的。同族曲线总是采用类似的法则得到的。应用这些曲线,可以确定在各种运行工况,如启动、稳压运行和关闭时泵的压头、转矩和转速等动态特性。泵还需润滑油和轴封水,同时也有仪表监测液(油)位及温度、电流等。这此将由反应堆冷却剂逻辑系统仿真。 (5)蒸汽发生器(UTSG)。在每个蒸汽发生器内有2975个U形管,它们将一次侧和二次侧的流体分开。通过这些U形换热管,一次侧的流体将热量传给二次侧的工质。换热后,一次侧的流体温度降低并进入过渡段管道内,二次侧的流体被加热内蒸发,产生的蒸汽流经主蒸汽管道去驱动汽轮机。 蒸汽发生器可分为不同的区域。下降段是给水(FW)与UTSG连接的地方,在这里工质被强迫向下流过一个狭窄的环形通道。其中唯一的热交换是通过壳壁向安全壳空间的散热。在UTSG的底部,给水改变流向,向上流动,通过一个"上升段",即U形换热管的门隙,在这里吸入来自一次侧的热量并蒸发,产生的蒸汽流经干燥器和蒸水分离器后进入一个称为汽室的区域,在汽室的顶部,干蒸汽被导入主蒸汽管道。	

第9章 国内首个全自主技术产权的全范围全流程核电仿真机

续表

序号	系统标识	仿真系统的描述	对应的电厂系统
15	RC/SG	通常,一次侧和二次侧的流体是被 U 形换热管完全隔离的。但在一些故障工况下,U 形管可能会泄漏甚至破裂,一次侧的流体、化学物、热量和放射性物质将进入二次侧,这将导致二次侧的压力、水位和放射性水平上升。放射性水平的变化可通过安装在主蒸汽管道附近的区域监测器来探测。这一瞬态在电站寿期内非常可能发生,将被仿真。 为了优化传热及发电,UTSG 的压力(5.3MPa)和水位被严密控制。反应堆冷却剂动态系统仿真二次侧流体的热力学特性到蒸汽出口处,在这里与主蒸汽管道相连。出口以后的部位将由主蒸汽系统(MS)仿真。对二次侧,划分七个节点,两个在下降段,四个在上升段,一个在汽室。 (6)卸压箱(PRT)。卸压箱是通过一系列管道与稳压器相连的大容箱。当系统压力上升使卸压阀和/或安全阀打开,向卸压箱排汽以卸压。当卸压箱的压力过高时,其上的一个破裂盘会爆破,而释放气体和流体到安全壳。在降温或 RCS 低压力的工况下,PRT 是压缩氢气能进入 RCS 的流道。 在反应堆冷却剂动态模型中,卸压箱作为一个节点来仿真。PRT 内的非平衡工况也将被仿真,此时压力可能会显著高于饱和压力。所有可能的流径和接口都将被仿真。但所有的阀门及有关仪表都由反应堆冷却剂逻辑系统仿真	
16	RH	余热排出系统(RHRS)的作用是:①在停堆后第二阶段冷却堆芯,直到反应堆重新启动;②发生失水事故时,作为低压安注系统使用,在再循环安注阶段,停冷泵作为高压安注泵的前置泵运行;③换料工况时,冷却堆芯并输送换料水;④启停堆过程中循环净化冷却剂水质。 本系统入口接主回路的热段主管道,出口接冷段主管道。系统包括两条独立的完全相同的支路,每条支路包括一台停冷泵、一个停冷热交换器,及其他一些管道、阀门等。停冷热交换器兼作安全壳喷淋热交换器,其冷却水由设冷水提供。每台停冷热交换器有一个旁通管道,其上有调节阀,使停冷泵出口流量为常数,而在对换料水池进行充水时,冷却剂是通过旁通管道直接注入主系统中的。在启停堆期间,通过停冷热交换器出口至化容系统低压下泄管道,建立低压下泄,对主冷却剂进行净化	1.1 (7)停堆冷却系统

续表

序号	系统标识	仿真系统的描述	对应的电厂系统
17	RL	本报告所列内容主冷却剂系统逻辑（RCS Loqics,含 RCS 的逻辑、仪表、阀门控制等）及泵轴封水系统、主泵润滑油系统、测温旁路系统。 反应堆冷却剂系统的主要功能，是将反应堆芯核燃料泵变产生的热量由冷却剂导出堆外，通过蒸汽发生器的传热管壁，把热量传给二次侧的水，使之产生饱和蒸汽，供汽轮发电机组发电，同时冷却堆芯，防止燃料文件烧毁。 主冷却剂系统由两条相似的闭合环路组成，以反应堆为中心，对称布置．每条环路有一台主泵、一台蒸汽发生器及连接于它们之间的主管道。此外，整个系统还有一台稳压器、一台卸压箱以及与卸压、排入相连接的管道、阀门和运行、控制所需的仪表。上述设备、管道均布置在安全壳内。 主泵轴封水系统主要是为主泵轴密封提供合格的轴封水，以保证轴密封部件的可靠工作。系统主要包括两台过滤器、两台引射与分离器、两台高压冷却器及主泵轴密封系统	1.1 (4) 反应堆冷却剂泵轴封水系统； (15) 反应堆压力容器法兰密封泄漏监测系统； (16) 主泵润滑油系统； (21) 主冷却剂测温旁路系统
18	RM	系统仿真电站的工艺辐射监测、区域放射性监测以及剂量控制室。其中工艺辐射监测系统仿真包括燃料元件破损监测等九个监测系统，由各系统自行监测报警。区域放射性监测仿真包括反应堆厂房（计17个区域或房间）、辅助燃料厂房（计29个房间）两个部分。 1) 工艺辐射监测系统 (1) 燃料元件破损监测。采用在线 Y 监测方法,即在一回路下泄热交换器出口管道旁,设置一个带有稳峰源的 Y 能谱探头,对流经营内的一回路水进行 Y 放射性浓度的连续监测。 (2) 设备冷却水系统放射性监测系统。用于及时发生一回路辅助系统各类设备的完整性。取样水来自设备冷却水系统的热交换器出口，经截止阀、节流阀进入一台低放废水连续监测仪进行测量，最后返回设备冷却水系统的泵入口。 (3) SG 排污水辐射监测系统。在 SG 排污系统的后置过滤器进口前引一条取样管，样品水经过截止阀、节流阀进入一台低放废水连续监测仪进行测量，然后返回到后置过滤器出口处。 (4) SG 取样水辐射监测系统。用一台低放废水连续监测仪测量从二台蒸汽发生器水取样热交换器来的两路样品的混合水。	1.3 (19) 轴射监测系统； (20) 剂量控制室系统

续表

序号	系统标识	仿真系统的描述	对应的电厂系统
18	RM	(5)冷凝器排汽放射性监测系统。在二回路冷凝器抽气器排气管上引一根惰性气体取样管,其样品经过冷却器、除雾器、过滤器、低量程惰性气体探测装置后,再经流量计、压力表,用抽气泵排向环境。 (6)除氧器排气辐射监测系统。在除氧器冷却器排气管上引出取样管,其流程同冷凝器排气辐射监测系统。 (7)反应堆厂房 P.L.G 辐射监测系统。本系统使用进口的 PIG 仪表,监测安全壳空气中的气载粒子,从而监测元件包壳的破损情况。 (8)烟囱排气辐射监测系统。烟囱排气由等速取样嘴经调节阀分回路通过取样器后,汇合流经总流量检测装置、抽气泵,返回排气道。 (9)主蒸汽管道 N16 监测系统。该系统监测主蒸汽管道 A、B 两个路的 N16 以及总伽玛。 2)区域放射性检测 (1)安全壳辐射监测系统。用于对 01 厂房内 7 个工艺取样点及 10 个环境取样点来的样品进行监测。系统用于停堆换料阶段或在反应堆正常运行时,仪表检修人员不得随意进入 01 厂房前调查局部部位的空气放射性浓度而使用的。 (2)辅助和燃料厂房空气放射性监测系统。系统将 29 个房间中共计 37 个采样点编为四组,每个组的联样测量回路由微尘过滤器、阀门、低量程惰性气体控测器、气体流量计、抽气泵经管道连接而成。仿真系统采用简化仿真,将同一房间有几个采样点的用一个采样作为代表。 3)剂量控制室 剂量控制室主要接受来自工艺放射性监测系统或区域放射性监测系统的参数指示、报警。 仿真系统用一台 CRT 显示所有来自放射性监测系统的参数。将所有超过报警预值的信号按顺序集中显示(本系统属于简化仿真)	
19	RP	反应堆保护系统的功能是在设备故障、误操作或其他不正常的状态下,监督反应堆的异常状态,触发执行机构动作,防止反应堆的状态超过安全极限或减轻超过安全极限的后果。	

续表

序号	系统标识	仿真系统的描述	对应的电厂系统
19	RP	反应堆保护系统包括反应堆紧急停堆系统和专设安全设施驱动系统。 紧急停堆系统的保护符合逻辑、信号报警、按钮开关、保护联锁、装置自检等功能的模拟与实际电厂一致。 停堆信号包括： (1)源量程高中子通量停堆； (2)中间量程高中子通量停堆； (3)功率量程低核功率； (4)功率量程高核功率； (5)功率量程高核功率正变化率； (6)功率量程高核功率负变化率； (7)超温 ΔT； (8)超功率 ΔT； (9)稳压器低压力； (10)稳压器高压力； (11)稳压器高水位； (12)反应堆冷却剂低流量； (13)反应堆冷却剂泵脱扣； (14)反应堆冷却剂泵母线低电压； (15)反应堆冷却剂泵母线低频率； (16)反应堆冷却泵低转速； (17)蒸汽发生器低液位； (18)蒸汽发生器低液位与给水/蒸汽流量失配； (19)安全注射信号； (20)汽机停机； (21)手动停堆； (22)主冷水泵二台脱扣(参考电厂现未投入，模拟留有接口)。 专设安全设施驱动系统的全部 7 个分系统的控制逻辑、定值、信号报警等功能的模拟与实际电厂一致，7 个分系统为： (1)安全注射保护系统； (2)主蒸汽管道隔离系统； (3)主给水管道隔离系统；	1.1 (11)安全壳隔离系统 1.3 (3)反应堆保持系统； (8)应急控制系统

续表

序号	系统标识	仿真系统的描述	对应的电厂系统
19	RP	(4)辅助给水泵启动系统; (5)安全壳及其通风隔离系统; (6)安全壳喷淋保护系统; (7)ATWS 保护系统	
20	RX	仿真对象包括6个子系统: (1)反应堆控制系统。接受来自核测系统的温度及功率信号,经处理为长棒控制系统提供控制棒运动的速度与方向信号。系统包含三个通道:由来自平均温度测量通道及平均温度定值通道的信号所构成的平均温度误差信号起主调节作用,来自功率失配通道的功率偏差信号起进一步稳定作用。仿真系统还包括温度偏差超限指示、ΔT_{ao}差值报警、投入自动联锁信号以及最大平均温度、参考平均温度、棒速信号的记录。 (2)长棒控制系统。在手动、自动、单组三种方式下,为37束棒的驱动机构提供适当的驱动电流,使控制棒按预定的程序在堆芯移动,以达到控制及补偿反应性变化,从而保持反应堆冷却系统内的平均温度在计算范围内。系统由操作开关、主控制逻辑、主、从循环器主电路构成。系统的控制逻辑将按1:1仿真。 (3)棒位指示系统。用于提供:控制棒给定位置指示;控制棒实际位置指示;棒位偏差报警。 (4)轴向功率偏差报警。系统用于改善堆芯轴向功率分布。主控参量是轴向功率偏移A.O,当实测的A.O偏离预定的目标带、系统报警,由主控室操作员手动调硼,改变硼的浓度,从而自动改变棒位来达到改变堆芯轴向功率分布,使轴向偏移返回目标带。 (5)稳压器压力控制系统。该系统是稳压器实现其重要设计的关键系统。 系统通过接收稳压器压力测量信号,根据其压力变化情况对压力实施控制。 当稳压器压力高于正常值时,比例喷雾投入,若压力继续升高,系统控制打开卸压阀卸压;当压力低于正常值时,系统控制比例加热器及备用加热器则对稳压器加压。	1.2 (20)控制棒位置指示系统; (21)长棒控制系统

续表

序号	系统标识	仿真系统的描述	对应的电厂系统
20	RX	(6)稳压器液位调节控制系统。稳压器液位调节控制是实现稳压器设计的重要内容。稳压器液位控制系统通过对稳压器液位的测量,根据液位的高低,实施液位控制。当液位高于预定的正常定值时,系统控制投入稳压器备用加热器直至液位恢复正常,当液位低于预定的正常水位时,系统隔离下泄阀,启动备用上充泵加大上充流量,对稳压器进行水位补偿,直到水位正常	
21	SI	安全注射系统的功能是用于在反应堆冷却剂系统发生失水事故或发生主蒸汽管道破裂时,迅速地向堆芯提供硼浓度为2400ppm的足够的应急冷却水,以冷却堆芯并保持足够的停堆深度,防止堆芯构件损坏。使燃料仓壳烧毁的数量限制在最小限度,确保堆芯安全,从而控制释放到安全壳内的放射性物质减到最小程度。本系统含离心上充分系统、高压安注分系统、安全注射箱分系统及低压安全注射分系统(停冷系统),在安全注射信号发出后,顺序启动,在反应堆冷却剂系统压力降低到规定的压力时,依次投入工作。另外还包括安全注射泵的润滑油系统及安注系统的监测系统。 安全注射系统入口接换料水箱和安全壳地坑,出口连接一回路主管道的冷段和热段,可分别向两个环路的冷段和热段注入应急冷却水。 高压安全注射系统:四台高压安全注射泵,每二台为一组,各有一根注射集管,分别注入环路Ⅰ和环路Ⅱ的冷、热端,吸入口同时接换料水箱和停冷泵出口。四台高压安全注射泵在"安全注射信号"出现时启动,在主系统压力降至等于或小于其扬程(泵的出口压力),始出现安全注射流量:在此前泵作小流量循环运行。 安全注射箱子系统: 四个安全注射箱,每二个为一组,安全注射箱的动态特性要模拟。安全注射箱内N2复盖层,压力为4.72MPa。正常运行时,隔离阀开,由止回阀防止主系统水倒灌进安全注射箱;启、停时,当主系统压力69MPa,要开、关隔离阀。 低压安全注射子系统: 2台低压安全注射泵,即停冷泵,其吸入口为换料水箱和安全壳地坑(视情况切换);在主系统压力卸至0.98MPa前,它的启动仅向高压力安注泵提供水源,在主系统压力降至0.98MPa以下后,才直接向主系统注水,可向环路Ⅰ和环路Ⅱ的冷热端注水	1.1 (8)安全注射系统 (17)安全注射泵阀润滑油系统

第9章 国内首个全自主技术产权的全范围全流程核电仿真机

续表

序号	系统标识	仿真系统的描述	对应的电厂系统
22	SW	工业水系统主要为闭式工业水系统。闭式工业水系统用除盐水作为冷却水源向汽机油冷器、给水泵油冷器和空冷器、EH 油冷器、发电机整流器、励磁机空冷器供水。该系统设置二台工业水泵、一台工业水箱,工业水箱作为稳定回水压力和补充水源作用。水箱的补充水源为化学除盐水,真空密封水箱作为事故补水用	1.6 (2)重要厂用水系统 (3)厂用水系统
23	TB	汽机本体系统利用来自蒸发器的湿蒸汽使汽轮机高速转动,带动产生电能。该系统包括汽机本体、润滑油系统、顶轴油系统、盘车系统及本体监测系统。 汽机油系统向机组支承轴承、推力轴承提供润滑油,同时向调节、保安系统提供压力油、安全油。机组正常运行时,由主油泵向油系统供油,在机组启动及停机过程中,由交流滑油泵和高压泵向油系统供油,当交流电源失电,或交流滑油泵失灵时,才启动危急润滑油泵。 顶轴油系统是汽机在启动盘车前,利用顶轴油泵输出的高压油把轴颈顶离轴瓦,消除两者之间的干摩擦,同时可以减少盘车的启动力矩,使盘车马达的功率可以减小。 盘车系统是在机组启动或停机时,才投入使用。 本体监测系统连续监测汽机的机械运行参数,该系统显示机组状态。为记录仪提供信号,并在超出报警及危险设定值时,发出报警信号,使汽机自动停机。该系统可监测轴承振动、汽缸热膨胀、转子相位角、转子偏心率、轴向位移、转速及盘车用的零转速等参数	1.2 (18)汽轮机系统; (19)发电机供油系统
24	TC	主汽机控制系统可分为以下三个子系统: (1)数字电液控制(DEH)系统。 (2)EH 高压油系统。 (3)保安系统。 DEH 控制系统的主要任务是进行汽机转速与负荷的控制,以及再热蒸汽的控制,从汽机来的三个反馈信号:转速、功率输出及汽机第一级压力被引入控制系统。 DEH 控制器由数字和模拟系统两部分构成,数字系统完成的主要功能有:主汽压控制;快速减负荷(RUNBACK);自动同期(AS)。	1.3 (1)蒸汽旁路排放控制系统; (2)主机功率,调频系统(DEH); (3)汽轮机保护系统

续表

序号	系统标识	仿真系统的描述	对应的电厂系统
24	TC	(4)汽轮机自动控制(ATC); (5)在线阀门试验; (6)远方控制。 模拟系统包括:超速保护控制器、阀位伺服回路、数/模转换器及手动后备控制系统,两个系统共同完成对汽机阀位的控制。 汽机控制可分为手动和自动两种方式。在手动方式下操作员通过盘台上的阀位控制设备直接调整阀位,阀位数字信号将被转换成模拟信号并直接传送给模拟系统中心伺报回路,在自动方式下转速和负荷指令由操作员进行选择,DEH应用程序在汽机-发电机反馈信号的基础上对阀位指令进行计算,阀位数字信号将被转换成模拟信号并传送给伺服回路。 由于主汽门为挡板阀,复置后即为全开,主汽门不参与转速调节,因此也没有95%额定转速时主汽门向调门的转换,在低转速时,调节特性很差,转速从零到额定转速属于汽机转速控制。当发电机并入电网后,系统转入负荷控制。 操作员可能通过ATC方式实现汽机自启动,在该方式下,汽机将自动升速,同步并带上5%的额定负荷,转速与负荷的变化率可由汽机应力来确定。 汽机的EH油系统向调节系统提供高压油,以满足DEH系统的保安和控制需要,高压油的失去将引起各油动机及其相应阀门的关闭,最后导致汽机跳闸。 主汽机保安系统实际上是一个跳闸系统,当各种电跳闸指令及OPC信号有效时,该系统通过泄去汽机高压油使高中压主汽门、调门关闭,从而起到保护主汽机的作用。 另外,旁路排放系统由TC做逻辑控制,可分为压力方式与温度方式	
25	WD	安全壳疏排水系统分为二个部分,一部分收集运行期间设备和阀门的引漏水,由两台疏水泵送至硼回系统处理。包括一台疏排水箱、二台疏排水泵、一台疏排热交换器。当主系统超压,主卸压阀、主安全阀向卸压箱排放稳压器汽腔蒸汽使卸压箱温度升高,卸压箱内的热疏水将通过疏排水系统循环冷却,在一定时间内,将卸压箱热疏水冷却到安全壳内的环境温度。另一部分是监测安全壳内污水坑A、B和堆腔坑内的液位,并在液位高自动启动污水泵,将其送至废液系统	1 (1)安全壳疏排水系统

9.5 核电站仿真机检验的有效实施方法

9.5.1 概述

核电站仿真机验收测试的质量,密切关系到核电站运行操作员的培训水平和核电站运营的效益与安全。因此对核电站仿真机的质量检验,也就成为仿真机制造的最重要环节。特别要强调的验收标准,质量控制是产业化能力的重要体现,也是商品化、国际化水平的有说服力的标志,通过对仿真机的仿真范围、仿真精度和逼真度等多方面检验和调试,将使仿真机与被模拟的核电站在性能、动/静态响应以及盘台和监控系统上完全达到相关标准的要求。

核电站全范围仿真机必须是完全针对被仿机组的全面、逼真仿真。根据亚仿公司所承担的秦山一期 300MW 和秦山二期 600MW 核电站全范围仿真机的检验过程,探讨介绍核电站仿真机检验的内容和方法。

9.5.2 核电站仿真机检验测试全过程

全范围核电站仿真机的制造过程相对更为复杂,周期长,牵涉的范围广,必须采用系统工程的方法进行项目管理和组织技术开发,需将 ISO 9001 质量保证体系所涉及的 20 个要素融合在仿真机工程项目的整个制造过程。仿真机设计制造的全过程可划分为 7 个阶段,如图 9-25 所示。

图 9-25 仿真机设计制造的全过程

仿真机的质量保证和检验工作则是贯穿于产品生命周期的全过程。核电站仿真机的测试分为以下几个阶段:

(1) 模型验证(model verification);
(2) 联调后的工厂预测试(Pre-ATP);
(3) 工厂测试(ATP);
(4) 现场测试(OST)。

9.5.2.1 模型验证

模型验证是在仿真机联调之前或 Pre – ATP 之前,对堆芯物理模型、热工水力模型、汽轮机模型、发电机模型、辅助系统建模方法等各仿真模型软件进行验证,以确认被验证对象仿真模型的准确性与可靠性,注重仿真模型的逼真度,对稳态、精度、软件规范等方面进行测试,确保单系统或单设备的模型的正确性。这是仿真机整体性能得以保证的基础。

9.5.2.2 Pre – ATP 测试实施

工厂预测试 Pre – ATP 是在用户测试前由供货方专职测试人员对核电站仿真机整体进行全面的测试,根据验收测试规程对模型软件、教练员工作站、计算机监控系统、软表盘和硬件盘台等进行测试。本阶段测试内容多而复杂,测试前要做好各项准备工作以确保测试工作的有效性。对系统和环境有很深的理解,且测试环境良好,则会令测试工作效率提高。必要时,也可邀请用户在这个阶段参与测试工作。

Pre – ATP 测试是最初的整体测试,包括检查仿真机功能是否齐全,模型软件仿真覆盖范围,各系统逻辑等仿真内容是否完备,稳态性能良好与否,故障和瞬态趋势的正确性,能否进行完整的启停测试等。

9.5.2.3 ATP 测试

工厂测试 ATP 是仿真机继 Pre – ATP 测试之后对仿真机进行的全面测试。主要是由用户方有关技术人员或有经验的操作员对仿真机进行测试,测试更加深入。因用户方操作员现场经验丰富,对仿真机各系统及整体性能可详细测试,确保仿真机更加逼真,质量得到保证。测试要依据验收测试规程进行,要求测试结束后仿真机的质量能够达到合格出厂的标准。

9.5.2.4 OST 测试

现场测试 OST 是为了确认仿真机在运输途中及恢复安装过程中没有被损坏,各设备响应和整体的响应与出厂前一样。测试时可抽测重要的内容,并对仿真机进行考机。同时还要验收供货文档,全面具备交付用户的条件。

9.5.3 验收测试规程的编写

测试规程是验收测试的重要依据,它详细阐明测试内容、测试方法、测试步骤等。前文所讨论的 Pre–ATP 和 ATP 测试过程均是严格依据验收测试规程测试,而 OST 的测试内容也是从验收测试规程中抽取的。在编写规程期间将思考如何进行测试,以把握核电站的运行规程和仿真机的特性。

验收测试规程的编写主要依据:
(1) 相关的核电仿真机制造标准;
(2) 仿真机技术规格书;
(3) 电厂设计资料;
(4) 安全分析报告;
(5) 电厂运行规程。

验收测试规程的内容包括以下几方面:
(1) 模拟机硬件设备系统测试;
(2) 教练员台功能测试;
(3) 分系统测试;
(4) 瞬态过程测试;
(5) 故障测试;
(6) 启停综合测试;
(7) 初始条件测试;
(8) 稳态测试;
(9) 计算机监控系统测试及配置管理测试。

在测试规程编写过程中应尽可能地查找原始资料(如各系统的系统手册、定值手册,安全分析报告等),确保验收测试规程编写的准确性;同时,使测试操作员整体上理解各系统的功能。在此阶段花费的时间虽较多,但很有价值,它将为仿真机的制作与测试奠定坚实的基础。

9.5.4 核电站仿真机检验过程的具体实施

测试人员依据验收测试规程对仿真机进行反复测试,对测试过程中发现的问题可进行专项测试,及时填写工程差异表(DR),交工程师修改,直至测试人员测试合格。同时统计 DR 的数量以掌握模型软件的修改状况。

9.5.4.1 模型验证

在联调之前,对各仿真模型及软件规范性进行检查,全面测试时也需对其进行复查。

1. 软件规范性的检查

为了保证模型软件的一致性,需对模型软件的数据库点名、源程序标识、文件标识等有统一的规定。此项检查是依据事先定好的规范对模型软件进行检查。

2. 反应堆物理模型的测试

目前,先进的核电站全范围仿真机的反应堆物理模型是两群三维的反应堆中子动力学实时仿真模型。"两群"是按中子能量将其分为快群和热群,"三维"是指空间立体模型,它基于两群三维的中子扩散方程,计入 6 组缓发中子的效应,并考虑各种反应性反馈及氙毒等。测试时对堆芯的各项参数(如:堆芯功率分布、堆芯温度系数、堆芯硼价值、控制棒价值、氙毒)进行测试,记录测试结果与堆芯核设计报告相比较。

3. 反应堆热工水力模型及冷却剂系统的测试

反应堆热工水力模型应是复杂的两相流模型,包括两相流守恒方程,以充分体现流体的不均匀性和两相不平衡性。测试时应将对模型两相特性的验证贯穿到整个测试过程中。

(1) 稳压器模型测试。在正常运行的工况下,由于活塞效应和稳压器内加热器和冷却剂喷淋的调节功能,系统压力波动在很小范围以内,这种调节功能对于水实体的堆芯和环路是非常重要的。在瞬态的工况下,反应堆的剧烈反应也会造成稳压器安全阀顶开或稳压器快速泄压的情况。

(2) 蒸汽发生器测试。蒸汽发生器是一、二回路的接口,蒸汽发生器 U 形管束内是一回路冷却剂,管束外是二回路工质,二回路的给水受热后蒸发形成蒸汽。蒸汽发生器二次侧的假水位现象是测试的重点,当给水流量减少或蒸汽流量增加时,由于循环倍率增加造成蒸汽发生器水位上升的假象,这时应对蒸汽发生器补水,否则会造成蒸汽发生器水位低,反之亦然。可以在启停测试和瞬态测试时测试虚假水位的现象,仿真机假水位现象直接影响被培训操作员的感性认识,对操作员实际运行有很大的影响。

(3) 反应堆冷却剂泵的测试。对主冷却剂泵的测试主要是测试其惰转性能、启停逻辑和轴封注入回流水等内容。冷却剂泵安装飞轮延长惰转时间,测试时,将主泵电源切断,记录转速——时间曲线与惰转曲线相比较。按照主泵启动、停止的逻辑图对主泵启停逻辑进行测试,测试主泵启动、停运条件,以及轴封注入和回流水受阀门状态、上充泵、主泵状态的影响。

4. 汽轮机模型的测试

秦山二期600MW核电站是压水堆核电站,二回路蒸汽为饱和蒸汽,与火电厂相比,蒸汽品质较差,所以只有高压缸和低压缸的两级汽轮机,高压缸排汽经过汽水分离再热器加热后进入低压缸。在汽轮机的若干级抽汽加热给水构成回热再热循环。对汽轮机模型的测试应注重汽轮机控制系统(DEH)和汽轮机本体的测试,同时考察汽轮机热力回路的热平衡,对二回路工质的压力、温度、焓等参数计算的准确性。汽轮机控制系统在汽轮机挂闸后控制汽轮机冲转、高压缸进汽调节、汽轮机出力、汽轮机启停和运行中的监控、打闸停机、汽轮机超速保护等一系列过程。汽水分离再热器温控系统,控制再热器的投运和停运,通过调节新蒸汽和高压抽汽的流量控制再热器出口流向低压缸的蒸汽温度。汽轮机本体的测试考察汽轮机轴封的温度、振动、汽封等与汽轮机本体有关的参数变化。

5. 发电机模型的测试

发电机模型包括发电机本体和励磁、冷却系统,秦山二期发电机为水氢氢冷却方式。测试时应对发电机空载曲线和V字曲线进行验证,操作发电机励磁、同期、自动和手动并网等,考察电压、电流、频率、有功和无功功率、氢浓度和氢温度等参数的变化趋势。

9.5.4.2 Pre – ATP 前的准备

在开始 Pre – ATP 前的联调阶段,测试人员应该积极参与仿真机制造,与模型工程师共同进行整个仿真机的启停测试和一些联调工作,并检查教练员工作站的功能,对各系统的就地图、软表盘、监控系统变量和流程图、I/O 接口等的布置和对点、链接进行全面彻底的检查。这项工作任务较重,做好这项工作,既可以进一步熟悉整个电厂各系统的流程、主控室和测试环境,又可以清除由于简单的对点、链接画面错误造成对测试人员判断的影响,为顺利地进行 Pre – ATP,ATP 测试创造良好的测试环境。

9.5.4.3 分系统测试

对每个系统的设备性能和逻辑进行测试,确保各分系统的正确性,然后再进行综合测试,如:对于冷却剂系统需要对压力容器、稳压器、蒸汽发生器卸压箱、主泵,测温旁路以及相关管路、阀门、泵、传感器的性能和逻辑、保护进行测试。以上各种模型的测试都包含在分系统测试中。在不同测试阶段,测试详细程度可以有所不同。在测试初期(如 Pre – ATP 阶段)要对各系统均进行详细测试;在测试末期可只进行抽测。以下举例说明分系统测试的方法。

1. 阀门控制逻辑测试

例如化容系统上充下泄流量的控制,上充流量调节阀是简单的手、自动调阀,可以手动控制,也可根据稳压器水位与整定值的差值自动控制上充流量。下泄流量调节阀则为自动控制,并且有两种模式:一种为控制冷却剂环路压力;另一种为控制下泄流量调节阀的阀前压力。第一种模式是在冷却剂单相时使用,另一种则在稳压器建汽腔后,既冷却剂两相状态时使用,这两个阀门的控制性能对稳压器压力、水位控制有很大影响,应对其调节性能及灵敏度等进行测试,以期达到逼真的效果。

2. 配电系统的测试

核电站的配电系统出于安全的考虑有多种供电电源,有发电机、主电网、辅助电网、应急柴油机、蓄电池和水压试验泵汽轮发电机等。当电源失去时,由相应的备用电源供电,供电的用户也随供电的电源有所不同。测试过程中,可以对配电系统进行失电测试,考察整个系统的失电响应。核电站配电系统的开关配电柜采用抽屉式,可以保证配电系统的安全性能并方便检修。

当进行失电测试时,断路器式的开关由于有挂钩作用,会维持失电前的状态,再加载时,失电前运行的设备会自动投入运行。而接触器式开关由于是简单的直流感应继电器,失电后既断开,再加载时由于自保持回路不能闭合,所以失电前运行的设备不会自动投入运行,需人为干预才能运行。

9.5.4.4 反应堆启停测试

反应堆启停测试是对反应堆综合性能的测试,反映反应堆在正常工况下的性能。在启停堆过程中,模型计算参数的变化范围很大,可以验证模型在各种状态下仿真的逼真度。启停测试包括从维修冷停堆冷却剂半管水位启动到满功率状态,再回到维修冷停堆的全过程。在这项测试中,仿真模型仿真范围跨度很大,相应操作复杂繁琐,要依据启停规程,才能完成启停操作,保证反应堆正常启停。在启停时也不妨做些小实验,验证模型在各种仿真工况下的性能。能够顺利地通过启停测试说明核电站全范围仿真机的模型软件已初具规模。

9.5.4.5 瞬态测试

瞬态测试是对反应堆事故状态的动态测试,以培养操作员判断和处理事故的能力,是反应堆安全保护的重要内容。对瞬态的测试可以考查仿真机整体的动态性能,各仿真参数相互影响,相互制约,通过对监控系统记录曲线的分析找出影响仿真逼真度的最根本的问题并把它解决,会给仿真机的质量带来大幅度的提高。在各种瞬态和特殊工况中,蒸发器传热器破裂(SGTR)和甩负荷瞬态测试对考查整个仿真机性能是很重要的。

9.5.4.6 故障测试

故障测试分为两种:

(1)通用故障测试。通用故障是对通用设备(如泵、阀门、传感器等)的一般性故障进行测试(如阀门误开、误关、卡死,传感器漂移、丧失等)。这一类故障可单独进行测试,也可以与其他项目配合测试。通用故障数量很多,测试时可以对重要的、有代表性的设备进行测试。对传感器通用故障测试涉及传感器安全位置测试。为了保证核电站的安全,防止由于传感器故障而导致逻辑拒动或误动,核电站的保护逻辑采用冗余原则,即用多个传感器探测同一参数,然后根据三取二逻辑或四取二逻辑发出信号。但是当一个传感器被确认为故障丧失时,其逻辑变为二取二或三取二,使保护动作安全概率降低,这时,需操作员干预,将故障传感器旁通,其逻辑变为二取一或三取一,保证了安全性能。传感器安全位置的测试正是测试对故障传感器旁通后系统的反应。在培训中有助于操作员事故判断和人为干预技能的提高。

(2)特殊故障测试。特殊故障是核电站发生概率较高或危害较大的一些故障,例如:由于腐蚀造成管道破裂,电网失电,设备失气等。对每个故障的测试可从不同的层面反映仿真机的性能,重要的如冷却剂流失(LOCA)测试,尤其是双端断裂大 LOCA 故障,不仅反应仿真机的性能,更反应出仿真机的技术水平。测试时观察故障插入后系统的反应是否与验收测试规程中描述的现象相符。

9.5.4.7 初始条件及稳态测试

初始条件测试是对仿真机存储的初始工况,按照实际机组的运行工况对各种设备状态、仪表读数、监控参数进行检查,确保初始条件正确、可用。

稳态测试是对仿真机的精度和仿真机运行的稳定性进行考核，以保证仿真机的可靠和高逼真度。

在测试过程中应注意测试前做好充分的测试准备。如编写详细的测试计划，熟悉测试环境等。对分系统的测试应全面细致；综合测试（包括启停、瞬态、故障）可重复测试。测试时各参数相互影响，需查找影响模型动态特性的主要参数进行修改，从根本上解决问题。如未配置硬件操作盘台，测试时可采取用软表盘代替硬件盘台进行测试。

9.5.5 小结

有效的测试是仿真机质量得以保证的重要环节。模型验证主要确认仿真模型的正确有效，是其后各阶段工作的基础。Pre–ATP 和 ATP 阶段分别由仿真机开发商和用户对仿真机进行精细（对单个设备）和全面的测试。测试的依据是验收测试规程，所以高质量的验收测试规程是测试高质量完成测试的重要条件。但在测试中，应灵活地安排计划，如可以多进行几次启停堆的测试，以确保在各种运行条件下，仿真机的整体响应是正确的，也检验局部差异的个性不要使其他工况下的性能变坏。OST 主要验证现场安装后仿真机软、硬件各方面均正确恢复。

每个测试阶段完成都要编写验收测试报告，说明测试的依据和计划，总结测试内容和测试情况，对测试发现的重大问题讨论解决方案，在中间阶段对以后需要加强测试的内容进行分析。同时，将测试的记录、表格、曲线等归类整理，以便为仿真机留下完整的技术档案。

仿真机检验方法和内容是产业化能力的重要体现，是商品化、国际化水平的重要标志。

9.6 秦山 300MW 压水堆机组仿真机在操纵员培训中的应用

9.6.1 概述

秦山 300MW 核电机组为压水堆（PWR）双环路饱和蒸汽机组，是我国自主设计和建造的第一台核电机组，于 1991 年 12 月 15 日并网发电。机组仿真机由亚仿公司和秦山核电公司联合开发研制，是我国第一台核电机组全范围仿真机，于 1996 年 1 月 17 日通过鉴定和验收，并正式启用投运，主要用于主控室操纵员的初始培训及再培训。至今已完成了很多操纵员的初始培训和每值每年六周的再培训。根据《核电厂操纵员培训大纲》进行的仿真机培训取得了良好的效果，巩固和提高了操纵员的操作技能以及应变能力，降低了人因事件的发生概率，提高了核电厂运行的安全性和可靠性。同时，该仿真机也曾用于电厂变更设计验证和规程验证，所有这些仿真机的应用极大地满足了核电站的需求。经过多年的使用，该仿真机接受了现场多种应用的考验，体现了极高的稳定性和极强的使用性能。

▶ 9.6.2 从应用角度介绍仿真机

秦山全范围仿真机按照美国国家标准 ANSI/ANS3.5—1993 制造，该标准为世界核电仿真机的权威标准。为满足核电站的各种应用需求，对该机组进行了全范围的仿真。在实体方面，1∶1 仿真了机组主控制室的所有内容，包括盘台、仪表、记录仪、开关、报警装置、控制器、标识、电站过程计算机、声响、照明及通信装置；在系统方面，详细仿真了所有在主控制室内进行监控的电站工艺系统，包括反应堆和一回路系统、汽轮机和二回路系统、发电机和电气系统、仪表和控制保护系统，对在主控制室外监控的系统也进行了一般的仿真，包括压缩空气系统、供暖通风空调系统、给排水系统、消防水系统和辐射监测系统；在模型方面，使用全物理过程的、高逼真度的数学物理模型，包括堆芯物理模型、热工水力模型和安全壳模型。可以在不做任何模型修正和初始条件更改的情况下实现三种不同寿期（寿期初期、寿期中期、寿期末期）从冷停堆到满负荷的连续过程仿真，包括从冷停堆升温升压到热停堆、反应堆临界到热备用、汽轮发电机组启动、发电机并网、升负荷到满功率、机组停闭、定期试验、负荷变化、机组性能试验（热平衡、停堆深度、反应性系数、控制棒价值）、紧急保护停堆后恢复到满功率运行。同时，也可仿真核电站特殊工况的运行，如延伸运行、半管运行、换料运行。

秦山仿真机总共设置 400 种约 1100 个故障点，不仅完全满足了核电站需持照操纵员的培训要求，还可以满足概率风险分析（PRA）和核电站最终安全分析报告的需求。同时，充分吸取了现场运行经验，使其更准确地反映秦山核电站的实际情况。故障点所涵盖的系统有核测系统、反应堆控制保护系统、冷却剂系统、冷却剂系统逻辑部分、化容系统、停堆冷却系统、安全注射系统、设备冷却水系统、安全壳系统、海水和工业水系统、压缩空气系统、汽轮机本体及控制、主蒸汽系统、主给水及辅助给水系统、电气系统。可仿真的瞬态和事故有：5% 负荷线性变化、10% 负荷阶跃变化、甩负荷到厂用电、氙震荡、堆芯冷却剂强迫流动丧失、冷凝器失真空、失去海水冷却、大小 LOCA 事故、SGTR 事故、安全壳内、外的主蒸汽管道破裂事故、安全壳内、外的主给水管道破裂事故、失去所有交流电事故、ATWS 事故、压空丧失、仪表电源丧失等。

秦山核电仿真机的教控台是亚仿公司教练员工作站 V1.0 版,其功能如下:

(1) 冻结(freeze)/运行(run);

(2) 快存(snapshot)/复位(reset);

(3) 开关检查(switch check);

(4) 时间控制(timer control);

(5) 返回(backtrack)/重演(replay);

(6) 报警控制(annunciation control);

(7) 仪表噪声(instrument noise);

(8) 设备可运行测试(DORT);

(9) 教控台记录(instructor log);

(10) 故障(malfunction);

(11) 远方功能(remote function);

(12) 外部参数(external parameters);

(13) 事件触发(event trigger);

(14) I/O 超控(I/O override);

(15) 参数监视(monitor parameters);

(16) 趋势显示(trending display);

(17) 仿真图(simulation diagram);

(18) 就地盘台图(mimic panel);

(19) 狼嚎报警(cry wolf);

(20) PPC(plant processing computer);

(21) 再现重载仿真系统(reload simulation);

(22) 学员成绩评价(trainee performance evaluation);

(23) 辅助练习(computer aided exercise);

(24) 专家方式(expert mode)。

9.6.3 秦山仿真机的应用

1. 操纵员培训

秦山仿真机主要用于主控室操纵员的培训。核电机组的系统复杂,而核电站的安全可靠运行又是倍受世人关注的大问题,所以对运行人员尤其是主控制室的操纵员的操作技巧和应变能力要求很高,不但要有很全面的电站系统知识,更重要的是要有丰富的运行经验。但在实际电厂运行过程中取得运行经验受到各种因素的限制,因为实际电厂不允许进行任意的试验性操作,尤其对有可能引起事故的操作是绝对不能进行的,所以使用仿真机进行培训是达到此目的的最佳方法。根据国际惯例和我国国家核安全有关法规规定,主控制室操纵员必须通过全范围仿真机培训,才能参加申请执照的考试。持照操纵员必须每年进行全范围仿真机再培训,才能保持其执照的有效性。

秦山核电全范围仿真机自投运以来,先后完成了本厂多批和其他核电站包括巴基斯坦恰希玛、秦山二期等主控制室首批操纵员的初始培训,以及大量的操纵员再培训。操纵员的仿真机培训主要分正常运行、故障运行、事故运行三个部分。另外,还不定期的进行事件分析、经验反馈以及规程修订后的使用培训。

2. 生产管理人员培训

秦山核电站的生产管理人员包括生产处、设备管理处、技术支持处、检修部、质保处、核安全监督处、安防处及环境应急处的从事与生产和生产管理直接相关的技术和管理人员。这些人员所从事的工作与核电站的安全可靠运行密切相关,而且很强的技术及技能要求,所以需要经过培训的合格的人员从事这些工作。

生产管理人员经过一般的培训及工作实践,对所属专业都已相当熟悉,然而对其他相关领域,尤其是对电厂总体的运作和机组的运行全貌上缺乏足够的了解。所以对他们进行这方面的培训是非常有必要的,对其开展工作会有很大帮助。

核电站的基础知识涵盖诸如反应堆物理、热工、机械、仪表和控制、化学、核辐射等诸多领域,核电站的运作是上述所有领域的集合,也就是诸多系统的运行和交互过程在空间上和时间上的有机组合。课堂培训的局限在于其只能对上述领域的内容进行单独的加强,而不能给出一个总体的印象。然而人思考问题、记忆的过程是以完整的场景的方式进行的。当学习的时候,人总是要在心理上产生一幅对涉及对象在时间和空间上的图像。所以,如果一个事件(比如核电站的运行)是被亲眼目睹的,那么所接受的知识就会被牢牢地印在脑中,这也就是经验的产生过程。所以使用仿真机进行培训是达到此目的的最佳方法。用仿真机对生产管理人员进行培训,现在还处于尝试阶段,即将对系统工程师开展的仿真机培训将是生产管理人员仿真机培训的正式应用。

3. 规程验证

核电站的运行规程在编校审批的过程中可以在仿真机上进行验证，以确认规程的正确性、适用性以及电站系统的响应和规程中预期的一致性。1998年秦山核电站对使用中的事故响应规程作了改进，由原来的事件定向规程改为征兆定向的应急规程（EOP），在正式使用该套规程前就在仿真机上进行了详细的验证。从中发现了一些问题并进行了纠正，为正确的事故响应打好了基础。

4. 事件分析

仿真机也是进行事件分析的一个有力工具。电站发生的事件是无法在真实机组上再现的，而在仿真机上就可以再现某些事件，并可以使用仿真机的时间控制（timer control）、重演（replay）等功能进行仔细的分析，对找出事件产生的原因和采取相应的纠正措施提供强有力的帮助。秦山核电站从仿真机投运以来对所发生的重要运行事件都在仿真机上作了分析。例如1997年9月10日发生的更换故障的NPL卡件引发停机停堆事件（97－经反－012），通过对该事件的分析，提高了运行人员素质，增强了处理突发事件的能力。

5. 变更方案设计及验证

随着电站的运行会对原有的系统设计进行一些变更，在实施前，可用仿真机对变更设计方案进行验证，以检验变更的适用性，并为变更设计提供数据。1999年，发现由于原设计的缺陷，秦山核电站的一回路海水系统未能达到应有的安全标准，所以对海水系统的原设计进行了改造。作为改造期间的应急措施，设计院提出了在假如失去一回路海水冷却时用换料水箱水反冷设备冷却水的方案，随即在仿真机上进行了验证，验证结果表明该方案是合理可行的。

9.6.4 秦山仿真机应用的性能评价

经过多年的教学和其他应用，秦山核电仿真机在以下几个方面都达到了很高水平：

（1）实时性和重复性，为进行事件分析提供了可靠的保证；

（2）逼真度和稳定性，再现秦山核电站的所有运行工况，其重要参数与真实机组的偏差不超过1%，其他参数的偏差不超过10%；

（3）仿真范围和程度，覆盖了秦山核电站的所有系统和设备，并依据其不同的重要性做了不同程度的仿真，不仅可以在它上面执行核电站的所有现行规程，满足培训教学的需要，而且还可以执行电站原设计时未考虑的特殊运行方式下的规程，为变更方案设计及验证和规程验证提供了可靠的支持；

(4)教控台功能强大,操作灵活,界面友好,最大程度地满足了教学需要。

9.6.5 小结

秦山全范围仿真机荣获1995年全国十大科技成就之一,与国外仿真机相比较,秦山仿真机已达到国际先进水平。图9-26~图9-29为通过仿真机在秦山核电站的应用,提高了整体运行水平,对核电站安全、可靠、经济运行起到了重要作用。

安装在秦山核电站的一期和二期全范围仿真机。

图9-26 秦山一期300MW核电机组全范围仿真机1(见书末彩图)

图9-27 秦山一期300MW核电机组全范围仿真机2(见书末彩图)

图9-28 秦山二期600MW核电机组全范围仿真机1（见书末彩图）

图9-29 秦山二期600MW核电机组全范围仿真机2（见书末彩图）

第10章 化工工业仿真系统

10.1 目标

20世纪90年代初,计算机仿真技术在我国国内刚刚兴起,在我国化工领域的应用还很少,但是,中国石化集团和广东省领导对计算机仿真培训系统在乙烯工程的培训中的重大作用比较了解,仿真培训系统能逼真模拟生产过程开车、停车、正常运行和事故状态的现象,无需投料,没有危险性,可以使工人在数周之内取得现场两年到五年的经验,大大缩短培训时间,节省培训费用,是提高工人素质、确保安全、平稳生产和保证技术领先地位的"秘密武器"。所以,在茂名30万吨乙烯工程建设启动时,就对仿真培训系统项目建设高度重视。茂名30万吨乙烯工程是1992年经国务院批准的我国"八五"重大石化建设项目,总投资110亿元,于1996年8月投料试车。为了在乙烯工程建成投产之前完成工人的培训工作,1994年1月茂名乙烯与广东亚仿科技股份有限公司签订了茂名乙烯仿真培训系统合作开发合同。

仿真范围包括茂名乙烯的乙烯裂解装置、全密度聚乙烯装置、聚丙烯装置、乙二醇装置等四套装置的全范围仿真。

仿真培训系统的目标任务:为操作工人提供逼真度高的直接动手操作的机会;进行装置开车、停车、排除事故训练;上岗前技术资格考核;训练现场不可能进行的故障事故处理操作;使运行人员在数周内得到几年的操作经验;用于新装置开车方案论证、事故分析、工艺及自控设计方案的可行性分析及操作优化;提供一种效率高、节能、无需消耗原料且没有任何危险的先进培训方法。

双方通力合作,克服了时间紧、任务重、技术资料不足的困难,于1996年

1月8日起,茂名乙烯仿真培训系统相继投入仿真培训使用,从而保证了茂名乙烯四套装置投料试车前的仿真培训需要。特别由于操作人员有高级全范围仿真机的培训,达到了该项目一次投产成功的良好效果。

10.2 重点内容

茂名乙烯仿真培训系统的仿真对象包括茂名乙烯公司的乙烯裂解装置、全密度聚乙烯装置、聚丙烯装置、乙二醇装置。要求对乙烯联合装置进行全流程全范围仿真,模拟 DCS 画面所需的设备和为实现动态模拟所需的现场设备。

1. 仿真范围

茂名乙烯仿真培训系统的仿真范围:

(1)乙烯裂解装置。裂解炉、超高压蒸汽气泡及废热锅炉、预分馏塔、轻质燃料油汽提塔、真空闪蒸塔、急冷水塔、馏出物汽提塔、水汽塔、稀释蒸汽发生塔、碱洗塔、凝液汽提塔、压缩机(包括裂解气压缩机、乙烯和丙烯制冷压缩机)、装置干燥器再生系统、脱甲烷塔进料激冷系统、脱甲烷塔、脱乙烷塔、碳二加氢反应器、乙烯精馏塔、甲烷化反应器、脱丙烷塔、碳三加氢反应器、丙烯精馏塔、脱丁烷塔、各类换热器、全厂蒸汽分配系统。

(2)全密度聚乙烯装置。原辅材料精制配制单元,包括共聚单体、H_2、N_2、T2等;乙烯精制单元;聚合反应单元,包括反应器催化剂加料系统、终止系统、压缩机系统、控温系统、静电控制系统等;树脂脱气和排放气回收。

(3)聚丙烯装置。丙烯加料罐、液相反应器、气相反应器、单体闪蒸罐、粉沫洗涤塔、丙烯洗涤塔、反应器控制系统、冲洗丙烯冷却器、冷却系统、循环风机系统、粉沫干燥机、催化剂预聚系统、汽蒸罐系统、冷冻机系统。

(4)乙二醇装置。环脂脱气和排放气回收;环氧乙烷反应单元,包括 CO_2 脱除、EO 吸收与解吸、循环气压缩机等;环氧乙烷精制单元。

茂名 30 万吨乙烯生产装置照片如图 10-1 所示。

2. 系统功能

茂名乙烯仿真培训系统的主要功能包括:

(1)运行人员的培训和考核;

(2)试车、开车前得到良好的、逼真的技术训练;

(3)二次技术培训;

(4)验证运行方案;

图 10-1　茂名 30 万吨乙烯生产装置照片

(5) 开车方案的可行性分析及论证；

(6) 为工艺优化操作提供试验及分析环境；

(7) 引导新规程的制定；

(8) 运行分析和研究；

(9) 复原和研究已发生运行事件；

(10) 预演和分析计划进行的重大操作；

(11) 演示调试规程；

(12) 验证控制保护的逻辑关系，指导调试；

(13) 调节系统的参数整定，用于自控人员学习以及改进组态方案，改进控制系统，提高控制效果。

茂名乙烯仿真培训系统中心机房实景照片如图 10-2 所示。茂名乙烯仿真培训系统网络拓扑图如图 10-3 所示。

图 10-2　茂名乙烯仿真培训系统中心机房实景照片

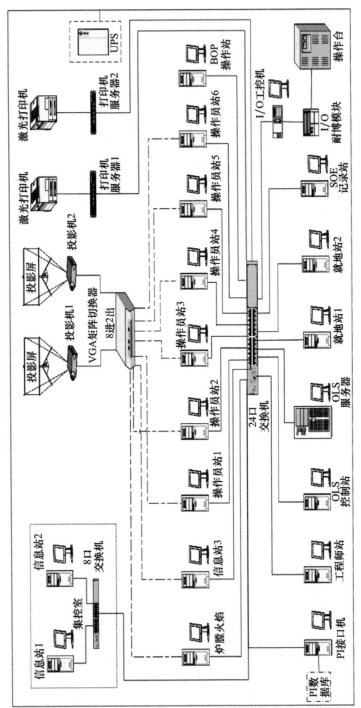

图10-3 茂名乙烯仿真培训系统网络拓扑图

3. 仿真运行工况

(1)冷态开车；

(2)热态开车；

(3)正常工况；

(4)事故状态；

(5)正常停车；

(6)紧急停车；

(7)变负荷和不同工况的操作。

4. 仿真模型精度

(1)稳定工况 IC：关键参数偏差小于 1%；重要参数偏差小于 2%；其他参数偏差小于 7%。

(2)在 60min 稳定运行期间，关键参数波动小于 2%。

(3)故障、瞬态工况：主要参数的变化趋势与实际装置一致；报警信号与控制系统的动作正确。

5. 故障仿真

(1)全物理过程数学模型故障个数可达 1000 个，并提供扩充能力；

(2)触发时间 0~4h 内可调；

(3)故障程度 0~100% 范围可调（堵、漏等）；

(4)同时设置 40 个以内故障（可不同时间触发）；

(5)故障处理培训打分；

(6)故障类型：通用故障、特定故障；

(7)变量特性：开/关型（通/断型）故障、可调型（数值变量型）故障。

6. 运行模式

(1)实时运行（real time）；

(2)加快运行（fast time）：1~10 倍、1~200 倍，局部加快、全加快（视主机运算速度）；

(3)减速运行（slow time）：1~10 倍。

7. 其他技术

(1)特殊仪表；

(2)接口系统；

(3)就地操作站；

(4)软表盘。

10.3 系统开发难点

10.3.1 对象复杂，系统庞大

茂名30万吨乙烯工程包括乙烯裂解装置、全密度聚乙烯装置、聚丙烯装置、乙二醇装置四套装置，其中包括了千百种的各种反应器、塔、罐、泵等设备，管路长且复杂，从原料到产品要经过十分复杂的工艺处理过程。即使单个的设备，也是十分复杂的，比如反应器、塔，其中的物理、化学反应非常复杂，控制十分不易。有些化学反应的机理目前还不十分清楚，其中的生成物及其物相，也只能依据经验公式进行仿真。

另外，由于制造仿真系统时，仿真对象生产装置还处于安装阶段，缺乏工艺物料物性等基础数据，由于设备是进口的，外商也不能提供相关的数据和资料，大大增加了仿真的难度。

10.3.2 仿真模型复杂

仿真对象设备多，单元设备的差别大，所以，对每种不同的单元设备都要开发子程序，例如塔、裂解炉、反应器、多组分闪蒸罐、旋转干燥器等，不能过于简化，否则，就不能达到仿真精度要求，难以跟踪实际工艺过程的动态。

例如：裂解炉模型需要考虑原料烃在裂解过程中所发生的复杂反应，一种烃可以平行地发生许多反应，又可以连串地发生许多后继反应，因而裂解炉出口产物成分极为复杂。通过试验，采用日本平户瑞穗等提出的馏分油裂解动力学机理模型比较符合仿真的要求。一次反应进行到相当深度后，一次反应物开始发生二次反应，考虑了主要的12个反应，对每个反应列出其反应速度式，考虑到温度等因素对反应速度常数的影响，可以列出各裂解产物的物料平衡式。对于某一微元裂解炉炉管进行物料衡算、能量衡算、动量衡算，联合各式组成的微分方程组，可算出各个工艺参数（温度、压力、组成等）在反应炉管进口到出口各处的数值。

10.3.3 软盘台操作

茂名30万吨乙烯工程四套装置引进的是美国Honeywell公司的TDC-3000 DCS系统，操作站的数据处理量很大，一般DCS操作站数据点传送量可达到

8000多个,这样大量的数据实时传送需要网络有很快的传输速率。每一套装置的DCS操作画面非常多,每幅画面的操作也很复杂,要求DCS操作站程序处理大量的数据和操作。另外,DCS操作画面上要求显示流程图、组画面、组趋势画面、报警总目以及细目画面、报表等,它显示的各种画面以及操作方式都要求与生产现场实际的各种画面和操作相一致,这些都使DCS操作站的仿真开发变得十分复杂。

10.4　特点与意义

1. 特点

茂名乙烯仿真培训系统是当时国内最大规模的乙烯装置全流程仿真培训系统。其特点如下：

(1) 硬件先进。茂名乙烯仿真培训系统的仿真主机采用了美国SGI的INDY高级工作站,运行速度快,图形功能强,确保大型高精度数学模型的可靠运行,还能保证让四套装置的仿真培训系统同时运行。

(2) 高逼真度。仿真的控制系统是美国Honeywell公司的TDC-3000,DCS功能采取直接转换的方式进行仿真,仿真效果与现场DCS完全一致。

(3) 良好的可操作性。现场设备的操作采用软表盘模拟,全流程仿真装置的操作。

(4) 高效教学。配备了当时非常罕见的100英寸进口背投式投影电视、八磁头录像机、无线麦克风、回环立体声音响等先进电教设备,使有经验的操作人员的操作能向更多学员演示,方便教练员作详尽讲解。

(5) 应用研究。四套装置的仿真除了用于操作培训外,可以应用于研究的关键流程有乙烯裂解与分离、聚乙烯聚合反应、聚丙烯聚合反应。

(6) 事故仿真包括多种组态。

(7) 各单元仿真形成模块化子系统,整合形成为一个大系统,公用工程的波动及时反应在子系统中。

2. 意义

茂名乙烯仿真培训系统在生产装置建成投产之前投入使用,为茂名乙烯完成了各类人员的仿真培训。从1996年1月起,四套装置的主操、副操、操作班长、车间工艺人员、设备人员和管理人员进行了开车前系统的仿真培训。通过仿真系统的培训,学员对真实的DCS操作模式、工艺流程原理、开车、停车、故障事故判别与处理等达到了生产要求条件,为实际装置的一次投料生产成功做出了重要贡献。

学员反映,茂名乙烯仿真培训系统取得了很好的培训效果,尤其是开车前的仿真培训,取得了国内同类培训装置难以得到的效果。

之后,每年还对有关人员进行二次仿真培训及优化操作试验等工作。据不完全统计,到 2000 年的 4 年时间内,培训人数达到 450 人,上机时数达 5000 多小时,为国家节省的直接培训费用达 280 万元。

由于在培训中加强反事故演练,避免非计划停车的效益是很大的,例如,全密度聚乙烯装置每避免一次非计划停车,就可为国家挽回损失 2000 多万元。

另外,茂名乙烯仿真培训系统先后接待了社会各界 400 多人的参观学习,包括上级领导、外国专家、其他化工企业职工、大专院校师生等,取得了良好的社会效益。

10.5　获奖情况

1998 年 8 月,中国石化集团组织有关专家对茂名乙烯仿真培训系统进行了技术鉴定,认为该系统在总体技术上处于国内先进水平,部分技术达到了 20 世纪 90 年代初国际先进水平。

1998 年,茂名乙烯仿真培训系统荣获茂名科技进步一等奖。

1999 年,茂名乙烯仿真培训系统荣获广东省科技进步三等奖。

第11章 仿真技术在轮船领域应用实例

11.1 概 述

随着科学技术在轮船技术领域的不断应用,现代化船舶的自动化程度越来越高,仪器越来越精密。海上航行的特殊条件,要求轮船安全稳定地航行。这对轮船上的操作运行人员提出更高的要求,不仅要具有良好的判断能力而且要熟悉现代化的轮机控制系统,因此需要提供相应的培训学习手段来提高轮船操作运行人员的整体技术水平。然而,现代化的大型轮船造价昂贵,海上情况错综复杂,不可能提供轮船运行人员太多的实船操作。因此有必要利用仿真技术去构造一个轮船的环境,在陆上建造一个船舶轮机仿真机,轮船操作运行人员便可以在仿真机上进行全范围、全过程的训练,这样不仅节省了大量在实船培训的费用,也提高了轮船运行人员的培训学习的效率。

11.2 船舶轮机仿真机实现的原理

武汉轮机仿真机实现的原理是:以广州文冲船厂制造的万吨轮船"育锋号"为仿真对象,建造模拟的轮机室,构造轮机室的软硬件环境,对"育锋号"机舱主要设备的操作、控制、状态、参数和声响高精度仿真。

实时仿真技术主要由以下几部分组成:

1. 实时仿真支撑软件

实时仿真支撑软件是开发实时仿真程序的专用软件工具,而实时仿真程序是仿真机的核心软件,其重要性不言而喻。实时仿真支撑软件应可运用于多种型号的计算机硬件环境和多用户、开放型操作系统,以扩大其应用范围。它应提供美观有效的人机界面,具有丰富的查错功能,调试效率高,仿真程序开发方便,以加快仿真机的制作,保证质量,提高仿真的能力与水平。

实时仿真支撑软件是一个完整的支撑实时仿真软件开发、调试、运行和维护的大型软件平台,它由程序编辑和编译系统、连接和装入系统、实时执行程序、调试系统、数据库管理系统、实时仿真数据库、实时控制系统及共享内存区组成,详见第4章。

2. 计算机及 I/O 接口系统

实时仿真系统往往包含有多台计算机构成的网络系统和 I/O 接口系统。这两部分是仿真机的关键设备。

(1) 仿真主计算机。主计算机是仿真机最主要的硬件设备,它用来存放被仿真对象的数学模型及控制程序,以控制整个仿真系统的实时运行。

(2) 辅助计算机系统。根据具体的情况,系统中将使用多台一般性能的计算机,通过网络与主机联接,构成一个网络化的计算机环境。实现教练员工作站、控制系统操作站、工程师站、环境仿真等功能。

(3) I/O 接口系统。I/O 接口系统用来实现主计算机和控制盘台或操作座舱等硬件间的数字量/模拟量的相互转换及传输,它的响应速度、精度、稳定性等对仿真机的性能有着重大影响。

仿真机硬件系统结构如图 11-1 所示,可以从中了解计算机网络和 I/O 接口系统的情况。

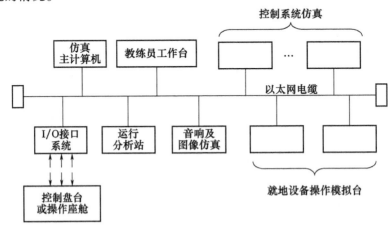

图 11-1 仿真机硬件系统结构图

3. 实时建模技术

实时仿真系统开发中的建模就是根据仿真对象的物理特性和过程,建立计算机能运行的数学模型。数学模型在运行过程中,必须能反应对象过程的真实性,如反应特性、报警、起停过程、故障反应及处理等。

为了达到实时仿真的目的,在建模过程中必须注意到一些关键性的特点,列举如下:

(1)在整个实时仿真系统中包括很多的设备、部件、元件、控制设备等的局部模型。为了保证整体的实时性,局部模型所采用的算法必须是精确而又快速的算法。

(2)在算法选择时,一定要保证每一数学模型在运算过程得到收敛的结果。

(3)建立全物理过程的数学模型,不管数学模型多复杂,最终都是以代数式来表达,使之计算变量接口明确,运算快速。

(4)要充分考虑算法的速度,避免浪费机时的算法,采用节省机时的算法。比如,$A = B^*B$ 不要写成 $A = B^{**}2$。

(5)流体网络系统采用矩阵解的方式,避免多次迭代才能收敛或经过太繁多的计算反而得不到精确结果。

(6)在数学模型的实时运行安排时,一定要根据对象的时间特性,合理安排每秒运算的次数和时间片安排的组合。

实时建模方法举例:

(1)质量平衡。对于实时仿真系统中的控制容积,常常要用到质量平衡方程,即

$$\frac{dM}{dt} = \sum F_i - \sum F_o \qquad (11-1)$$

式中:dM/dt 为控制容积质量变化率;F 为质量流率。

在实际使用中,可变成如下形式:

$$M = M_{lp} + \Delta t \cdot (\sum F_i - \sum F_o) \qquad (11-2)$$

式中:M 为控制容积中工质的质量;M_{lp} 为上一时刻的计算值;Δt 为时间步长。

(2)能量平衡。实时仿真系统中的参数计算基于能量与质量平衡方程。

其形式分别为

$$\frac{dE}{dt} = \sum F_i h_i - (\sum F_o)h + q \qquad (11-3)$$

式中:E 为控制体中的能量。

$$\frac{dM}{dt} = \sum F_i - \sum F_o \qquad (11-4)$$

式中:M 为控制体中的质量;F 为质量流量率;h 为控制体比焓;h_i 为进入控制体流量比焓;q 为向控制体输入的热;i 为进入(流量);O 为出口(流量)。

将式(11-3)、式(11-4)合并,并将 Δt 代替 dt,可变成如下形式:

$$\Delta h + h(\sum F_i - \sum F_o) \cdot \frac{\Delta t}{M} = \sum (F_i h_i) \frac{\Delta t}{M} - (\sum F_o) h \frac{\Delta t}{M} + q \frac{\Delta t}{M} \qquad (11-5)$$

注意: $\Delta h = h - h_{lp}$ 则有

$$h = \frac{M h_{lp} + [(\sum F_i h_i) + q] dt}{M + (\sum F_i)\Delta t} \qquad (11-6)$$

在式(11-6)分子上先加上后再减去 $(\sum F_i)\Delta t h_{lp}$,并整理可得到:

$$h = h_{lp} + \frac{\Delta t}{M + (\sum F_i)\Delta t}[(\sum F_i h_i + q) - \sum F_i h_{lp}] \qquad (11-7)$$

式(11-7)为控制体能量平衡的基本方程。

也可写成如下的形式:

$$h = h_{lp} + \frac{(\sum F_i)\Delta t}{M + (\sum F_i)\Delta t}\left[\left(\frac{\sum F_i h_i}{\sum F_i} + \frac{q}{\sum F_i}\right) - h_{lp}\right] \qquad (11-8)$$

式(11-8)表明,经过延时后,焓的最终值为

$$\frac{\sum F_i h_i}{\sum F_i} + \frac{q}{\sum F_i}$$

延时常数为

$$\frac{(\sum F_i)\Delta t}{M + (\sum F_i)\Delta t}$$

通常延时常数小于1,这意味着用能量积分的方式计算比焓,平稳地达到目标值,不会发生跳变。

4. 控制系统的仿真

控制系统的仿真是仿真系统中一个非常重要的部分,其仿真方法和逼真度直接影响到仿真机整体的质量、成本及今后的实施效果。控制系统通过计算机技术、多媒体技术和通信技术,把整个船舶轮机的控制过程、操作报警及显示等通过盘台或计算机屏幕显示和操作集中表现出来,犹如整个船舶轮机的神经中枢,因此船舶轮机的控制系统仿真是很重要的。

在常见控制系统中,仿真机需要仿真的主要内容为:

（1）数据采集与数据通信；

（2）操作员站界面；

（3）逻辑与控制过程；

（4）数据记录与输出。

在仿真机研制中，控制系统可以用下列三种方式进行：

（1）Simulation 方法：用软件实现其功能的仿真；

（2）Stimulation 方法：用硬件激励法实现仿真；

（3）Emulation 方法：用原有硬件中的软件及其环境实现仿真。

船舶轮机控制系统的仿真主要采用 Simulation 仿真方法。控制系统采用 Simulation 方法，一般分为逻辑控制功能的实现和操作员站功能的实现两部分进行，并以不同的方式实现。

（1）逻辑控制功能的实现。根据逻辑控制流程图直接编程，程序成为模型的一部分，所有的控制器功能通过运行逻辑控制的模型软件来实现。如其逻辑控制中 PID 控制、程控中的模块都可用子程序形式实现。一般情况下，它是在与仿真机其他过程模型相同的操作系统和支撑软件环境下运行，通过数据库交换数据，不需要实际的控制器和数据采集及通信系统。

（2）操作员站功能的实现。操作员站一般指用于运行人员操作的 CRT 界面的仿真，它是一个相对独立的系统，该系统有自己的数据库、图形库及前后台进程的管理调度。通过以太网与主计算机相连。通信进程将主机中的实时运算数据传送到监控机（操作员站计算机）上，再由监控机进行显示、操作处理、打印、报警、归档等处理。

5. 监控系统的仿真

监控系统是工业系统中用于监视与控制运行过程的专用计算机系统，也称为过程计算机。监控系统完成设备运行信号的接收、处理、变换、存储、记录、显示、查询、远程传送控制指令等功能。运行人员在仿真机的训练中，使用仿真的监控系统，犹如在现场的集控室中操作一样，获取在仿真机中数学模型的运算结果。

监控系统由以下软件、硬件组成：

（1）数据接口系统；

（2）数据处理系统；

（3）历史信息存储及检索系统；

（4）中心管理站；

(5)网络管理站;

(6)工程师站;

(7)操作站。

监控系统的网络拓扑结构有多种,如环形、星型和总线形式,在网络上挂有不同的功能模块。总线式的连接如图 11-2 所示。

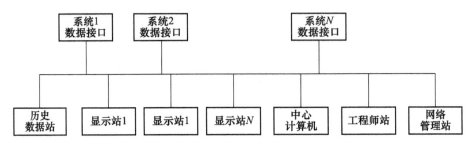

图 11-2 监控系统总线式网络拓扑结构图

监控系统的仿真有以下两种方法:

监控系统仿真的第一种方法是激励式监控系统的仿真方法,选用一个与现场完全一样监控系统,将 I/O 部分的输入信号改为仿真机模型主机的计算结果,即接收另一台计算机送出的信号。

监控系统仿真的第二种方法是采用以软件和部分硬件仿真的方法。这种方法实现的基本思想是:将监控系统看作是一个黑箱,只考虑它的输入和输出部分。输入信号来源有两类:一类来自运行模型的主计算机;另一类是来自操作员键盘等输入设备。输出的信号也分为两类:一部分是输出到主计算机上;另一部分显示在屏幕、打印机或其他输出设备里。

6. 教练员工作站

教练员工作站是一套完整的计算机系统,它拥有独立的操作系统、图形界面、并拥有相应的外设,如打印机、彩色硬盘拷贝机、绘图仪、遥控信号接收器、磁带机、网络通信设备等,用以辅助教练员对仿真系统进行跟踪控制。

教练员工作站是教练员(或仿真机使用人员)与仿真机之间最主要的操作与控制界面,它能控制和监视仿真机,同时在线显示和存取数据库中的变量值。教练员工作站提供仿真机用户和仿真机模型软件最基本的接口,它允许教练员通过选择初始条件及设置各种设备的变化过程来建立训练课目。

教练员工作站允许教练员插入/取消故障、控制主控室及就地盘的所有设备、设置环境条件、操控盘台上所有的输入/输出设备、改变仿真机的运行速度。

教练员工作站提供许多手段来评价学员的操作水平,教练员可以通过重演仿真机过程、返回追踪、监视某些特定参数的变化以及查看教练员及学员的操作历史记录来准确地考查学员的能力。

教练员工作站一般都具有丰富的功能、操作灵活、界面友好、最大程度地满足教练员使用的各种需要。

教练员通过人机交互式的图形界面,把需要操作/控制的信息传递给仿真实时控制进程,由它来控制仿真数据、I/O 操作、实时运算、模型同步等动作,从而达到培训的目的。

11.3 轮机仿真方案

WMS-1 型武汉轮机仿真机的配置,从总体构造、计算机系统、软件等三方面介绍如下:

(1) 总体构造及盘台设备:WMS-1 型轮机仿真机由集控室、模拟机舱、驾控室(兼作教练员室)、讲习室等四个训练舱室及一个动力室组成,总面积约 150m^2,设备包括集控台、电站配电屏、模拟柴油主机、机舱动力装置的系统控制箱、主机遥控操纵台、教练员台、示教板等 30 多个独立操作、显示盘台。在盘台中配置了 100 多台套机电设备、160 多个指示仪表、2000 多个操作、显示器件、几万条系统接线等,构成了一个复杂的机电系统。

(2) 仿真机配置的计算机系统具有当今先进水平,由 1 台 INDIGO 多媒体工作站(作主计算机)、4 台 COMPAQ 高档微型计算机(作接口通信主控制器及集中监控用)、48 套 16 位单片机(作智能 I/O 接口控制及特殊仪表功能仿真用)、6 台彩色 CRT 显示器、2 台多用户智能终端、5 台各型打印机、2000 多个 I/O 接口等,组成一个三层结构的庞大的集散型分布式网络系统。网络上中层采用以太网通信总线及 TCP/IP 通信控制协议,中下层采用两条链路构成高速串行通信系统,网络下层对盘台接点采用 CPU 智能化直接 I/O 控制。

(3) 仿真机的计算机软件系统配置,采用了国际最流行的实时多用户多任务 Unix 操作系统,具有国际先进水平的实时工程应用开发系统(REDAS)和实时数据管理系统(DBMS)等支撑软件,以及 X-Window 图像处理开发技术软件等。并在这个环境下,建立、开发了 11 个物理系统(主柴油机系统、主柴油机控制系统、燃油系统、水系统、滑油系统、锅炉蒸汽系统、辅机系统、配电系统、发电机系统、协调控制系统、空气压缩机系统)、224 个全物理过程仿真模块、10 多万条程序的模型软件系统(所有故障也包含在模型中)。还在这个环境下,开发研制了具有良好人机界面的、可实时显示100多幅轮机系统流程图画面、图文并茂的监控软件系统。

11.4 船舶轮机仿真机的总体技术性能

11.4.1 培训和研究功能

武汉轮机仿真机是我国自行研制的第一台轮机仿真机。该仿真机技术水平高,研制难度大,功能齐全。其主要功能如下:

(1)对学生或同类的船舶运行人员和管理人员进行启动、停机、以及正常运行工况的监视、调整等操作技术和实际技能的训练。其中主要的培训功能是:主机的暖机、盘车、备车、正常运行、驾驶室、集控台和机舱的控制切换;柴油机发电机组"手动/自动"方式的起动和停机;发电机之间并网及并网后负荷的自动或手动增减等;锅炉上水、点火、升温升压及燃料、主机废气、主蒸汽系统的控制和调整;海水系统和淡水系统的滑油、燃油系统的控制和调整;除此之外,还有油机、焚烧炉的控制等。仿真轮机的所有启动和停机方式,包括冷态启动、温态启动、热态启动、极热态启动、正常停机、事故自动停机、事故紧急停机和事故请示停机等,实现了全范围、全过程的仿真培训功能。

(2)提高对运行人员和管理人员在异常运行工况或事故情况下,正确判断、处理各种事故的操作技能和快速应变能力。同时,进行事故分析,制定反事故的对策。据统计,该仿真机已设置事故量380个,可改变的外部参数量5个,可预置各种初始运行工况100种。在我国已投运的轮机仿真机中,该仿真机对运行人员和管理人员进行仿真培训的功能是最强的。

(3)仿真机的配电系统在实现了全自动化即无人值班机舱(自动化包括重负荷时机组自动启动、自动并网、轻负荷时自动解列、自动停机,并网后负荷自动分配;在高、低压或高低频率异常情况下机组的自动启动和自动机组的切换)的同时,也能在手动方式实现上述全部功能,特别在并网操作上实现了全自动、半自动、手动、准同步和粗同步并网。

以上各种仿真功能,不但能使学员体会自动化机舱其各功能实现过程,还能很好地培训学员的实际操作技能。该仿真机还考虑了在正常的情况下并网机组间相互作用、相互影响的仿真功能,其中一些主要培训功能是单机失磁、双机失磁、单机弱励、双机强励、严重过负荷、严重过度转移负荷,所有以上故障或异常运行都能很好地反应并网机组间的相互影响。在故障设置方面,考虑了各种运行方式下的三相短路、两相短路、单相接地、自启动失败、机组失磁、机组强励、开关误动作、电压不稳定、频率不稳定等,这些任务的插入能很好地培训学员的事故处理应变能力。

(4)仿真机投入运行前,已编制了针对不同培训对象,不同培训要求的教学计划和教学大纲;编印了齐全的培训教材和各种培训资料,配备了雄厚的师资力量,拥有先进的教学设备和生活服务设施等。

(5)该仿真机已具备在不同条件下,分析、改进运行操作方式并加以优化的试验和研究功能。通过试验研究和对技术资料的合理假设,运用于仿真模型中,使学员认识到一些实际很少遇到但在仿真机中很容易实现的故障,增强了仿真机的人员培训功能。

11.4.2 船舶轮机仿真机的功能简介

1. 船舶轮机仿真机的教练员运行管理功能

轮机仿真机系统的运行管理是通过教练员台进行的,教练员台的计算机为教练员提供了控制仿真系统程序运行人机界面,教练员通过输入命令可方便地控制仿真机的运行及培训的项目。其主要功能如下:

(1)启动/停止功能;

(2)冻结/运行功能;

(3)模型运行速度的控制和选择功能;

(4)初始状态点的选择和复位功能;

(5)快存功能;

(6)返回追踪功能;

(7)故障设置功能;

(8)外部参数设置功能;

(9)盘台诊断功能;

(10)教学训练实时考核评分功能。

2. 船舶轮机仿真机设备(盘台)的操作控制功能

船舶轮机仿真机的盘台操作训练功能全面、能力强,可以对学员进行反复、综合的训练。

1) 船舶柴油主机的操作控制功能

轮机仿真机中的仿真柴油主机在操作控制上具有与实船完全相同的功能,可在机舱就地操纵,也可在集控台或驾控台遥控。

2) 船舶电站操作控制功能

船舶电站的柴油辅机包括三台主发电机和一台应急发电机,其就地与遥控功能,配电板上的自动启动操作和并车控制屏的操作与实船完全相同,此外,还可以比实船增加一些并车训练功能,有电抗器手动粗同步并车,手动准同步并车,半自动准同步并车,全自动准同步并车。

配电屏上的电站故障保护报警功能也同实船一样。主开关的合闸及跳闸的声音也做了仿真,使学员在电站上的训练有同实船操作一样的感受。

3) 船舶机舱其他辅机设备的操作控制功能

(1) 海水系统操作功能;

(2) 中央淡水循环系统操作功能;

(3) 主机冷却水系统操作功能;

(4) 滑油输送系统操作功能;

(5) 滑油净化系统操作功能;

(6) 主机滑油系统操作功能;

(7) 燃油输送系统操作功能;

(8) 燃油净化系统操作功能;

(9) 主机燃油系统操作功能;

(10) 锅炉系统操作功能;

(11) 加热蒸汽系统操作功能;

(12) 压缩空气系统操作功能。

3. 船舶轮机仿真机集中监控功能

船舶轮机仿真机的集中监控功能,比实船和其他进口仿真机的功能要强。通过集控台的优化设计,对实船原有机舱工况参数集中监测报警系统及主机气缸监测系统作了功能仿真,增加了动力装置热工系统流程图、船舶电站柴油机及电力网流程两套计算机监控系统。这对提高学员适应现代自动化船舶机舱中采用计算机进行全面监控的运行管理技术的能力,具有非常重要的作用。

1) 船舶主机气缸工况监测系统

采用彩色监视器,以示功曲线图和巴图等方式,实时监测主机气缸的工作情况。示功图曲线有:燃烧压力曲线、喷油压力曲线、燃烧-喷油压力曲线等;用巴图形式监测各缸工况的图形有 MIP、Pmax、pcomp、Pexp、αPmax、Fpmax、Fpopen、G. duration 等。还有活塞环状态监测图。

2）船舶动力装置热工系统流程图监控系统

以数十幅彩色屏幕图形显示除电站以外的机舱动力装置所有各系统的流程图结构原理,并实时监测这些系统的工作状态及运行工况参数,包括：

(1) 主机状态及工作情况监测显示项;

(2) 主机控制系统显示项;

(3) 机舱机电设备分层布置及其工作状态监测项;

(4) 主机热工系统监测项;

(5) 机舱动力装置热工系统监测项。

3）船舶机舱工况参数集中监测报警系统

该系统通过彩色监视器完全以数据形式监测整个机舱各机电设备及系统的运行工况参数值,包括当前值、报警上限或下限设定值。报警项以红色闪烁字符串显示,正常为白色字符。它先以组报警方式报告某个系统或某个区域发生了参数越界报警,进而通过鼠标或键盘的操作深入了解报警发生的具体情况。按机舱设备的物理分类,可分为下列各项,每一项为一个子菜单集。

(1) 主机系统报警项;

(2) 发电机系统报警项;

(3) 其他机舱辅机系统报警项;

(4) 各类舱柜液位高、低超限报警;

(5) 在参数监视器屏幕中,还能利用窗口技术显示主机工况的有关趋势图及各监测项的工况参数单项状态巴图;

(6) 该监测系统还配备了打印机,可通过屏幕菜单控制实现多种打印方式,如报警即时打印、报警响应打印、轮机日志全点记录打印等;

(7) 与屏幕监测报警系统相并行,还在集控台配置有一套硬件化 LED 灯式集中监测报警板和在机舱的黄色闪烁报警装置。当任何一项基本报警发生时,都将首先在这套报警装置显示出来,然后再通过监视器监测屏幕对报警项作进一步查找。LED 报警板还有消声、消闪、试灯等功能。

4）船舶电站流程图监控系统

该系统采用彩色监视器,以数十幅屏幕画面分别对发电柴油机及其热工系统、发电、配电及供电网络系统,机舱用电设备的分层布置及其工作状态等进行实时监测。主要有：

(1) 柴油发电机组外形、工作状态及主要工况参数监测图（每台发电机组一幅）；

(2) 柴油辅机热工系统流程监测图，包括燃油系统、滑油系统、冷却系统各一幅；

(3) 发电机组在机舱的布置及各用电设备在机舱的分层布置图，在这些布置图中可显示出设备的工作状态，如在运行、停止或故障；

(4) 发电机至汇流排的发电、配电网络系统图，可分别显示发电机、配电网的组成、工作状态、运行参数等；

(5) 供电及负载网络系统图，包括配电板四个负载屏的电气网络结构，负载设备及其工作参数等的实时监测；

(6) 非仿真用电设备屏幕软件远操作功能图一幅，包括舵机、起锚机、绞缆机、起货机、冷藏、空调器等。

5) 船舶轮机机舱工况参数监视器终端就地查询系统

轮机仿真系统中，通过计算机多用户网络技术在机舱设计配置了字符终端提供给学员就地查询工况参数之用，其查询内容与集控台上集中监测系统基本相同。

11.5 船舶轮机仿真机技术特点和技术创新

亚仿公司研制开发的船舶轮机仿真机除了具有总体的高质量、高技术水平、良好的性能价格比以外，还具有其自身的技术特点和创新，主要表现在：

(1) 亚仿公司具有独立知识产权的仿真支撑软件系统(ASCA)是经过创新发展而成的。该支撑软件拥有优越的建立、调试、修改和扩充数学模型软件功能，教练员工作站功能，处理大型实时数据库功能。提供离线和在线调试、修改，以及自动设计和生成仿真程序的能力；拥有支撑接口系统和盘台设备的检查、故障诊断和资料自动生成的能力；具有良好的人机界面，实现了仿真程序的 top-down 结构和高度的模块化，程序可读性好，易修改，易扩充。该系统在国内属领先水平，可以和国外同类产品相媲美。

(2) 在监控计算机(PPC)上，采用微型计算机，Unix 或 NT 操作系统，实时数据库管理系统，图像技术以及计算机控制和通信技术，成功地研制出一套实时性好，比被仿真机组的 PPC 功能更全的软件。在 PPC 软件中，可根据需要容纳多至数万个的逻辑与模拟变量，可处理数百幅系统图、条形图、帮助图等，很好地实现了在线曲线显示、功能群、功能组、监视器趋势、一览表、事故追忆、在线修改、离线修改、报警信息等。

(3) 轮机仿真机的 I/O 接口系统,是亚仿公司自行研制的智能化、分布式 I/O 接口系统。接口板上的开关量的属性、模拟量的量程等,均可由程序按使用要求单独设定,因而组态灵活、修改方便采用以太网或 HSD 和主机连接,因而能方便地和多种主计算机配用;接线电缆可长达 200m 采用标准的 PC 总线;其功能、性能以及安装接线的指标都以达到国内外相应的技术标准,从而保证了仿真机拥有良好的运行特性、可靠性、实时性、可控性和可观测性。

(4) 轮机仿真机的数学模型软件,采用的是在先进的仿真支撑软件系统下,使用结构化、标准化、模块化和部分自动化的建模方式,可建立对象的全物理过程的数学模型。所有故障,可全部包含在全物理过程的数学模型中。数学模型软件在各种运行操作、各种运行工况以及各种事故情况下,可达到良好的静态逼真度、动态逼真度和实时性。

(5) 采用最新的数字音响技术和计算机控制技术,可实现轮机的音响仿真,取得与实际轮机一致的音响效果,而且实时性也很好。

(6) 采用 Unix 或 NT 作为操作系统,图像技术设计教练员工作站,可具有功能齐全、运行可靠、操作灵活、使用方便的特点,还可具有变量曲线显示、打印控制、仪表噪声控制等功能。良好的人机界面,可极大地降低对操作者的计算机应用知识的要求。

11.6 亚仿公司在轮机仿真领域的业绩和展望

根据以上的原理和功能研制的 WMS-1 型轮机仿真机(图 11-3)已在 1994 年底研制成功,填补了我国轮机仿真机制造的空白,结束了在这个领域长期依赖进口的局面。该仿真机在主要的技术指标和技术性能,包括逼真度、实时性、功能、仿真范围和仿真程度、计算机系统、仿真软件支撑系统、教练员工作站、运行技术研究工作站等方面,都达到国际先进水平。

WMS-1 型轮机仿真机,是由我国自行研制的第一台船舶轮机仿真机,并在 1996 年获中华人民共和国交通部科技进步一等奖。

亚仿公司在武汉轮机仿真机研制成功后,又陆续在深圳明华轮机仿真机项目、舟山航校轮机仿真机项目、广州海运轮机仿真机项目和上海海校轮机仿真机项目等的研制过程中拓展了功能。分别对大型散货轮、大型集装箱轮和大型油轮等的机舱进行仿真(表 11-1),使轮机仿真机更符合航海培训的高要求。

图 11-3 武汉轮机仿真机

表 11-1 轮船仿真项目列表

序号	用户名称	项目名称	项目内容	投运时间	获奖情况
1	中国船舶科学研究中心	702 专用仿真机	轮船仿真机	1993 年 9 月	国家火炬计划优秀项目奖、广东省火炬计划产业奖
2	武汉理工大学	船用轮机	轮船仿真机	1994 年 11 月	1996 年交通部科技进步奖一等奖
3	广州海运学院	远洋轮机	轮船仿真机	2000 年 7 月	
4	上海海运学院	远洋轮机	轮船仿真机	2000 年 7 月	

第 11 章 仿真技术在轮船领域应用实例

仿真技术在轮船领域中发挥着越来越重要的作用,船舶轮机仿真机的成功研制及其应用具有重大的社会及经济意义。特别随着 AR、VR 技术的广泛应用和轮船容量增大、航程变化,航程中的安全预测和应急处理需求,对轮船仿真的技术研发和应用将提出更高的要求。

第12章 仿真技术在科技馆的应用

12.1 概　述

亚仿公司从1993年开始，就致力于三维视景系统、智能游艺机、多媒体教育软件和机电一体化产品的研制开发，取得了许多成功的经验。亚仿公司拥有具有自主知识产权的多媒体软件开发平台和高级视景系统软件制作平台，二十多年来，在娱乐与交通、飞行器仿真产品方面以及三维视景和多媒体系统方面均积累了相当丰富的设计能力和工程经验。在科技馆领域，为中国科技馆、上海科技城等多家科技馆制作了各类展品，为加拿大原子能(中国)公司(AECL CHINA)制作了应用于福州科技馆的CANDU重水堆核电站原理演示模型，为广东、香港、福建的中、小学教育、幼儿教育等制作了各类多媒体产品等。2005年，亚仿公司承接了广东科学中心两个大型展馆展厅("绿色家园"和"飞天之梦")共计百余项展品的设计制造任务。2009年，亚仿公司又承建了澳门科学馆食物科学厅、气象厅、地球厅三个主题展厅的整体环境装饰及共计超过100项展品的大型科技馆项目工程。另外，在新疆科技馆、芜湖科技馆、惠州科技馆也都有亚仿公司设计制作的多个展品。

2010年亚仿公司在广东省大型综合性科普场馆——广东科学中心的建设管理创新实践项目，获得了《广东省科学技术奖特等奖》的荣誉，这是亚仿公司在科技馆建设和娱乐仿真领域强大的综合技术实力的最好见证。

12.2 科技馆对仿真技术的需求

12.2.1 仿真技术在科技馆应用的必要性及与娱乐仿真的区别

科技馆作为提高全民科学文化素质和推动创新型城市建设的重要环节和作为对公众的科学教育前沿阵地,其建设水平反映了国家和地方科技发展和创新的水平。仿真技术作为信息技术族内的成员,不仅自身发展快,而且与信息技术各项发展结合也很快,它永远面对新问题,永远在组织新技术形成新的系统工程。因此,仿真技术是不断研究新现象、分析新规律、揭示相关系统之间的联系、找出解决方法的强有力的工具。

展项工程是科技馆建设的核心,是一项对创新性要求高的工作。对于一件科技展品来说,科普、传送科学知识与科学原理是它的根本目的。科学知识、科学原理是不变的,但表现的形式却是丰富多彩的。利用仿真技术去研究新形式、分析新规律及提供新方法,就显得尤为重要。

仿真技术在科技馆的应用,包含了基本仿真常用的各种技术手段,因为科技馆比娱乐仿真有更加丰富的科普需求和智慧启迪要求。而娱乐仿真系统,其娱乐效果都是通过在对人体的感知器官形成刺激来实现的,其涉及的技术主要还在于与人体感官相关的影视技术、音效技术、动感平台技术、操纵触感仿真技术、环境仿真技术、运行控制技术等方面。

12.2.2 仿真技术对科技馆科普性的支撑

科技馆以参与、体验、互动性的展品及辅助性展示手段,以激发科学兴趣、启迪科学智慧为目的,对公众进行科普教育。仿真技术可以从增强科普性方面对展品进行技术支撑。

以"海啸巨浪"展品为例,该展品是澳门科学馆地球与气象展厅用来介绍海啸的形成与现象的大型交互展品,展品设计图见图 12-1。该展品的开发难点在于既要形成效果形象的海啸巨浪,又要实现其互动可控,具备试验的能力。传统的模拟海浪的展品主要通过推杆反复机械运动推动拨水板,从而实现造浪功能。这种方法在缺乏对造浪幅度、波浪运行速度、回水速度等条件和因素进行分析的条件下,往往需要经过无数次的试验,才能找到相对理想的效果,而且运行条件一旦有一定的改变,例如水量的减少,将会出现效果不佳的情况,又需要重新调试。更大的问题是,观众仅能看到最终造浪的效果,对此过程的成因却无法了解。

图12-1　海啸巨浪展品设计图

在仿真技术的支持下,我们先对设计条件进行分析,在确定造浪距离、回水距离的情况下,结合造浪系统的功率和频率建立了数学模型,并将相关参数数字化,显示在可视控制系统中。此时观众在一定的条件下,既可以观察到海啸巨浪形成的现象,又可以参与造浪过程的分析和设计,对海啸的成因有更深刻的理解,部分观众受此启发,还进行了如何在海啸形成的初期进行提前干预的讨论。可见利用仿真技术对展品的技术支撑,大大增强了展品的科普性。

12.2.3　仿真技术对科技馆体验性的支撑

在对公众进行科普教育的前提下,如何更好地激发科学兴趣、启迪科学智慧,是利用仿真技术对科技馆体验性进行技术支撑的出发点。

以澳门科学馆"天气预报员"展品为例,该展品的目的在于构建一个情景逼真的天气预报展台,参观者可以在此体验天气预报员的角色,通过观察各种数据,结合自己的语言和姿态,进行一段天气预报预测的讲解。在研制该展品时,我们利用仿真技术,先对展品运行环境进行仿真:无影灯光在光线传感器的支持下实现亮度自动调节;在网络信息技术的支持下,多个屏幕实现运行同步控制;播控一体化控制技术则实现仿真的天气预测系统与真实的情景尽可能的接近。最终项目实现的功能是:展品互动参与者可以在屏幕一上看到实时的天气资讯、变化趋势及引起这些变化的原因,并在屏幕二上见到自己在一张真正的地图上,低气压带和降雨等信息清晰显示出来;同时其他参观者在屏幕三上可以观看到上一位观众实时合成的录像,而屏幕四则作为实时计时和对其他参观者的提示。环境仿真及运行的模拟带给参观者十分真实的体验,特别是在录制室中,参观者能充分体验到作为一位天气预报员在天气地图前运筹帷幄的自信,展品照片见图12-2。

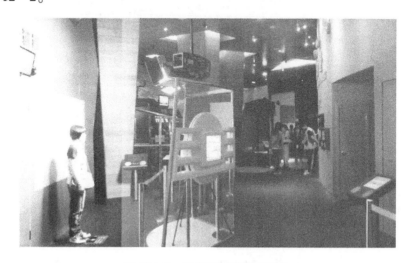

图12-2 天气预报员展品照片

12.2.4 仿真技术对科技馆安全性的支撑

安全问题在科学馆中尤为重要:科学馆是公众场合,科学馆面对的观众来自不同年龄、不同层次,正常操作时的设备故障、非正常操作时可能引致的损伤,都要提前考虑。利用仿真技术,可以对展厅展品建立预警预报系统,从而从源头上提高展厅展品运行的安全性。

例如:在"地震屋"展品的设计过程中,在仿真震动平台系统、仿真室内物品破坏模拟系统、仿真灯光系统等功能设计的同时,设置了安全预防预警系统。通过大量传感器的应用,在"地震屋"仿真运行系统中接入多个预警信号:在出入通道设置开关门检测,系统运行过程中,如果检测到开门信号,系统将实现自动停机;在仿真震动平台运动过程中,温度传感器对运动平台运行状态进行检测,防止过载情况的发生;地震屋室内的红外传感器对室内人员情况进行监测,避免在参观者未完全撤出情况下,室内物品恢复震前状态动作可能对人员造成的伤害。感受地震展品照片如图12-3所示。

图 12-3　感受地震展品照片(见书末彩图)

12.3　仿真技术在科技馆应用实例分析

12.3.1　展品开发重点和目标

在"天气制造者"展项中,参观者通过大型液晶触摸屏上显示的气象挂图的天气系统,可以亲手创造一种天气类型。

首先,参观者一进入展区,映入眼帘的是一个弧形展台,展台中间是一个大型液晶触摸屏,正播放待机画面。上面是模拟天空的椭圆形天棚,在投影灯的照射下,显示出云朵在漂移,展台地板上镶有模拟大地的照片。为了制造天气,参观者首先需要选择季节,然后利用大屏幕液晶触摸显示器,拖动"高压、低压、暖气团、冷气团"四个功能图标并把它们放在亚洲地图中。每次只能拖动一个功能图标,如拖动"高压"功能图标,当拖动到合适位置,放开手,在该位置上就会出现一个高压图标,表示该区域目前处于高压控制区域。参观者可以选择多个高压或低压系统放于不同的位置,但系统会根据专家知识库进行一些保护性限制和提示,如高压区域一定范围内不能出现低压系统,在一个高压区域也不必要再出现高压系统;气团的温度选择也是一样,对已经放置好的天气系统,如参观者觉得不合适,也可将该图标如"高压"图标从卫星云图上移到云图的垃圾桶,就可删除。

当所有天气系统都布置妥当后,按"开始"按钮,参观者就可看到自己制造的天气模拟情景了。首先参观者可以看到一副亚洲气象云图,上空显示有根据参观者设置天气系统形成的云团的移动和变化,然后在地图上会出现几个代表地区或城市的天气小窗口,参观者可点选任一个窗口进入该区域或城市体验具体的天气,如狂风暴雨、电闪雷鸣等具体三维动画情景,通过声光配合使参观者有身临其境的感觉,参观者还可进入该三维场景进行漫游,以便参观者浏览不同城市景象,获得更多体验。参观者可按"退出"按钮退出系统,返回待机画面。天气制造者展品设计图如图12-4所示。

图12-4 "天气制造者"展品设计图

12.3.2 包含的系统

系统功能图如图12-5所示。

1. 天气知识多媒体展示系统(传递天气的科学知识)

采用多媒体技术显示有关天气知识,如全球气候概况、常见的天气系统、云的种类和形成原理、风的形成、雨的产生等有关天气和气候基本知识。

2. 大型图形图像图形显示功能

可以显示大型气象挂图及气象云图。

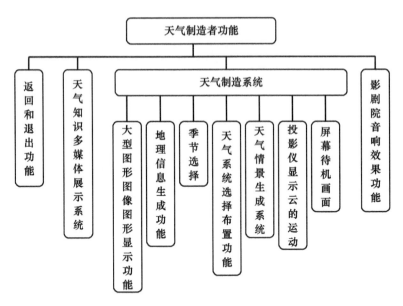

图 12-5　系统功能图

3. 地理信息生成功能

根据亚洲地图的地理信息,如等高线、海平面等,生成计算机的三维地理信息。以便电脑判断当前的天气系统位于何处,会产生何种天气。

4. 季节的选择

由于天气与季节关系比较大,因此在制造天气前需要选择季节,季节选择由"春、夏、秋、冬"四个按钮实现。

5. 天气系统选择布置功能

(1)选择和布置。本系统可选的天气系统主要有锋面系统(暖气团和冷气团)、低压(气旋)和高压(反气旋)系统两种常见的系统,这两种天气系统分别由"高压、低压、暖气团、冷气团"四个功能按钮来表示,参观者可在大屏幕液晶触摸显示器上用手指拖动的方式来选择各种天气系统,并把它布置在左边的气象挂图上。参观者每次只能拖动一个,如拖动"高压"按钮,当拖动到合适位置时,放开手,该天气系统就会固定在该位置,该位置上就会出现一个高压的图标,表示该区域目前处于高压控制区域。系统内部设置有一定的专家知识库和保护性措施,如参观者布置的不对,系统会提示参观者如何放置,如用户选择冬季,就不能在中国的北方放一个低气压暖气团的天气系统。

(2)移动。对已经放置在气象挂图上的天气系统,如果觉得位置不大合适,可再次用手指拖动的方式来移动图标,并放置在更适合的位置上。

(3)删除。系统设有删除功能,对已经放置好的天气系统,如参观者觉得不合适,也可将该图标如"高压"图标从卫星云图上移到云图的外面,就可删除。

(4)专家知识库。系统内部设置有一定的专家知识库,以便给系统保护性措施提供依据,如参观者布置的不对,系统会根据专家知识库提示参观者如何放置。

(5)保护性知识提示(传递天气的科学知识)。参观者可以选择多个高压或低压系统放于不同的位置,但系统会有一定保护性限制措施,主要的保护有:

高压区域一定范围内不能出现低压系统,反之亦然;

在一个高压区域不能再出现高压系统;

冬季北方不能出现低气压;

如参观者布置的不对,系统会进行语音提示。

6. 天气情景生成系统

(1)卫星云图的动画功能。系统能显示不同天气情况下云团的移动和变化的动画。当所有天气系统都布置妥当后,按"开始"按钮,参观者可以看到一幅亚洲气象卫星云图,上空显示有根据参观者设置天气系统形成的云团的移动和变化,卫星云图可以展示云雨区的位置、分布,尤其能直观显示出台风、暴雨等恶劣天气的强度和位置;如以上天气不能形成大的云团,则以动画方式展示由此形成的云的种类及效果。

该动画大约持续1min后,亚洲地图上的各个区域的天气通过计算机仿真计算,就可自动生成了。这时在地图上会出现几个代表地区或城市的天气小窗口,小窗口上显示区域的天气情景小动画,旁边标有天气、气温等气象信息。

(2)天气情景计算机仿真模拟系统。通过选择的天气系统以及输入的冷锋和暖锋的位置和当地的地形数据信息,运用天气学的基本原理,生成各种具有不同物理特性的气团,在高压和低压形成的力的作用下计算出气团的运动方程,生成各种云系,以动画的形式表现出来,同时参考天气生成的一般性规则,最后得出各个区域或城市大致天气状况。算法原理图如图12-6所示。

(3)天气情景的三维视景功能。系统能模拟代表亚洲天气的不同地区或城市的天气情景,参观者可点选任一个窗口进入该区域或城市体验具体的天气,如狂风暴雨、电闪雷鸣等具体三维动画情景见表12-1,还可进入该场景进行漫游,以便得到更多的体验。

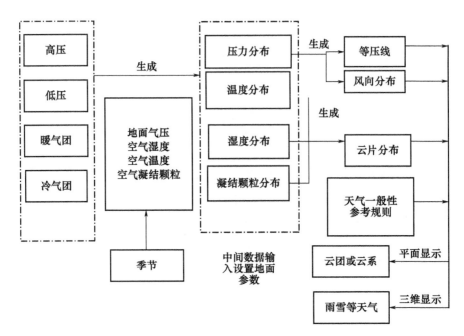

图 12-6　算法原理图

表 12-1　天气情景的三维视景功能

A. 三维地形生成	系统生成能代表亚洲天气的 10 个地区或城市的三维地形。以上城市或区域模拟面积范围会有所限制，以便控制三维模型数量，使视景系统运行更流畅，获得最好的效果
B. 风的形成	系统生成能代表各种等级的风效果，主要有 10 级大风和强热带风暴（台风）
C. 云的形成	系统能生成卷云、积雨云、浓积云、雨层云等几种与天气密切联系典型的云
D. 雨的生成	系统能生成小、中、大、暴雨
E. 雾的生成	系统能形成薄雾和浓雾的效果
F. 雷电的生成	系统能形成雷电的效果
G. 雪的形成	系统能生成小、中、大雪
H. 冰雹形成	系统能生成冰雹的效果
I. 天气成因解说功能（传递天气的科学知识）	对生成的天气一般性原因进行语音解说
J. 三维漫游功能	系统设置有前进、后退、左右 4 个自由度的漫游功能，参观者可以按下这四个按钮，在系统天气模拟场景中进行漫游，以便获取更多不同的天气体验

7. 返回和退出功能

在表现天气情景的画面中,按"返回"按钮可返回到天气系统选择和布置界面,重新进行选择和布置。

如需要退出,按"退出"按钮就可退出天气生成系统,系统会自动返回到待机画面;系统的关机功能通过后台按键实现。

8. 音响功能

系统通过五声道音响系统,营造真实的天气情景音效。

9. 灯光效果动能

投影灯显示云的运动。

10. 屏幕待机画面

显示一些吸引参观者的动画及声音效果。

12.3.3 系统特色

本展项适合10岁以上的参观者进行操作。目的是让参观者通过对展项的操作和体验,对各种天气有感性的认识,并了解一定的天气和气象知识。本展项的主要特点是参与性强,起到了有效地传播有关天气的科学知识的作用。

(1)趣味性。展项内容采用多媒体、三维视景方式制作,各功能模块采用活泼、简单明了的图形图像、丰富的动画及界面切换效果表示,界面风格符合儿童的个性和特点,同时使用有趣的提示音乐,以达到参观者操作展项的娱乐效果,增加软件使用的人性化、趣味性,使参观者很容易掌握天气的概念,达到寓教于乐的目的。

(2)真实性。美工设计采用三维建模技术,生成计算机的三维地理信息及三维地形图,可真实模拟各个地区或城市的地形。采用虚拟现实(VR)技术,可真实再现各种天气情景,可以从不同角度观看天气生成的效果,并可在场景中进行虚拟漫游。

(3)科学性。展项的系统软件通过建立专家知识库,并运用计算机仿真技术,使生成的天气具有科学性,同时系统界面图标都是依据有关天气学的规定标准来绘制,也具有准确的科学性。

(4)智能性。由于针对的是各个年龄层的参观者,电脑操作水平不一,因此展项设计操作简单方便。使一些操作智能化、简单化,由程序引导或自动完成,减少用户的操作。同时,程序能对各种操作目的、一些基本原理通过声音进行解说,达到科普目的。

(5) 知识性。程序提供系统的天气知识多媒体演示系统,以便参观者能在制造天气前,了解一些天气的基本知识。系统还具备一个有关天气、气候及气象等丰富的专家知识库,以便随时提供各种知识服务,如误操作的语音提示,最后天气生成后原理解析等。使参观者在娱乐游戏的同时获得有关天气的知识,使展项能有效地传递科学知识。

(6) 可靠性强。软件采用成熟自主开发平台,已经经过很多市场考验,性能稳定可靠,硬件选型都是国内国际知名品牌产品,质量有绝对的保证,可靠性强。

(7) 可维护性好。软件都采用成熟自主开发平台,可维护性好,硬件选型的售后服务都比较好,配件充足,维护方便。

(8) 可扩展性高。程序采用亚仿公司自主开发的视景开发平台及仿真平台,软件具有完全的自主版权,在将来修改、功能扩展上具有主动权,可非常容易进行维护和扩展。

12.4　项目成果

"天气制造者"展品在广东科学中心实际运行了多年,受到了业主的肯定和众多参观者的好评。该展品作为广东科学中心建设管理的创新实践项目中的重要组成部分,获得了"广东省科学技术奖特等奖"的荣誉。

第13章 全动型C级飞行模拟机制造实例

13.1 概　述

飞行模拟设备在广义上就是用来模拟飞行器飞行的设备,能够完全或部分模拟真实飞行器的飞行体验,包含虚拟仿真器、程序训练器、飞行训练器(FTD)和飞行模拟机(FFS)等。在我国法规层面上,飞行模拟设备仅包含飞行模拟机或飞行训练器,是本章所指的飞行模拟设备。随着我国民航业的快速发展,飞行员数量和飞机数量迅速增加,以及国家对于通用航空产业的促进,必将为飞行模拟设备产业带来新的发展机遇。

飞行模拟机是按特定机型、型号以及系列的航空器座舱1∶1对应复制的,姿态变化完全相同,分为A、B、C、D四个等级,D级为最高级。飞行训练器是在有机壳的封闭式座舱内或无机壳的开放式座舱内对飞行仪表、设备、系统控制板、开关和控制器1∶1对应复制的,分为1级、2级、3级、4级、5级和6级,1级为保留级别,6级为最高级。

近些年我国飞机数量持续增加,运输飞机的增长量已经接近每年300架,航校在训学员数量在2015年超过了6500人,通用飞机的数量也在持续增加。

中国民航局在2016年中美航空研讨会上指出,"十三五"期间,中国民航仍将处于较快发展阶段,预计年均增速保持在10%左右。2016年5月国务院办公厅印发的《关于促进通用航空业发展的指导意见》指出,到2020年,通用航空器达到5000架以上,年飞行量200万小时以上。根据波音公司2014年发布的预测报告,未来20年中国将新增干支线飞机6020架。亚太航空公司协会预测,未来20年中国需要7.2万名飞行员,新增飞行员约4.3万名。

亚仿公司从1993年开始制造飞行模拟机,1994—1998年完成CESSNA-310飞机飞行训练器,应用在南方航空(集团)公司。1997—1999年完成TB-20型飞机飞行训练器,应用在中国民航飞行学院。在此基础上,2009年承接飞机全动型C级飞行模拟机(以下简称飞行模拟机),该项目是国家发改委支持国产仿真机替代进口仿真机的重要战略部署,该项目由中航技全球招标,由5家公司参加投标,最终亚仿公司中标,充分展示亚仿公司在技术上的实力和经验,通过该项目的开发以及对我国数据包数据进行行业规范化和标准化,亚仿公司掌握了制造飞行模拟机整个过程的技术,创立了自主知识产权的核心技术。

13.2　全动型C级飞行模拟机的系统构成

飞机全动型C级飞行模拟机是用于飞机飞行员培训的模拟训练设备,全面地仿真飞机各系统的功能、性能和飞行品质,满足飞机受训飞行员的正常操作、非正常操作和应急操作的培训,飞行模拟机的功能及性能达到CCAR-60部《飞行模拟设备的鉴定和使用规则》所规定的C级标准要求,也是目前国内民航干支线飞机飞行模拟机所达到的最高鉴定等级。

飞行模拟机是一个典型的多学科技术密集型大系统工程,由仿真支撑平台、数学模型、人感系统和人机界面等构成,飞行模拟机组成和信息交联示意如图13-1所示。仿真计算机管理仿真支撑平台和运行数学模型;人感系统包括视景系统、运动系统、操纵负荷和音响系统为受训飞行员模拟出真实体验环境,教员台实现对飞行训练的精准把控,为受训飞行员量身定制训练科目、故障和场景等。

依照飞行模拟机系统技术性质和功能,飞行模拟机系统的主要自主开发内容及关键技术可划分为以下部分:

1. 模拟机结构

飞行模拟机系统结构将视景系统、运动系统、后舱、仿真座舱结构、教练员台系统和接口电子设备集成在一起,由设备舱、后舱、仿真座舱、视景操纵负荷系统等设备、电子柜、登机桥及模拟机内外装饰等组成。

2. 模拟机仿真软件

模拟机仿真软件系统通过软件实现对飞机的飞行特性、动力特性等的模拟,包括从发动机启动之前直到发动机停车之后的所有飞机特性,以及因环境条件变化所引起的正常延迟效应等,涉及了全范围、全物理过程的数学模型。整套模型在自主知识产权支撑系统下开发。

第13章 全动型C级飞行模拟机制造实例

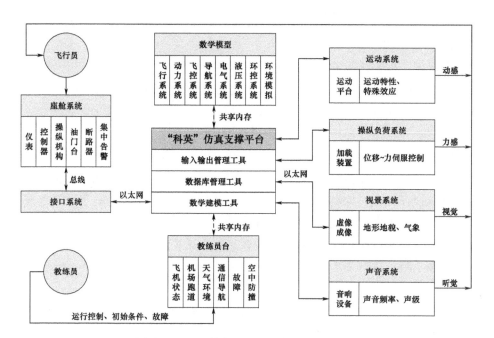

图 13-1 飞行模拟机组成和信息交联示意图

3. 座舱模拟

飞行模拟机系统座舱采用真实飞机座舱的内部结构和布局,舱内所有的显示装置、操纵装置、照明装置、断路器、座椅等设备的形状、尺寸、颜色、布局均与所模拟的真实飞机相同,其功能及模拟的工作情况也与所模拟的真实飞机一样。

4. 视景系统

飞行模拟机系统的视景系统采用基于PC平台的三通道图形发生器和虚像成像显示系统,用来逼真模拟飞行员在飞行中所看到的座舱外部景象。该系统技术难度大,在自主知识产权平台支撑下进行应用开发。

5. 六自由度运动系统

飞行模拟机系统采用先进的电动六自由度运动平台实现飞机飞行中的动感模拟,向受训飞行员提供运动提示信号。六自由度运动平台提供空间六个自由度的运动,从而为飞行员提供飞机的各种运动与不同姿态时的感示信号,如起飞、着陆、爬升、滚转、侧滑、加减速、下降、失速、颠簸等时的运动感觉。

6. 操纵负荷系统

飞行模拟机系统采用数字操纵负荷系统,由力伺服系统进行加载,模拟飞机在不同飞行条件下和不同操纵模式下(如自动、手动、应急操纵等)操纵系统的静态和动态特性，向受训飞行员提供逼真的力感。

7. 音响系统

飞行模拟机系统音响系统采用数字频率合成技术模拟在各种飞行状态下，飞行员在座舱内可以听到的声音。包括发动机各种工作状态声音及噪声、飞行状态变化引起的结构声、气流声、起落架收放声等。在音调、声级和发声部位等逼真模拟真实飞机各种声音。

8. 教练员台

飞行模拟机系统教练员台是本模拟机系统的控制中心。教练员台实现整机的控制、教案的编制、培训考核、等级考试等功能，教练员台设计的水平是本模拟机系统水平的重要标志，也是培训水平的重要标志。亚仿公司综合了世界各国教员台最强功能，加上自身几百套各类教练员台的应用经验，开发了飞行模拟机系统高水平教练员台。

9. 计算机系统与 I/O 接口

飞行模拟机系统计算机系统和 I/O 接口是整个本模拟机系统的神经中枢，它除了承担着飞机各子系统的模拟及飞机运动的数学模型的解算任务外，还承担座舱各种显示设备的控制，以及视景系统、运动系统、教练员台之间的协调工作。

10. 模拟机仿真支撑平台及应用软件

飞行模拟机系统软件系统以高级仿真支撑软件－科英平台为核心，以共享数据库为基础，且所有程序模块化，其全部程序的接口在共享的实时数据库的支持下，修改维护极为方便；同时建立了模拟机需要的各系统软件，从而为飞行模拟机系统的开发、调试、运行、维护提供全生命周期的软件支撑环境和应用工具。

11. 供电电源系统

飞行模拟机系统供电电源系统采用 AC380V、220V/50Hz 市电配电设备设计，为模拟机提供稳定可靠的工作电源，为模拟机运动系统、操纵负荷系统、计算机系统、视景系统、空调/通风系统等设备提供所需的交流电源，和座舱系统所需的直流稳压电源及 400Hz 电源等。并配置专业 UPS 电源，当电网电源停电时，提供三相和单相应急备用电源，供系统紧急退出。

13.3 独具特色的教练员台系统

飞行模拟机教练员台软件提供了飞行教员与飞行模拟机的人机界面，是模拟机的重要组成部分。教练员台软件的功能、水平、支撑各项指标实现的能力是飞行模拟机运行水平、教练员及学员培训水平的重要标志和飞行模拟机的总体能力的体现。教练员台系统由教练员控制模拟机的运行情况,实现对受训飞行员培训的最佳效果。飞行模拟机教练员台系统的水平不仅表征培训能力,同时也帮助教练员方便和高效地对每个学员提供个性化指导。

飞行模拟机教练员台软件可以监视受训飞行员训练的全过程,显示飞机的整体性能、所处方位、终端进近图、机场跑道图等,并提供了模拟训练的运行/冻结,控制各分系统的启用与关闭,设置初始状态,故障插入,制定课程计划与考核评定等功能。人机界面如图13-2所示。

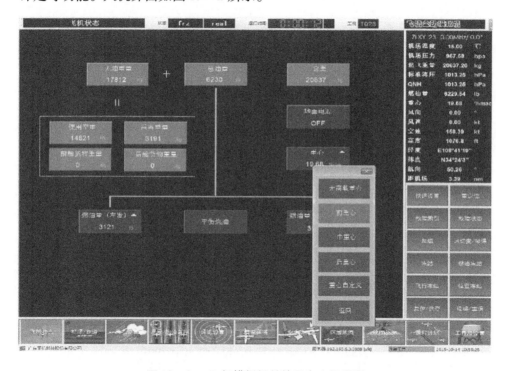

图13-2　飞行模拟机教练员台人机界面

教练员台软件在设计功能时充分的考虑了以下几个因素:

(1)教练员台设计完全依据中国民航总局 CCAR-60 部《飞行模拟设备的鉴定和使用规则》的相关规定;

(2)使教练员能够高效和快捷的使用模拟机的各项功能;

(3)教练员可通过教练员台系统得到学员的操作情况和操作记录,有利于

学员的提高和教学的高效;

(4)充分发挥亚仿公司支撑软件性能和计算机软件性能,造就一个灵活的智能化的教练员台;

(5)通过在线分析能力对飞行模拟机进行在线分析,不断地提升模拟机的性能和水平;

(6)具有整机集中在线诊断功能;

(7)能够对整个鉴定过程进行记录并进行分析。

13.4 建立全物理过程数学模型

飞行模拟机模型软件是对飞机正常运行所涉及的各个系统进行模拟。可分为飞行系统、动力系统、液压系统、电源系统、飞控系统、通信系统、导航系统、环控系统和大气环境系统等,分系统结构如图13-3所示。

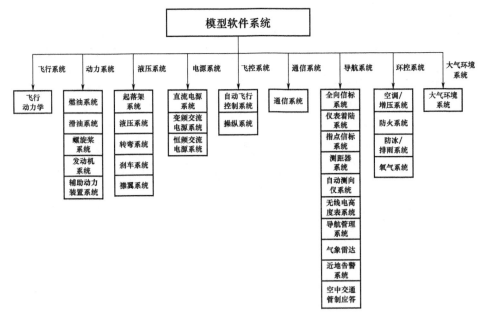

图13-3 模型软件组成方框图

飞行模拟机模型软件满足 CCAR-60 部中 C 级模拟机要求,性能及功能与国内外同级别先进设备保持一致,满足民航规章要求的培训的功能。飞行模拟机模型软件模拟飞机全包线内的性能和特性,建立以下模型:

(1) 建立飞机所有飞行功能的数学模型；
(2) 建立模拟飞行所需要的外部环境模型。

13.4.1 飞行系统

飞行模拟机飞行系统(FP)是组成飞行模拟机的一个重要系统，完成飞机空气动力学特性仿真，解算飞机的六自由度非线性全量运动微分方程，仿真飞机在地面上运动时所受到的起落架的力与力矩以及在空中飞行时所受到的各种载荷，模拟大气环境、大气扰动等对飞机的影响。

根据飞机全设计线路内的试验飞行数据，飞行模拟机飞行系统将仿真飞机的飞行性能和操纵特性。

飞行模拟机飞行系统主要由运动方程模块、外载荷及扰动模块组成。

飞行模拟机飞行系统能在整个设计包线内模拟出飞机的飞行性能和操纵特性，包括由空到地和由地到空的过渡，以及在地面条件下使模拟机具有足够的逼真度，以保证与视景系统的良好协调；收放襟翼、起落架和改变油门位置等构型变化引起的影响；模拟飞机起飞、爬升、巡航、下降和着陆特性等。

1. 仿真范围

(1) 模拟飞机在各种控制机构操纵下相应的运动，如俯仰、偏航、滚转、侧滑、加速和减速等(包括地面及空中)。

(2) 模拟飞机在各种外加载荷作用下飞机的运动情况，如下雨、刮风、结冰、雷电、云雾、跑道的干湿条件等。

2. 仿真程度

(1) 飞机的操纵面包括主操纵面升降舵、方向舵以及副翼三部分。副操纵面包括升降舵配平调整面、方向舵配平调整面以及襟翼配平调整面。

(2) 当控制操纵杆时，可以使飞机升降舵偏转一定的角度，使飞机的升力发生变化，导致飞机发生上升或下降运动。

(3) 当控制驾驶盘时，飞机的副翼转动一定的角度，从而产生扭矩，使飞机发生偏航或滚转运动。

(4) 当控制脚蹬时，可以使飞机方向舵偏转一定的角度，使飞机产生侧向力，导致飞机发生侧滑运动。

(5) 当发动机功率增大或减小时，使飞机的推力发生变化，导致飞机发生变速运动。

(6) 当起落架收起和放下时，会对飞机的作用力产生一定影响。

(7) 当天气情况或其他情况改变时,会对飞机的运动状况产生一定的影响。

(8) 不仿真飞机真实的操纵机构外形,包括升降舵、方向舵、副翼、襟翼和起落架等。

13.4.2 飞控系统

飞行模拟机飞控系统(FC)主要模拟飞机的自动飞行控制系统,自动飞行控制系统是飞机飞行系统的重要组成部分,它主要用于稳定飞机的俯仰角、倾斜角和航向角,稳定飞机的飞行高度和飞行速度,操纵飞机的升降和协调转弯,还可以与仪表着陆系统交联进行自动着陆,此外,它还有增稳、改平和自动配平的作用。

自动飞行控制系统由双通道 APS-85 自动驾驶仪/飞行指引仪系统与双数字式 EFIS-85B 电子飞行仪表系统、双 ADS-85 大气数据系统和双 AHS-3000A 航姿系统组成,能够以良好的性能控制飞机。当使用自动驾驶仪系统时,能够自动操纵飞机,并且驾驶员依靠电子飞行仪表系统的指示可以监控飞机飞行轨迹;当解除自动驾驶仪系统时,驾驶员还可以根据 EADI 上的指令杆的指令,利用驾驶盘和驾驶杆进行人工操纵飞机。

1. 仿真范围

飞行模拟机飞控系统用于飞机的自动操纵和指令驾驶,不管系统是接通还是断开,可模拟以下功能:

(1) 保持希望的姿态;

(2) 航向方式可以截获和保持选择的航向;

(3) 导航方式可以截获和跟踪选择的无线电航道和横向导航航道;

(4) 进场方式可以截获和跟踪确立Ⅱ类进场最低量的信标台和下滑道;

(5) 半坡度(1/2BANK)方式可以减少正常横滚极限的 50%;

(6) 性能选择方式;

(7) 爬升方式;

(8) 下降方式;

(9) 保持气压高度;

(10) 保持垂直速度;

(11) 保持指示空速;

(12) 截获和保持预选高度;

(13) 复飞方式可以给出机翼水平和俯仰上仰姿态;

（14）颠簸方式(TURB)可以在喘流状态下减小自动驾驶仪的增益；

（15）同步方式(仅仅飞行指引系统)可以使任一驾驶员可操纵飞机改变垂直方式基准或同步到飞机的现行垂直基准；

（16）具有俯仰自动配平功能；

（17）计算操纵显示输出；

（18）系统完整的警旗输出；

（19）低高度自动拉起、临时断开、强迫脱开功能。

2. 仿真程度

正确模拟各控制件的控制逻辑，包括：

（1）自动驾驶仪板(APP)；

（2）方式选择板(MSP)；

（3）航道航向板(CHP)。

逼真模拟各种飞行模式，包括：

（1）航向保持模式(HDG)；

（2）导航模式(NAV)；

（3）自动进场模式(APPR)；

（4）爬升模式（CLIM）；

（5）下降模式(DES)；

（6）高度保持模式(ALT)；

（7）速度模式(SPEED)。

13.4.3 动力系统

飞行模拟机动力系统(PS)模拟真实飞机的动力装置，模拟包括从发动机起动之前的准备，至发动机停车之后检查的工作状态，及在整个飞行包线内发动机系统特性，模拟起飞、停车时自动顺桨和功率上调功能，模拟发动机在各种工况下不同状态，包括安装对进/排气损失、引气和提取功率影响。

动力系统主要包括发动机系统与螺旋桨系统。发动机系统由滑油系统、燃油系统以及发动机控制系统等协同工作，螺旋桨系统由螺旋桨控制装置来控制，由发动机带动工作。

1. 发动机系统

1）仿真范围

（1）模拟在地面和在空中发动机启动和点火系统的工作和操作程序。

(2) 模拟座舱内的动力装置控制件和功能。

(3) 模拟不同环境下的从发动机启动之前到发动机关闭之后的操作。

(4) 模拟拉力是相对于发动机位置的装机净拉力。

(5) 模拟设备对发动机的影响包括进气/排气损失、放气、功率消减等。

2) 仿真程度

(1) 模拟发动机在起动中达到点火和稳态慢车的时间、发动机参数的瞬间变化;

(2) 模拟各种不同起动方式的特点,包括地面电源、蓄电池、APU 和交叉起动等方式。

(3) 模拟整个飞行范围内的发动机工作状态变化过程。

2. 螺旋桨系统

1) 仿真范围

(1) 顺桨方式;

(2) 超速控制;

(3) 低桨矩止动;

(4) 同步定相。

2) 仿真程度

(1) 模拟螺旋桨变矩结构;

(2) 模拟螺旋桨控制系统使用的状态杆进行顺桨和回桨;

(3) 模拟改变螺旋桨的桨叶角。

13.4.4 液压系统

飞行模拟机液压系统(HP)模拟飞机的液压系统,飞机的液压系统由主液压系统和应急液压系统组成,用于收放起落架、收放襟翼、操纵前轮转弯及主起落架机轮刹车等。当主液压系统失效时,可用应急液压系统来进行机轮刹车和收放襟翼。

在模拟过程中,液压系统压力、流量和温度等特性考虑相应系统响应和限制。准确模拟系统加载、系统间液压载荷转换和操纵运动引起的压力瞬变过程。在漏油故障时,油量表的指示能按特定的漏油率变化。液压油温度按环境条件和系统负荷计算出并在相应指示器上显示。

1. 仿真范围

(1) 模拟液压系统的油箱、泵、活门、电磁阀、管道、蓄压器和作动筒等液压元件;

(2)模拟液压系统的静态和动态性能；

(3)模拟液压系统的低压和高压报警；

(4)模拟液压系统各种操作件、仪表。

2．仿真程度

(1)液压油量表动态显示；

(2)各种液压元件模型准确体现其设备特性；

(3)对相应的活门和继电器响应正确；

(4)正确反映在操纵过程中主系统管路上的活门逻辑状态和压力动态指示；

(5)系统加载、系统间液压载荷转换和操纵运动引起的压力瞬变过程应准确模拟。

13.4.5 电源系统

飞行模拟机电源系统(EP)由主电源、应急电源和辅助电源组成。电源系统包括两台发动机驱动的直流起动/发电机，一台辅助动力装置驱动的直流起动/发电机，两台发动机驱动的交流变频发电机，两台静止变流器(由直流系统供电)提供恒频交流电源，右蓄电池和左蓄电池。设备从馈电汇流条获得电源，左和右两套电路系统单独运行，在发电机故障情况下可由汇流条连接接触器(BTC)连通。

13.4.6 通信系统

飞行模拟机通信系统(CM)由甚高频(VHF)系统、高频(HF)系统、音频系统和座舱音频记录仪系统组成。通信设备安装有经适航批准的2套KTR908甚高频通信电台，1套HF-9000高频通信电台，3副头戴式送受话器，2个手持话筒和2个座舱扬声器。甚高频通信电台能在121.5MHz航空应急频率上进行通信。其中为客舱旅客提供广播的音频系统和座舱音频记录仪为不模拟内容。

(1)甚高频通信系统供飞机与地面或飞机之间短距离双向通信联络；

(2)高频通信系统供飞机与地面或飞机之间进行远距离双向通信联络；

(3)音频系统用于机内通话，并通过电台与外部进行通信联络，为客舱旅客提供广播和播放音乐。

13.4.7 导航系统

飞行模拟机导航系统(NS)由2套KTR908甚高频通信电台,2套独立的无线电自动定向仪(ADF),2套独立的甚高频全向信标(VOR)和仪表着陆系统(ILS),2套独立的测距器(DME),1套飞行管理系统(UNS-1K+)和内置全球卫星定位系统(GPS)组成。可以按照其飞行计划飞行,满足着陆机场的要求。

(1)甚高频全向信标和仪表着陆系统提供飞机所选VOR航道或ILS(盲降)航道及DME位置信息;

(2)自动定向仪系统能连续自动地测定飞机的相对方位和磁方位,可按地面导航台或广播电台进行导航;

(3)UNS_1K导航管理系统可以完成飞行计划导航、"直达"导航、到最近机场或VOR台等的导航。

13.4.8 环控系统

飞行模拟机环控系统(EC)模拟飞机的空调/增压系统、防火系统、防冰/排雨系统和氧气系统等,只仿真这些系统的控制显示设备的控制指示,并不模拟真实的座舱增压、氧气等真实环境条件,但座舱内的设备的控制和指示与真实飞机一致。

13.4.9 大气环境系统

飞行模拟机大气环境系统(EM)是通过设置不同的模拟大气环境,包括外部空气温度、大气压力、地面高度、跑道条件、结冰、风、紊流等,模拟外界环境对飞机产生如下影响:

(1)在近地与着陆时的偏航与侧滑对飞机姿态的影响;
(2)常风、阵风、稳流等对飞机产生的扰动影响;
(3)风切变的影响;
(4)飞行过程中出现结冰、下雨等情况对飞机飞行产生的影响。

13.5 视景系统

飞行模拟机系统的视景系统是整个本模拟机系统的重要组成部分,它是利用视景仿真技术给飞行员实时提供一个与飞机地理位置和姿态相对应的连续的座舱外景象。根据飞行员眼前的景象,飞行员可以判断飞机的位置、姿态、飞行高度、速度以及天气状况,从而保证飞行员有身临其境的感觉并达到飞行训练目的。

视景仿真技术是以相似原理、信息技术、系统技术、多媒体技术、虚拟现实技术及其应用领域相关的专业技术为基础,以计算机和多种物理效应设备为工具,利用系统模型对实际的或设想的系统进行试验研究的一门综合性技术。视景仿真是虚拟现实技术的重要表现形式,飞行模拟机系统提供了逼真驾驶舱训练环境及驾窗外视景显示,视景仿真采用计算机图形图像技术和三通道准直虚像显示系统。它使被训的飞行员产生身临其境感觉的交互仿真环境,实现了被训的飞行员与该环境直接进行自然交互。

13.5.1 视景系统符合性和先进性

(1)视景系统的功能完全符合 CCAR-60 部各项指标的要求。

(2)用 PC 机代替了专用的视景机,有利于系统设计运行和维护。

(3)在关键设备三通道图形图像融合器的选型上,考虑选择各项指标最先进的高性能投影设备,避免模拟机系统视景白天不够亮、晚间不够暗的问题。

(4)融合系统可以进行高级的数字化过滤使观察者几乎感觉不到融合区的存在。

(5)准直显示系统可为飞行员提供高亮度、高分辨率的图像,使显示画面逼真,视觉舒适。

(6)自有知识产权的视景仿真支撑平台支撑设计、运行、修改、维护等功能,方便地支撑使用过程中升档修改的要求。

(7)视景仿真系统的硬件是选择性能指标最好的设备,软件系统以视景仿真支撑平台为核心,开发全面符合功能要求的应用软件,使整个系统符合性强,而且达到国内外先进水平。

13.5.2 关键技术和难点

(1)视景仿真支撑平台技术;
(2)大屏幕曲面无缝拼接和融合技术;
(3)准直虚像成像显示系统的设备调试技术;
(4)符合民航总局的 CCAR-60 部《飞行模拟设备的鉴定和使用规则》规定要求的应用软件系统及其技术。

飞行模拟机系统的视景计算机系统全部是基于 PC 计算机和高级显卡组成。三台 PC 机组成三通道系统,其生成的视景图像通过三台投影机和融合系统分配到准直显示系统上形成 180°×40°连续的虚像成像显示系统。视景系统的功能完全符合 CCAR-60 部各项指标的要求。视景系统主要由以下几个部分组成:

(1)基于 PC 架构的图形发生器(IG);
(2)三通道图形图像融合器;
(3)高性能投影系统;
(4)虚像成像显示系统;
(5)数据库;
(6)视景仿真软件;
(7)视景系统组成(图 13-4)。

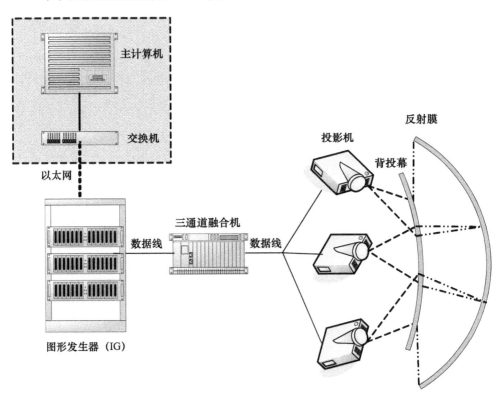

图 13-4 视景系统组成图

13.5.3 系统能力

视景仿真软件的系统能力如表 13-1 所示。

表 13-1 视景仿真软件的系统能力

通道数	3
刷新速率	60Hz(持续)
每通道分辨率	1280×1024
水平视场角	180°
垂直视场角	40°
纹理	支持真彩,所有面全纹理支持,以保证场景逼真性
平滑度	纹理衔接无缝,抗锯齿,反走样,面过渡平滑度好
光源处理	环境光、漫射光、聚光、发射光采用算法运行过程中实时计算;各种信号灯采用纹理和发射光相结合实现;飞机场日光灯较多采用纹理表示,通过环境光、漫射光达到较好的环境亮度
灯光管理	
光栅	3 灯
点扫描	最大 1000(白天)/5000(晚上)
着陆灯	是
颜色	16 万种
方向灯	是
跑道灯	1~5 或关闭
场景管理	
负载管理	
连续	LOD 控制
瞬态	最后一帧重复
细致级别	
地形	3
固定物体	3
运动物体	3
纹理 Mip-Mapping	是
天气影响	
云与散云	多层控制
雾与散雾	是
雷暴与闪电	是

续表

雾化	是
雨	是
冰	是
雪	是
每日激活时间控制	
白天/黄昏/晚上	可变
外部灯	可变强度
阴影面	是
活动目标阴影	是
主机反馈	
实时可定义	是
表面粗糙反馈	是
防撞检测	与地形和活动目标

13.5.4 模拟效果图

动态天空可随着早晨/黄昏而改变色彩。进入云层过程中,能见度可逐渐地变化效果。具有特殊天气效果,如降雨与降雪。模拟效果如图 13-5 所示。

序号	说明	效果图
1	地面操作	
2	起飞	

第 13 章　全动型 C 级飞行模拟机制造实例

序号	说明	效果图
3	爬升	
4	云雾效果	
5	巡航	
6	云	

序号	说明	效果图
7	下降	
8	进近	
9	着陆	
10	白天雾	

第13章　全动型 C 级飞行模拟机制造实例

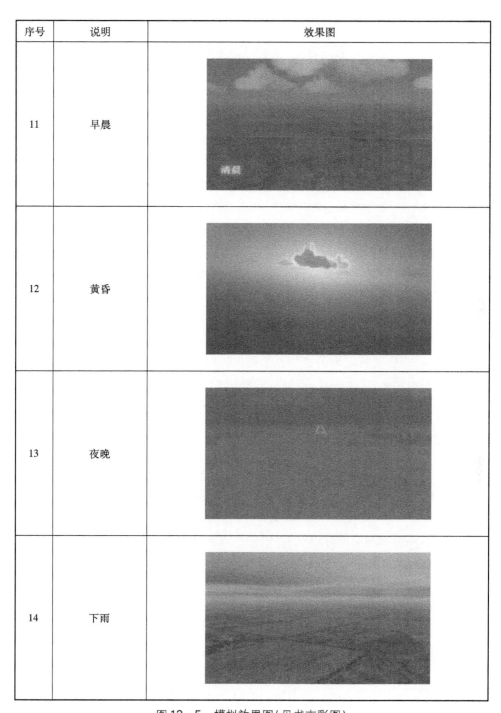

序号	说明	效果图
11	早晨	
12	黄昏	
13	夜晚	
14	下雨	

图 13-5　模拟效果图(见书末彩图)

13.6 项目意义和特色

13.6.1 项目意义

飞行模拟机系统是我国飞行模拟机现有级别最高、技术最先进的飞行模拟机,项目采用目前国内最先进的模拟技术,集六自由度电动运动平台、数字式电动操纵负荷系统、计算机图像生成视景系统、多处理器的计算机系统和专业的实时管理软件等亚仿公司自主创新的先进高技术于一体,突破了国际先进国家对我国模拟机技术的封锁,从而为今后我国的大飞机项目奠定更多的物质和技术基础;另外,推动国产大飞机和新型军用飞机的培训工作,对我国的飞机进入国际市场具有更大配套飞行模拟机的能力,提高我国现有飞机生产的能力,推动相关飞机产业生产核心竞争力,建立重点领域的生产和研制,推动我国现在大飞机生产的进程。

飞行模拟机的产业化研究,能进一步推动航空产业研发进程,缩短整个高科技产业研发周期,同时也为国家节省了更多的经费,为我国缩小和其他国家的差距争取更多的时间;更大程度推动我国高科技产业的发展,缩短了研制、生产、验证、培训的周期,更好地推动我国高科技的发展。

13.6.2 项目特色

1. 总体结构先进性

(1) 系统整机组成采用模块化,确保整机性能的可靠性、经济性和先进性。

(2) 系统座舱,采用真实飞机座舱的内部结构和布局,包括所有模拟的飞机设备、仪表、控制台和座舱操纵机构,以提供真实的训练环境。

(3) 系统外壳采用高强度、轻型材质、环保型低烟高阻燃 ABS 材料整体构成,以减轻运动平台载荷和增加系统强度。

(4) 系统采用钢结构设备舱设计,自动提升活动门结构,以增强平台承载强度、刚度以及系统可维护性。

(5) 系统采用先进的机电六自由度协和式运动平台和数字电动操纵负荷系统模拟飞行、地面滑行过程,为飞行员提供与真实飞机相同的运动和操纵感觉。

(6) 系统采用计算机成像技术和三通道虚像显示技术,为飞行员提供飞行训练时的真实世界的座舱外景象,同时向飞行员提供飞机相对地面运动的动态特性。

(7)教练员台作为模拟机整机和教员的人机界面,是模拟机的总控制台,实现教练员对模拟机运行的监控和干预,所设计的教员台功能达到世界领先水平。教练员台安放在模拟座舱后部。主计算机系统、视景控制柜等安放在计算机房内,并采用机柜安装方式,计算机房与模拟座舱之间有通道吊桥相连。

(8)接口系统采用现场总线技术,将计算机系统和模拟座舱联系起来,模块集成度高且运行稳定。

(9)采用主电源柜集中供电方式,提供三相、单相、航电和直流电源。电源系统提供联锁互锁保护、漏电保护、过流过压保护和紧急停止设备。

(10)系统采用恒温恒压精密空调/通风系统,能够将座舱内温度控制在人体感觉舒适和设备可靠使用的范围,以确保人员和设备的安全。

2. 技术先进性

(1)计算机软件以高级仿真支撑软件——科英平台为基础,以共享数据库为核心,确保系统的先进性和实时性。特别多方位支撑实现项目质量与工期。

(2)采用自动建模技术,可实时仿真数据包数据,确保数据包的完整性,尽量收集飞机设计数据、飞行数据与模拟机的特性比对,实现高逼真度。

(3)依靠支撑软件分析每个数据包对应的飞行特性和相互关系,找出有代表性的数据,逼近真飞机飞行特性。

(4)操作系统采用 Unix 主机 + windows 下位机的组合方案,兼具了 Unix 和 Windows 系统的优点,达到了强强联合,取长补短,性能最优的效果。

(5)采用数字式电动操纵负荷系统逼真地模拟驾驶杆和脚蹬在各种飞行状态下的操纵力 – 操纵位移、操纵位移 – 操纵舵面偏角的规律与特性,模拟飞机操纵系统的静态和动态特性。

(6)系统采用先进的机电六自由度协和式运动平台模拟飞行的运动感觉。具有高的动态响应速度和平滑性,低噪声。为飞行员提供一个宽范围的、与飞机动态和状态有关的振动信息和身体重力感觉。

(7)采用计算机成像技术和三通道虚像显示技术,为座舱训练环境提供逼真的窗外视景显示。

(8)教员台是本模拟机系统的控制核心,可以监视飞行员训练的全过程,显示飞机的整体性能、所处方位、终端进近图、机场跑道图等,并提供了模拟训练的运行/冻结、控制各分系统的启用与关闭、设置初始状态、故障插入、制定课程计划与考核评定等功能。

(9)教员台设置有模拟机整机的故障自检测功能,分为在线监视,日常检测,定期检测与远程维护等,以方便使用和维护,增加系统的可利用时间。

(10) 计算机系统采用开放式的标准化多层体系架构,使得系统的使用和维护简单、可靠。

(11) 接口采用完善的总线方式和模块设计,可满足数据响应和延迟时间,最小响应时间可达到 10ms。

(12) 采用先进的网络技术和接口技术,以共享数据库为基础,实现各系统的同步,以确保飞行训练效果。

13.7　本章小结

图 13-6、图 13-7 为亚仿公司研制的全自动型 C 级飞行模拟机。研制飞行模拟机技术难度大,技术密集,多学科配合标准高,验收严格。因此,国外的技术封锁和数据的控制影响了我国飞行模拟机产业化进程。亚仿公司成功研制飞机全动型 C 级飞行模拟机,将很好地满足民用模拟机每年 30 台/套的需求,以及军事航空不同机型的飞行模拟机需求。我国飞行模拟机的产业化将进入快速发展阶段。

图 13-6　全动型 C 级飞行模拟机 1(见书末彩图)

第13章 全动型C级飞行模拟机制造实例

图13-7 全动型C级飞行模拟机2(见书末彩图)

第14章 工厂数字化工程与流程工业智能制造

14.1 数字化工厂技术

14.1.1 数字化工厂的概念

作为数字化与智能化制造的关键技术之一,数字化工厂(digital factory)是现代工业化与信息化融合的应用体现,也是实现智能化制造的必经之路。多年来工程技术界一直在探索如何完整而精确地描述数字化工厂,不同行业不同专业的人从各自工作需要出发,开发研究数字化工厂的描述方法和实施工具各不相同,大致形成了以下三类:

(1)以设计为中心的数字化工厂的方法和工具。以研发设计类软件(如CAD、PDM、PLM等)为工具,在面向三维的设计制造协同环境下,以三维模型数据为中心,开展数字化协同研制、产品虚拟设计和验证,多企业、多应用之间的协作等。

(2)以制造为中心的数字化工厂的方法和工具。以生产控制类软件(如MES、DCS、APC、SCADA等)为手段,实现制造过程的数字化、可视化,实现对企业整个生产过程的全面管控和协调优化。

(3)以管理为中心的数字化工厂的方法和工具。以运营管理类软件(ERP、EAM、CRM、HR、OA等)为工具,通过企业经营管理活动中涉及的物流、信息流、资金流、工作流等数据综合集成,实现企业管理业务和全供应链的集中管理与应用。

上面三种分类分别从工程技术、生产制造和供应链管理三个维度完成了数字化工厂的功能描述。针对不同类型的企业,数字化工厂建设的侧重点各有不同。如基于三维模型的数字化协同研制和虚拟制造技术在航空航天领域的发展整体领先于其他行业;像钢铁、化工等流程型制造业更关注制造过程的数字化管理和工序间的协同优化;众多市场竞争激烈、成本压力大的离散型制造企业则更看重供应链优化方面的实施效果。

综合起来,我们可以把数字化工厂定义为:

数字化工厂是利用信息化和数字化技术,依赖泛在网络(互联网、物联网)技术,通过集成、仿真、分析、控制等手段,实现了产品的数字化设计、产品的数字化制造、过程的数字化管理,以及企业生产经营各环节的互联互通、综合集成和协调优化,形成的一种全新的制造能力或制造模式。

14.1.2 数字化工厂与两化融合

在"工业4.0"和"中国制造2025"的影响下,两化融合已然成为一项国家战略决策。两化融合是信息化和工业化的高层次的深度结合,是指以信息化带动工业化、以工业化促进信息化,走新型工业化道路。从技术上讲,数字化工厂就是要在工厂内通过IT技术和OT技术的深度结合,也就是信息化和工业化的深度融合,实现企业数字化转型升级。

大家都知道,IT技术包括计算机硬件和软件、网络和通信技术、应用软件开发工具等,但OT技术到底是什么?

按《工四100术语(编号126)》解读:OT(operational technology,运营技术),这里的operation,从微观看可以理解为操作,比如操作一台设备;从中观看可以翻译为运行,比如运行一条生产线;从宏观看则可翻译为运营,比如运营一家工厂。而不管采用哪一种层级的含义,其本质都是用特定的硬件和软件,对物理设备如阀、泵等进行控制,从而导致物理过程与状态的变化。

Gartner定义OT技术是对企业的各类终端、流程和事件进行监控或控制的软硬件技术。OT技术控制着工厂的基础设施,并使工厂生产线正常运转。OT与IT的区别主要是体现设备的边缘端,OT的世界遵从物理进化的原理和机制,发展比较缓慢:源自控制,专注于运营。

在过去的50年中,IT和OT一直保持彼此独立,属于不同的世界。IT的大型供应商,采用企业资源规划(ERP)作为"锚"的平台,通过广泛涵盖端到端的供应链活动,扩大了他们的足迹,包括设计、采购、制造、物流、销售及市场营销和服务管理。OT大型供应商使用分布式控制系统(DCS)或可编程控制器(PLC)

作为"锚"的平台,巩固了在过程控制方面(如 ABB,艾默生)或离散控制方面(如西门子,罗克韦尔)实时运营的传统领域。

OT 技术最为容易被忽视的一个核心基础,就是工业知识的积累和传递。在 IT 概念出来之前,企业核心竞争力就是 OT 技术。因为它包含了制造过程的技术秘籍、加工过程中的数据,以及企业员工的知识和经验,也就是工业 Know – How。

在中国,IT 一直占有主导力量,而 OT 的声音太弱,研究不足,OT 关键技术和软件工具大部分为国外大型 OT 公司垄断。但对工业企业来说,OT 毕竟是基础性的,IT 再强大,也只有附在 OT 上才能创造更好的价值。实际上,只有加强 OT 技术的发展,才能真正推动两化深度融合。GE 在 2018 年的报告中指出,真正数字转型的主战场,恰恰是发生在 IT 和 OT 交界的地方。

值得注意的现象是,目前传统 OT 公司纷纷延伸其产品的 IT 能力,如西门子收购 PLM,布局数字化双胞胎;ABB 联手微软,部署"物联网 +"新战略;施耐德并购英维思(Invensys),推出"能效 +"。这说明,大家已经意识到 IT 迅猛发展带给 OT 的冲击,OT 和 IT 的融合已是大势所趋,融合发展正由数字化向网络化、智能化跃升。

▶ 14.1.3　数字化工厂与工业互联网

美国最早提出工业互联网概念,在其 2013 年的工业互联网战略中提出的战略技术模型是互联网技术加上大数据、云计算等,通过在制造领域的不同环节植入对应的传感器进行实时感知、收集数据,进而通过数据实现对工业环节的精确控制,通过合理调整,有效提高生产效率。

工业互联网的三大核心要素是网络、平台和安全。

工业互联网将连接对象延伸到工业全系统,可实现人、物品、机器、车间、企业以及设计、研发、生产、管理、服务等产业链价值链全要素各环节的泛在深度互联与数据的顺畅流通,形成工业智能化的"血液循环系统",打造低时延、高可靠、广覆盖的网络基础设施是实现工业全要素各环节泛在深度互联的前提。

工业互联网平台是在传统云平台的基础上叠加物联网、大数据、人工智能等新兴技术,构建更精准、实时、高效的数据采集体系,建设包括存储、集成、访问分析和管理功能的使能平台,实现工业技术、经验知识等的模型化、复用化,以工业 APP 的形式为制造企业提供各类创新应用,最终形成资源富集、多方参与、合作共赢、协同演进的制造业生态。

安全体系是工业互联网的保障,工业互联网打破了传统工业系统与互联网天然隔离的边界,互联网安全风险渗透到制造业关键领域,网络安全与工业安全风险交织,直接影响工业、经济安全乃至国家总体安全。工业互联网的安全主要涉及数据接入安全、平台安全以及访问安全等方面,通过工业防火墙技术、工业网闸技术、加密隧道传输技术,防止数据泄露、被侦听或篡改,保障数据在源头和传输过程中安全;通过平台入侵实时检测、网络安全防御系统、恶意代码防护、网站威胁防护、网页防篡改等技术实现工业互联网平台的代码安全、应用安全、数据安全以及网站安全;通过建立统一的访问机制,限制用户的访问权限和所能使用的计算资源和网络资源,实现对云平台重要资源的访问控制和管理,防止非法访问。

工业互联网主要涉及以下几项技术:

(1)工业物联网技术。工业物联网(industrial internet of things,IIoT)是指物联网在工业领域的应用。IIoT 是通过泛在网络技术、移动通信技术将工业生产过程各环节具有感知、监控能力的各类数据采集点、传感器或控制器互联互通,实现工业数据的全面深度感知、实时传输交换,为生产全面管控和科学决策提供实时、准确、有价值的数据。

(2)云计算技术。云计算(cloud computing)是推动工业互联网发展的一项关键技术,云计算具有高效率、低成本、易接入和高安全性等优点,使云计算成为解决工业大数据应用的终选方案。乃至可以这样讲,如果没有云计算,以及在云计算平台上所运行的大数据技术,工业互联网就不会存在。

(3)边缘计算技术。边缘计算(edge computing)是在靠近物或数据源头的网络边缘侧构建的融合网络、计算、存储、应用核心能力的分布式开放体系和关键技术。通过边缘计算能够"就近"提供边缘智能服务,满足工业在敏捷联接、实时业务、安全与隐私保护等方面的需求。边缘计算可以减少数据的网络流量,减轻云端的负荷,可为用户提供更快的响应。但由于边缘设备只能处理局部数据,无法形成全局认知,因此实际应用中仍然需要借助云计算平台来实现信息的融合和大数据分析。边缘计算和云计算互相协同,它们是彼此优化补充的存在,共同使能行业数字化转型。

(4)工业 APP。面向场景的工业 APP 封装了解决特定工业问题的流程、逻辑、数据与数据流、经验、算法、知识等工业技术,每一个工业 APP 都是一些特定工业技术的集合与载体。工业 APP 对人和机器快速高效赋能以及轻量级特点,突破了知识应用对人脑和人体所在时空的限制,最终直接驱动工业设备及工业业务。

总之,工业互联网技术大大加速了 IT、OT 的融合过程,为数字化工厂建设提供了新的技术路线和手段。通过工业互联网,数据开始从传统的 OT 设备系统中挣脱出来,一部分经过边缘计算和分析就地处理,一部分则上升到 IT 层、云端,成为业务决策的一部分。

14.1.4　数字化工厂与仿真技术

在工业中,产品从设计到制造,再到营销乃至服务全生命周期的复杂性一直都在上升,产品的复杂性也在提高。怎样将这种复杂性变成在竞争中取胜的优势?

仿真技术作为解决复杂问题的重要技术手段,计算机技术和信息技术的发展带来仿真应用上的飞跃。仿真技术在数字化工厂的应用贯穿产品设计、制造、服务全过程。

首先在产品研制阶段,基于三维模型的数字化协同研制和虚拟制造技术解决产品设计和产品制造之间的鸿沟,可以方便地进行产品虚拟设计和验证,降低物理原型的制作和更改,降低设计到生产制造之间的不确定性,提高产品的可靠性,缩短产品设计到生产转化的时间。世界先进的飞机制造商已逐步利用数字化技术实现了飞机的"无纸化"设计和生产,美国波音公司在波音 777 和洛克希德·马丁公司在 F35 的研制过程中,基于三维模型的数字化协同研制和虚拟制造技术,缩短了 2/3 的研制周期,降低研制成本 50%。我国新支线飞机 ARJ21 的研制 100% 采用三维数字化定义、数字化预装配和数字化样机。

在产品制造生产阶段,应用在线仿真技术,以产品全生命周期的相关数据为基础,建立能够与实际生产系统交互的数字化虚拟模型,实现生产工艺过程的在线监视、诊断、分析、优化和决策控制功能。在线仿真系统根据对象的运行机理建立高精确度的数学模型,模拟实际生产过程,实现了现实物理系统和数字化虚拟的实时在线交互,这使它区别于传统的数字化样机。因为有反馈有交互,就可以真正在全生命周期范围内,高精度模拟实际生产线,保证数字化系统与物理世界的适用性。

在线仿真技术支持在线跟踪仿真、在线预测仿真、在线试验仿真及离线仿真分析等多种模式,可以实现在线软测量、在线设备特征参数计算、设备状态诊断、在线自学习、在线试验、历史重演、事故分析诊断等多项功能,特别是在线试验床功能能够支持设备系统在线特性研究、热效率优化和动静态配合等深层次优化控制问题的研究,研究保证产品质量和降低生产能耗的方法,用以指导现场生产,产生更大的经济效益。

同时,在线仿真技术与物联网、VR/AR 技术相结合,可以进行加工路径规划和验证、工艺规划分析、装配仿真、生产调度仿真、物流仿真等可视化仿真应用。

智能系统的智能首先要感知、建模,然后才是分析推理。如果没有仿真技术对现实生产体系的准确模型化描述,智能制造系统就是无源之水,无法落实。

14.1.5 亚仿公司数字化工厂的体系结构

亚仿公司专业从事工业仿真系统的研制,一直坚持以仿真建模技术为基础核心,对工业对象有深入的理解,对现场控制系统及各种接口技术协议非常熟悉,是一家同时掌握 IT/OT 技术的高科技公司。

亚仿公司数字化工厂解决方案基于先进的支撑平台技术和信息共享的理念,通过仿真、控制与信息系统三位一体的科英(SimCoin)平台实现控制系统、仿真系统和信息系统的数据共享,并采用在线仿真技术,建立完全数字化了的虚拟工厂,实现企业生产、经营过程的全面可视化、可追溯性和可分析,实现对企业整个生产制造过程的全面在线管控和协调优化,创造绿色、高效、高质、安全的新型生产力,推动制造企业升级转型,由数字化向网络化、智能化跃升。

亚仿公司数字化工厂的体系结构如图 14-1 所示。

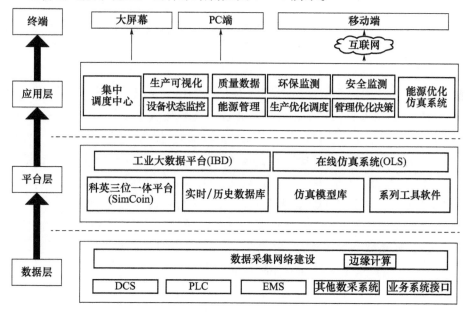

图 14-1　亚仿公司数字化工厂体系结构

(1)数据层:负责数据的获取及边缘计算。它通过实时数据接口、业务数据接口实现企业内需要集成的各类数据接口,并提供异常数据清理和边缘计算功能。

(2)平台层:包括基础支撑平台(包括科英支撑平台、实时/历史数据库、模型算法库和系列工具软件)以及针对项目的应用支持平台(工业大数据平台和在线仿真系统)。

(3)应用层:数字化工厂项目实现的具体应用功能。针对具体实施对象会有不同。主要包括仿真实验床、在线诊断、预警、全工况寻优、操作指导、综合指标管理、关键指标监控(电子看板)、专项分析管理、管理驾驶舱、各业务管理等相关功能。

(4)交互层:系统支持电子看板、PC 电脑和移动终端。

14.1.6 亚仿公司数字化工厂解决方案的技术特点

亚仿公司数字化工厂解决方案具有以下几大特点:

(1)SimCoin 科英三位一体支撑平台为数字化工厂提供全面应用支撑。支撑软件是在系统软件基础上开发出来支撑其他软件开发与维护的一系列软件。亚仿公司自主研发的 SimCoin 科英三位一体支撑平台,集仿真、控制、信息三位一体的支撑平台,支撑数字化工厂、两化融合、节能减排、智能制造等高级应用系统开发。

(2)确立了在线仿真技术在数字化工厂框架中的核心位置。

在线仿真技术是亚仿公司在 2000 年的全国电力高端论坛上率先提出,并在国家"十五"科技攻关计划项目"数字化电厂关键技术开发"中完成了系统研发和工业验证,在历时 5 年的开发中,提出仿真、控制、信息三位一体支撑平台开发思想和内容,确定了在线仿真技术在数字化工厂框架中的核心位置,系统地研究在线仿真系统的运行机制和初始化的方法,以及在线仿真与离线仿真的关系,把仿真技术由培训和验证的后台推向解决生产一线问题的前台,初步形成了基于在线仿真技术的流程工业节能降耗的系统构架和主要技术模块。该项目于 2006 年 12 月通过科技部验收,专家组结论认为达到国际领先水平,并建议向流程工业推广,实现安全生产和节能降耗的效果。

(3)拥有自主知识产权的高效、可靠、安全的数据采集技术。亚仿公司数据采集系统采用自行开发的耐博数据采集控制系统,具有强大的现场级信息集成能力,支持边缘计算,支持基于云平台的远程设备管理和软件升级;利用隔离网闸,保障现场控制系统的安全;支持多种工厂设备的物理接口、工厂内部网络协议和工厂外数据接口协议,支持多源异构数据格式转换;支持 SDK 二次开发环境,方便进行应用开发和第三方数据接口。

(4)拥有功能强大的实时历史数据库。科英实时历史数据库系统是一套拥有完全自主知识产权的工业实时数据库,它与其他商业实时数据库的最大区别是,科英实时数据库与亚仿公司科英三位一体支撑平台是无缝融合在一起的,具有接口简单、运行效率高等特点。

科英实时数据库包括数据采集、数据存储、数据处理、数据查询、数据监视、数据校验、数据支持、云平台接口等功能。是各个应用系统统一的数据平台,各个应用系统用这个数据平台共享数据。

(5)拥有大型的对象模型库,支撑不同行业的建模。亚仿公司经过 400 多个仿真、控制、信息和两化融合工程项目,积累了 20 多个行业的大量全物理过程的实时数学模型。包括电力、钢铁、水泥、石化等典型工业系统的全物理化学过程的数学模型。为数字化工厂建设提供了模型基础,可加快推广实施的速度和范围。

(6)拥有丰富的算法库,支持在线分析、优化和科学决策。亚仿公司经过 30 多年的技术沉淀,积累了丰富的算法库,包括各种通用的算法、数据分析算法、优化算法、人工智能算法以及几十个行业的技术经济指标算法库,提供丰富的算法库让使用者选择,以便于在线分析、优化和科学决策。

(7)拥有仿真模型嵌入系统,支撑全生命周期的设计验证、在线诊断、在线优化分析、控制方案研究、在线虚拟试验等。在线仿真试验床实现真实试验与虚拟试验的相互推进,为走出中国自己"中国制造 2025"的技术路线的重要环节。在线仿真试验床为在线运行生产系统提供了在线诊断、在线分析和在线优化的手段,为智能生产提供了可能,试验床的嵌入为调动人与机器系统的智能提供的手段和机器再学习的可能,这是实现"中国制造 2025"重要的创新,也是广泛培养掌握专业知识和计算机建模、特性研究、优化算法、研究等多方面高端人才的方法。

(8)拥有在线决策控制的机制,把各种信息组织到控制系统,根据工况选择控制方案,整定动态和静态参数,确保精准控制。在线决策控制软件是亚仿公司"仿真与控制相结合"思想的产物,所提供的优化控制方案是基于在线仿真的优化高效系统,通过采用多方面的数据源来分析当前系统的状态,动态、静态参数设定值可根据实际工况来决定采用何种控制方法达到最优控制。

(9)拥有系列可视化工业软件。支撑工业软件可视化开发、工业过程可视化监视和数据可视化分析。亚仿公司提供了 ADMIRE 系列可视化建模工具；VODDT 动态图形软件是工艺流程监控和仿真交互的动态图形工具；AFLOW 工作流平台提供可视化工作流配置工具。

(10)拥有支撑平台的高智能管理系统，不断总结经验和提升。高度智能化的信息管理平台包括配置管理工具、界面生成工具、开放性接口工具、工作流、信息安全控制机制等，高智能的管理系统保证了平台的可维护性、可扩展性以及信息安全性。

亚仿公司的数字化工厂相关技术的应用研究和技术开发始于 20 世纪 90 年代，提出并开发数字化工厂整体技术。经过二十多年的持续努力，在实战中开发，在反复实践中科学总结提升，终于开发了数字化工厂的整体系统，涉及的典型项目有：

(1)以 1000MW 超超临界机组的"广东平海在线仿真节能优化和管理决策系统"为代表的 5 个电厂 16 台火电机组数字化项目；

(2)基于大数据的唐山东海钢铁厂"［中国制造 2025］两化融合示范项目"为代表的 3 个钢铁厂数字化项目；

(3)以"鲁南水泥"5000 吨/日产水泥生产线的智能制造试点示范项目为代表的 4 个水泥厂 12 条生产线项目。

14.2 数字化电厂

14.2.1 概述

广东亚仿科技股份有限公司(简称亚仿科技)是在多年仿真、控制、信息三个领域的近 200 个工程项目的技术积累和工程经验的基础上，提出并开发数字化电厂整体技术的。亚仿科技于 2000 年开发基于仿真、控制、信息三位一体的思路开发了小型应用平台和系统，即数字化中储式钢球磨煤机节能控制系统。该系统以在线仿真和在线决策控制技术为手段，解决了钢球磨运行工况和条件复杂变化引起的控制难题，在石洞口电厂、黄埔电厂、马鞍山电厂、攀枝花电厂、上海崇明电厂等约 30 个项目成功应用，平均降低制粉电耗 10% 以上。亚仿科技公司于 2002 年与华能伊敏电厂承担了国家"十五"科技攻关项目，开发数字化电厂技术，完成支撑平台、工具软件、数据库、应用模块等整套系统开发，于 2006 年底通过国家验收。迄今已成功实施的项目包括华能伊敏三期共 6 台 500~600MW 机组、大唐景泰 2 台 660MW 机组、华能巢湖 2 台 600MW 机组、粤电红海湾 4 台 600MW 机组、惠州平海发电厂有限公司 2 台 1000MW 超超临界机组等。

亚仿科技数字化电厂是实现电厂高效、安全运行的整体技术方案,它基于先进的支撑平台技术和信息共享的理念,通过仿真、控制与信息系统三位一体的科英(SimCoIn)的实时/历史数据库实现机组控制系统、仿真系统和信息系统的数据共享,并在科英平台的支撑环境下开发在线仿真技术,以机组运行实时/历史数据和在线仿真的计算数据为素材,实现全面机组全生命周期的在线分析、诊断、优化,整体分析机组能源效率和节能降耗,实现电厂的数字化转型,达到降本增效、提升管理、服务决策的目的。并可根据电厂的实际情况进行整合,保障电厂的安全运行,提高电厂经济效率,实现电厂的最佳效益。

14.2.2 行业现状

1. 电厂自动化技术发展现状

我国的火电厂自动化控制系统起步于 20 世纪 60 年代,初期的监控系统主要采用的是模拟仪表和组装式仪表。直到 70 年代初,计算机技术的发展为计算机监控机组参数和回路控制提供了新的思路,推动了数字化的进程,数据采集、集中监视、分散控制的思想逐步在自动化控制系统发展中渗透,尤其是 80 年代改革开放之后,国际先进的技术引进,主、辅机系统的监测通过 CRT 技术集中显示,控制信号则连接到各自的控制系统,这种方式得到了广泛应用,也是初步具备 DCS 的雏形。90 年代以后,随着火电机组的容量不断提高,DCS 开始作为主控仪表出现在 300 MW 以上的机组控制系统中,实现了各个子系统的全面覆盖、集中监视、分散控制、紧密相连的有机结合。

随着火电厂自动化程度的提高,各种监视控制系统层出不穷,机组监视控制系统至少包括:分散控制系统,辅控水、煤、灰、烟气在线监测,电网调度自动化系统,电能量抄表系统等。这些系统大大提高了机组的自动化程度,但是各个系统间相互独立,数据不能共享,形成一个个的数据孤岛。

针对上述问题,我国技术人员在 21 世纪初提出建设厂级监控系统(supervisory information system,SIS)解决方案,并在火电厂开始了大规模实施。SIS 是建立在 DCS 网络和 MIS 网络之间的一个高速、高可靠性、超大容量的全厂生产过程实时、历史信息网络系统,其应用功能主要包括过程监视与管理、厂级性能计算和分析、负荷分配和优化调度、机组运行故障诊断、机组设备寿命计算和分析、运行优化等。

但是当前许多 SIS 缺乏在线优化功能。在一些电厂,SIS 只实现了大规模数据的收集和保存,但这些数据尤其是长期历史数据的价值尚未充分挖掘。

2. 电厂信息系统发展现状

MIS 是一个以网络为基础、覆盖全企业或主要业务部门的辅助管理信息系统,主要由网络系统、主机系统、应用系统组成。按照 2000 年示范电厂的思路,电厂 MIS 已经作为电厂建设的一部分被列入基建程序。

目前我国大部分电厂在建设 MIS 的过程中,还是仅仅局限于利用 MIS 服务于全厂的生产运营、财务管理和行政管理工作等常规办公自动化方面,功能水平较低,属于厂级管理现代化的范畴。随着我国电力市场改革和发电企业集团化发展,传统的电厂 MIS 已经不能满足新形势下的电厂需求,电厂对 MIS 的应用提出了更高的要求。因此,将企业资源计划(enterprise resource planning,ERP)的管理思想和软件结构用于电厂 MIS 的建设中成为了解决电力市场中发电企业新需求的可行方法。

ERP 的基本思想是将企业的业务流程看作是一个紧密连接的供应链,其中包括供应商、制造工厂、分销网络和客户;它将企业内部划分成几个相互协同作业的支持子系统:财务、市场营销、生产制造、质量控制、服务维护、工程技术等,还包括企业的融资、投资以及对竞争对手的监视管理。它可对供应链上的所有环节进行有效的管理,如定单、采购、库存、计划、生产制造、质量控制、运输、分销、服务与维护、财务管理、投资管理、风险管理、获利分析、人事管理、项目管理以及利用 Internet 实现电子商务等。

发电企业有其自身的特点,系统的安全性和可靠性是在生产调度前首要保证的因素,而不是单纯追求生产供应链的运行。目前 ERP 在发电厂的应用主要局限在财务、人力资源、物资管理等方面,针对设备资产的管理则多采用专门的设备资产管理(EAM),这是由于电厂是典型的资产密集型企业,设备运行维护是电厂的主要工作。与 ERP 相比,EAM 相对较为简单、投入少、涉及的人员和部门少,实施周期短,企业实施 EAM 的风险比 ERP 要小得多。

3. 电厂仿真系统发展现状

仿真技术在数字化电厂中的应用被称为电厂仿真技术。西方发达国家在 20 世纪 50 年代就开始了这方面的研究,我国电站仿真技术的研究始于 70 年代,在 1993 年完成了第一台全范围全流程电厂仿真机的研制。经过几十年的发展,我国的仿真技术已比较成熟,当前拥有大中型机组的发电厂都配置了专门的仿真系统。

亚仿公司从创立之初，就致力于为电力行业提供仿真系统，成为了中国首批火炬计划承担单位，完成电力仿真技术的国产化和产业化，并且掌握仿真平台、建模工具、模型算法等完全的自有知识产权。到目前为止，已完成近三百套大型电力系统仿真项目，项目涵盖火电、核电、水电、变电站、电网、脱硫脱硝、集中仿真服务平台等多个方面。

目前电厂仿真技术的应用出现了下述几种趋势：

（1）离线仿真向在线仿真的拓展，可以解决机组在线特性研究、热效率优化、动静态参数配合等深层次问题；

（2）三维电厂模型的导入，物联网和AR/VR技术的应用为电厂建设和运维提供了新的可视化技术手段；

（3）大数据分析技术和机理建模技术的结合，进一步提高了仿真模型同真实机组的适应性，可以为电厂运行优化、设备预防性维护和节能减排等应用功能的实现提供更有效支撑。

14.2.3 系统设计思路

亚仿科技数字化电厂技术以在线仿真技术为核心，基于先进的仿真、控制与信息系统三位一体的科英（SimCoin）支撑平台，在电厂已经实现基础自动化的基础上，打通了工业企业从现场控制到生产管理、调度的各个层次，实现了现场控制数据、仿真分析数据、生产过程信息、经营管理信息的全范围信息实时共享，并在科英平台的支撑环境下开发在线仿真技术，以设备运行实时/历史数据和在线仿真的计算数据为素材，实现全面的在线分析、在线诊断、在线预警、在线寻优、在线试验、状态分析、管理优化等一系列的技术创新，在传统的DCS控制层和管理层之间，形成功能强大、具有广阔扩展空间的在线诊断、分析、优化的平台，系统应用了模块化技术，可根据电厂的实际情况进行裁剪，并与电厂现有系统实现整合，建立企业内部大数据平台，保障电厂的安全运行，提高电厂经济效率，实现电厂的最佳效益。

亚仿科技数字化电厂是实现电厂高效、安全运行的整体技术方案。亚仿科技数字化电厂通过三位一体支撑平台技术、实时/历史数据库技术、在线仿真技术、在线诊断分析技术、在线决策控制技术、管理优化决策技术等一系列理念和技术的创新，开发了具有广阔扩展空间的在线诊断、分析、优化的数字化在线管控平台，为在电厂基本运行问题已经解决的今天，如何进一步提高安全性、经济性，达到精细管理、精确控制，开拓出了全新的技术途径。

数字化电厂的总体建设思路是：

(1) 基于先进的数字化支撑平台技术。

(2) 贯彻信息共享的理念：仿真、控制与信息系统三位一体平台；共享实时/历史数据库。

(3) 实现在线分析、诊断、优化：在线仿真、故障诊断、在线预警、软测量、在线寻优、在线试验、状态分析、管理优化等一系列的技术创新。

(4) 精细化管理，为电厂管理优化和创新提供技术支持平台。

(5) 贯彻科学用能、系统节能的指导思想。

(6) 建立覆盖企业整个生产经营活动的综合指标体系，以全面反映企业的生产经营情况为目标，为管理层科学决策提供及时、准确的数据支持。

数字化电厂的处理流程如图 14-2 所示。

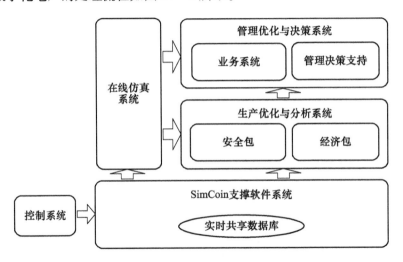

图 14-2　数字化电厂处理流程

(1) 仿真、控制、信息三位一体支撑软件平台(Simulation & Control & Information trinity support platform, SimCoIn) 是一个 Unix 版本的完整的支撑实时仿真、控制、信息系统软件开发、调试和执行的软件工具。它是在线仿真、在线决策控制等各项功能实现的基础。科英平台首次在业内实现了实时/历史数据和开发环境统一到同一平台下的系统，使系统开发、运行效率大为提高。

(2) 在线仿真系统(on-line simulation system, OLS) 在建立机组全程、全范围高精度数学模型基础上，通过真实与虚拟相结合，采用在线仿真技术建立起一个全数字化的虚拟电厂，为机组安全经济运行提供了创新的技术手段。

(3)生产优化与分析系统(production optimization & analysis,POA)是数字化电厂项目直接面向生产运行的应用层,是集发电实时生产过程监测、优化控制、实时生产过程管理为一体,具有实时生产过程监控、机组性能计算、经济指标分析及诊断、优化运行操作、设备状态分析、主机和辅机故障诊断等功能,其作用是提高机组运行的安全性和经济性,提供在线分析和指导,并为运行优化决策服务。POA不但能有效提升发电生产的安全性和经济性,它还是对电厂各DCS等自动化系统整合,与管理优化决策系统(Management Optimization & Decision,MOD)联通,在实现数字化电厂项目中起到桥梁作用的关键环节。

(4)管理优化决策系统通过数据共享,实现信息系统、控制系统和仿真系统的有机结合,为电厂管理提供最及时和丰富的数据,并以这些信息为基础,提供全面的决策支持和管理优化。

14.2.4 系统总体结构

数字化电厂系统总体结构如图14-3所示。

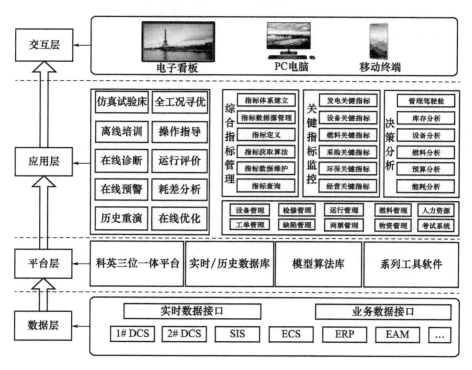

图14-3 数字化电厂系统总体结构

(1)数据层:负责数据的获取及处置。它通过实时数据接口、业务数据接口实现企业内需要集成的各类数据接口,并提供异常数据清理和处置功能。

(2)平台层:建立整个项目的软件支撑平台,它主要包括科英实时共享平台、实时/历史数据库、模型算法库和系列工具软件。

(3)应用层:本系统实现的具体应用功能。主要包括仿真实验床、在线诊断、预警、全工况寻优、操作指导、综合指标管理、关键指标监控(电子看板)、专项分析管理、管理驾驶舱、各业务管理等相关功能。

(4)交互层:系统支持电子看板、PC电脑和移动终端等多种访问方式。

本系统基于先进的支撑平台技术,实现了工业过程信息和管理业务信息的无缝融合,实现了发电厂生产、经营过程的可视化、可追溯性和全过程实时监控,为电厂生产运行管理人员提供功能强大,并具有广阔扩展空间的在线诊断、分析、优化的平台,为电厂管理者提供及时、定量的分析和决策支持。

14.2.5 火电机组在线仿真技术

在线仿真在技术上的重大突破就是实现了仿真系统与被仿真对象的有机连接,从而使仿真系统直接取得现场运行状态和操作动作,并实时地对当前状态进行仿真计算、分析与预警,为电厂安全、经济运行提供在线的、智能化的辅助信息。进而将这些数据与电厂的信息系统共享,用于生产节能优化和管理优化与分析,使电厂的管理和生产有了及时和科学的决策依据。

在线仿真为用户提供了丰富而强大的在线分析与诊断功能:

(1)在线仿真系统支持在线跟踪仿真、在线预测仿真和离线分析仿真等多种运行模式,为用户提供了在线分析、预测未来工况和离线研究等多种手段;

(2)实现在线的智能化自学习功能;

(3)能够在线反应机组运行的设备和系统特征参数,即时评价设备的经济运行状态;

(4)在线记录现场操作过程和运行参数,用于运行历史过程和历史事件的分析研究;

(5)在线辨识多种不同类型的故障,并通过故障机理模型提供事故预防操作指导;

(6)通过超时仿真预测机组未来运行状态,及时预报异常运行工况和事故,为运行人员提供最及时的操作提示;

(7)为机组和设备提供在线的安全分析;

(8)历史重演功能能够实现对机组历史运行过程的追踪、回溯和重演;

(9)通过仿真分析,可以确定机组的最优运行方式和控制参数,试验不同控制组态的效果,验证和确定事故工况下的应急处理规程;

(10)提供 DCS 操作画面和逻辑控制组态的自动转换功能,保证在线仿真系统与实际系统的一致性;

(11)在线仿真信息站将在线仿真分析的重要信息以直观、简明的方式直接提供给运行人员;

(12)在线仿真控制站功能强大,实现对在线仿真系统多种控制模式的有效控制。

图 14-4 说明了数字化电厂项目在线仿真系统处理流程图。

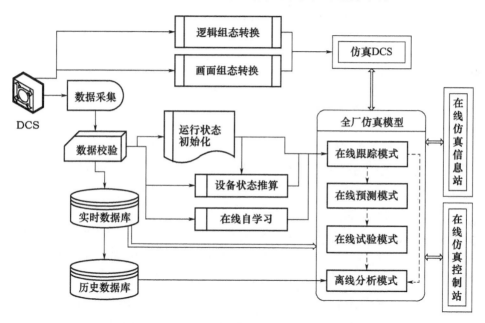

图 14-4 数字化电厂在线仿真系统处理流程图

1. 在线仿真系统的任务

在线仿真系统可用于完成下述任务:

(1)在线数据通信、计算、记录与显示。

①建立与实际机组物理特性一致的精细仿真电厂机组模型,再现与实际机组一致的运行状态和机理。

②保持与实际机组同步运行,计算结果为机组运行分析或故障分析提供依

据。同时,这些共享的数据也是 POA 和 MOD 的基础数据。

③可以在线读取现场传递的数据,显现与现场一致的运行参数。

④在线记录现场操作过程和运行参数,用于历史事件机理分析和预测机组未来的运行状态。

⑤能够反映机组运行特性的主要参数曲线的实时、历史趋势显示。

(2) 在线运行分析、历史重演与预测分析。

①对运行参数作真假值分析,提供异常数据报警功能。

②推算电厂运行设备和系统特征参数,评价设备经济运行状态。

③可以在线辩识诊断多种不同类型的故障,并通过故障机理模型提供事故预防操作指导。

④可以在仿真系统中调整当前控制方案下的控制参数,提供与实际机组控制参数的比较,为评价控制方案优缺点提供足够的数据元素,实现对控制系统的研究和分析。

⑤可以利用仿真模型完成控制方案整改后的验证。

⑥为机组和设备提供安全性分析。

⑦机组运行经济指标在线计算。

⑧能够实现对机组历史运行过程的追踪回溯、重演功能。

⑨动态复现现场运行的历史事件,确定事故或故障的准确原因。由于有历史过程的记录,进而能够实现对现场运行的历史过程的分析。

(3) 在线试验床功能。

在试验用户下可以进行各种试验操作,或者对控制系统的调节参数进行修改、用以研究各设备不同的运行方式对于生产线经济性能、安全性能的影响,对于提高运行生产线效率,降低自身煤耗、电耗有极强的指导意义,而不必在实际机组上试验,以避免潜在的风险。用户可以根据实际需要随时自行添加试验内容,进行各种可行的经济性、安全性试验,从而更加详细地了解生产过程的每一个设备,制订合理的节能优化方案,从而实现系统节能的目的。

(4) 离线分析功能。

①验证和确定事故处理规程。通过离线仿真可以进行各种事故或故障工况的运行分析,确定最佳的应急处理规程。

②确定机组的最优运行方式与控制参数。在离线状态下更改控制方式,试验不同控制组态的效果,寻找最佳的运行方式。

(5) 提供在线仿真控制站,控制和管理在线仿真系统。

(6)保持 DCS 系统监控画面与组态一致。

①DCS 操作画面自动转换功能,保证在线仿真系统与实际机组一致性。

②DCS 逻辑控制组态自动转换功能,保证在线仿真系统与实际机组一致性。

(7)仿真系统能够用于电厂的运行人员的培训和考核。

2. 高精度电厂仿真模型

建立反映电站运行机理的高精确度仿真动态数字模型,其中数学模型特征参数应能够正确揭示机组中系统或设备的内在机理。模型的精确度应达到如下指标:

(1)稳态运行指标。在主要负荷水平下稳态运行时,仿真系统的参数的计算值稳定,与参考机组相应数值的偏差比较,关键参数偏差不超过 0.5%,主要参数不超过 1%,一般参数不超过 2%。

关键参数是指直接关系到机组能量平衡和质量平衡的一些参数,关键参数如下:主蒸汽压力、燃烧用空气量、空预器出口风温、主蒸汽温度、过热器出口压力、蒸汽流量、过热器出口温度、高缸第一级压力、凝汽器真空、给水流量、汽机第一级金属温度、给水温度、燃料量、排烟温度(两侧)、凝结水流量、四段抽汽压力、一次风速、电功率。

(2)暂态运行指标。暂态运行包括故障、非正常运行和各种非稳定工况,本仿真系统能满足下述要求:

①各参数动态变化符合对有关暂态过程分析结果,不违反物理定律。

②在相同的操作情况下,仿真系统与参考机组相比,系统的动态误差对关键参数为小于 2%,主要参数小于 5%,一般参数小于 10%。

电厂仿真模型仿真范围具体包括发电厂机组各个系统。

(1)锅炉包括汽水系统、点火启动系统及旁路系统、烟风系统、燃料和燃烧系统、吹灰系统、疏水排汽系统。

(2)汽机包括主蒸汽、再热蒸汽、启动蒸汽系统、抽汽系统、厂用、自用蒸汽系统、凝结水系统、给水系统、加热器疏水系统、汽轮机汽封系统、减温减压器系统、热网水、疏排水系统、汽轮机供油、顶轴油、补排油系统、主机调速系统、小机调速系统、发电机氢冷系统、发电机密封油系统。

(3)电气系统包括主发电机系统、励磁系统、主变压器系统、厂用电系统、保安电源-柴油发电机系统、直流系统、同期系统、照明系统、通信系统。

3. 在线软测量

软测量功能在跟踪仿真基础上,通过数学模型计算机组重要特征参数:如各级过热器综合换热系数、火焰中心高度、磨煤机存煤量等,在模型跟踪现场运行的同时,与基准值比较,反映出重要设备状态与标准工况的差别。在线仿真软测量如图14-5所示。

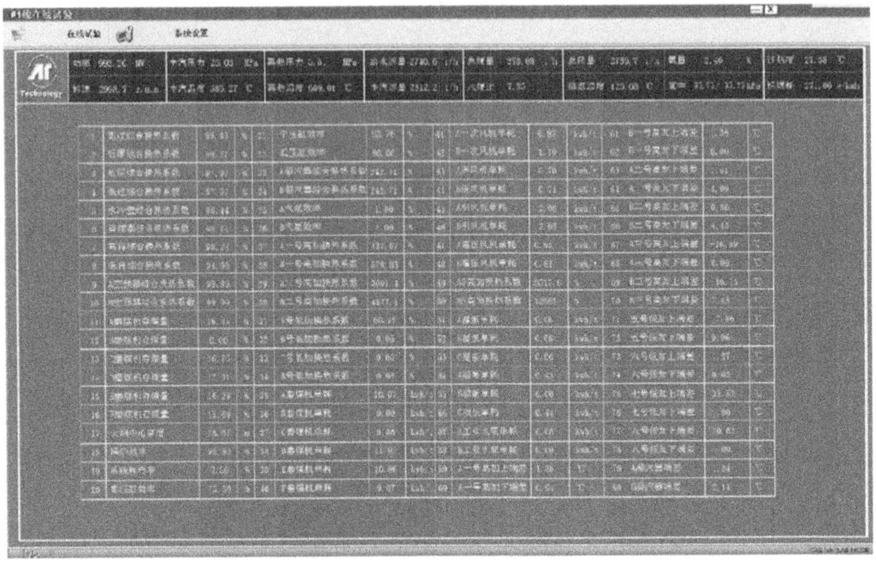

图14-5 在线仿真软测量

4. 在线仿真试验床

在线试验床是以在线跟踪为基础,根据客户实际需要,保存当前跟踪结果到试验床试验工况。仿真模型经过在线跟踪的自学习过程训练后,设备特性更加接近实际,有关操作后相应参数的变化趋势能够反映实际生产过程。在试验工况下可以进行各种试验操作,用以研究不同的调节和参数对于生产的经济指标、质量指标的影响,对于降低生产能耗有极强的指导意义,而不必在实际生产线上试验,以避免潜在的风险。用户可以根据需要随时自行添加试验内容,研究保证产品质量和降低生产能耗的方法,用以指导现场生产,产生更大的经济效益。

在线仿真试验床软件通过对实际生产的实时数据、历史数据,以及在线试验的仿真数据和其他数据进行各种曲线分析,对比各种节能减排优化手段在试验床上的试验结果,结合其他分析手段,从而找到生产系统节能减排的优化方案。同时制订的节能减排优化方案又可以在仿真试验床上进行试验和分析,反复验证以求最优,最终实现节能减排的根本目的。

为保证在线试验顺利进行,要求在现场工况平稳,在线仿真模型跟踪精度满足要求（如主要参数误差小于 1.5%，持续时间大于 5min），方可将在线工况切换到试验床进行试验。在线仿真精度如图 14-6 所示。

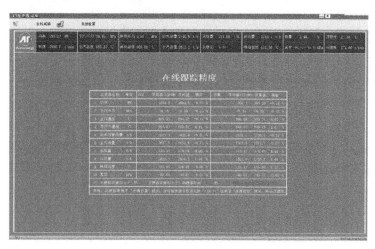

图 14-6　在线仿真精度

在精度符合误差要求后，认为仿真模型描述的参数可以提示机组的运行机理。通过在线试验床，将当前工况切换到试验模式，此时仿真模型不再接收现场指令，可以通过仿真客户端，对机组进行相关试验操作，并观测模型计算结果，实现用仿真模型代替真实机组进行试验操作，并分析本次试验的效果。在线仿真试验床如图 14-7 所示。

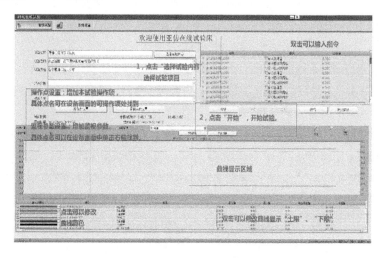

图 14-7　在线仿真试验床

14.2.6 基于在线仿真的全工况运行优化技术

全工况节能优化系统是基于亚仿科英平台和在线仿真系统开发的,基于大数据挖掘和寻优技术,从海量的运行数据中寻找优秀经验,作为标杆,从而建立一个实时运行跟踪、指导运行操作、评价运行水平、进行能耗诊断的综合性分析平台。

本系统根据负荷等条件建立不同的工况簇,从历史数据中寻找不同工况簇对应的优秀值,从而动态匹配现场实际运行状况,从根本上建立一套更为客观公正的对标评价体系,为节能降耗工作提供一个有力的平台工具。

本系统基于大数据分析挖掘技术从海量历史数据中寻找机组运行的优秀全工况,并运用各种模型对当前的运行状况及能耗状况进行实时的耗差计算、实时的能耗分析、实时的操作指导和实时的绩效评价,为运行操作员及管理人员提供一个全面了解机组当前运行状况、并提供实时的能效分析、指导、评价和诊断的平台,结合定期的历史寻优和绩效激励机制的有效配合,形成一个"寻找历史最优→实际值与最优值持续对标→操作水平整体提升→产生新最优"的内生性闭环。全工况节能优化系统结构如图 14-8 所示。

全工况运行优化系统特点:

(1)历史寻优。充分利用海量历史运行数据,从中发现规律、沉淀经验,指导运行。历史寻优的关键点是算法模型。

(2)自学习。"历史寻优→持续对标→操作水平整体提升",是一个持续的过程,最优的操作水平会被不断挖掘出来用于实际对标,促使整体水平的稳步提升。

(3)实时在线的分析、对标、指导、评价、诊断。本系统具有完备的实时在线的分析、对标,并及时提出操作指导及评价。

(4)挖掘人机潜能的有效工具。本系统提供的闭环机制使优秀操作人员的操作水平得到及时反馈,加上绩效激励的保障,使优秀的操作得以不断涌现,促使整体水平的提升。

(5)充分利用科英平台的支撑及模型分析能力。作为拓展性的分析、诊断及热力试验等功能均基于亚仿科英平台下仿真模型运行的强大支撑。

(6)创新地运用了中间变量和可控因子的关系进行运行指导。由于电厂运行过程中控制的参数多,而且相互关联、相互耦合,分析起来比较困难。本系统中提出了"中间变量"和"可控因子"的概念简化了这些复杂的关系。以"可控因子"为调节手段,通过影响"中间变量"而影响煤耗,从而达到降低煤耗的目的。把可控耗差的控制简化到具体的操作,可以明确地指导运行人员的操作调整,规

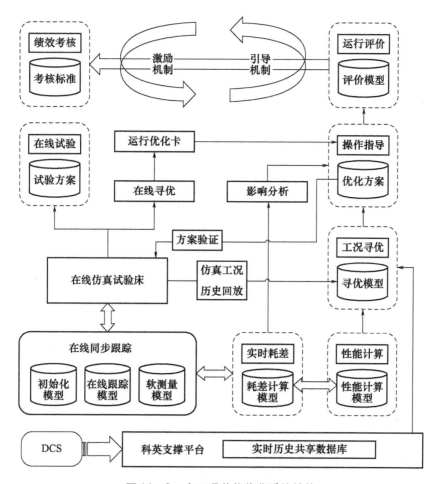

图 14-8 全工况节能优化系统结构

范运行人员的操作,减少过度调整造成的损失,提高机组运行的可靠性和经济性。体现了从末端因素解决问题的思路。

1. 历史寻优

历史寻优是从海量历史数据中寻找规律,建立模型,从而从更精细化的角度去指导运行,降低煤耗。历史寻优是本系统的基础,也是本系统的特色。历史寻优的关键点是算法模型,好的模型能够从海量数据中挖掘出优秀经验,经得起现场的验证,本系统的寻优模型是在集多年运行经验的基础上,结合大数据的特点而建立起来的。历史寻优功能支持人工交互方式执行和自动执行两种模式。两种模式下,对寻优的过程都支持透明化追溯。历史寻优包括寻优控制台管理、寻优推荐管理、寻优模型等环节组成。历史寻优控制台如图 14-9 所示。

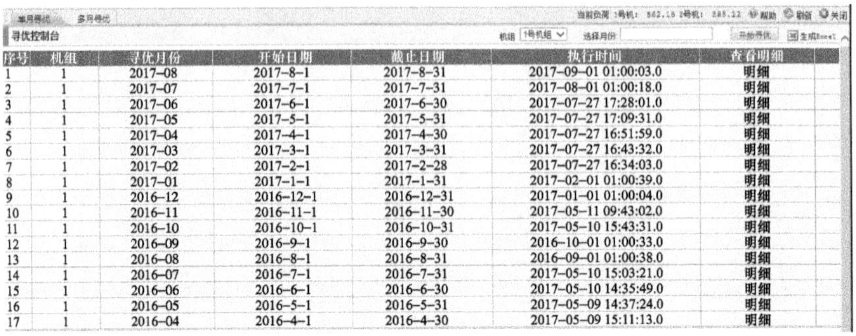

序号	机组	寻优月份	开始日期	截止日期	执行时间	查看明细
1	1	2017-08	2017-8-1	2017-8-31	2017-09-01 01:00:03.0	明细
2	1	2017-07	2017-7-1	2017-7-31	2017-08-01 01:00:18.0	明细
3	1	2017-06	2017-6-1	2017-6-30	2017-07-27 17:28:01.0	明细
4	1	2017-05	2017-5-1	2017-5-31	2017-07-27 17:09:31.0	明细
5	1	2017-04	2017-4-1	2017-4-30	2017-07-27 16:51:59.0	明细
6	1	2017-03	2017-3-1	2017-3-31	2017-07-27 16:43:32.0	明细
7	1	2017-02	2017-2-1	2017-2-28	2017-07-27 16:34:03.0	明细
8	1	2017-01	2017-1-1	2017-1-31	2017-02-01 01:00:39.0	明细
9	1	2016-12	2016-12-1	2016-12-31	2017-01-01 01:00:04.0	明细
10	1	2016-11	2016-11-1	2016-11-30	2017-05-11 09:43:02.0	明细
11	1	2016-10	2016-10-1	2016-10-31	2017-05-10 15:43:31.0	明细
12	1	2016-09	2016-9-1	2016-9-30	2016-10-01 01:00:33.0	明细
13	1	2016-08	2016-8-1	2016-8-31	2017-01-01 01:00:38.0	明细
14	1	2016-07	2016-7-1	2016-7-31	2017-05-10 15:03:21.0	明细
15	1	2016-06	2016-6-1	2016-6-30	2017-05-10 14:35:49.0	明细
16	1	2016-05	2016-5-1	2016-5-31	2017-05-09 14:37:24.0	明细
17	1	2016-04	2016-4-1	2016-4-30	2017-05-09 15:11:13.0	明细

图 14-9　历史寻优控制台

2. 标杆库管理

标杆库以关系数据库的方式记录不同负荷段下各参数的标杆值,历史寻优的结果,以标杆库的方式保存。管理员可以将经过审核的标杆值更新到科英平台,这样系统将以最新的标杆进行耗差计算、实时评价等工作。标杆库并不是一个静止的、而是一个动态的、随时可以更新的优秀经验库。通过历史寻优、标杆库、操作指导与运行评价的协同运作,使运行人员的优秀经验不断得以挖掘出来,同时作为对标的基准发挥作用,这样使得全工况系统具备了内生式的闭环机制。标杆库如图 14-10 所示。

3. 性能指标计算

火电机组主要性能指标包括:

(1) 综合性指标。火力发电厂的主要经济技术指标为发电量、供电量和供热量、供电成本、供热成本、标准煤耗、厂用电率、等效可用系数、主要设备的最大出力和最小出力。

(2) 锅炉指标。锅炉效率、过热蒸汽温度、过热蒸汽压力、再热蒸汽温度、再热蒸汽压力、排污率、炉烟含氧量、排烟温度、空气预热器漏风率、除尘器漏风系数、飞灰和灰渣可燃物、煤粉细度合格率、制粉(磨煤机、排粉机)单耗、风机(引风机、送风机)单耗、点火和助燃油量。

(3) 汽轮机指标。汽轮机热耗、汽耗率、主蒸汽温度、主蒸汽压力、再热蒸汽温度、真空度、凝汽器端差、加热器端差、凝结水过冷却度、给水温度、电动给水泵耗电率、汽动给水泵组效率、汽动给水泵组汽耗率、循环水泵耗电率、高加投入率、胶球装置投入率和收球率、真空系统严密性、水塔冷却效果(空冷塔耗电率、

序号	机组	指标名称	300		350		400		450		500	
		当前寻优的时间段			2017-02-01 2017-06-30		2021-09-01 2021-09-30		2021-09-01 2021-09-30		2021-09-01 2021-09-30	
		更新状态	当前值	已更新	当前值	已更新	当前值	已更新	当前值	已更新	当前值	已更新
		发电标煤耗（当前最低）	315	是	315	是	308.75	是	300.96	是	293.36	是
1	1	1号机负荷	300	是	350	否	400	是	450	是	500	否
2	1	1号机供电标煤（反平衡）	319.19	是	321.41	是	336.19	否	300.91	是	306.17	否
3	1	1号机汽机效率	43.82	是	43.56	是	42.28	否	46	是	45.56	否
4	1	1号机热耗率	8219.94	是	8265.42	是	8516.55	否	7828.52	否	7903.63	否
5	1	1号炉锅炉效率（反平衡）	94.72	是	94.8	是	93.68	否	94.27	否	94.04	否
6	1	1号机发电厂用电率	6.17	是	6.38	是	6.67	否	4.75	否	5.26	否
7	1	#1凝汽器真空_实时值	-94.15	是	-96.25	是	-94.99	否	-97.4	否	-94.89	否
8	1	凝结水泵流量	834.51	是	791.25	是	907.34	否	958.99	否	1040.88	否
9	1	给水泵流量	1143.24	是	1027.48	是	1230.67	否	1273.16	否	1474.14	否
10	1	1号机主蒸汽温度	599.01	是	596.95	是	596.62	否	593.98	否	601.12	否
11	1	1号机再热汽温度	576.83	是	565.14	是	556.27	否	575.22	否	583.51	否
12	1	#1主汽压力_实际值	11.27	是	10.61	是	12.04	否	13.53	否	14.49	否
13	1	#1再热压力_实际值	2.25	是	2.01	是	2.3	否	2.44	否	2.69	否
14	1	#1机组总过热减温水流量	29.73	是	44.35	是	47.48	否	62.5	否	49.38	否
15	1	1号炉再热器减温水流量	0	是	0	是	0	否	0.37	是	0.47	否
16	1	1号炉排烟温度	111.78	是	104.15	是	128.47	否	112.98	否	127.24	否
17	1	1号炉排烟损失	4.53	是	4.39	是	5.56	否	4.98	否	5.31	否
18	1	1号炉散热损失	0.32	是	0.77	是	0.67	否	0.65	否	0.59	否
19	1	1号炉渣可燃物	0.25	是	0.01	是	0.02	否	0.01	否	0.01	否
20	1	真空度	93.24	是	95.31	是	94.06	否	96.46	否	93.97	否
21	1	#1凝汽器端差_实时值	5.62	是	2.55	是	2.17	否	0.45	否	3.22	否
22	1	#1给水温度_实际值	240.33	是	234.36	是	239.51	否	244.22	否	250.05	否
23	1	#1高压缸效率_实际值	86.16	是	84.42	是	83.02	否	81.04	否	81.73	否
24	1	#1中压缸效率_实际值	100	是	100	是	100	否	100	否	100	否
25	1	#1低压缸效率_实际值	99.2	是	93.97	是	97.2	否	92.45	否	99.46	否
26	1	1号机主蒸汽流量（实时点）	1092.1	是	984.97	是	1112.14	否	1193.6	否	1326.85	否
27	1	1号炉排烟氧量	5.85	是	5.36	是	6	否	5.49	否	5.17	否
28	1	空预器入口风温	32.36	已更新	23.93	是	32.63	否	23.45	否	32.47	否
29	1	一次风率	0.27	是	0.28	是	0.29	否	0.24	否	0.28	否

图14-10 标杆库

冷却塔水温降)、阀门泄漏状态。

（4）化水指标。自用水率、补水率、汽水损失率、循环水排污回收率、机炉工业水回收率、汽水品质合格率等。

经济指标在线分析模块根据ASME、国标和行标等电厂经济性能计算标准，基于科英平台，利用在线仿真技术对电厂热力系统建立精细模型，实时计算电厂设备、系统的经济性能指标，从而达到实时性能监测的目的，并将各种指标信息存入实时/历史数据库，为更好地分析、优化机组性能提供基础数据。经济性能分析的参数主要包括送风机单耗、引风机单耗、凝泵单耗、循环泵单耗、制粉单耗、电泵单耗、厂用电率、汽泵单耗、加热器端差、除氧器压力、主蒸汽温度、再热蒸汽温度、主蒸汽压力、再热蒸汽压降、低位发热量、氧量、排烟温度、再热器喷水、大机凝汽器端差、大机凝汽器过冷度、大机真空、给水温度等。

性能计算如图 14-11 所示。

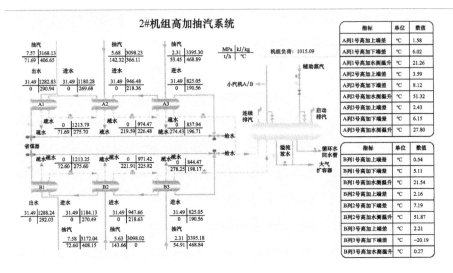

图 14-11 性能计算

4. 实时耗差分析

耗差分析根据电厂热力系统中影响供电煤耗的不同因素，并在线计算出各主要参数偏离设计值的幅度及其对煤耗的影响程度。该模块将实际运行下的主要可控参数和不可控参数与其期望目标值进行计算、分析、比较，获得由于参数偏离目标值所造成的能耗损失。通过耗差分析，运行人员可及时了解机组运行状态，找出造成煤耗高的主要原因，通过优化改进机组运行达到最优的运行工况，降低生产中的可控成本，提高机组效率和降低机组煤耗。

可控参数的目标值的获取不但可从运行的历史数据而来，而且可由基于设备特性和生产过程的高精度在线仿真模型而来，这种方法既能准确反映系统当前的热力学状态参数对经济性的影响，又使得计算的能耗误差仅依赖于测量误差。

耗差分析如图 14-12 所示。

5. 影响因素分析

影响因素分析是在耗差分析的基础上以图形化、实时、直观、量化的方式展现主要因素对煤耗升降的影响情况，可以使运行及管理人员直观了解当前运行情况及对煤耗的影响。

本系统将影响因素按照几个角度进行分类：

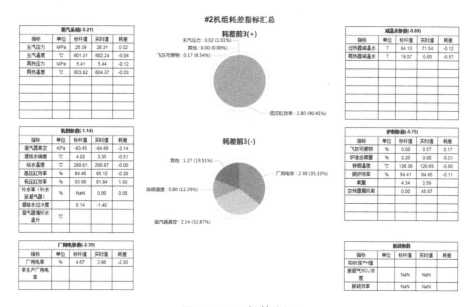

图 14-12 耗差分析

(1) 按照参数分类：蒸汽系统、机侧参数、炉侧参数、厂用电参数、减温水参数、脱硫参数、除尘参数；

(2) 按照变量类型分类：中间变量、可调因子、运行方式；

(3) 按照可控程度分类：可控（可调）与不可控（不可调）。

可控耗差是通过参数调整和运行方式的改变可以减小的耗差。可控耗差的相关参数包括主汽温度、主汽压力、再热温度、过热器减温水流量、再热器减温水流量、运行方式、加热器疏水端差、预热器入口氧量、排烟温度、送引风机总电耗、制粉系统总电耗等。不可控耗差是由于环境、设计、制造偏差、设备运行中出现的改变所引起的耗差，其相关参数主要包括给水泵焓升、加热器给水端差、高压缸效率、中压缸效率、再热压降、送风温度、空气预热器漏风率等。

影响因素分析如图 14-13 所示。

6. 在线操作指导

操作指导功能根据标杆库中各参数在不同工况的标杆值，与实际值的对比，形成实时的对比曲线并显示机组参数的最优运行区间，指导运行人员调整参数，提高专业水平。根据曲线可以实时展现当前的操作水平与标杆的差距和进一步的提升空间。操作指导界面包括以下因素：

(1) 实时值部分：包括标杆值、实时值、偏差值、耗差值。

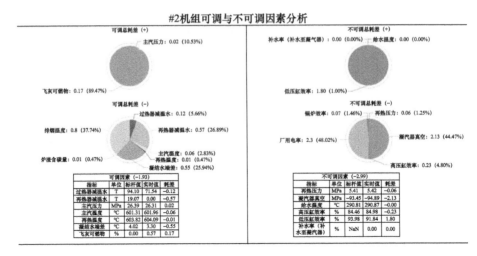

图 14-13　影响因素分析

（2）实时曲线的实时对标：实时展示当前时间实时值、标杆值、负荷及煤耗的曲线对比，可以实时了解当前的操作与标杆值的偏差程度及对煤耗的影响情况。

（3）实时曲线的边界因素：实时显示用户所关心的其他因素（如氮氧化物排放等参数）的曲线情况。

（4）相关变量实时变化情况：展示与当前参数相关的因素（参数或运行方式）的实时变化情况。

展示时间步长，操作指导界面可展示最近 10min、30min、1h、24h 的变化趋势。默认时间是 10min。

由于电厂运行过程中控制的参数多，而且相互之间关联、相互之间影响，分析起来比较困难、数学模型也往往不好建立。本系统中提出了"中间变量"和"可控因子"的概念简化了这些复杂的关系。总结起来就是以"可控因子"为调节手段，通过影响"中间变量"而影响煤耗，从而达到降低煤耗的目的。把可控耗差的控制简化到具体的操作，从而可以明确地指导运行人员的操作调整，规范运行人员的操作，减少过度调整造成的损失，从而提高机组运行的可靠性和经济性。体现了从末端因素解决问题的思路。

操作指导如图 14-14 所示。

7. 在线运行评价

操作评价是全工况运行节能优化系统实现全闭环逻辑的重要一环，即通过寻优从历史工况中找到各工况最优值，将最优值应用于实际生产中进行对标，本

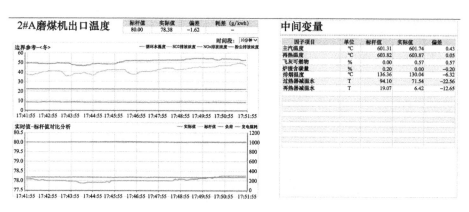

图 14-14 操作指导

方案即是实现量化对标,量化评价的过程。通过量化的对标和量化的评价,使集控操作员随时了解自己的操作水平的量化效果。

本方案吸取小指标竞赛的优点,同时克服其各种弊端,目前的小指标竞赛有如下缺点:不分工况和负荷,使用统一的考核标准,这样就容易导致对低负荷区间值班的人员不公的现象,致使考核的结果难以反映客观情况,小指标竞赛等于是形同虚设。

操作评价支持结果导向、过程导向或结果与过程兼顾的规则方案。结果导向以发电煤耗、厂用电率等最终因素与标杆值的差距为考评依据。所有操作水平最终以煤耗高低、厂用电率高低的结果呈现,因此结果导向主要是对这些目标因素的考评。过程导向以影响煤耗水平的过程参数及环保参数与标杆值的差距为依据进行考评。兼顾型方案则同时支持这两种方案。本评价系统从开始设计就考虑到对多种规则的支持,力求使评价系统做到客观性与公正性兼顾、全面性与灵活性兼顾。

运行评价如图 14-15 所示。

8. 分负荷段能耗分析

本系统的一大特色在于通过"寻找历史最优→实际值与最优值持续对标→操作水平整体提升→产生新最优"产生内生性闭环,从而促使操作水平的提升,达到节能降耗的目的。因此基于自身的对标和挖潜是关键。传统对标方法是兄弟电厂之间对标或者笼统的自身对标,这两种对标方式都有其固有的弊端,兄弟电厂之间由于客观条件不完全相同,对标已失去了真正的意义,同样笼统的自身对标由于不分负荷情况,这种不同口径下的对标也不具有真正的分析意义。真

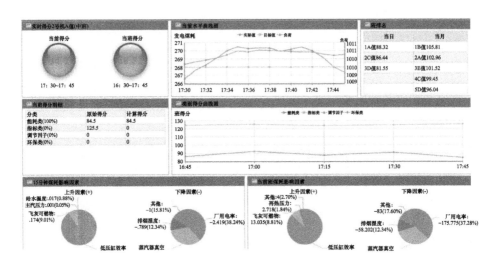

图 14-15　运行评价（见书末彩图）

正的对标分析应该建立在同口径的基础上，有相对可比的基础，这样的对标可比较、可分析，得出的结论也更有分析价值和指导意义。

本系统能耗分析基于负荷分段而设计，将负荷从 30 万~100 万以 5 万区间为单位进行划分，进行煤耗的分析统计，这样为煤耗的在细微层面的分析奠定了基础。建立在负荷段基础上的煤耗分析，可以直观地展示同样负荷段的煤耗在一段时间内的趋势变化情况，有利于分析煤耗的升降情况，因为消除了不同负荷对煤耗的影响，是真正的同口径分析。能耗分析如图 14-16 所示。

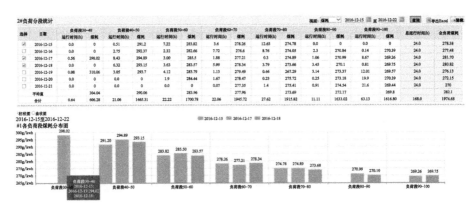

图 14-16　能耗分析

14.2.7 管理优化决策支持

管理优化决策系统基于仿真、控制、信息三位一体的科英平台的实时/历史数据库,实现了机组运行控制、仿真与分析、管理决策等各个层面的信息共享,实现了发电厂控制系统数据、仿真分析数据、生产管理过程信息、经营管理分析信息的"纵向贯通",实现了工业过程信息和管理业务信息的无缝融合。通过建立厂级数据中心,实现了电厂现有各种生产、经营管理应用系统的"横向融合"。最终建立起全厂统一的智能化的电厂管理平台,实现了发电厂信息化统一门户入口,实现了生产、管理数据的双向集成共享,实现了发电厂生产、经营过程的可视化、可追溯性和全过程实时监控,为电厂生产运行管理人员提供功能强大,并具有强大扩展空间的在线诊断、分析、优化的平台,为电厂管理者提供及时、定量的分析和决策支持,为在电厂基本运行问题已经解决的今天,如何进一步提高安全性、经济性,达到精细管理、精确控制,实践了一条全新的、具有很大发展空间的技术方向。管理优化决策系统处理流程如图14-17所示。

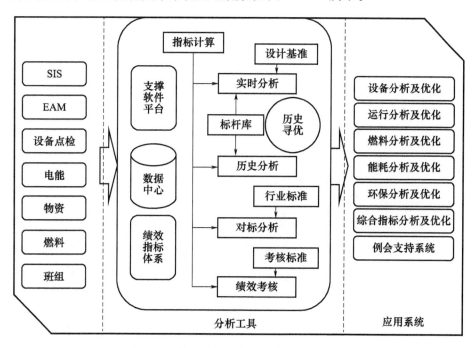

图14-17 管理优化决策系统处理流程

1. 指标管理体系

以指标形式,将沉淀在各个业务系统中的数据抽取、提炼、整理和组织,形成进一步分析决策的基础。系统实现指标的属性、获取算法的可配置,实现指标的自动获取和自动计算。指标体系示意图如图14-18所示。

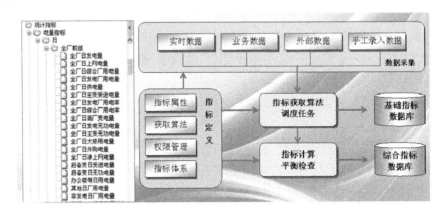

图14-18 指标体系示意图

系统提供图形化的指标分析工具,包括同比分析、环比分析、速率分析、曲线分析、趋势分析以及多指标分析等分析功能。图形分析工具如图14-19所示。

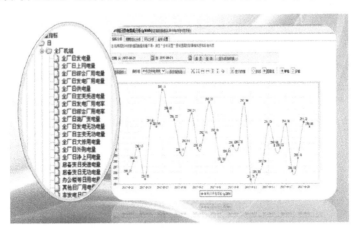

图14-19 图形分析工具

2. 管理驾驶舱门户

管理驾驶舱是本系统面向中高层管理人员的辅助决策支撑系统,通过详尽的指标体系,实时反映企业运行状态,并借助可视化技术将企业的关键业务数据及状态以层次清晰的方式进行展示,使管理人员能够一站式了解电厂生产经营的关键数据,为其决策提供重要的信息支撑。本驾驶舱系统既包含传统驾驶舱的内容,同时与全工况优化系统紧密集成,在驾驶舱可以实时查看运行机组当前运行的工况与优秀工况的差距和趋势对比,同时集成了电厂关键性的经营数据、煤耗分析数据、电量数据、厂用电数据、燃料数据、设备缺陷数据等各方面的关键数据。管理驾驶舱如图14-20所示。

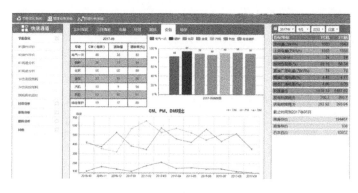

图14-20 管理驾驶舱(见书末彩图)

3. 设备分析

设备管理系统基础数据来源于电厂EAM系统,提供面向设备数据的各种分析,包括缺陷分析、备件分析、采购分析等。

(1)设备台账。设备管理强调以设备为其管理核心,电厂生产是围绕设备展开的,设备的经济运行和安全检修是发电厂最重要的目标;集中体现"以安全为核心、以经济运行为准则、以数字化为基础"的管理理念。同时,设备台账也是设备相关信息积累、汇总和统计分析的平台,其静态信息包括设备台账中的铭牌信息、图纸资料和技术规范等,动态信息则包括了设备位置变动信息、设备主人变更、设备检修信息、消缺记录、异动情况、设备评级情况等。

(2)缺陷分析。缺陷分析以原系统数据为基础,开发相应的报表,包括缺陷工单分析、消缺数量分析、挂起工单分析、消缺率分析、重复性工单分析、消缺趋势分析等。

(3)备件分析。备件分析包括备件库龄分析、从未领用备件分析、事故备件分析、存货周转率分析。

(4)设备采购分析。包括采购申请分析、招标分析、合同分析、验收分析、物资入库分析、全流程分析等。

设备分析如图 14-21 所示。

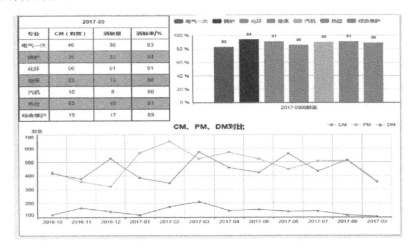

图 14-21 设备分析(见书末彩图)

4. 招投标分析

本系统基础数据来源于电厂 EAM 系统。由于原招投标系统功能更多面向基层操作人员,面对中层管理人员的分析功能较少,因此本系统主要定位为面向中高层的以分析为侧重的,主要功能包括:

(1)各阶段已审批项目统计、各阶段待审批项目统计及图形分析。

(2)采购申请环节分析,包括按专业分析、紧急采购分析、采购类别分析、采购频次分析等功能。

(3)招标申请环节分析,包括按专业分析、招标类别分析、招标方式分析。

(4)招标结果环节分析,包括按专业分析、投标商分析等。

招投标分析如图 14-22 所示。

5. 合同分析

合同分析的基础数据来源于电厂 EAM 系统。在原系统中,招投标与合同关系比较紧密,但原系统缺少整合性的分析功能,比较零散,本系统功能主要面向中高层人士,是对原合同功能的数据整合与图形分析。包括:

(1)物资合同环节分析:物资合同专业分析;合同招标方式分析;合同执行跟踪;合同类别分析。

(2)工程服务合同环节分析:工程服务合同专业分析;工程服务合同综合查询。

合同分析如图 14-23 所示。

第14章 工厂数字化工程与流程工业智能制造

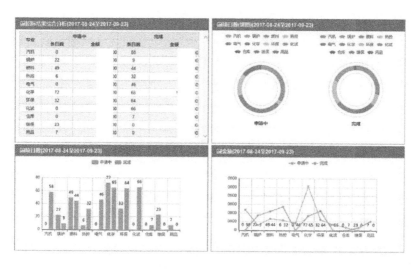

图 14-22 招投标分析(见书末彩图)

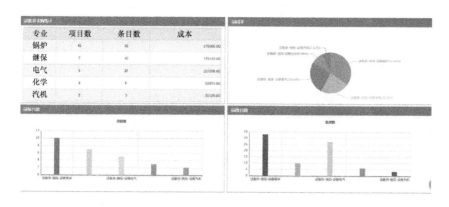

图 14-23 合同分析

6. 全流程追溯分析

电厂原有 EAM 系统中各流程比较独立,但对于业务环节比较密切且明显具有前后承接关系的采购立项、招投标、合同、验收等几个环节,原系统缺少整体性的关联查询与分析,造成"见树不见林"的现象。本系统流程分析从两个角度进行全流程式的跟踪分析。

(1)从采购立项角度分析。采购立项申请是流程的起点,采购立项与招标、合同是多对多的关系,就是说一个立项中的物资有可能被打包到多个合同,或者多个立项申请被打包到一个合同,关系比较复杂,在原有系统中,一个立项申请到底与几个招标关联、与几个合同关联、到货情况(部分到货或全部到货)等,都无法知晓,如果要追踪,需要人工花费很大精力去一个一个核对。本功能可以从采购立项申请的源头追踪其后续关联的各环节及状态,透明化地跟踪其执行过程。

(2)从合同角度分析。本功能从合同角度反向追踪合同有关各环节的形成过程。合同的签订从源头追溯包括立项申请、招标申请、招标结果到合同签订,后续是到货验收(对应一个或多个验收单)。一个合同往往是多个立项申请打包的结果(单个申请不一定全部打包到单个合同),因此合同的具体内容的形成过程往往是非常复杂的。本功能可以追踪单个合同在形成过程中各环节的关联关系,每一个环节都可以追踪其审批过程,而且可以追踪后续验收过程。这样就可以全流程地了解合同的执行过程。

全流程分析如图 14-24 所示。

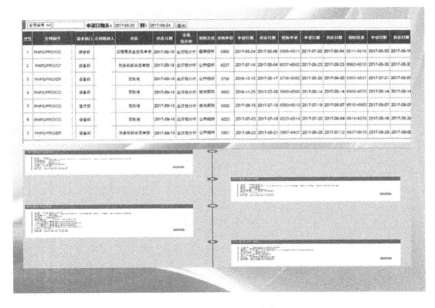

图 14-24　全流程分析

7. 燃煤经济性分析

燃煤经济性分析功能包括购入煤与入炉煤对比、燃煤单价构成分析、燃料经营指标分析、燃料经营指标完成情况等。是针对经营部的管理需要开发的,帮助采购决策,节约燃料采购成本。燃煤经济性分析如图 14-25 所示。

8. 预算分析

本预算分析是基于电厂预算系统,主要侧重于数据层面的整合与分析,由于

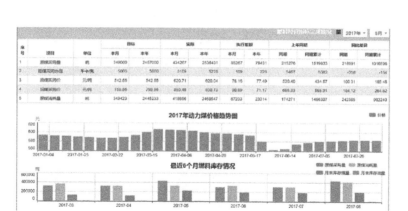

图 14-25 燃煤经济性分析（见书末彩图）

原预算管理更侧重于事务层面的管理，而且与 EAM 系统关联度不强，这样无法很好地由预算去追踪费用过程的透明化。本系统主要侧重于这方面的需求，第一侧重与关联整合，第二提供费用的透明化追踪过程。功能包括：

（1）预算明细分析。以预算树分层次展示各预算的整体情况，包括预算总额、物资合同支出、服务合同支出、各环节支出、剩余金额、预算完成率等，每一笔费用都可以链接进去进行追踪。

（2）预算结构分析（按预算类型）。该模块主要从费用类型的角度对全厂的预算结构进行图形分析。

（3）预算结构分析（按部门类型）。该模块主要从部门的角度对全厂的预算结构进行图形分析。

（4）领料科目费用统计。该模块从物资领料科目的角度对费用的去处进行归类汇总，并可以追踪明细记录。

（5）物资合同关联预算。由于在 EAM 系统中，预算与合同的关联度不强，为了便于查询跟踪，本模块提供合同与预算的关联查询。

预算分析如图 14-26 所示。

14.2.8 实施效果

亚仿公司在南方某火电厂完成的"1000MW 火电机组在线仿真节能优化与管理决策系统"项目，已实际投运两年多时间，从总的效果看，电厂的运行水平、管理水平明显提高，电厂主要生产指标发电量、供电煤耗、厂用电率都取得了十分明显的成效。机组煤耗平均下降 $1 \sim 3 \mathrm{g}/(\mathrm{kWh})$，节能效果明显。

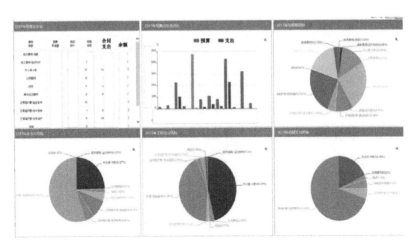

图 14-26　预算分析（见书末彩图）

2015—2017 年发电煤耗变化图如图 14-27 所示。

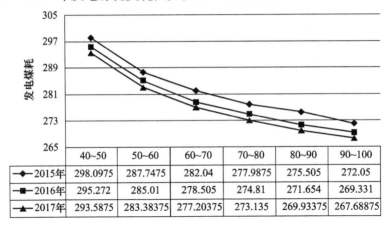

图 14-27　2015—2017 年发电煤耗变化图

14.3　数字化水泥厂

14.3.1　概述

亚仿科技在数字化电厂的实践经验基础上，进一步拓展开发实施数字化水泥厂，经过在新峰水泥、亨达水泥、鲁南中联水泥等水泥厂近十年的实施和应用，形成了亚仿科技的数字化水泥厂整体解决方案。

工信部提出了《2010年工业节能与综合利用工作要点》、《关于加强重点用能企业能源管理制度建设的通知》及《水泥行业节能减排指导意见》等一系列关于节能减排的部署、要求和工作思路，在国家工业和信息化部推荐和指导下，亚仿科技和河北新峰水泥合作研发和实施水泥工业节能减排全范围数字化管控技术，于2009年10月18日正式签约，签约后即进行资料收集、技术分析等准备工作，2010年8月1日项目正式在现场实施。2011年12月23日完成了国家成果鉴定，鉴定评价是"该项目为实现水泥工业节能减排开创了一条新路，项目的系统复杂，技术难度大，研制思想与技术路线正确，创新性强，社会经济效益显著，其总体水平达到国内领先，在有效解决流程工业系统节能的理论、方法、工具等方面国际首创，技术水平达到国际领先。建议'十二五'期间推广应用。具体指标是：节能水平经鉴定达到了熟料综合煤耗降低8.6kgce/t以上"。

此后，在广东亨达水泥厂推广实施了数字化水泥厂。

2015年5月，"中国制造2025"提出，基于信息物理系统的多智能装备、智能工厂等智能制造正引领制造方式变革，围绕控制系统、工业软件、工业网络、工业云服务和工业大数据平台等，进行开发和应用。亚仿科技与山东鲁南中联水泥公司于2015年底正式签订了合作协议，共同开发鲁南中联水泥信息化智能化暨节能减排项目，在已有科技成果基础上，抓住流程工业的特点，结合工信部对流程工业智能制造的技术要素要求，向"智能制造"方向跨出艰难而又意义重大的一步。经过一年在生产现场的技术开发与工程实施工作，对鲁南中联的三条熟料生产线实施数据采集、数据存储、数据处理、数据分析、仿真试验床嵌入、系统在线分析诊断、DCS反向纠调、闭环逆向控制等措施，建成了适合于水泥回转窑实现节能减排效果的智能管控系统，于2016年11月在鲁南中联现场开始运行。该项目将对国内水泥生产企业的智能化建设起到共性示范的作用。

▶ 14.3.2 行业现状及痛点

水泥工业是我国国民经济重要的原材料产业，但现阶段被认为是典型的高耗能、高污染行业。水泥工业在为我国经济社会发展和建设小康社会进程中做出重要贡献的同时，也带来了资源能源的巨大消耗和环境污染的问题。在全球性出现资源能源紧张、人类生态环境受到严峻挑战的形势下，在节能减排成为我国基本国策的今天，加快推进节能减排，发展循环经济，是水泥工业科学发展的必然选择。

目前，我国的水泥行业的信息化水平普遍不高，生产和管理中存在着亟需解决的痛点，主要包括：

(1)仿真、信息、控制技术在各个水泥厂应用的情况参差不齐,特别是都不在同一平台上,缺少统一规划和管理,部门之间各自为政,结果形成信息孤岛,不能实现信息共享,不能实现全厂管控一体化。

(2)各种计算、统计时间上滞后,口径上不一致,甚至没有统一的标准,争议多。

(3)生产现场的测量点较少,测量值偏差大,甚至因为温度较高而经常损坏温度计,致使系统的输入信号不稳定,设备运行的病态时常出现,严重影响设备自动运行效果。缺少对全厂设备状态、生产情况进行全面诊断分析的工具和手段,更难以进行优化提升。

(4)各种化验、检测结果数据不能实时上传共享,滞后较大,导致生产中各个环节脱节,难以保证最终产品质量稳定,影响在线功能的实现。

(5)多参数,多变量及来料(煤、多种类的原材料、工业垃圾等)多变化,主要指标一百多个,操作指标、操作参数等关系交叉、复杂,质量要求高,但是,目前调试、试验的手段和工具较差。

(6)缺少生产事故分析的手段,没有事故监控和预警机制,有些事故常发,导致生产成本难以降低。

(7)厂里的能耗等成本居高不下,变频改造等传统节能方法已经达到极限,期望采用高科技途径提升生产效率,降低能耗水平,增加生产效益。

(8)信息不在一个平台,可观察到信息量很少,看不到或根本就看不全,很难掌握生产的全面情况。管理和生产信息分离,很难实现管控一体化。

水泥行业的这些问题严重制约着行业的发展和进步,是工业化和信息化两化深度融合和智能制造推行过程中急需解决的问题。

14.3.3 系统功能架构

针对水泥行业这些现状特点及痛点,亚仿科技推出"数字化水泥厂"整体解决方案。

数字化水泥厂是实现水泥厂高效、安全运行的整体技术方案,是以数字信息为共享载体,以计算机群为工具,以仿真、控制、信息、通信为一体的平台及软件工具群为支撑,以"科学用能、系统节能"理论为依据,基于在线仿真技术的数字化管控系统和节能减排技术。

水泥生产属于流程工业,机械设备一直在运转,其突出的概念:大型、实时、在线、安全、可靠。需要解决的需求是:实时在线的仿真、在线计量、在线诊断、在线动态优化、在线试验、在线分析、在线决策控制。相应的解决思路如下:

（1）综合应用仿真、控制、信息、通信、网络技术，形成统一大平台。解决数据集中采集、传输、管理、分析、展现等系列数据源问题，实现整个生产线的生产情况全面数据实时共享。

（2）解决报表滞后性问题，实时自动生成各种生产报表，并实现统一门户系统。

（3）实现预警、预报，提前发现设备安全、过程质量方面的问题。比如化验的结果全厂共享，回转窑的热效率、温度示意图、在线对标结果等实时展现。

（4）实现基于历史数据的问题诊断功能，实现产品质量全流程追溯功能，提高可视化程度。

（5）大量采用软测量技术，补充信号少、测不到、不能实时测量等各种问题。

（6）在高精度数理仿真模型的基础上，基于在线仿真技术支撑各项在线功能的实现，形成节能技术研究、验证的在线仿真试验床。

（7）通过在线决策控制，减少车间生产线操作工劳动强度和人员数量。通过技术手段＋精细化管理，优化工艺，降低能耗和碳排放，深挖人机潜能，实现社会效益和经济效益双提升。

（8）在大平台支撑的基础上，不断扩展新功能，提升自动化生产和管理水平，逐步实现智能控制，达到节能、降耗、减人的目标，实现水泥强国梦。

数字化水泥厂整体解决方案形成过程如图14-28所示。

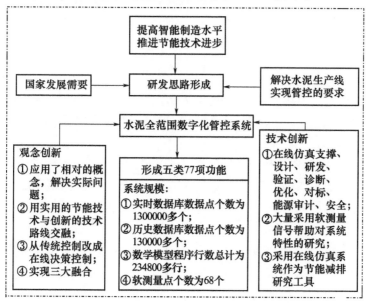

图14-28　数字化水泥厂整体解决方案设计思路

数字化水泥厂系统集成了数据采集、数据处理与存储、数据分析、数据优化、在线仿真系统、能源管理系统、在线试验床、在线决策控制、碳表系统、可视化展现、信息管理、系统和数据安全防范与管理等多种功能模块的技术和工具,系统庞大复杂,为表述方便,可简单分为支撑平台、数据采集、大数据中心、智能优化引擎、智能制造支撑、精细化管理等几大部分,数字化水泥厂系统的总体结构示意图如图 14-29 所示。

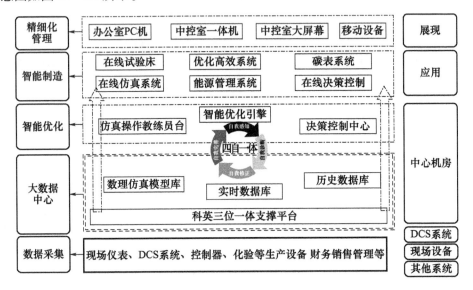

图 14-29 数字化水泥厂总体结构示意图

简要说明如下:

数字化水泥厂系统建立在科英三位一体支撑平台基础上,逐步发展成为大数据支撑中心,提供了实时数据、历史数据、数理仿真模型、通信等基础功能支撑。

在支撑平台上,亚仿科技针对水泥工业的生产工艺特点,针对性开发的服务于流程行业智能制造的共性软件技术及工具,共性软件设计研发的指导思想均统一于自我感知、自我诊断、自我修正、自我完善"四自一体"的智能制造终结目标。

另外,本支撑平台无需取代企业现有系统,而是接纳、清理和提升现有各类系统的应用,使之在新平台环境下充分发挥各自应有的作用。

数据采集:包括现场仪表、智能电表、DCS 数据、化验数据和其他系统的数据,解决整个系统的数据源的基础来源。

大数据中心：系统将采集的数据清洗、装载、分析、存储,构建整个系统的大数据中心,是系统的核心。

智能优化：在大数据中心的基础上,利用智能优化引擎,挖掘数据金矿,包括历史值优化、实时在线优化、在线试验床优化、专家经验优化等,是实现智能制造的基础。

智能制造：包括能源管理系统、在线仿真系统、优化高效系统、在线仿真试验床、在线决策控制系统、碳表系统,包含了智能制造的自动寻优、在线决策控制等关键部分,解决了困扰水泥行业的在线智能计量等难题。

精细化管理：在实时、完全的数据支撑下,管理决策者以及各级人员,都可以在可视化的情况下很好地掌控企业生产运作情况,达到精细化管理水平。

数字化水泥厂系统的组成复杂,涉及的技术和工具有 50 多类,功能模块达到 100 多个,主要分类可划分为基础支撑平台系统、在线仿真系统、在线分析优化系统、在线决策控制系统、综合信息管理系统等五大部分。

其中,基础支撑平台系统将科英三位一体平台作为核心支撑技术,并结合工业互联网、工业大数据、工业云技术,集成一系列共性软件,主要组成包括科英三位一体支撑平台、科英实时数据库、综合信息框架、数学模型与算法库等。

数字化水泥厂系统配套的系列工具软件和流程工业共性软件,举例如下:智能化数采软件、全流程监控软件、在线仿真试验床、在线决策控制系统、全工况自动寻优系统、实时性能计算软件、智能化绩效管理软件、智能化设备维护系统、安全在线监测、预警与应急系统、能源管理系统、能源优化调度系统、在线排放监测系统(碳表系统),等等。

为了便于读者了解数字化水泥厂系统中的功能细节,表 14-1 列举了部分模块的功能描述。

表 14-1　数字化水泥厂系中部分模块的功能描述

数据采集系统	在线仿真系统	在线试验床
(1)数据采集、传输、与存储:DCS 系统数据采集;电表数据采集;其他数据采集。 (2)实时数据库。 (3)历史数据库。 (4)数据处理。	(1)高精度仿真模型。 (2)在线软测量。 (3)在线自学习计算。 (4)运行状态初始化。 (5)在线跟踪仿真。 (6)在线仿真控制站。 (7)历史重演。	(1)在线优化试验分析。 (2)在线节能减排试验分析。 (3)寻优工况重演

续表

能源管理系统-1	能源管理系统-2	能源管理系统-3
1. 基础平台 (1) 科英支撑平台接口； (2) 实时数据管理； (3) 峰谷电价管理； (4) 配电室、车间管理。 2. 能源监控平台 (1) 图表模式监控； (2) 网络图模式监控； (3) 动态能流图监控； (4) 工艺图模式监控； (5) 重点设备能耗报警	3. 统计管理平台 (1) 指标定义； (2) 指标基础库； (3) 生产线管理； (4) 数据校验； (5) 算法库。 4. 报表管理 (1) 产量日报； (2) 电量计量日报。 5. 能源闭环管理平台 (1) 生产计划； (2) 能源调度运行管理； (3) 能源考核记录	6. 能源平衡与生产优化分析 (1) 能源平衡； (2) 能源预测； (3) 关键能耗指标； (4) 能效对标分析； (5) 可比能效对标分析； (6) 能源成本分析； (7) 节能诊断分析； (8) 节能诊断排名分析； (9) 节能报警； (10) 生产与能耗分析； (11) 专题分析； (12) 自助分析； (13) 分时用电查询； (14) 生产优化配置
在线决策控制系统	寻优高效系统	深度可视化系统
(1) 煤磨在线决策控制； (2) 回转窑系统在线决策控制	(1) 工况自动寻优； (2) 在线试验寻优； (3) 用户经验参数管理； (4) 历史寻优工况库； (5) 工况寻优基础条件	(1) 全流程深度可视化； (2) 节能数据实时在线展现； (3) 系统数据自由切换
碳表系统		
(1) 碳排放、标煤耗、窑效率； (2) 实时碳排放、累计碳排放		

数字化水泥厂系统提供了实现水泥厂高效低耗、安全稳定运行的整体解决方案，综合应用了先进支撑平台技术、实时/历史数据库技术、计算机在线仿真技术、在线诊断技术、智能优化技术、在线决策控制技术、管理信息处理与决策优化技术、可视化技术等先进技术，在水泥行业实现以下目标：

(1) 用数字化实现全厂信息共享（大容量实时数据库、充足容量和速度的网络、大容量历史数据库）；

(2) 实现在线诊断、在线分析、在线对标、在线能源审计、在线决策控制；

(3) 实现全过程的信息化，实现现代科技与先进管理深度融合，提升效益；

(4) 成为科学用能、系统节能的工具，寻求节能最优效果，力争能耗达国际先进水平；

(5) 逐步实现水泥行业的智能制造。

14.3.4 水泥厂在线仿真模型

水泥厂的生产工艺过程复杂，尤其是回转窑内的反应十分复杂，熟料生产相关的反应机理复杂，对高精度的仿真模型提出了很高的要求。当时，国内外有局部仿真研究，但全范围、全物理过程在线仿真系统研发还未有先例，因此技术难度大，也特别复杂。

在研制过程中根据工作原理不同，分别建立数学模型四十多个（包括回转窑、篦冷机、分解炉等全线设备），建立反映水泥厂运行机理的全范围、全物理过程、高精确度仿真动态数字模型，其中数学模型遵循现代化学工程原理及"三传一反"（传热、传质、动量传递及化学反应）工程原理，特征参数能够正确揭示设备中系统或设备的内在机理。整个系统中数学模型程序行数总计为23万多行，实时数据库变量130万个，历史数据点13万多个，实现软测量点个数为68个。

为保证模型运算及对操作响应的实时性，仿真系统相应指标控制如下：

(1) 对操作的 I/O 采样周期 <0.5s；

(2) 快过程模型运算的周期≤0.2s；

(3) 慢过程模型运算周期≤1.0s。

在线仿真建模模型图如图 14-30 所示。

建模难点如下：

(1) 把窑分为 100 段模型。

(2) 对化学反应过程的模拟。水泥生产过程中物料各成分间的化学反应过程，直接决定着产品的最终品质，影响因素多，不易量化。

(3) 物料化学成分的时间、空间传递因为水泥生产周期较长，物料通过生产线通常要几小时，而进入生产线的各原料成分并不稳定，导致出生产线的产品品质也会相应变化，因而要记录当前生产线上各个位置物料的各种组成成分，才能实时计算出熟料的成分变化。

(4) 出磨的料粒度计算。物料粒度影响工质间的热量传递，同时影响化学反应程度，进而影响产品品质，是水泥生产过程中较为重要的参数。但是相关理论大多偏重定性描述，较难定量计算。但本系统需要定量分析。

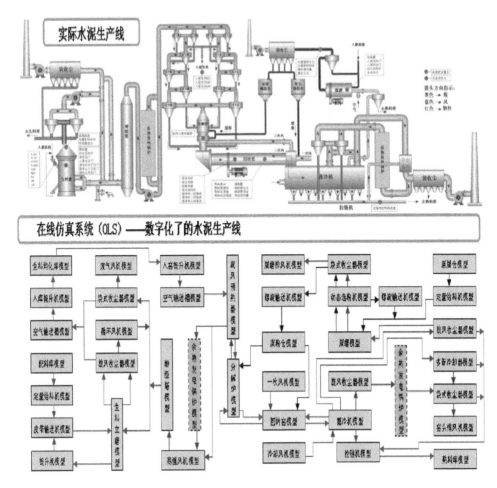

图 14-30　在线仿真建模模型图（见书末彩图）

（5）选粉效率计算。选粉效率影响单位产品能耗，需根据理论计算不同工况下的选粉效率。

（6）在线仿真模型及系统的难度：由于水泥生产过程的时间和空间的变化，给实时在线、跟踪、初始状态建立等一系列技术问题带来了技术难点，在线仿真不仅工作量较大，而且要解决智能化的在线修正等一系列技术问题。

（7）另外，在建模过程中，必须大量采用软测量技术以补充测量不到的信号，帮助对系统特性的研究，需要用各种方法来实现对测不到信号的定量值。比如：熟料成分（C_3S，C_2S，C_3A，C_4AF，CaO 等）；液相量；燃煤低位发热值计算；出磨物料水分；出磨细度；强度（包括28天强度等）。

计算软测量的数学模型每一项都十分复杂,要考虑很多影响因素,又得确保一定的精度,要依靠化验数据和历史数据库的数据以及部分自学习功能,比如煤的低位热值的值,要收集或测试几百个数据进行标定。

通过全范围、全物理过程和化学过程的在线仿真模型,建立虚拟的数字化的水泥生产线,能在多工况下运行,进行工况间参数的比数分析,可以在多种方式下并列和切换运行,支撑全面功能的实现,即支撑设计、研究、验证、诊断、优化、对标、节能减排、安全防范、预测预警等功能,还有在线软测量功能、在线自学习计算功能、在线跟踪仿真功能、历史重演与工况转换等特殊功能。

14.3.5 在线决策控制技术在煤磨和回转窑控制上的应用

传统的 PID 控制器是一种线性控制器,现实系统都有非线性特征,传统 PID 控制器对于线性好、输入不超过斜坡的系统是非常简单实用的,但是对于回转窑熟料生产这样复杂非线性系统和复杂信号追踪,是非常有局限性的。

针对传统 PID 控制器很难满足复杂非线性系统的控制要求,亚仿科技通过二十多年的实践经验,开发了采用智能控制技术、模糊控制技术、传统的 PID 控制技术等多种控制技术融合的在线决策控制技术,解决流程工业行业中存在能耗大、产品品质差、自动化水平低、信息集成度低等问题,应用于煤磨、回转窑等生产系统的调节当中,根据生产线不同的工况,采用不同的控制方式,能适应各种复杂变化的情况,提高生产线的稳定性,有效地解决复杂系统的自动控制问题。

在线决策控制系统采用亚仿科技自主开发的 AF2000 智能控制基础平台,将在线仿真系统的仿真数据、优化高效系统的优化数据、在线试验床的试验数据以及 DCS 数据、化验数据等,综合运用在控制系统中,实现水泥厂现有 DCS 系统无法做到的优化控制。其中,亚仿科技设计开发了一套专用智能控制系统硬件,实现了在线决策控制系统与原有 DCS 控制系统完美嫁接与无缝切换,保证了两套系统无缝衔接地稳定运行,实现了仿真系统在线决策的优化功能。

在回转窑和煤磨的在线决策控制系统中,融合了古典控制、智能控制、软测量计算等多种方法,可以在线决策控制方案、在线决策定值、在线决策控制参数和控制参数调整,同一个控制点可以对应多个控制回路,因此解决了水泥生产控制中大滞后、大惯性、强耦合、多变量等控制难题,通过仿真计算与控制逻辑计算在同一平台上实现,提高了数据交换、处理、分析的能力,使回转窑和煤磨的控制系统能够稳定、高效、长期地运行。

1. 在线决策控制在煤磨控制上的应用

由于成品煤的质量直接影响煤的利用率和熟料的烧成,煤磨在线决策控制系统的目标是必须根据现场生产的工况,通过在线寻优及自学习找出最优的细度及水分,并按照该细度及水分进行在线决策控制,以达到安全、稳定生产,降低生产能耗,提高成品煤的质量和产量。

煤磨在线决策控制站如图 14-31 所示。

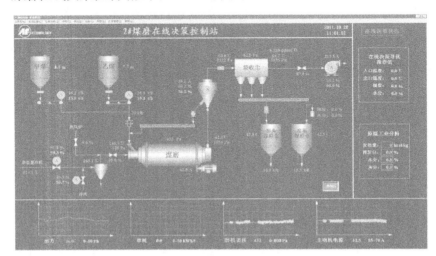

图 14-31　煤磨在线决策控制站

如图 14-31 所示,图中四条曲线分别为磨机出力、单耗、磨机差压、主电机电流,表示的是当前系统中各重要参数的曲线;右边上面为在线决策控制状态显示,点开后可以看到系统所处的状态;右边的下面有来自优化系统的在线决策寻优推荐值及原煤工业分析值;中间部分为煤磨系统,其中显示了各重要参数,反馈及设定值都实时显示在界面上,实时的反应现场的实际情况,起到实时监控系统的作用。用户根据系统的不同状态来选择不同的控制方法,同时根据现场实际数据及时报警预警,及时提醒操作人员,增强系统的安全性。

煤磨在线决策控制系统中有 100 多个点,其控制点主要为喂煤秤、冷风门开度、热风门开度、选粉机转速及系统风机。

煤磨在线决策控制系统的难点:煤种、水分变化一般很难连续控制,亚仿科技采用软测量出力、细度、水分等信号,使之连续运行。

煤磨在线决策控制系统投运后,减轻了工人的劳动强度,提高了煤磨运行率,稳定了煤粉质量,降低了制粉电耗。

2. 在线决策控制在回转窑控制上的应用

熟料的烧成过程是一个复杂的物理化学过程,生料进入预热器到出篦冷机,经过干燥、预热、分解、固相反应、化合反应和冷却,工艺流程时间长,涉及的物料及反应相当复杂,致使回转窑的控制十分复杂,现有的 DCS 系统对回转窑的控制还有很多不足之处。

亚仿科技的窑系统在线决策控制是根据现场生产工况,通过优化分析系统给出的预热分解炉的分解温度推荐值,按照该分解温度对回转窑系统进行控制,以达到安全、稳定生产,降低生产能耗,提高熟料的质量和产量。

窑系统在线决策控制站如图 14-32 所示。

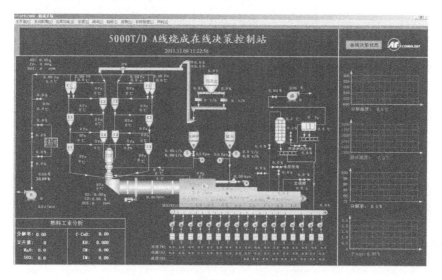

图 14-32　窑系统在线决策控制站

如图 14-32 所示,右边四条曲线分别为分解温度、烧成温度、分解率、游离钙,表示的是当前系统中各重要参数的曲线;左下角的熟料工业分析表格显示;中间部分为窑系统,其中显示了各重要参数,反馈及设定值都实时地显示在界面上,能实时地反应现场的实际情况,起到实时监控系统的作用。用户根据系统的不同状态来选择不同的控制方法,达到系统稳定;同时,根据现场实际数据及时报警预警,及时提醒操作人员,保证系统的安全性。

窑系统在线决策控制系统中有 350 多个点,其控制点主要为高温风机、分解炉喂煤量、窑头喂煤量、窑头排风机转速、篦冷机一段篦速、篦冷机二段篦速及篦冷机三段篦速。

回转窑在线决策控制系统的难点:控制预热分解炉温度、分析窑内温度分布、维持回转窑工况稳定等,借助软测量的信号,使控制品质提升。

回转窑在线决策控制系统投运后,回转窑系统运行的稳定性大幅提升,分解炉出口温度、尾煤喂煤量、生料喂料量、窑转速、熟料中游离氧化钙含量等主要参数的波动幅度趋于平稳。

以熟料中游离氧化钙含量为例:

图14-33是在线决策控制系统未投运时,熟料中游离氧化钙含量的平均值为2.07%,最大偏差为+1.76和-1.46。

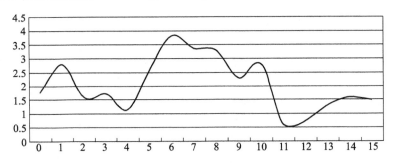

图14-33　熟料中游离氧化钙含量图(在线决策控制投运前)

在线决策控制系统投运时,熟料中游离氧化钙含量的波动幅度可以控制在很小范围,一般在±0.5%以内。

图14-34是在线决策控制系统投运时,熟料中游离氧化钙含量的平均值为0.65%,最大偏差为+0.36和-0.27。

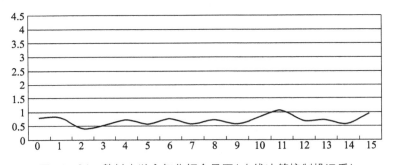

图14-34　熟料中游离氧化钙含量图(在线决策控制投运后)

回转窑采用在线决策控制系统,实现了回转窑窑尾煤等控制点的自闭环智能优化控制,减少了人工干预,降低了操作工的劳动强度,保证了熟料质量稳定,降低了熟料煤耗。

14.3.6 水泥厂煤耗及碳排放在线监测技术

水泥行业是我国国民经济建设的重要基础材料产业,也是主要的能源资源消耗和污染物排放行业之一。全国水泥总产量居世界首位,水泥行业能源消耗总量约占全国能源消耗总量的5%,颗粒物排放量约占工业排放总量的30%左右,我国水泥生产的单位产品能耗、排放与国际先进水平比较仍有差距。

我国水泥行业节能减排管理水平需进一步提高,其中,重要的基础是水泥行业节能减排统计、监测和考核体系还有待建立和完善,其根本障碍是以前不能做到在水泥生产中实时准确监测熟料煤耗及碳排放等相关数据。

亚仿科技开发的水泥厂煤耗和碳排放在线监测技术,是数字化水泥厂的功能模块之一,被形象化地简称为"碳表"。

数字化水泥厂采集了水泥厂全面数据信息,包括 DCS 实时生产数据,再结合采用软测量计算技术,从而实现水泥生产线的煤耗及碳排放实时在线计算与监测,实时准确直观方便地提供水泥厂的煤耗及碳排放数据,便于对比分析,为生产决策者提供参考依据,保证生产设备处于高效节能低排放状态下运行,这种方法提升了水泥行业能源管理水平和节能减排效果,奠定了碳交易的数据基础。

碳表系统的主要组成示意图如图 14-35 所示。

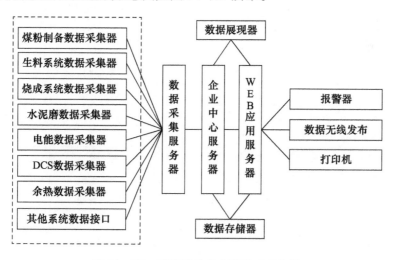

图 14-35 碳表系统的主要组成示意图

水泥厂的煤粉制备、生料系统、烧成系统、水泥磨、电能数据、DCS 数据、余热系统数据以及磅秤、财务等数据,采集汇总到数据采集服务器,初步处理后,进入企业中心服务器,企业中心服务器安装亚仿科技的三位一体科英支撑平台,可实时处理海量数据,结合实时软测量计算,得到水泥厂煤耗及碳排放的实时数据,通过 WEB 应用服务器对外发布和展现,包括无线方式的发布。

其中,煤耗和碳排放的实时计算涉及的影响因素众多,在实际计算时,主要考虑了一些主要的因素,如表 14-2 所示。

表 14-2 煤耗和碳排放的实时计算涉及的主要因素

序号	名称	数据来源	单位
1	每小时熟料产量	OLS	t/h
2	出冷却机熟料的温度	OLS	℃
3	每小时入窑一次空气体积	OLS	Nm^3/h
4	每小时入分解炉一次空气体积	OLS	Nm^3/h
5	每小时入冷却机的空气体积	OLS	Nm^3/h
6	每小时生料带入空气体积	OLS	Nm^3/h
7	每小时系统漏入空气体积	OLS	Nm^3/h
8	每小时预热器出口废气体积	OLS	Nm^3/h
9	每小时冷却机排出空气体积	OLS	Nm^3/h
10	每小时冷却机去余热发电空气体积	OLS	Nm^3/h
11	每小时煤磨抽冷却机空气体积	OLS	Nm^3/h
12	预热器出口废气中飞灰的浓度	OLS	kg/Nm^3
13	生料入窑温度	OLS	℃
14	熟料中相应成分的质量分数 - Al_2O_3sh	化验	%
15	熟料中相应成分的质量分数 - MgOsh	化验	%
16	熟料中相应成分的质量分数 - CaOsh	化验	%
17	熟料中相应成分的质量分数 - SiO_2sh	化验	%
18	熟料中相应成分的质量分数 - Fe_2O_3sh	化验	%
19	熟料中相应成分的质量分数 - K_2Osh	化验	%
20	熟料中相应成分的质量分数 - Na_2Osh	化验	%
21	熟料中相应成分的质量分数 - SO_3sh	化验	%
22	生料的水分	化验	%
23	飞灰的烧失量	化验	%
24	生料的烧失量	化验	%
25	生料中化合水含量	化验	%

续表

序号	名称	数据来源	单位
26	生料中 CaO 含量	化验	%
27	生料中 MgO 含量	化验	%
28	熟料的烧失量	化验	%
29	预热器出口废气中各成分的体积分数 – CO_2	OLS	%
30	预热器出口废气中各成分的体积分数 – CO	OLS	%
31	预热器出口废气中各成分的体积分数 – O_2	OLS	%
32	预热器出口废气中各成分的体积分数 – N_2	OLS	%
33	预热器出口废气中各成分的体积分数 – H_2O	OLS	%
34	入窑一次空气的温度	实测	℃
35	入分解炉一次空气的温度	实测	℃
36	入冷却机的空气温度	实测	℃
37	环境空气的温度	实测	℃
38	每小时生料喂料量	DCS	t/h
39	燃料入窑前温度	DCS	℃
40	冷却机排出空气温度	DCS	℃
41	煤磨抽冷却机空气温度	DCS	℃
42	预热器出口废气的温度	DCS	℃
43	冷却机去余热发电风温度	DCS	℃
44	预热器出口废气的标况密度	POA	kg/Nm^3
45	生料的比热容	POA	kJ/(kg·℃)
46	预热器出口废气的比热容	POA	kJ/(m^3·℃)
47	生料中 CO_2 含量	POA	%

煤耗和碳排放相关的数据灵活展示，界面直观，配备图形、表格等多种方式实现数据展示，如图 14 – 36、图 14 – 37 所示。

煤耗和碳排放实时计算数据长期保存在历史数据库中，确保数据正确、连续、稳定。系统提供有关数据的历史查询、数据统计、对比分析、报表上传支持等多种功能。

亚仿科技自主开发的碳表系统，是根据国家标准，结合系统采集的生产线的实时生产数据、系统存储的生产历史数据和相关经济数据，采用国家标准部门认可的标准计算方法，改进了当前碳核查数据存在不可靠和非在线的现状，碳表系统的实

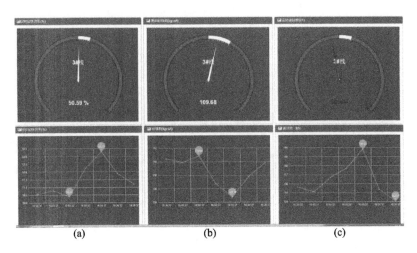

图14-36 煤耗和碳排放实时监测图
(a)碳排放；(b)标煤耗；(c)窑效率。

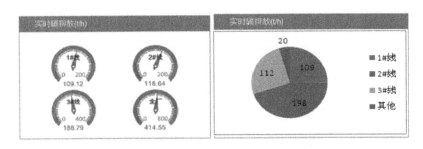

时间	排放/t
日累	6011.35
月累	227839.42
年累	515501.65

图14-37 碳排放实时监测图(见书末彩图)

时碳排放数据可以作为生产人员的操作指南和考核依据,也为国家正在试运行的碳交易市场提供了数据支撑。碳表系统的广泛应用,有利于推进国家统一碳市场建设,推动全国碳交易的实施,增加企业碳资产,鼓励企业自觉参与减排任务。

14.3.7 水泥厂能源管理系统

亚仿科技的数字化水泥厂包括了能源管理系统,通过对全厂能源数据实时采集,集中管理,全面分析,可视化人性化展现,提供给各级人员实用,便于全面实时掌握全厂的煤、电等能源消耗状况,及时指导安排生产。

能源管理系统遵循"科学用能、系统节能"的理念,对水泥厂能源系统的生产、输配和消耗环节实施集中扁平化的动态监控和数字化管理,对水泥厂能耗进行系统化的分析、优化与诊断,能耗和排放一目了然,改进和优化能源平衡,提高能源利用水平,实现系统性节能降耗。

能源管理系统的主要功能简图如图 14-38 所示。

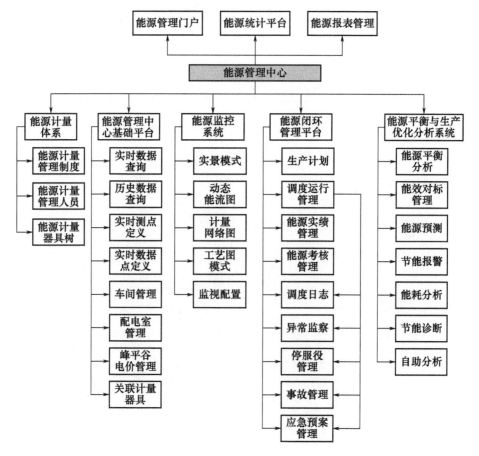

图 14-38 能源管理系统的主要功能简图

能源管理系统的在线监控系统包含多种展现方式:地图模式、实景模式、图表模式、动态能流图、方框能流图、计量网络图、工艺图模式等。便于多角度查看能耗状况,做出相应的对比分析。

图14-39是全厂能耗状态的实景监控模式。

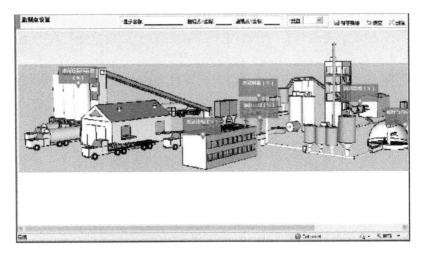

图14-39 实景模式监控全厂能耗状态

图14-40是全厂电表的实时网络图监控模式。

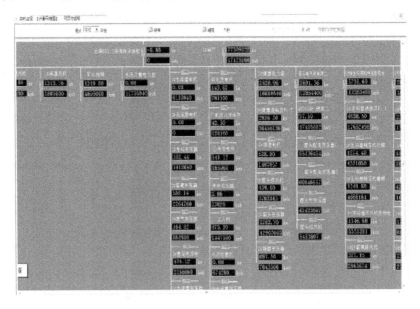

图14-40 计量网络图模式监控全厂电表实时数据

图 14-41 是各工段的能耗的工艺监视图监控模式。

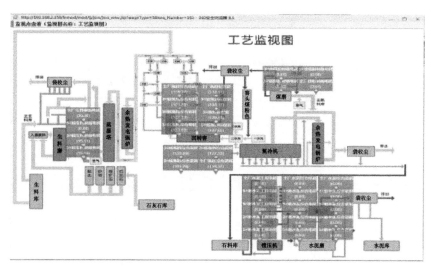

图 14-41 工艺监视图模式监控工段能耗

图 14-42 是全厂实时能量流向图监控模式。

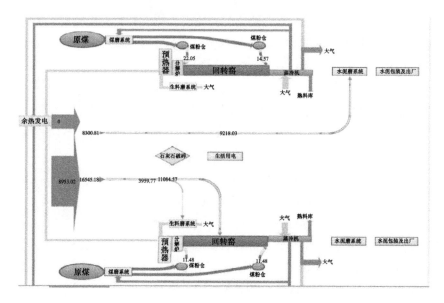

图 14-42 实时动态能流图模式监控能量流向

图 14 – 43 是全厂各生产线的能耗监控模式。

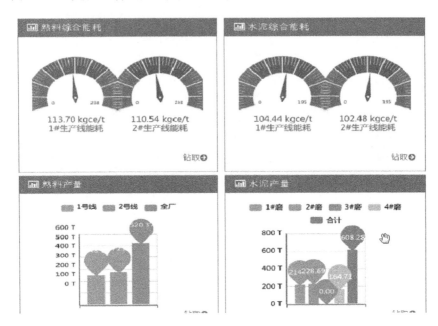

图 14 – 43　图表模式监控熟料、水泥综合能耗

能源管理系统在水泥厂的应用,起到了很好的效果:

(1)能源器具管理规范:对全厂能源器具集中管理,提高了管理效率,节约了成本。

(2)电能消耗统计及报表分析:可以直观地根据报表了解全厂车间、部门、以及细化到计量器具(电表)的用电情况,自动生成 excel 表格,不用再手动抄表,方便领导的管理,大大减轻了员工的工作量。

(3)关键指标统计分析:对全厂生产中的关键指标进行分析,包括熟料标煤耗、电耗、综合能耗、煤粉消耗量、余热发电量等。

(4)化验数据及时共享:相关化验数据及时填报进入系统,各岗位即可实时共享化验结果,提高了工作效率和准确性。

(5)能源消耗异常报警:对全厂重点设备的能耗异常进行报警,提醒及时处理。关键能耗指标超限的值,会及时报警。

(6)能耗水平对标:全厂能耗水平与国内、国际水平实时对标分析,便于找出差距,重点提升。

14.3.8 项目技术特点

亚仿科技的数字化水泥厂解决方案从"科学用能,系统节能"理念起步,满足工业和信息化部《智能制造试点示范 2016 专项行动实施方案》提出的"2016 年智能制造试点示范项目七大要素条件",瞄准流程型智能制造系统目标,旨在实现水泥厂的生产工业化与信息化的深度融合,通过对全厂的数字化建模,建立数字化工厂,加强数据的全面实时采集,建立大数据中心和管控中心,全厂联动,通过对大数据的分析挖掘,实现对生产流程的智能优化和在线决策控制,全面提升管理的及时性和精准性,做到生产安全、稳定、高效率、高品质、低成本、低能耗、低排放,兼顾经济效益和社会效益、短期效益和长期效益,做传统水泥制造向智能制造转型的典范。

数字化水泥厂系统由亚仿科技自主开发,全部拥有自主知识产权,其基于在线仿真的智能制造模式以及"科学用能、系统节能"理念,处于国内领先水平。其中的科英支撑平台技术涉及仿真、信息、控制和通信多个领域,开发难度极大,达到国际先进水平。

数字化水泥厂系统的主要特点包括:

(1) 建立了能在多工况下运行的水泥生产线全范围在线仿真模型;

(2) 全流程可视化中突出了真实测量数据与虚拟数据、手动和自动的组合,以便快速分析;

(3) 建立了完善的人机界面友好的在线试验床;

(4) 实现了大规模、高效、可靠的数据采集、数据处理、数据分析、数据存储系统;

(5) 嵌入了智能计算的碳表系统;

(6) 把功能全面的能源管理系统形成工业软件;

(7) 开发了多种方式的自动寻优系统;

(8) 实现了回转窑、煤磨的智能控制。

数字化水泥厂系统技术自主开发,系统集成度高,综合成本低,部署快捷,维护方便,与国内外相关产品比较如表 14-3 所示。

表 14-3 数字化水泥系统国内外相关产品比较

比较方向	国内常见产品	国外主流产品	本系统项目
成本	局部一次性成本不高,综合总体成本高	成本远远高于国内产品	初建成本一般,综合总体成本较经济

续表

比较方向	国内常见产品	国外主流产品	本系统项目
部署	较快	较快	较快
系统集成度	低 DCS、ERP各种管理系统处于割裂孤立状态	一般 DCS、ERP各种管理系统贯通的信号不多	高度集成 以数字信号实现所有系统共享
支撑平台统一性	各系统,各层次的开发平台不同	DCS、ERP等不同厂家提供不同的开发平台	各系统采用同一支撑平台和共同的实时和历史数据库
系统的规模	小 各系统数据点总和小于50000	一般 各系统数据点总和一般小于20万~30万点	大 数据库容量大于200多万个,实际运行点130万个
采用在线数学模型的水平	少 一般没有采用	一般 有局部采用数学模型支撑	很高 采用大规模全范围全物理过程的在线数学模型支撑各项功能
系统能否作为节能减排的工具	不能 DCS、ERP等各系统任务不具备在线诊断和寻优能力	一般 DCS、ERP等各种管理系统具有部分能力	能 拥有在线诊断、寻优、对标、能源审计的能力,支撑节能减排的实现

14.3.9 实施效果

亚仿科技开发实施的数字化水泥厂系统经过多家水泥厂实际应用,取得了很好的实效:

一般可以达到熟料煤耗降低8%,电耗降低3%,熟料和水泥产量提高3%,主要设备的运转率提高5%,游离氧化钙的合格率提高5%,生产综合成本降低3%,生产事故率降低20%。

采用数字化水泥厂系统的水泥企业,其内部管理模式发生了根本性的变化,由此而来的一系列优点是:企业能源消耗比降低;企业适应市场变化的调控能力提高;企业的管理和技术水平提高;企业生产能力、生产效率以及企业本身的经济效益提高。

流程型智能制造模式是工信部大力推进的研发应用方向,大规模推广数字化水泥厂系统,可有效降低我国水泥行业的能源消耗水平,提高水泥生产质量,增强我国水泥行业的市场竞争力,实现水泥工业的科技发展升级,带动我国从水泥大国逐步迈向水泥强国。

14.4 数字化钢厂

14.4.1 概述

中国已经成为世界排名第一的钢铁生产大国,中国钢铁行业信息化建设在近十年取得了飞速发展,信息化成为提升钢铁行业经济效益的重要技术手段,"数字炼钢"已经成为行业共识。亚仿公司从 2005 年开始进入钢铁行业信息化领域,先后完成了济南钢铁公司能源管理中心项目和韶关钢铁公司集中计量系统以及唐山东海钢铁公司"两化融合示范项目"的建设。

14.4.2 行业现状及痛点

中国钢铁行业信息化起步较早,特别是以宝钢、鞍钢、武钢为代表的国有骨干企业信息化建设取得了很大成功,通过信息化建设,钢材成材率、吨钢综合能耗、供货周期、制造成本、用户满意度等指标得到了很大改善,经济效益显著。但是由于各种原因,钢铁信息化建设中也暴露出一些问题,包括:

(1)很多企业的各种 OT/IT 系统仍处于孤立应用状态,形成了一系列的"信息孤岛",上下游各环节无法及时协同,企业无法全面了解生产经营的运行情况,信息化系统无法发挥整体威力;

(2)对智能管控应用的重视度不高,即不仅要进行业务层的系统建设,还要考虑底层与设备相关的优化控制和智能管控;

(3)能源管控业务覆盖面亟待拓宽,目前的 EMS 系统与生产调度的协同方面还显不足,无法做到生产能源一体化管控;

(4)两化融合的深度和解决共性问题、关键技术的创新能力仍显不足,部分企业将建设 ERP 系统作为发展信息化的终极目标,与两化深度融合和智能制造的要求存在很大距离;

(5)还有不少信号不能实现在线测量或测量精度不够,直接影响能耗和产品质量;

(6)钢铁企业在两化融合的创新能力和解决共性问题、关键技术的能力上仍显不足。

当前,钢铁行业面临着内外环境越来越大的压力,包括:

(1)劳动力成本高涨;

(2)用户的个性化需求;

(3)材料质量的需求日益严格;

(4)产品竞争激烈;

(5)装备同质化程度高;

(6)供应链整体协同差;

(7)环保要求高;

(8)能耗大,能量利用率急需提高。

钢铁企业是典型的流程型企业,制造流程由异质、异构、相关协同的工序构成,工序/装置之间的关系属于异质、异构单元之间非线性相互作用、动态耦合过程,匹配、协同的参数复杂多变,制造流程中存在着复杂的物理、化学过程,甚至往往出现气、液、固多相共存的连续变化,物质/能量转化过程复杂,输入的原料/燃料组分波动,外界随机干涉因素多。

钢铁行业的这些特点决定了钢铁企业的信息化具有其自身的特点,现代钢厂智能化应该是整个生产流程整体性的智能化,应该实时地控制、协调整个企业活动(不是局部工序的数字化或自动化,例如"一键式炼钢"等),实现过程控制、生产管理、企业营销信息的全面整合,实现跨工序、跨厂、全流程范围的实时监控和优化调度,推动两化融合向综合集成提升,逐步向智能化迈进。

▶ 14.4.3 系统设计思路

亚仿科技数字化钢厂解决方案设计的指导思想是以系统化的思想为指导,以数据为驱动,基于亚仿科技仿真、控制和信息三位一体支撑平台,建立钢铁工业大数据环境,建设全透明数字化工厂,逐步在数字化空间中建立与现实并行的虚拟工厂(应用在线仿真技术),实现所有设备、数据实时互联、优化管理、在线分析、诊断、在线试验和在线安全预警、预报等,实现跨工序、跨厂、全流程范围的实时监控和管理优化调度,达成高效率、高品质、低成本、低排放的目标,推动两化融合向综合集成提升,逐步向智能化迈进。建设思路如下:

(1)突破钢铁行业传统的五层信息化架构,走跨越式发展路线。

本项目在结构上突破了钢铁行业传统的五层信息化架构,以数据为中心,实现企业生产运营过程的数字化、模型化、可视化、网络化、智能化,为钢铁企业实施两化深度融合闯出一条全新的技术路线。

(2)采用高效可靠数据采集技术和工业大数据技术建立钢铁工业大数据环境,消灭信息孤岛,实现数据实时共享一体化。

(3)建立全厂统一的生产监控与综合调度中心。

本项目利用工业大数据技术,将各个生产车间的生产实时数据集中进行统一协调管控,在大屏幕上显示系统,可以显示生产车间的生产实时画面和数据情况、服务于企业管理人员和集团领导对生产现场的全面实时监控。

(4)将在线仿真技术介入钢铁生产第一线。

本项目把仿真技术应用到能源优化调度上,实现能源管理与生产管理一体化运作,实现能源产销预测和平衡优化调度,基于模型给出调度策略,为在线运行生产系统提供了在线诊断、在线分析和在线优化的手段,为智能生产提供了可能。

本项目建设内容可以概括为一张网、一片云、一个中心、两个平台和八大功能系统,如图14-44所示。

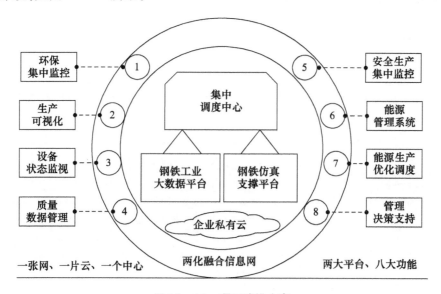

图14-44 项目建设内容

其中:

(1)"一张网"指的是建立钢铁企业两化融合信息网络,包括企业千兆主干光纤网和数采网络。

(2)"一片云"指的是采用华为云技术建立企业私有云系统,解决当前桌面管理模式中存在的运维难、不安全、灵活性差等问题,降低企业信息化系统运维成本。

(3)"一个中心"指的是建立"企业集中生产监控调度中心",实现了生产、能源、安全、环保的集中监控和统一调度,使生产管理模式逐步扁平化。

(4)"两个平台"。一个是"钢铁工业大数据平台",一期工程实现了全厂200多个现场生产系统,22万实时数据点的集中采集和存储,实现了海量工业数据的统一高效存储,可追溯、可回放、可分析,为绿色、高效、智能化生产提供了坚实的数据基础;另一个平台是钢铁仿真应用支撑平台,建立了全厂能源生产一体化在线仿真模型,为在线运行生产系统提供了在线诊断、在线分析和在线优化的手段。

(5)八大功能系统分别是:生产可视化系统、设备状态实时监控系统、质量数据管理、安全生产集中监控系统、环保集中监控系统、能源管理系统、能源优化调度系统及管理决策支持系统。

14.4.4　系统总体结构

项目的总体结构分为四个层次,如图14-45所示。

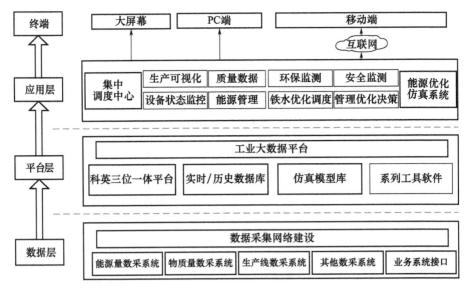

图14-45　项目总体结构

14.4.5 钢铁工业大数据

工业大数据首先是具有一般大数据的特征即海量性和多样性。同时,制造业的工业大数据资源与一般互联网大数据资源存在很大差异,自有其特殊性,主要表现在:

(1) 数据来源复杂。工业软硬件系统本身具有较强的封闭性和复杂性,不同系统的数据格式、接口协议都不相同,因而无论对于采集系统还是后台数据存储系统都会带来巨大的挑战。同时各种工业场景中存在大量多源异构数据,例如结构化业务数据、时序化设备系统数据、非结构化工程数据等,使得工业大数据来源众多、格式复杂、跨学科、跨专业、多尺度,呈现出"多模态"特征。每一类型数据都需要高效的存储管理方法与异构的存储引擎,但现有大数据技术难以满足全部要求。

(2) 数据实时性要求高。这是工业大数据最突出最重要的特性,工业大数据主要来源于生产制造和产品运维环节,生产线、设备、工业产品、仪器等均是高速运转,从数据采集频率、数据处理、数据分析、异常发现以及预警预报都有很高的实时性要求。其实现需要核心技术支撑。同时考虑到大数据平台要对数据进行长时间存储,其高效的数据编码压缩方法以及低成本的分布式扩展能力也是重要的挑战。

(3) 数据准确性要求高。本来"大数据分析"期待利用数据规模弥补数据的低质量。但由于工业数据中变量代表着明确的物理含义,低质量数据会改变不同变量之间的函数关系,给工业大数据分析带来灾难性的影响。工业数据与在线运行紧密相关,对数据的真实性、完整性和可靠性的要求非常高,更加关注数据质量,以及处理、分析技术和方法的可靠性。

(4) 数据的完整性要求高。工业大数据分析更关注数据源的"完整性",而不仅是数据的规模。数据的完整性涉及"数据融合"和"软测量"两项关键技术。工业大数据应用需要实现数据在物理信息、产业链以及跨界三个层次的融合。工业应用中因为技术可行性、实施成本等原因,很多关键的量没有被测量、或没有被及时测量、或没有被充分测量、或没有被精确测量(数值精度低),因此需要大力发展"软"测量技术,软测量技术采用"用已知求未知"的思路,就是依据易测过程变量与难测过程变量之间的关系,通过各种数学计算和估计方法,从而实现对待测过程变量的测量,以提升生产过程的整体可观可控。软测量系统构造的核心是如何建立软测量模型。

(5)数据具有强因果性。工业过程通常是基于"强机理"的可控过程,也存在着很多的闭环控制/调节逻辑,让过程朝着设计的目标逼近。工业过程追求确定性、消除不确定性,数据分析过程就必须注重因果性、强调机理的作用,"强机理"是获得高可靠分析结果的保证。在传统的数据分析技术上,很少考虑机理模型、也很少考虑闭环控制逻辑的存在。需要用仿真技术建立对象全物理化学过程的机理模型,对生产设备的动态特性、静态特性进行深入研究,实现在闭环条件下的协调控制、实时调整和优化。

以亚仿科技拥有完全自主知识产权的仿真、控制、信息三位一体支撑平台为基础来建立钢铁工业大数据支撑平台,实现企业内实时数据和非实时数据、真实测量数据与虚拟数据等多源异构数据的无缝融合、统一存储和实时共享,并为工业大数据应用提供研发、调试、发布、运行及维护的统一支撑环境,支撑信息互联互通和工业软件的实现,支撑在线优化、在线决策控制和各类科学决策。

亚仿科技大数据平台数据图如图 14-46 所示。

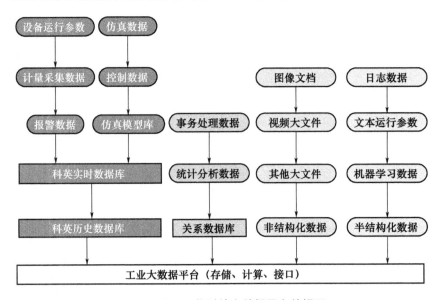

图 14-46 亚仿科技大数据平台数据图

钢铁大数据联网涵盖企业生产经营全范围,包括各个分厂生产控制系统实时数据,能源管控中心能源量数据、电力集控中心电力数据,安全监测(煤气泄漏)数据,环保数据,物质量(皮带秤、轨道衡、汽车衡、天车称重),质量检验数据,以及其他业务系统数据。

数据采集网络由数据采集子站、分中心采集机站、数据传输网络和中央数据库组成。

数据采集子站通过网闸与 PLC 自动控制系统接口、单向获取数据的方式实现生产数据安全、可靠、稳定、便捷的采集到大数据中心数据库。

本项目信息数据采集网络布置图如图 14 -47 所示。

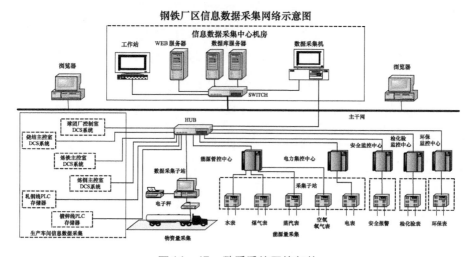

图 14 -47　数采系统网络架构

项目实现了全厂 192 个系统,18 万个实时数据点的集中采集和存储;生产可视化范围全面,深入到底层工艺,形成了 400 多幅生产工艺的集中监视画面;开发完成的应用功能总共有 10 大类,800 多个应用界面。

14.4.6　基于在线仿真的能源优化调度

本项目利用仿真技术实现了能源生产一体化在线优化调度,实现了真实与虚拟的结合,提供了在线诊断、预警预报、在线分析和在线优化的手段,为钢铁行业走向模型驱动的智能化生产提供了技术手段。

能源平衡仿真调度系统(包括高炉煤气系统、转炉煤气系统、水系统、电能系统、蒸汽系统、压缩空气系统、氧气系统、氮气系统)主要使用对象是能源调度岗位人员以及相关的研究岗位人员。相关使用人员可以实时的监视能源系统的各分介质的平衡状况,并根据现场各工序的生产计划的改变,预测各能源介质产销量(一般以班为预测单位),在线验证能源调度方案的可行性。

首先建立根据对象(煤气、蒸汽、水、电、气等系统)的运行机理的高精确度数学模型,模拟实际生产过程,形成数字化的能源模型系统。

数字化了的煤气管网模型如图14-48所示。

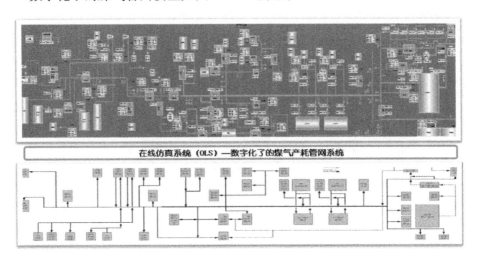

图14-48　数字化了的煤气管网模型

能源优化调度系统主画面如图14-49所示。

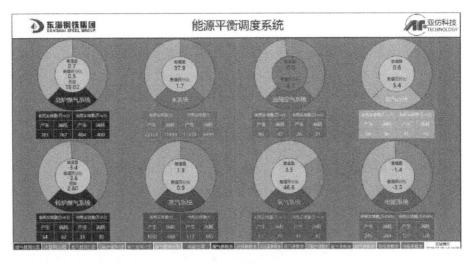

图14-49　能源优化调度系统主画面(见书末彩图)

高炉煤气调度仿真画面如图14-50所示。

在画面上可以看到煤气产生单元和消耗单元的实时情况,其中画面中间的仪表盘,可以看到煤气盈余百分比。

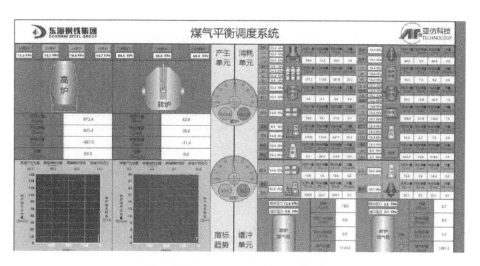

图 14 -50　高炉煤气调度仿真画面

点击仪表盘进入优化调度操作界面,如图 14 -51 所示。

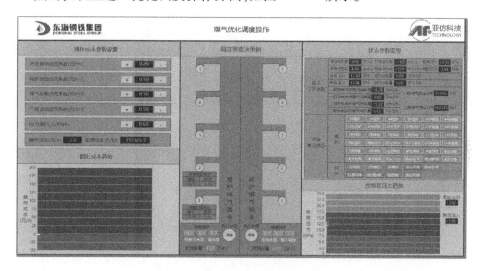

图 14 -51　高炉煤气调度策略画面

系统实时计算出各工质的产耗平衡情况,并通过以各调度单元的优先级设置和实际生产能力为基础,自动推荐调度策略。调度人员根据策略,对各调度目标进行调度指令的动态发布和监控:系统把调整目标和速率推送给现场操作员,操作员按照此操作一期发电煤气总阀;调度人员可以通过主界面点击对应操作单元,进入调度监控画面(图 14 -52),监视调度指令的执行情况。

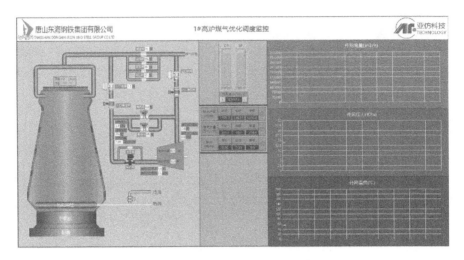

图 14-52　能源工序优化调度监控界面

14.4.7　生产集中管控中心

建立企业集中调度中心,实现生产过程全范围数字化和可视化,增强调度人员和企业管理者对生产现场的全面实时掌控能力,为生产调度提供全面的过程信息和可靠的决策依据。调度大厅位于两化融合大楼4楼,大厅内安排了生产、能源、安全、环保等4类调度值班岗位。两化融合大楼外景如图14-53所示。

图 14-53　两化融合大楼外景

大厅安装了 3×15 液晶拼接大屏幕,前方有三排操作人员工作台。主显示屏是监控大厅的核心设备,所有监控画面、车间实时视频以及三维虚拟生产线均可以在大屏幕上展示出来。各画面可以任意组合和切换。

大厅内景如图 14-54 所示。

图 14-54 调度大厅内景

中心机房位于大屏幕后面。机房设备安装在 10 个机柜中。中心机房主要用于安放如:主服务器、管理服务器、磁盘阵列、UPS、主交换机、工程师站等重要关键设备。

机房采用双路电源供电;重要设备(服务器、交换机、大屏矩阵等)使用 UPS 供电;机房设置有专用接地装置、防静电设施、防火和烟感探测装置;机房安装专门的空调系统;机房安装有视频监控。

全厂监控与综合调度中心建设是将各个生产车间的生产实时数据集中进行统一协调管控,在大屏幕上显示系统,可以显示生产车间的生产实时画面和数据情况、服务于企业管理人员和集团领导的对生产现场的全面实时监控,同时也为上级领导的视察指导以及业内人士的观摩考察提供了可视化的窗口。

调度中心的流程监控画面是根据生产调度及企业领导全面掌控生产流程工艺设备运行情况的需要而设计的,不同于车间集控室运行操作的 DCS/PLC 画面,监控画面分两个层次:

(1)一级画面:各生产工序主要设备系统的 PLC 系统画面,同现场 PLC 画面。

(2)二级画面:从调度需要出发,主要工序流程监控图:包括烧结、炼铁、炼钢、轧钢等主要工序的二级监控画面,它是大工序内多个 PLC 系统的整合画面,反映该工序的总体情况。

生产过程监视画面基于亚仿科技自主知识产权的工业实时画面监控软件平台 VODDT 进行构建,实现对工艺过程数据和生产设备状态数据、能源介质的发生量与耗用量的数据进行采集、显示和报警,对系统异常和事故进行应急处理等。

生产过程监视软件功能描述:

(1)实时监视功能:画面上的所有数据来自现场 PLC 系统的一次数据或是二次实时计算数据;

(2)趋势分析功能:可以对所有测点数据的实时趋势和历史趋势进行分析;

(3)预警报警功能:可以设置关键参数的预警报警条件,一旦超出允许范围,能够进行报警,及时通过多种渠道通知相关人员;

(4)从办公室可以浏览监视现场的 PLC 画面。

主要二级界面如图 14-55~图 14-61 所示。

图 14-55 大屏幕展示实景图(见书末彩图)

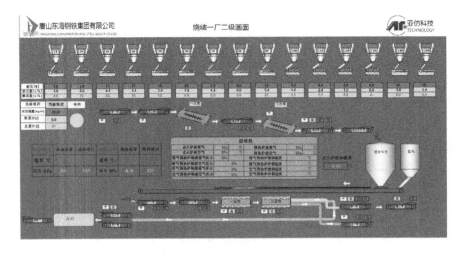

图 14-56 烧结工序监视画面(见书末彩图)

第 14 章 工厂数字化工程与流程工业智能制造

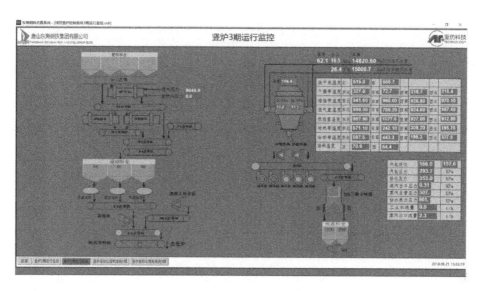

图 14-57 球团工序监视画面

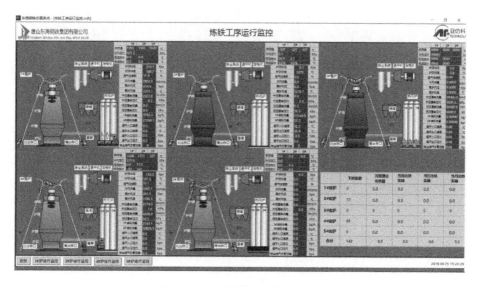

图 14-58 炼铁工序监视画面

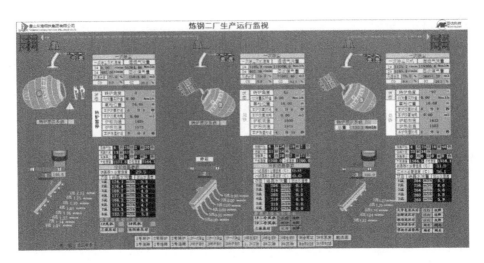

图14-59 炼钢工序监视画面

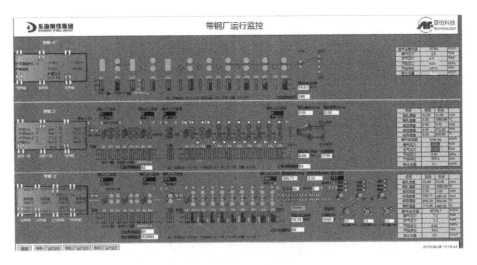

图14-60 带钢工序监视画面

第14章 工厂数字化工程与流程工业智能制造

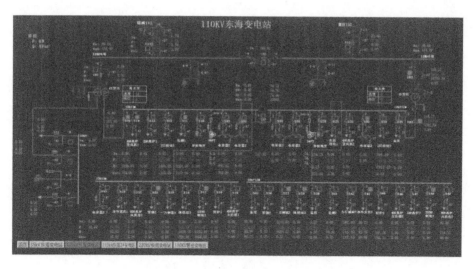

图 14-61 110kV 变电站（见书末彩图）

14.4.8 安全环保集中监测

1. 安全生产在线监视分析平台

建立安全生产在线监视分析平台,以电子地图为基础,实现全厂 700 多个煤气泄漏点的集中监测和预警预报。

系统管理主要包括实时监视运行数值、运行曲线图、数值报警,其主要功能如下：

(1)煤气泄漏分析报表。实时监视各分厂煤气泄漏点数值,实现煤气泄漏的集中监视。提供高低限报警功能。煤气泄漏分析报表如图 14-62 所示。

图中点击 ♀ 可定位到电子地图上对应位置,点击 ■ 可查看对应视频监控画面。

(2)趋势分析图。查看泄漏点数据的走势变化趋势,如图 14-63 所示。

(3)运行数值报警。报警条件会根据右上角用户输入的数值进行报警,如果只输入低报警或者只输入高报警时,只会根据之中一个值进行报警判断,如果输入两个都有输入则进行低报警和高报警判断,低报警颜色为黄色,高报警颜色为红色,正常则没有任何颜色变化。

(4)全厂煤气报警。提供全厂的煤气安全报警,将报警信息集中在一个页面中显示(图 14-64),只有超过报警值的测点会显示在页面上,方便快速查错。

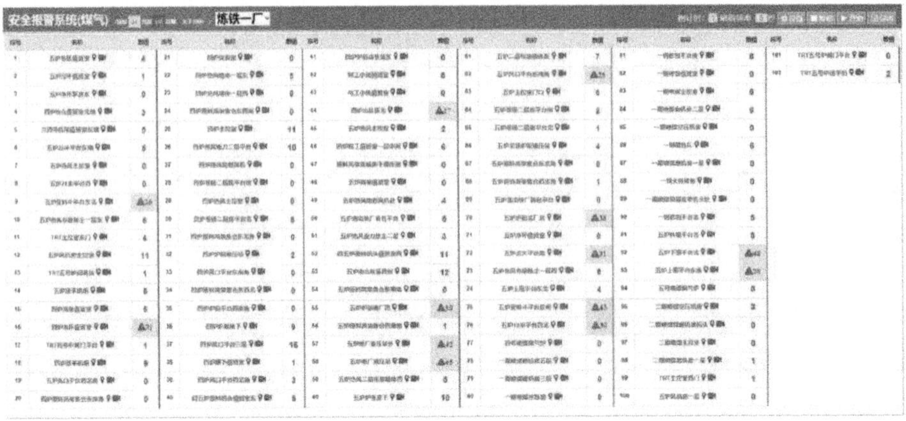

图 14-62　煤气泄漏分析报表

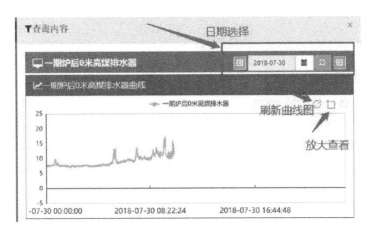

图 14-63　泄漏点趋势分析

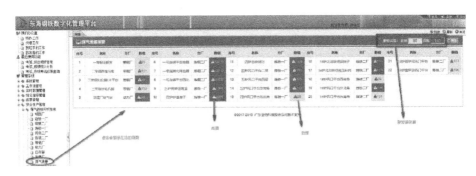

图 14-64　全厂煤气统一报警界面

(5) 安全监控电子地图。提供全厂的安全煤气监控的电子地图展示画面，如图 14-65 所示。

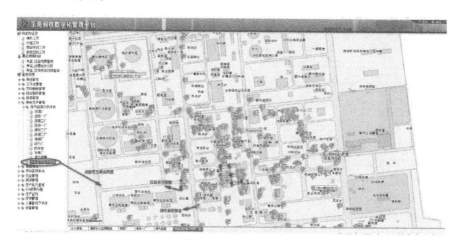

图 14-65　安全电子地图

2. 环保集中监测系统

建立环保系统的集中监测系统，以电子地图为基础，实现环保数据的集中监测和预警预报。其主要功能如下：

(1) 环保电子地图。将环保相关的测点在电子地图上集中展示，并提供报警提示。环保电子地图如图 14-66 所示。

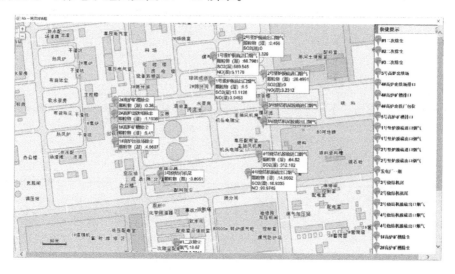

图 14-66　环保电子地图

(2)环保设备在线监视。环保相关的设备一二级画面进行集中展示,并提供实时及历史曲线分析功能。环保设备在线监控画面如图 14-67 所示。

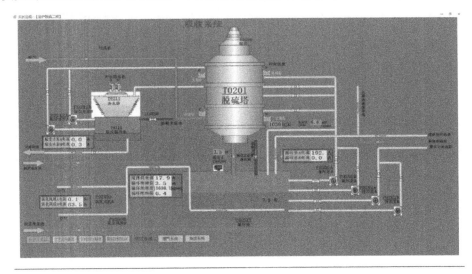

图 14-67　环保设备在线监控画面

(3)环保排放点实时监视。实时监视厂区内各环保排放监测点的实时数据,实现环保数据的集中监视。提供高低限报警功能。全厂环保实时监视界面如图 14-68 所示。

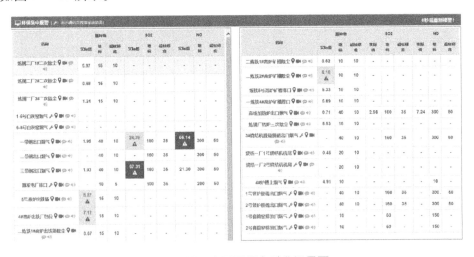

图 14-68　全厂环保实时监视界面

图中点击可定位到电子地图上对应位置,点击■可查看对应视频监控画面。同时,系统提供超标点的声音报警功能和信息提示窗,如图14-69所示。

图14-69 环保超标声音报警提示窗

(4)环保排放趋势分析。环保排放相关测点的实时监控曲线及报表台账,提供报警提示功能,及历史数据查询分析等功能。环保排放趋势曲线如图14-70所示。

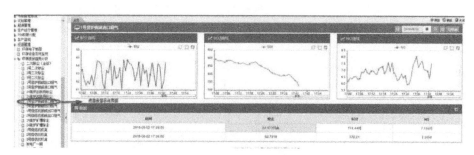

图14-70 环保排放趋势曲线

14.4.9 铁水优化调度系统

钢铁制造流程是由一系列相关的、异质-异构的工序/装置以及它们之间的"界面技术"构成的。"界面技术"承载着物质流/能量流/信息流的沟通、传递功能;工序/装置之间的功能衔接、匹配;工序/装置之间物质流、能量流的承接、缓冲功能等。长期以来,钢铁行业对"界面技术"的物理系统优化和数字化建模研究较少,应该引起关注,深入探索。

铁水调度是衔接炼铁工序和炼钢工序的界面技术,也是钢厂最重要的界面技术之一。减少铁水运输过程的温降是铁水优化调度的目标。

本系统采用 RFID 技术实现铁水包定位跟踪,采用在线仿真技术实现铁水优化调度。

本系统实现的主要功能包括:
(1)铁水包运输实时跟踪;
(2)铁水包关键节点或区域精确定位;
(3)下包处,测温称重结果自动关联铁水包;
(4)轨道衡处,称重结果自动关联铁水包;
(5)炼钢厂门口,测温取样结果自动关联铁水包;
(6)电子地图直观显示所有铁水包的位置和状况;
(7)分析软件动态模拟铁水运输过程,找出优化方案。

铁水优化调度系统总体设计图如图 14 - 71 所示。

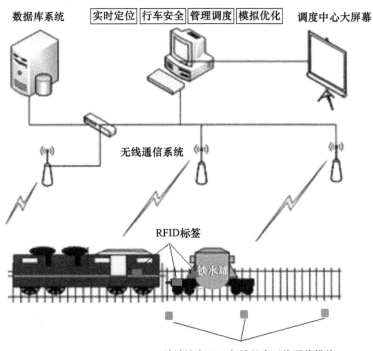

图 14 - 71　铁水优化调度系统总体设计图

1. 铁水包定位系统

铁水包定位系统采用 RFID 技术,当铁水车下 RFID 阅读器在一定时间内多次读到同一 RFID 标签,表示铁水车静止在某个位置,查询 RFID 标签分布表,如果获知铁水车正停在某高炉某包位处,将确定此包位的出铁温度和重量属于哪个铁水包;如果获知铁水车正停在钢铁厂进口的测温取样处,将确定测量结果属于哪个铁水包。

管理中心收到轨道衡处的标签与阅读器信息,通过比对称重时间,可确定测量结果属于哪个铁水包。

铁水包定位系统组成图如图 14 - 72 所示。

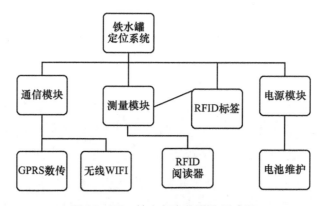

图 14 - 72　铁水包定位系统组成图

包括测量模块、通信模块、电源模块三部分。

(1)测量模块。测量模块包括 RFID 读卡器和 RFID 标签两部分。

鉴于铁水包及铁道沿线特殊工况,选用无源抗金属抗高温 RFID 标签;

RFID 阅读器通过发射天线发射一定频率的射频信号,当标签进入发射天线工作区域时产生感应电流,标签获得能量被激活,标签将自身编码等信息通过天线发送出去,RFID 阅读器接收天线接收从标签发送过来的载波信号,经天线调节器传送到阅读器,阅读器对接收到的信号进行解调。

(2)通信模块。本系统采用两套无线传输协议,一主一辅,保障信息传输通道畅通,其中 GPRS 数据传输模块使用 GSM 移动网络,模块的 RS232 接口接收两路阅读器的信息,即时传至远端管理中心的配对模块,中心的配对模块设置为服务端模式,一对多与所有铁水车的数据传输模块通信;无线 AP 通过串口网关,将阅读器信息用 TCP/IP 协议送入远端管理中心的管理平台。

机箱内有开关,可选择某种通信方式,平时无线 AP 为备用。

(3)电源模块。铁路沿线布线困难,如果增加测点,可选用锂电池提供电源,电池配备电源检测模块,低电压有声光报警。

定期维护电池(充电、保养)。

2. 铁水调度(温度)跟踪系统

(1)数据采集子系统:定位系统无线数据处理;高炉下包处出铁温度数据采集;高炉下包处称重数据采集;轨道衡称重数据采集;炼钢厂门口铁水测温数据采集;炼钢厂门口铁水成分数据采集。

(2)标签管理子系统:建立标签 ID 与物理地址的二维表;标签维护,含巡检、标签新设、标签修改、标签替换。

(3)铁水调度监视图。按功能区域监控铁水包,包括高炉区、中途运输区、炼钢区、待用区、检修区。显示各铁水包编号及其空满罐状态,统计铁水包在各功能区域的分布数据。铁水调度监视图如图 14-73 所示。

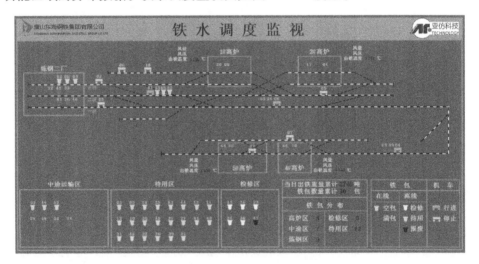

图 14-73 铁水调度监视图

3. 调度优化仿真

1)铁水温度趋势监视

根据出铁温度、满包温度、取样温度、中途温度,绘制铁水运输过程温度趋势。其中,根据生产过程大数据,建立中途温度衰减模型,以根据途中的时间及环境温度等信息模拟铁水中途温度。铁水温度趋势图如图 14-74 所示。

第14章　工厂数字化工程与流程工业智能制造

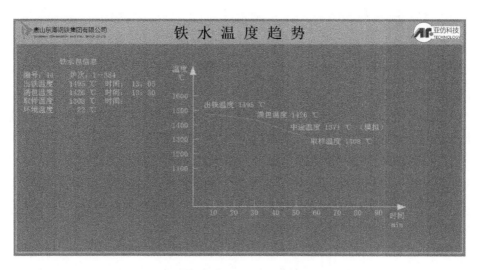

图 14-74　铁水温度趋势图

2）铁水运输过程温降分析

根据历史数据库，分析铁水包运输过程各段的温度变化，使工业数据可视化，以研究铁水包运输过程的损失情况，为优化调度提供分析依据。铁水温降图如图 14-75 所示。

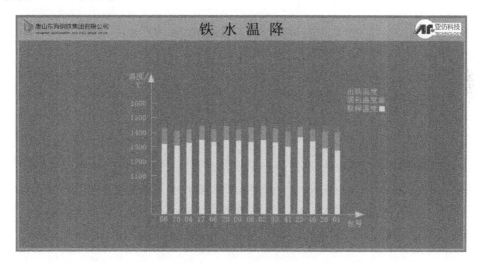

图 14-75　铁水温降图

3）铁水调度仿真系统

（1）仿真系统流程框架。此系统基于在线仿真试验床功能，通过验证调度方案的实际效果,得出当前调度实绩下的最佳调度方案。

调度仿真的流程是:

①首先导入生产计划和当前调度实绩,并设置录入调度预案(预案最少2个),初始化系统后,生成调度计划;

②接着载入调度仿真任务,运行仿真系统,计算调度各项指标(比如铁水温度,机车运行时间等);

③计算结束后生成调度指标报表,分析报表并存储仿真调度实绩;

④最后比较分析不同的预案,选择最佳的调度预案存储,形成调度优化案例知识库。

仿真系统流程如图 14-76 所示。

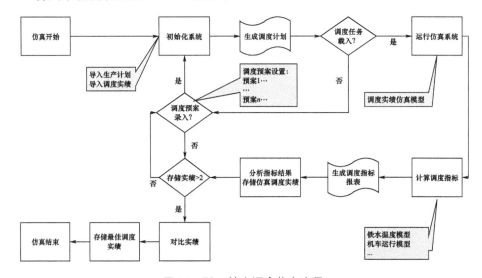

图 14-76　铁水调度仿真流程

(2)软件功能设计。铁水区运输调度仿真范围是从高炉出铁水至铁水进入炼钢厂停放区的过程。模拟铁水包从各高炉出铁口运输至炼钢厂停放区,空包从炼钢厂停放区输运至各高炉出铁口的铁道运输过程。铁水调度仿真主界面如图 14-77 所示。

(3)铁路轨道。根据真实铁路轨道,按比例绘制轨道图,以道岔为边界划分最小轨道单元,以道岔和每个轨道单元为仿真对象。通过铁路轨道图,可直观显示各机车处于铁道中的具体位置。

轨道中可进行的操作为道岔控制。

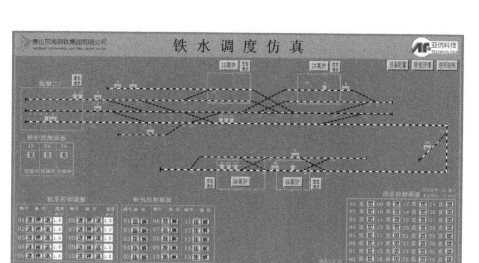

图 14-77　铁水调度仿真主界面

（4）高炉。仿真高炉出铁状态：各出铁口当前是出铁状态，还是关闭状态。下一次出铁的计划时间，当天累计出铁水包。

出铁口仿真操作包括运行、停产、出铁、停止出铁。根据计划生成出铁水时间、流量、可选择空包号，或手动进行选择。如图 14-78 所示。

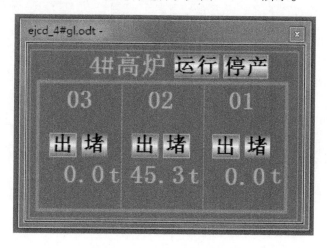

图 14-78　4#高炉操作菜单

（5）铁水包。仿真铁水包的状态，包括空包、满包状态，铁水温度；记录从出铁水时经过各重要阶段的时间，根据时间模拟当前铁水温度。

铁水包可进行的操作包括挂车、解挂。可在界面上点击操作,或根据计划自动执行。铁包控制面板如图 14-79 所示。

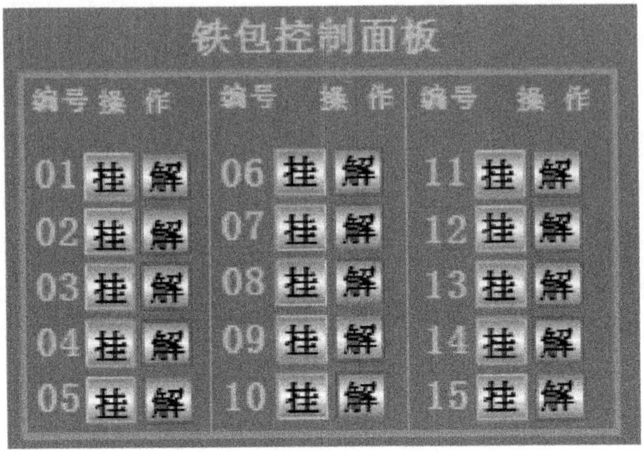

图 14-79 铁包控制面板

铁包详细信息如图 14-80 所示。

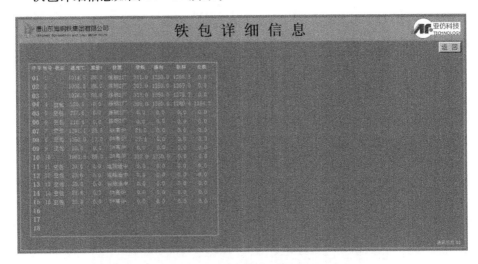

图 14-80 铁包详细信息

(6) 机车。仿真调度机车的状态,包括各机车处于轨道的位置,空闲或运行状态,机车的运行速度等。

机车仿真动作包括前进、停止、后退。可在界面上点击操作,或根据计划自动执行。机车控制面板如图 14-81 所示。

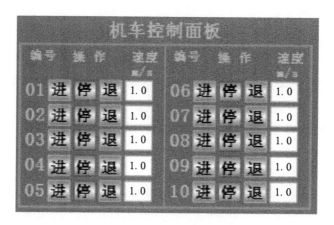

图 14-81　机车控制面板

(7) 自动调度系统。仿真系统根据预先设定好的生产计划和调度预案,自动选择合适的机车和铁水包执行生产计划,自动发送道岔指令和高炉出铁、炼钢兑铁指令,期间无需人工干预。

14.4.10　项目特色和实施效果

项目的技术创新性主要体现在:

(1) 仿真控制信息三位一体平台作为钢铁工业两化融合和智能化建设的支撑平台。

本项目将仿真、控制、信息三位一体平台作为钢铁工业两化融合和智能化建设的支撑平台,实现了企业内实时数据和非实时数据、真实测量数据与虚拟数据等多源异构数据的无缝融合,支撑信息互联互通和工业软件的实现,支撑在线优化、在线决策控制和各类科学决策。

(2) 拥有完全自主知识产权的实时/历史数据库采用实时共享内存机制优化了应用程序的架构和实时运行速度,能够快速提高开发效率和应用研发能力,是物理信息系统的核心,是钢铁工业大数据建设的重要支撑软件。

物理信息系统强调实时感知、实时计算、动态控制和信息服务,本项目采用的拥有完全自主知识产权的工业实时数据库,它不仅提供了规模、高效、安全、可靠的数据采集、存储和数据处理能力,更重要是采用实时共享内存机制作为各类应用程序的公共接口,优化了应用程序的架构和实时运行速度,能够快速提高开发效率和应用研发能力,是物理信息系统的核心,是钢铁工业大数据建设的重要支撑软件。

(3) 能源系统全范围在线仿真技术在钢铁行业的首次应用。

能源系统全范围在线仿真技术基于在线静态特性与动态特性研究为手段，实现了系统运行跟踪、真实与虚拟的结合，提供了在线诊断、预警预报、在线分析和在线优化的功能，为模型驱动的智能化生产提供了可能。本项目利用仿真技术实现了能源生产一体化在线优化调度，有效提升能源系统的平衡预测和生产优化调度能力。

(4) 全面、大尺度的生产可视化。

全面、大尺度的感知是流程优化和制造智能化的前提。一期项目生产可视化范围全面，深入到底层工艺，形成了400多幅生产工艺的集中监视画面，在行业内没有见过。通过生产全流程的可视化和预警预报，极大提高了厂级调度的及时性和预见性。

本项目形成的可推广模式内容主要包括以下几点：

(1) 完全自主创新的技术。本项目使用的仿真控制信息三位一体平台技术、工业级实时数据库技术以及在线仿真技术，均是项目技术提供单位完全自主创新研发的核心技术，符合国家自主创新战略。

(2) 在线仿真技术在钢铁生产一线的首次应用，实现了真实与虚拟的结合，提供了在线诊断、预警预报、在线分析和在线优化的手段，为钢铁行业走向模型驱动的智能化生产提供了技术手段。

(3) 以数据为驱动，以三位一体平台为支撑的钢铁两化融合技术架构突破了钢铁行业传统的五层信息化架构，为钢铁企业实施两化深度融合、实现跨越式发展闯出来一条全新的技术路线。

近年来，钢铁企业在面临市场、资金、环保等压力的同时，明显感受到劳动力成本上升等问题，基于在线仿真为核心的本项目采用的技术是一项全新的技术，融入智能制造理念，处于国际领先的水平，是钢铁企业节能降耗、提升效率、降低成本提升市场竞争力的有效手段，具有广阔的市场前景。

项目使用效果：

(1) 基于工业大数据平台实现了设备系统工艺数据的历史存储，可追溯、可分析，取消了人工抄表作业，降低了一线值班人员的劳动强度，节约了人力成本。

(2) 实现生产过程可视化和预警预报，极大提高了厂级调度的及时性和预见性，使生产管理模式逐步扁平化。

(3) 通过质量信息的在线采集和上下游工序质量信息的实时共享,为工序稳定及工艺参数动态调整提供了及时的数据依据。

(4) 通过对环保、安全的集中监控和预警预报,为企业安全生产、绿色生产保驾护航。

(5) 利用仿真技术实现了能源生产一体化优化调度,有效提升能源系统的平衡预测和生产优化调度能力,为实现物耗、能耗最低化和污染物超低排放的绿色生产提供先进的技术手段。

项目取得的经济效益:

(1) 吨铁焦比降低 2.5kg/t;

(2) 吨钢转炉煤气回收提高 $9.6Nm^3/t$;

(3) 每年可节电 1.15 亿 kW·h。

14.5 日化行业在线运营管控技术

14.5.1 概述

改革开放以来,我国日化行业迎来了新的发展契机,20 世纪 80 年代末我国日化行业全面对外资开放,国际巨头的强势进入对中国本土品牌的发展形成强有力的挑战。然而,我国经济的持续发展及城镇化进程的加快给本土企业发展创造了有利条件,本土企业在高度竞争的市场环境中经过艰难成长,在品牌、技术、营销渠道等方面形成了自己的独特优势,并在部分子行业中完成了初步积累,中国日化行业作为整体处于突破期。但是自主日化企业要想在与洋品牌的竞争中胜出,除了在品牌、技术等方面要踏踏实实把产品做好,还需要在经营管理及生产管控方面下大功夫。特别是当下,更需要借助信息化技术赋能企业的数字化、智能化转型。

日化行业在线运营管控系统项目利用亚仿公司 30 多年的技术沉淀,结合日化行业的特点,建立起覆盖化妆品生成各环节、工序的全流程在线运营管控平台,特别是仿真排产系统中的物料配套仿真和自动排产仿真解决了日化行业生产排产难、预测不准的困扰,是充分利用产能、提高生产效率、提高交货及时率的重要推手,是仿真技术在日化行业智能化的典型应用。

14.5.2 行业现状及痛点

(1) 人工排产耗费大量人工、准确率差、效率低下。
(2) 生产设备运行数据利用率低,无法有效指导生产。
(3) 生产过程缺乏信息化支撑,不透明,管控水平差。
(4) 配料环节缺乏防错机制,配料准确性难以把控。
(5) 报表滞后性比较严重,希望能自动生成各种生产报表。
(6) 希望能够进行预警预报,提前发现设备安全、过程质量方面的问题。
(7) 需要基于历史数据的问题诊断功能;需要产品质量全流程追溯功能。
(8) 通过技术手段+精细化管理,深挖人机潜能,向管理要效益。
(9) 缺乏能够基于全面融合业务数据与生产过程数据的决策分析平台。

14.5.3 系统设计思路和目标

本项目针对日化行业"小批量、多品种"的生产特点及行业诸多共性痛点需求,创新性地利用仿真控制信息三位一体技术作为日化行业工业大数据支撑基础平台,在此基础上通过构建数据采集系统、仿真排产系统、生产调度系统、智能仓储系统、防差错配料系统、车间报工系统、电子看板系统、质量追溯系统及领导决策系统等,建立起覆盖生产各环节、工序的全流程工业大数据平台;并通过统一数据接口技术,整合各系统数据,建立全厂统一的数据中心,使经营与生产无缝衔接,为领导决策提供实时全面的数据。

本系统不同于传统的制造执行系统,而是立足于日化行业数字化转型的长远高度,结合了解决痛点的需求,通过建立基于仿真、控制、信息三位一体的工业大数据支撑平台,为日化企业的数字化转型,提供有力支撑。通过建立覆盖整个生产车间的数据采集平台,包括OPC、DCS、串口通信数据等多源异构数据,将生产过程性数据全部采集到实时历史数据库,为设备状态诊断、生产异常分析及生产场景的追溯提供最基础的数据支撑;基于高性能仿真模型的生产排产系统,通过实时动态模拟人、机、料的配套性进行最佳匹配,既提升了计划的执行率,又减少人力成本,同时有效指导物料采购。通过智能仓储系统,对过程物料流转进行无死角全程管控。通过防差错配料系统防止配料中出现错料,确保称量精度,保证配方工艺的精准性,从源头保障质量的可靠性。通过全面质量追溯系统,不仅仅实现全流程数据的正向追溯与反向追溯,而且结合生产数采数据可以追溯到不同的生产场景,进行更深入分析诊断。

图 14-82 为日化行业在线运营管控系统的系统结构图。

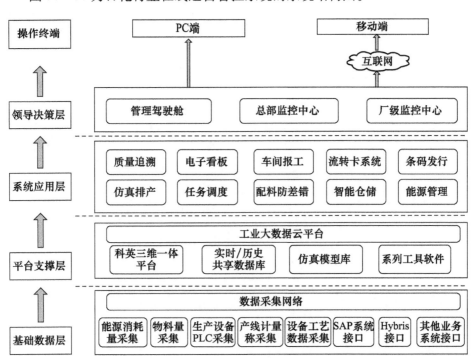

图 14-82　在线运营管控系统结构图

14.5.4　仿真排产和生产调度

日化企业一个重要特点是小批量、多批次,而且存在紧急插单、频繁换款、物料短缺、生产异常等现象,这种不确定性给生产计划带来很大的挑战。仿真排产系统内置强大的模型处理功能,能够实时根据人、机、料的实际情况及其他约束规则,动态快速模拟出最佳的排产方案,达到有效地进行生产组织,优化排产体系和流程,改善物流管理与车间现场控制,提高生产系统的快速、柔性和敏捷化响应能力的目标。

仿真排产总体处理逻辑图如图 14-83 所示。

生产调度系统一方面将排产的日计划进行落实,另一方面将 ERP 系统的已下达订单进行关联,将下达的订单作为任务处理对象进行全流程监控,能够有效关联起来车间生产环节各项主要活动,从而为建立车间级的全程信息化提供重要条件。生产调度系统以仿真排产系统的输出为起点,同时要与 ERP 系统的订

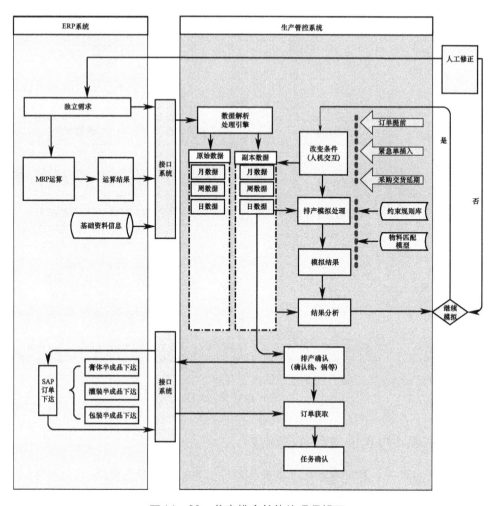

图 14 - 83　仿真排产总体处理逻辑图

单进行关联,将关联后的订单作为任务进行下达,车间后续各项活动的展开围绕工单任务进行而展开。预排产系统图如图 14 - 84 所示。

报工环节是对工单生产完成情况及所消耗的物料、人工等成本信息进行归结填报并录入到系统的过程。本系统的目标是通过实现车间信息化,达到通过手持终端填写报信息,最终实现一站式报工的目的。通过一站式报工的实现,既提升了报工的自动化水平、保了数据的准确度,同时因为具备完整的过程性数据,为全流程数据追溯提供了基础。

通过实施仿真排产与调度系统,企业将有如下方面收益:

第14章 工厂数字化工程与流程工业智能制造

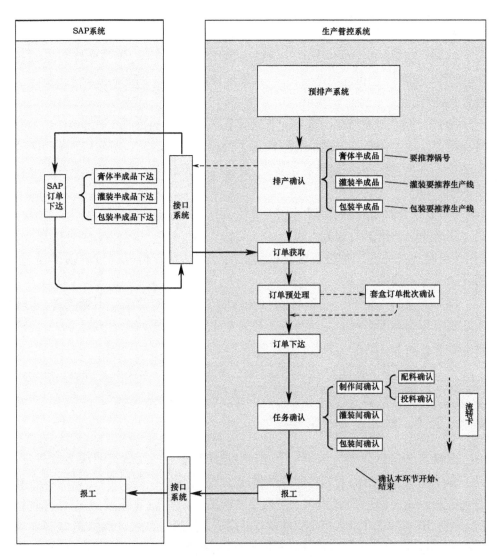

图14-84 预排产系统图

(1) 充分挖掘企业潜力,优化生产计划,提升生产效率,降低设备及人力成本,确保订单准时交货。

(2) 实现精益采购,依据生产执行采购计划,不盲目采购,缩短物料采购提前期,使物料供应配合生产,避免因欠料引起交货延期。

(3) 通过精益生产和精益采购最大限度降低物料库存,缩减原材料、半成品的在库数量以及在制品的现场停留时间,从而减少物料占用资金,加快库存周转,增加企业流动资金。

(4)考虑订单需求与各个工厂(车间)的生产能力平衡,物料库存与采购优化,采用中长期计划和短期计划相结合,上层统一协调与下层局部调整相结合的模式,从而实现企业内部供应链整体优化。

(5)对计划进行规范化、程序化。对排程人员经验的提炼与标准化,抽象为排程规则。使企业既可以减少对资深员工的依赖,又能降低由于人才流动所带来的技术风险,将个人经验传承给企业,使企业把无形的知识资产掌握在企业自己手中。

(6)自动化高速排程,减轻计划人员的工作量,很好地避免了由于复杂的计划过程而导致排程的误差与失误。

(7)闭环式的生产排程系统。根据上次计划的执行情况进行滚动排程,使得计划具有延续性。

(8)通过管理透明化,明确计划与执行的差异性,借助流程不断改进、管理不断规范和差异逐渐消除。从而不断提升企业管理水平,增强企业竞争力,提升企业形象。

(9)提升市场反应能力,快速响应客户需求,积极应对紧急插单,平衡客户各种订单要求,提升服务水平和客户满意度。

14.5.5 配料防差错系统

配料环节是日化生产的第一个工序,是关乎整个产品质量的最关键环节。人工操作模式下很难保证配料的称量精度,无法确保操作的规范性,只能通过事后化验的方式去检验质量情况,是一种被动的方式。防差错系统采用条形码(二维码/RFID)识别、无线传输、自动称重、PLC控制、机电、计算机接口等自动化技术,防止配料中出现错料,确保称量精度,保证配方工艺的精准性,使每批配料数据都有记录可追溯,并在原料出库时遵循先进先出原则,有效解决了原料的浪费。防差错系统将质量管理由传统的"事后检验"提升到"事前防范"与"过程监控"的水平,将大大提升日化企业的质量管控水平。

质量管控系统图如图14-85所示。

防差错配料系统的功能模块结构图如图14-86所示。

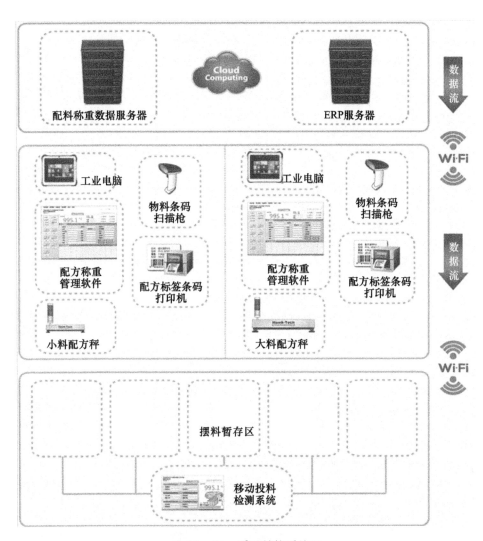

图 14-85 质量管控系统图

14.5.6 质量追溯系统

质量追溯系统实现产品制造过程的完整性追溯,包括从原材料到产成品的正向追溯和从成品到原料的反向追溯。质量追溯的基础是生产过程完整的批记录信息,本系统已实现了产品生产过程的完整性管理,已保存了各环节完整性数据,这些为全流程的质量追溯提供了可能。通过产品到原料的反向追溯,可以完整追溯产成品生产过程中经历的各环节完整性记录,通过原料到产品的正向追

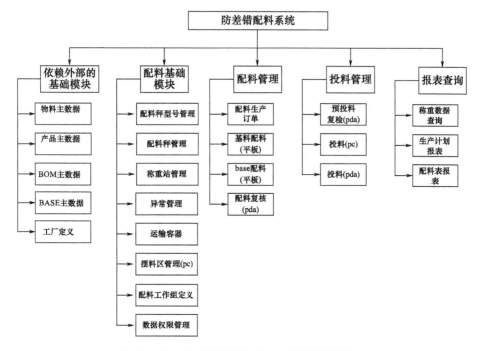

图14-86 防差错配料系统的功能模块结构图

溯,可以完整追溯原料到配料,由膏体到不同半成品及成品的完整过程。通过质量追溯系统可以强化全员全过程质量意识,迅速查找和分析问题的根源,提升产品的整体质量水平。

质量追溯系统的处理逻辑图如图14-87所示。

追溯可分正向追溯和反向追溯。正向追溯:从产品系列号从上而下进行追溯,追溯其构成及生产过程信息。反向追溯:产品所用部件或原料批次自下而上追溯所有用到此批次部件或原料的产品,以便缩小召回范围。质量追溯涉及与生产相关的各个环节,具体到环亚,这些环节包括:

(1)物料采购(SAP);

(2)BOM数据(SAP);

(3)排产;

(4)订单下达(SAP);

(5)配料(防差错系统);

(6)工艺流转卡(生产调度系统);

(7)报工(生产调度系统);

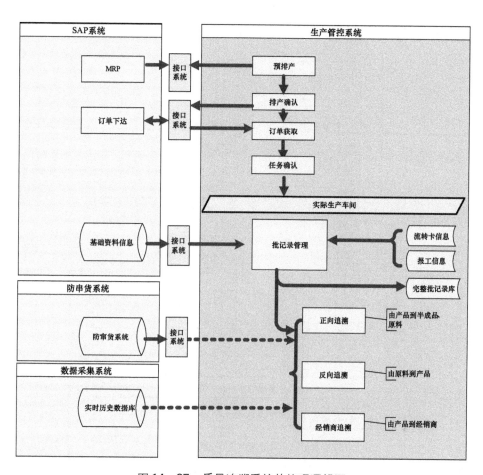

图 14-87 质量追溯系统的处理逻辑图

(8) 数采数据；

(9) 产品出库数据(防窜货系统)。

上述各环节有的已在 SAP 中实现,有的已在其他系统实现,大部分目前没有实现信息化。因此实现质量追溯的关键点有两个：一是生产各环节的信息化；二是各环节信息的有效集成。各环节的信息化工作目前正在开展,也是质量追溯系统最基础的前提条件。关于各环节数据的有效集成是质量追溯的另一个关键点,各数据分散在不同的系统中,需要将这些分散的数据串起来,串起来的关键是完整的批记录管理。

正向追溯模块数据流如图 14-88 所示。

反向追溯模块数据流如图 14-89 所示。

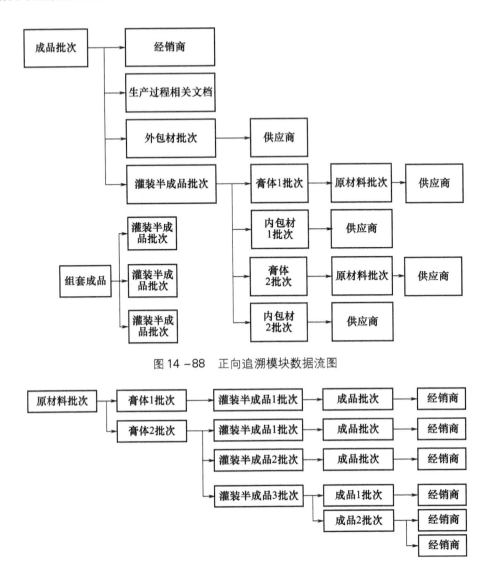

图 14-88 正向追溯模块数据流图

图 14-89 反向追溯模块数据流图

14.5.7 智能仓储系统

智能仓储系统实现生产过程中成品及半成品在各环节的存储、上架、下架、调拨、发货及盘点等全程信息化,与 ERP 系统中的仓储管理不同,它定位于生产过程中物料使用的信息化,方便全流程的追溯。采用二维码、条形码、RFID(无线射频)等技术采集物料及库位数据,通过与 ERP 集成,实现对企业生产过程物料的智能化管理。系统从 ERP 接收任务自动分配到 PDA,自动把结果回传 ERP,自动统计发货员的工作量,提高拣货效率,提高库存账目实时性和周转率,减少人员等待时间。

智能仓储系统包括后端业务逻辑系统和前端交互操作系统,前端交互操作系统包括 PC 端和手持条码采集器(PDA),前端和后端系统配合实现产品和物料的上架、下架、调拨、理库、发货与盘点的管理。

整个系统的业务逻辑关系可以用图 14-90 表示。

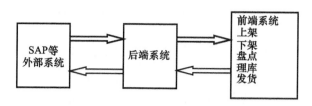

图 14-90　系统之间的数据关系

三者之间的关系整体上来存在两种模式,"推"的方式和"拉"的方式。

"推"的模式流程如下,首先在 SAP 等系统中分配要操作的任务,然后在仓储系统的后台将具体任务分派到 PDA 终端,其次通过 PDA 终端执行具体的任务,最后回传数据到仓储系统,仓储系统同时将数据回传到 SAP 系统。"拉"的模式流程如下,在 PC 端从后台系统中拉取要操作的任务,然后进行查看、手工任务分配等操作。

智能仓储系统的功能模块结构如图 14-91 所示。

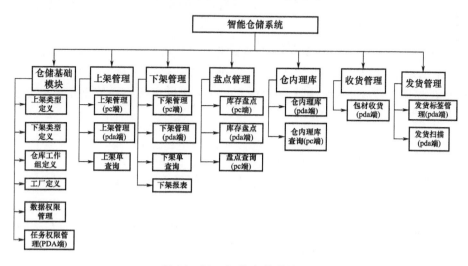

图 14-91　智能仓储系统图

14.5.8 项目特色和实施效果

技术创新点：

(1)采用仿真控制信息三位一体支撑平台,消灭信息孤岛,实现日化企业全面数字化。

基于科英三位一体平台,实现现场控制系统、仿真系统、全工况优化分析系统、管理系统之间的数据互通与共享,使企业生产控制、仿真、信息各方面的数据得到前所未有的最广泛的应用,从而实现强大的分析、诊断、优化及管理决策支持功能。

(2)采用仿真建模技术,为仿真排产提供强大的模型支撑。

本系统采用亚仿公司自主知识产权的仿真建模技术,作为仿真排产系统的模型支撑。亚仿公司的仿真建模技术是经过数百个大型工程项目有效验证的,其精准度、可靠性得到了广泛认可。

(3)高效、可靠的数采及数据处理能力。建立工业数据库的支撑软件系统,及形成的实时数据库系统,是所有应用程序的接口,可以集成想要的一切。

科英实时历史数据库系统是一套拥有完全自主知识产权的工业实时数据库,它与其他商业实时数据库的最大区别是,科英实时数据库与亚仿科英三位一体支撑平台是无缝融合在一起的,具有接口简单、运行效率高等特点。科英实时数据库包括数据采集、数据存储、数据处理、数据查询、数据监视、数据校验、数据支持、云平台接口等功能。是各个应用系统统一的数据平台,各个应用系统通过这个数据平台共享数据。

(4)采用PDA技术,使物料流转过程全程信息化。

本系统采用PDA技术,从计划下达车间、原料领退料、配料、防差错、半成品上下架、成品上下架,始终伴随着PDA的操作,通过全程物料流动信息化,为全流程追溯打下基础。

实施效果分析：

根据以往所实施的日化企业真实数据统计,取得如下效果：

(1)通过仿真排产系统,将实现智能化排产排期,快速规划生产计划,提高生产效率。

(2)建立智能仓储系统,减少流程节点；库存准确率计划由85%提高到98.5%；配货人员减少30%。

(3)开发车间调度系统,实现资源协同、环节贯通、执行透明化、实时准确、利于跟踪、协同产业链;生产效率提升3%,利用率提升10%,计划外故障停机减少10%。

(4)通过建设配料防差错系统,确保配料数据的准确性,产品良品率提升,生产效率提升:良品率预计由98.5%提升到99.8%;配料人员准备由20人下降到12人。

(5)质量追溯系统,实现产品质量可记录、可追溯、可管控、可查询、可召回、可追责。

(6)企业生产成本方面,比项目实施前降低3%;产品生产周期由原来的13天降低到11天;交货准确率提升10%;库存周转天数计划由65天转为38天,预计减少库存资金占用1.2亿。

14.6 本章小结

本章通过数字化电厂、数字化水泥厂、数字化钢铁以及日化行业的数字化管控等40多个项目的实践说明了在智能制造的实施中仿真技术是不可缺少的重要工具,在线仿真技术已能解决各种复杂、庞大的在线系统难题。仿真、信息、控制三位一体的科英支撑平台已在多领域成功应用练就了强大的功能,支撑仿真技术实现重要战略技术的地位。

第15章 仿真技术在石油领域中的应用

15.1 概述

石油是国民经济的血液,可见石油在人类社会发展和经济建设中的重要地位。石油资源属于不可再生资源,因此应充分合理地利用现有的资源。每个石油生产相关企业都应做到优质高产、安全运行,石油生产有其自身的特点,最突出的特点就是生产作业面广,作业点大都分布在广阔的茫茫草原或戈壁沙滩,因此对生产工人的素质、操作技能、应急能力都有极高的要求。随着高新科技的不断发展,石油化工生产中许多新技术、新工艺层出不穷,对生产人员、管理人员的素质、操作技能、应急能力、决策能力都有极高的要求,为此,采用仿真技术建立石油领域采油(采气)实训基地安全仿真系统,可实现对生产人员、管理人员的操作培训、操作指导和管理决策。

实训基地安全仿真系统在实训中模拟石油生产中常发、易发的安全事故,演示事故发生的原因、危害、应急处理办法及预防事故产生的措施。学员通过在该系统的培训学习,能熟悉操作规程,做到严格按照操作规程进行操作。牢固树立"安全第一"的思想,警钟常鸣,时时刻刻不忘安全。

实训基地安全仿真系统结合了数字仿真技术、实物模拟、虚拟再现技术、多媒体技术,建成功能全面、技术先进的员工技能培训系统,包括常见事故的仿真模拟系统和常见事故的动画模拟系统。常见事故的仿真模拟系统涵盖生产现场典型主体工艺流程,基于数字仿真和实物操控的实训系统,其操作设备和环境尽可能再现生产现场的实际情况,系统过程数据和动态特性由同步仿真数学模型计算,以逼真再现实际工艺和工质的特性,同时采用声、光、电、气等手段,复现事故现场,并结合以实现强大、灵活的功能;常见事故的动画模拟系统将以多媒体动画的形式,再现事故的场景。

亚仿公司通过与中国石油天然气股份有限公司的通力合作,在2008年至2012年先后完成了"长庆油田银川实训基地项目"、"长庆油田银川(采气)实训基地项目"以及"长庆油田陇东实训基地项目"的建设,为石油石化行业员工安全培训做出了重要贡献。

15.1.1 系统建设目标

实训基地安全仿真系统的建设和使用,是石油行业学员在短期内获得相关技术经验、提高工作技能、增强安全意识的最佳途径。

培训对象:
(1)管理人员:科级管理人员(包括科级以下)、井区长(支部书记);
(2)技术人员:中级职称及以上技术人员;
(3)培训师:专(兼)职培训师、培训管理人员;
(4)操作人员:班站长、技师、高级技师;
(5)岗前教育:新增人员、新接收学生。

15.1.2 系统建设原则

(1)一次设计:对培训基地建设按"规模适度、功能配套、技术领先、满足需求"的要求一次性设计到位。
(2)分期到位:根据油田实际情况,分期建设到位,从而满足培训的需求。
(3)整合资源:充分利用油田现有的培训资源,结合目前最先进的技术手段,满足培训功能的要求。
(4)突出特色:充分利用虚拟、仿真及网络配套等技术,完整再现生产现场流程,增强学员的感性认识,实现"培训教材模块化、操作训练实物化、培训手段现代化、事故演练情景化"。

15.2 重点内容

15.2.1 整体方案

整个实训基地安全仿真系统从场地上划分为室内部分和室外部分,室外部分为模拟现场的实际操作设备,室内部分为不宜放在室外的设备。在控制室装修时,在面对室外场地的一面安装上玻璃墙,这样可以在控制室内很直观地看到室外设备和培训场景,达到一种十分大气的视觉效果。

通过建立生产现场典型主体工艺流程仿真模型软件,基于数字仿真和实物操控的实训系统,其操作设备和环境尽可能再现生产现场的实际情况,系统过程数据和动态特性由同步仿真数学模型计算,以逼真再现实际工艺和工质的特性,同时采用声、光、电、气等手段,复现事故现场,并结合教练员控制站以实现强大、灵活的功能;常见事故的动画模拟系统将以多媒体动画的形式,与仿真模拟系统相结合,再现事故的场景,具备身临其境的感觉效果,达到良好的培训效果。

实训基地安全仿真系统分析如图15-1所示,各系统通过共享数据完成其功能,评价与管理系统在另外的实物仿真模拟系统的基础上给出科学、合理的评价与决策指导;各分系统实现提高技能操作能力、管理决策能力和安全应急能力等。

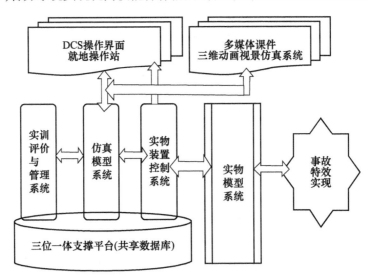

图15-1 实训基地安全仿真系统结构图

实训基地整体布置图如图15-2所示。

(1)室外部分主要包括实际工艺模拟设备、控制终端电脑、事故模拟控制器、I/O模块、多媒体显示器、摄像头等设备。

(2)室内部分主要包括服务器、教练员控制站、电视墙、远程维护设备等设备。

(3)室内室外的连接。

室外部分通过网线、视频数据线、交换机等连接到室内部分的服务器、教练

第15章 仿真技术在石油领域中的应用

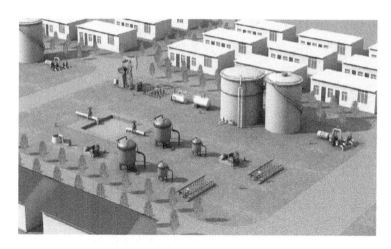

图15-2 实训基地整体布置图

员台控制站、电视墙上。

实训基地安全仿真系统平面示意图如图15-3所示。

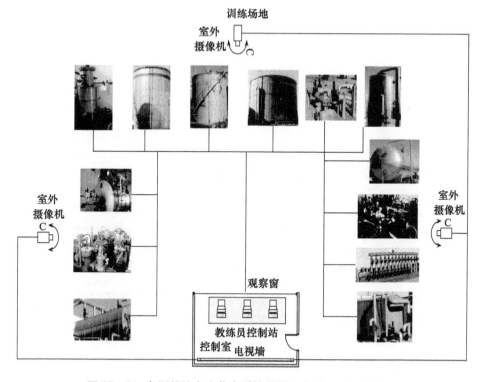

图15-3 实训基地安全仿真系统平面示意图(见书末彩图)

整个系统的硬件设备是目前市场上流行的先进、可靠的高端产品,符合仿真系统应用的需要,并且硬件产品均有较高的安全性能及可靠的防护措施。系统网络结构图如图15-4所示。

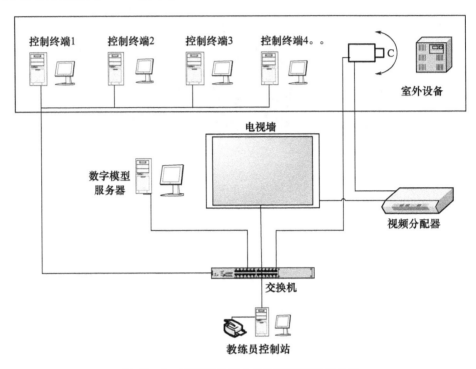

图15-4　实训基地安全仿真系统网络结构图

15.2.2　常见事故的仿真模拟系统

亚仿公司依据自己在仿真培训领域的经验和对油田仿真的理解,综合各方意见,针对常见事故的仿真模拟系统,采取了以下建设方案:采用软件、硬件相结合的方式,建立一套完整的常见事故的仿真模拟系统,包括采油工艺流程中的23个油气生产站库常见事故和10个单体设备常见事故。

该系统主要包括模拟现场工艺设备和环境的实物工艺系统以及对该工艺系统进行实时仿真的数字仿真系统。实训系统技术构成如图15-5所示。

受训人员通过实物工艺设备进行各类操作,其操作控制指令和设备运行状态实时传递给数字仿真系统,数学模型同步计算该状态下实际工质(如原油)的动态过程,并将动态过程数据反馈到实物工艺设备的相关仪表上,使系统数据逼

第 15 章 仿真技术在石油领域中的应用

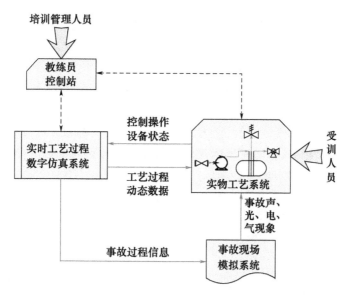

图 15 - 5 实训系统技术构成

真反映现场状态,培训管理人员通过培训控制台管理、监视和控制整个培训过程。由于运行操作不当"自然"引发的事故或培训管理人员"人为"设定事故,均通过仿真模型计算其发展过程,并将事故现象通过仪表以及基于声、光、电、气等技术的手段展示给受训人员。实训系统系统架构图如图 15 - 6 所示。

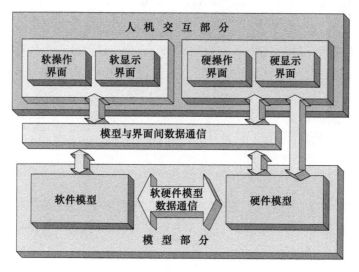

图 15 - 6 实训系统系统架构图

仿真模拟系统采用软件、硬件相结合的方式,综合了软、硬件各自的优点,继承了硬件培训系统更直接、感观更生动、更逼近真实和软件培训系统操作简单方便、数据模型更精确、系统功能更强大等特点,使整个系统更加准确、逼真,以达到良好的培训效果。

软件模型是根据现场各种设备的原理及运行状况,以物理、化学原理为基础建立的数学模型,并在实时仿真平台上运行,以达到对现场实时仿真的目的。如建立管网的数学模型,以对管网阀位、压力、流量等参数的变化进行计算等。

硬件模型用于对现场硬件操作产生的部分现象以及部分设备运行状况进行模拟,如对阀门开启水流通过、管道破裂漏水(油)、容器注水液位上升等进行模拟,但精确的管道流量、漏水(油)量、容器液位等仍通过数学模型计算得出。

硬件人机交互界面主要包括硬件操作界面和硬件显示界面。硬件操作界面主要包括一些培训时需要操作的设备——如各种阀门、开关等,提供硬件操作使得培训时操作感受更真实;硬件显示界面提供真实的物理现象用于显示,如管道内液体的流动,燃烧时产生的火焰、温度、烟雾等,给培训人员以视觉、听觉、触觉、嗅觉等全方位的真实的直观感受。

软件人机交互界面提供了对全系统的控制,能对系统中各可操作部分发出操作指令。软件界面能实时监视、显示整个系统的运行状况:系统的各输入量,软、硬件模型运行的各种参数的值等。另外,软件界面还提供了更高层次的系统控制功能,如系统工况的快速存档、复位,系统故障的设置,操作记录重演,学员评分等。

整个实训系统还可以进行灵活的组合和拆分。我们以单个的设备为基本单元,由软件控制,对系统中所有的单元进行任意多级的组合。如一台泵为一个基本单元,可以将其独立出来进行单独培训;也可以将整个泵房作为一个整体,独立出来进行培训;最高一级的是将整个系统中所有的设备连接在一起,进行整体的演练。组合和拆分的方式非常灵活。

15.2.3 常见事故的动画模拟系统

常见事故的动画模拟系统以多媒体动画的形式,展示事故发生的全过程——事故的起因、过程、结果等,并与仿真模拟系统相结合,为安全仿真系统的培训提供更好的视觉效果。

动画模拟系统由硬件平台、软件平台、各事故动画片段、管理系统和播放系统等组成,如图15-7所示。

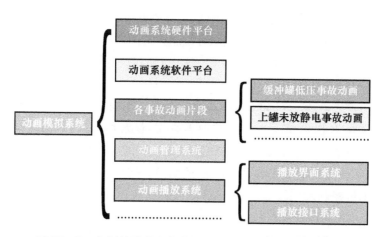

图 15-7 实训基地安全仿真系统常见动画模拟系统整体图

硬件平台包括动画的存放、播放、管理相关的各种设备,如 LCD 显示设备等。

动画软件平台是动画管理和播放的软平台,包括系统软件和相关的应用软件等。

各事故动画片段是为安全仿真系统所要表现的常见事故的动画模拟片段,对于每个事故的不同阶段,我们单独地编制动画脚本,以便于灵活组合,充分利用。

动画管理系统为管理系统中的各种动画片段,包括录入、组合、删除……

动画播放系统主要提供了两种播放方式:一是界面播放,通过软件操作界面,在指定的设备上播放指定的动画片段;二是通过接口触发,如学员在常见事故的仿真模拟系统中操作时触发某个事故,需要播放相关灾难性场景时,触发相关动画片段。

15.2.4 教练员控制站

亚仿科技研制的教练员控制站软件完全能够满足用户方对仿真机培训能力的要求。按照功能来分,教练员控制站软件可以分为控制、设置和监视查看三个部分。

控制部分是控制仿真模型的运行以及在运行过程中需要做的动作。主要包括运行、冻结、终止、复位 IC、快存 IC、记录重演、设备检测和学员成绩评定。

设置部分用来对仿真过程中的一些参数或是需要触发的故障进行设置。主要包括故障设置、事件触发(主要是对触发故障的事件进行设置)、返回追踪。

监视和查看部分用来对仿真过程中仿真机的状态进行监视和查看。可以查看的内容为工况总汇、故障总汇、返回追踪一览、电视墙控制功能。具体的实现方案如下：

(1)故障加入/删除(malfunction)。故障仿真的控制是教练员控制站的重要功能。通过此功能,教练员可方便快速地查询、设置加入故障,也可以消除已有故障。实训基地的常见安全故障的仿真系统提供两种故障的产生——学员误操作触发、教练员控制站触发和两种故障的消除方式——学员通过故障处理流程消除和教练员控制站消除。

(2)事件触发(event trigger)。可灵活编制、设置故障触发的方式。对于系统中触发某故障的原因提供一定程度的设置功能,特别是对于连锁故障的设置。事件触发实际上是编辑一组逻辑表达式,当一个逻辑表达式为真时,模型将启动一个相应的故障。

(3)故障总汇。将故障的情况以列表的方式显示给教练员,并且提供删除功能。

(4)设备可运行检测(device operational readiness test,DORT)。运行前对实训基地安全仿真现场的各种硬件设备进行检测,看设备是否可以正确运行、接收和发送各种信号等,自动汇总报告检查结果。

(5)启动/停止。通过教练员控制站的控制可以自动装入仿真模型软件,使普通的计算机系统成为运行状态的仿真机,每次启动时间小于1min。同时,能方便地进行模型运行的正常退出及事故停止的操作。

(6)运行/冻结(run/freeze)。运行、冻结功能是教练员控制站最基本的功能,是暂停仿真系统和继续运行系统的接口。冻结时,仿真机的数学模型不再进行运算,仿真机的各参数、盘台的各种仪表保持冻结前的各种状态,教练员可以随后执行run功能恢复仿真机的运行。

(7)终止仿真(abort simulation)。当仿真机系统软件或I/O设备等出现故障,或其他原因需要停止仿真机时,可以终止仿真。终止仿真后,仿真系统退出仿真模型的运行,终止I/O任务,停止实时控制及工况处理。

(8)快存工况(snap IC)。当仿真机运行到一些特殊时刻,教练员可能想把此刻的各种参数储存起来,作为以后运行的一组初始值,snap IC提供了这种功能。snap IC使得教练员在任何时候都可以将仿真机的当前状态快存起来,每次快存时间小于10ms。

(9）复位工况（reset IC）。在仿真机开始运行之前，必须给仿真机的各个参数赋初值，这个功能是通过 reset IC 来实现的。教练员可以选择任何一个已经存在的 IC 中的一组值作为仿真机开始运行的一组初值。

（10）工况总汇。工况总汇按工况序号列出所有 snap 过来的工况，在此列表中还可以设置 snap 工况，也可以设置 reset 工况。

（11）学员成绩评价（trainee performance evaluation，TPE）。在一次培训结束，自动打印学员成绩的完整报告，包括日期、姓名、训练项目、处理故障的次数、操作错误的次数，总成绩等。建立培训总结、管理文件，对一批人员培训后能打印出学员人数、时间、成绩以及其他需要的资料。

（12）记录重演（record/replay）。记录的功能是在仿真机运行过程中，将模型的 IC 按照一定的频率记录成一系列文件，可以供模型在任意时刻返回追踪到某一时刻的运行状态，然后在从这个状态开始运行；仿真机在运行过程中，支撑软件不断地记录从软、硬盘台上来的 I/O 操作。重演的功能是，能够将某一段时间（前 4h）内模型的运行、外界的操作等根据培训的需要用正常、快速、慢速不同的速度重演出来，完成类似与实际现场的事故追忆功能，以备作事故分析用。

（13）返回追踪（back track）。即回退功能。允许教练员在培训的过程中暂停仿真运行，回到本次培训状态的前一些时候的状态，并且允许教练员从那一个时刻开始继续培训，覆盖以往的培训过程。返回追踪可以让教练员追踪以前特定的仿真状态，亦可以简单地复位到那一点，当然，返回追踪功能可以让教练员在整个仿真机发生意外之后，进行恢复。对应的返回追踪时间为 30～240min。通过此功能，可培训运行人员重复同样的练习。

（14）返回追踪一览。列出系统按照一定频率记录的仿真机的返回追踪工况，包括记录的一些时间信息。

（15）参数监视。运行过程中对运行变量在线监视，可以成组，也可以单个地显示出来，灵活地显示在 CRT 窗口中。

（16）电视墙控制功能。用于控制电视墙的显示内容，可以显示每个摄像头的内容或某一个摄像头的内容，也可以显示多媒体画面。

15.3 系统开发的技术特点

（1）软硬结合。采用软硬结合的方式，尽量发挥软件、硬件各自优点：对于可反复使用，安全范围内的，重点操作的设备现象采用实物演示，并配以焰火、烟雾等发生装置演示其效果,尽可能趋近现场,以达到更逼真的培训效果;对于破坏性的、危险的设备现象采用软显示,采用影音、动画等多媒体手段。

(2) 完整再现。采油、集输、计量、加热、分离、注水以及生产消防系统与生产现场主体工艺流程保持一致。

(3) 数字模拟。数学模型尽量采用物理、化学原理建立模型,以达到良好的计算效果。

(4) 实物操作。操作设备基本采用真实设备,操作中各流程的动作及产生的结果与生产现场一致,给员工真实的操作感受。

(5) 透明直观。部分压力容器、设备、附件、阀组等用透明材料制作,便于直观了解结构原理和运行状况。部分设备采用三维视景技术建立透明的模型以做演示。

(6) 安全环保。数学模型计算参数(压力值、温度等)与生产现场一致,但实物设备运行参数在安全范围之内,确保受训人员的安全,同时采用的流体介质符合环保要求,并能循环利用。

(7) 灾难模拟。对于灾难性的场景,采用虚拟技术,进行场景的重演。如油气泄漏引发火灾、爆炸、人身伤害等。

(8) 功能强大。除主要的系统培训功能外,还提供了各种方便培训的系统控制功能。如工况快存快取、操作记录重演、学员评分等。

15.4 系统技术设计路线和方案

15.4.1 系统硬件的设计技术手段

安全仿真系统硬件的设计技术主要切入点为操作者的感官识别能力。员工在实训基地,通过专业的学习,了解一定的理论知识;通过操作化、直观化的训练环境,能较快地掌握生产中的正确操作规程,了解生产中容易发生的事故和预防措施。

实训体验主要从视、听、触、嗅四个方面去模拟生产现场的管路滴漏、喷漏、渗漏、仪器移位、颤动、设备异响、冒烟、异臭、线路放电、闪爆、人员触电、晕眩、现场火灾、爆炸等。

1. 视觉效果系统

视觉效果系统包括员工进入指定的油气生产站库及单体设备过程中和互动

操作时所见到的所有预设演示及互动操控演示。

(1)管路:在重要管路演示区域使用透明管道材料对生产线中油、气、水进行动态演示。

(2)漏液:在管路接口或阀门处隐蔽安装各种类型的喷嘴及蠕动加压装置,模拟因压力增加或者是老化等原因造成的滴漏、喷漏及渗漏现象。

(3)移位:根据实际可移位设备或部件设计回复式活动装置及明显标志,操作者可观察该设备或部件的位置判断其工作状态。

(4)闪光:使用闪光或定向闪光效果,模拟线路短路、加热炉闪爆、人员触电等事故现象。

(5)焰火:用焰火产生设备模拟设备着火、线路扯火等事故现象。

(6)烟雾:用烟雾机模拟设备或现场因火灾或者爆炸所造成的烟雾弥漫等事故现象。

2. 听觉效果系统

听觉效果系统包括员工进入指定的实训范围内所听到的所有预设演示即动操控演示效果。

(1)现场音效:使用大功率音效系统营造现场真实操作环境,形象逼真。

(2)设备异响:用音效芯片及音响设备,模拟因设备运转异常或是线路短路等造成的吱吱声或是啪啪声等。

(3)事故音效:用音效芯片即音响设备模拟因火灾或爆炸等事故造成的声响效果。

3. 触觉效果系统

(1)气喷:使用各种可控喷嘴,通过软件系统控制,进行气体喷射,模拟管路中气或水蒸气泄漏喷射效果;配合嗅觉和视觉效果模拟爆炸所造成的气浪效果;配合气路中加热装置产生热风模拟火灾或热蒸汽泄漏效果。

(2)水喷:使用各种可控喷嘴,根据软件系统计算结果对指定区域进行喷水或者洒水,模拟管路泄漏、爆裂等效果。

4. 嗅觉效果系统

现场气味:使用特殊气体烟雾机根据软件系统计算结果喷射不同气味效果烟雾,模拟火灾、漏油等事故现象发生时的气味。

5. 仿真模拟系统与动画展示系统同步对接通道

仿真模拟系统与动画之间的通信是同步实时传递的,通过通信软件、软硬件接口等与各软件操作界面(控制台、操作员站)以及硬件设备通信,输入输出各种参数来实现。通过实时数据采集传输使得仿真模拟系统与动画展示系统同步即时地传输数据。

6. 仿真模拟系统及动画展示系统启动方式

仿真系统的启动和停止由教练员台控制站控制。

动画展示系统启动方式有两种：一种为由仿真模拟系统中发出的故障信号触发动画启动播放现场故障动画；另一种为控制终端电脑的操作软件界面上启动播放指定的动画。

7. 典型事故模拟监控系统

在控制室内,设置典型事故模拟监控系统作为实训系统管理人员及参观领导宏观指导及在线实时监控的工具。该监控系统按功能说明如下：

(1)在每个典型事故模拟实训点设置监视摄像头,并将监视数据传送回监控系统中心；

(2)监控系统中心对每个事故点设置一个监视器,形成实时状况监视电视墙,各个监视器实时播放对应事故模拟实训点的监视录像；

(3)监控系统能调入每个系统流程事故点的模拟动画,并且在对应的监视器上进行演示；

(4)任何一个监视器上演示的内容,可以进行局部或者整体放大于电视墙上进行观看；

(5)每个典型事故模拟实训点均设置有扬声器,管理人员能根据监视系统实时反映的情况或是根据实训情节需要对实训点人员进行语音提示或警报。

▶ 15.4.2 系统软件技术手段

安全仿真系统的软件主要包括三大部分：仿真模拟系统的数字模拟及相关接口部分、动画模拟系统以及教练员控制站。

1. 仿真模拟系统的数字模拟及相关接口部分

仿真模拟系统的数学模型是以亚仿公司开发的仿真支撑平台为基础,利用各种建模工具(admire系列)、算法库等建立系统的数学模型,并实时的运行。通过通信软件、软硬件接口等与各软件操作界面(控制台、操作员站)以及硬件设备通信,输入输出各种参数,对模型进行操作。软件模型结构图如图15 – 8所示。

软件开发运行的支撑平台是"ASCA"支撑平台。它用于支持仿真系统的开发、调试、运行与维护,是开发仿真系统的专业软件环境。

图 15-8　软件模型结构图

仿真数据管理软件系统（DBMS）是采用仿真支撑软件中的数据库管理系统来实现的，用以维护整个仿真机开发、调试、运行全过程所需的数据信息，描述数据库、管理和维护数据库，并负责处理数据的流动。

admire 系列自动建模工具包括 admire-l（逻辑建模工具）、admire-f（流网建模工具）、admire-en（电网建模工具）和 admire-e（设备建模工具）。建模工具的使用不仅可以大大缩短仿真系统的软件开发的周期，而且还能保证系统的整体性能水平，提高其可靠性，增强其可维护性与可扩充性。

仿真数字模型部分利用基本的物理、化学等原理，建立实体相关的高精确度的基本模型。

仿真数字模型是在探索事物的变化规律中抽象出它们的数学表达。建模工作是创造性劳动，需要花费大量的精力和敏感思维来得到规律性模型或相近的数学模型。模型建立后的一个重要问题就是该模型的求解算法。它可以是精确求解，也可以是近似求解。这种算法的提出由计算机数值计算学者来完成。有了模型算法，就可以用计算机语言来编写程序。利用仿真模型程序在计算机上运行，计算出各种设备的实时运行状况。

如管道流体流动模型——计算参数包括管道阻力，两端压差，管内流体流量……并能对管道上阀门阀位的改变以及压力的变化做出实时反应。

沉降罐模型——根据进罐流量，计算罐内液体分层分布，各层高度，根据压力关系、U形管的连通原理等计算水出口压力及流量等,各参数均通过当前量实时计算。

良好的模型更是仿真系统培训的基础和核心。利用成熟、高效的模型可以实现对实训基地的培训设备达到真实生产环境中尽可能一样的运行参数效果,从而使实训更接近于真实,提供更好的训练效果。

2. 动画模拟系统

亚仿公司专业的动画开发团队,为安全仿真系统的常见故障制作精美的三维动画,逼真的再现事故场景。并有专业的软件人员为动画的播放、管理定制专用系统。

3. 教练员控制站

教练员控制站主要通过教练员控制站等相关应用软件实现。教练员控制站是本公司开发的较为成熟地针对仿真系统的控制、管理软件,能提供多种仿真系统所需要的功能。

4. 部分软件介绍

1) 支撑平台技术

支撑平台是开发仿真系统的专业软件环境,用于支持仿真系统的开发、调试、运行与维护,支撑平台在一定程度上决定了仿真系统开发的效率、质量和技术水平。

"ASCA"支撑平台是仿真系统开发的平台软件。在此平台的支撑下可以实现仿真、控制系统两者之间信息的完全共享,同时平台又为仿真系统开发提供了整套的开发工具,不仅可以大大缩短仿真系统软件开发的周期,而且还能保证系统的整体性能水平,提高其可靠性,增强其可维护性与可扩充性。

"ASCA"支撑平台,是一个Unix版本的完整的支撑实时仿真、控制系统软件开发、调试和执行的软件工具。它是仿真系统各项功能实现的基础。

总体来讲,"ASCA"支撑平台具有以下重要特性:

(1)提供一个包括在线帮助信息在内的界面友好的实时共享数据库。每个符号定义一次便可用于所有程序模块中。

(2)多个开发环境共享一个联调环境及数据库。

(3)大多数的进程间通信使用共享内存来进行。这是一种易于使用的、对实时计算最为有效的方法。共享内存区由"ASCA"支撑平台加以管理,其大小很容易修改。

(4)支持多个单独的、并行的开发分调环境,在每个环境下可以互不干扰地修改和调试自己的模块和数据库。

(5)提供把多个运行环境合并为一个运行环境的能力。

(6)支持模块化图形建模系统,保证模型质量,缩短工期。

(7)连接装入系统提供强大的交互手段,可以对模块进行快速的自动装入或局部重装。

(8)提供错误诊断功能及强大的离线和在线调试能力。提供多屏数据监测,允许用户在运行时修改程序中的变量,观察它们在运行中的直接影响。

(9)允许对系统试验状态或特定的初始条件(IC)进行快存(snapshot)操作或复置(reset)操作。

(10)支撑 I/O 接口功能实现。输入扫描和启动系统可快速响应外部控制变化。

(11)支撑图形编辑功能,使仿真图形与数据库自动结合。

(12)使用开放式操作系统 Unix。

(13)可以在系统主计算机上运行,也可以在工程师工作站上运行,可以与现有系统的软件和硬件系统相结合。

由于"ASCA"支撑平台受 Unix 操作系统的支持,使得所适用的硬件宿主系统相当广泛,系统的性能价格比也好。

该平台为自主开发,具有完整知识产权和良好的开放性及可扩展性,有利于后续系统扩充和二次开发。

2)建模工具

ADMIRE(automatic development of modelling integration and realtime execution)是亚仿公司独立开发的一个根据仿真对象的原始资料自动生成计算机仿真软件,并在支撑软件环境下编译、运行和调试的软件包。该软件的运行环境为 Unix 操作系统,在 X-Window 技术的基础上,建立了友好的人机界面,采用面向对象的程序设计思想,通过图形编辑工具和图形库,将仿真对象的设备及系统再现在计算机屏幕上,把原始数据输入到计算机内,即可自动生成仿真软件,大大提高了仿真软件生成和调试的效率。

ADMIRE 的出现是为了克服以上所述的仿真软件生成与调试的诸多不便。在 ADMIRE 环境下,对仿真软件开发人员的技术要求,主要是对仿真对象的运行过程及其特性的了解,而不要求对计算机和数学模型有较深的知识。

ADMIRE 的友好的人机图形界面,使得仿真软件的生成、运行和调试环境形象生动、易于学习和掌握,使人们摆脱了枯燥无味的依靠键盘输入来编制程序,依靠分析程序及其变量来修改、调试程序的繁琐工作。

亚仿科技的控制仿真模型将对现场全部控制操作,逻辑保护与实际采用的控制系统完全相同,即1:1仿真。

3)视景技术

仿真视景采用计算机实时成像方式,利用 MultiGen Creator 建模软件、OpenGVS 三维图形开发工具、AF Visual 亚仿公司自有知识产权三维图形开发平台强大的三维建模能力、大容量纹理技术,实现事故场景真实再现,让受训人员有身临其境的感觉。

AF Visual 是亚仿公司自有知识产权三维图形开发平台,在这一平台上提供对 OpenGVS 接口,和模型程序连接,以达到最好的图形效果。仿真视景系统软件结构如图 15-9 所示。

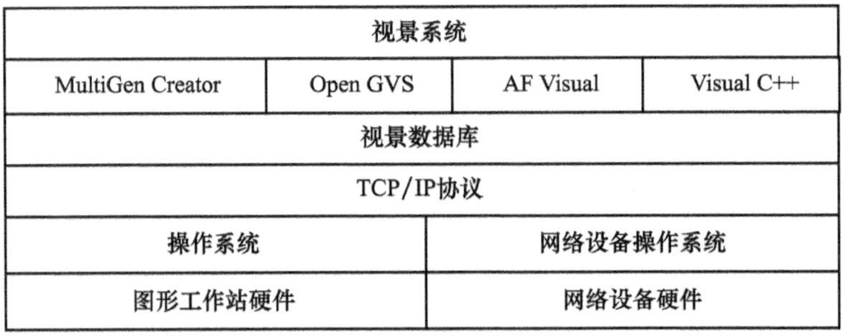

视景系统			
MultiGen Creator	Open GVS	AF Visual	Visual C++
视景数据库			
TCP/IP 协议			
操作系统		网络设备操作系统	
图形工作站硬件		网络设备硬件	

图 15-9 仿真视景系统软件结构图

15.4.3 实训基地安全仿真系统典型事故模型举例

计量转油站、注水站、集输站常用设备的典型事故模拟 23 个油气生产站库常见事故,对 10 个单体设备常见事故进行仿真模拟,举例见表 15-1。

表 15-1 典型事故模型举例

主题		常见事故仿真模拟点位设置
设置区域		01—电热收球筒
事故类别		误操作
事故描述	概述	电热收球筒余压未放尽导致的事故
	触发原因	操作员在收球筒压力未降至最低即打开收球筒盖子,进行收球操作
	事故后果	收球筒内余压过高,收球筒盖子冲起造成人身伤害事故

第15章 仿真技术在石油领域中的应用

续表

主题		常见事故仿真模拟点位设置
仿真模拟设置	设置点位	(1)压力表下面设置压力传感器实现在线监测; (2)手轮处设置位移传感器实现在线监测; (3)收球筒盖子四周设烟雾和喷水汽设备进行事故模拟; (4)在线监测设备将信号同步传输到电视墙进行动画演示
	表现形式	(1)员工进行实训操作; (2)误操作条件下,在打开收球筒进行收球瞬间,烟雾机排出雾气模拟余压水汽喷出; (3)水汽喷射声效同步配合水汽喷出动作; (4)多媒体动画在电视墙同步演示事故发生过程
实训效果		(1)以事故教训打消操作员麻痹思想; (2)规范员工标准操作步骤; (3)掌握良好的安全防范意识
技术指标及技术要求	开发、运行环境	开发软件 多媒体动画,控制软件 运行环境 常温、持续 电源要求 220VAC/2kW 灯光:普通 其他
	控制手段	计算机控制
	主要设备	电控箱,计算机(19寸显示器,带音箱),压力传感器,位移传感器,烟雾机,水蒸气发生器,喷嘴等

15.4.4 单体实训基地单体训练项目

实训基地的单体训练项目是训练操作工人的基本操作技能,以及诊断故障和排除故障的基本手段。学员通过单体训练能够直接与实物接触,迅速掌握基本操作,熟悉本岗位的操作方法和排故基本知识,较快地达到上岗水平。

单体训练项目全部采用实物训练,最大限度地满足训练的需要。

1. 主要单体训练项目

1)单体实物演练

(1)加热炉训练。水套加热炉、火管式加热炉、高效加热炉、真空加热炉、常压茶炉。

(2)流量计解剖训练。腰轮流量计、涡轮流量计、双转子流量计、刮板流量计、靶式流量计、电磁流量计、干式水表和稳流配水器。

(3)机泵解剖训练。单级离心泵、多级离心泵、螺杆泵、柱塞泵、齿轮泵、油气混输泵、计量加药泵、管道泵、曲杆泵等。

(4)压力容器。双容积分离器、收球筒、压力缸、缓冲罐、三相分离器、纤维球过滤器、核桃壳过滤器、烧结管过滤器、脱水橇、采气收球筒、浮阀塔、过滤器、闪蒸罐及三甘醇循环泵等。

(5)井下作业技能训练。捞矛、捞筒、平底磨鞋、胀管器、铅模、套铣筒、水力锚、导砂器、直嘴子、封井器、支撑式封隔器、轨道式封隔器、防倒灌封隔器、水力压缩式封隔器、水力扩张式封隔器、各类配水器、动力仪、液面测试仪。

2)单体操作工位

(1)水处理工。

(2)仪器仪表工。

(3)化验工。

(4)低压试井工。

(5)气和电焊工。

(6)维修电工。

(7)管路安装。

(8)公用具使用。

2. 项目示例(表15-2)

表15-2 项目示例

单体项目		化验工
设置区域		单体训练室
实训类别		上岗、晋级、考核等
实训描述	概述	化验员基本技能
	基本内容	原油:取样、水含量、氯含量等; 处理水:电导率、浊度、pH值等; 工艺实验:破乳、絮凝、混凝等
	技术要求	正确掌握化验员基本技能和原油、水等的化验方法以及操作技能
仿真模拟设置	设置	1化验工艺仿真服务器+软件
	表现形式	学员先观看多媒体视频教学,再跟着多媒体实际操作

续表

技术指标及技术要求	开发、运行环境	开发软件	多媒体动画,控制软件		
		运行环境	常温、持续		
		电源要求	220VAC/3kW	灯光:普通	其他
	控制手段	开机演示动画,组织学员认真学习			
	主要设备	电控柜,计算机(19寸显示器,带音箱),直流电源 S-200-24,限位开关若干(按窗口数加倍)			

（实训效果行：使受训者明确:违章操作将会造成严重后果的场景）

化验仿真效果图如图 15-10 所示。

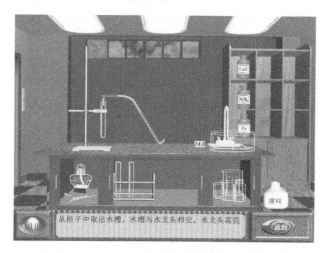

图 15-10　化验仿真效果图

15.5　系统建设需要的技术支撑

亚仿公司通过与中国石油天然气股份有限公司的通力合作,在 2008—2012 年先后完成了"长庆油田银川实训基地项目"、"长庆油田银川(采气)实训基地项目"以及"长庆油田陇东实训基地项目"的建设,经验认为,要高质量、高标准完成实训基地安全仿真系统的设计、制造和安装工程,系统建设方应该具备以下能力(图 15-11):

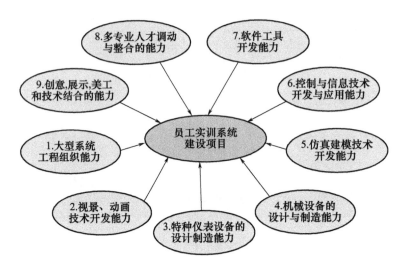

图 15-11 建设实训基地安全仿真系统需要的技术支撑

1. 三维视景、动画、图形技术的应用

在项目建设中,会用到三维视景、动画(互动)、视频、音频、图形图像、文本等技术,因此建设方必须具有很强的图形图像技术开发能力和三维建模等技术能力。亚仿公司拥有自主开发的视景软件平台 AF Visual,以 OpenGL 图形软件包为基础开发的,能逼真地模拟各种自然、地形效果,以它为基础开发的应用软件可以方便地在各种操作系统间移植。

2. 特殊仪表、设备的设计制造能力

系统建设中,需要进行大量的特殊设备或仪表的研发、设计和制造。这方面的能力需要在实践中锤炼,需要有一个团队,亚仿公司经过核电站仿真、飞机仿真、万吨轮船仿真、核潜艇仿真、地铁驾驶仿真等需设计、制造的特殊设备、仪器、仪表有 400 多项。亚仿公司有专门的硬件部和研发中心(技术中心和国家级工程技术研究中心),我们在研究开发和制造方面实力雄厚,此外,还包括输入输出(IO)控制模块、控制器、逻辑组态软件、控制系统软件等在许多大型项目中得到广泛的应用。

3. 机械设备的设计与制造能力

系统建设还需要机械设计的能力。亚仿公司在从事的控制系统工程和仿真系统工程(包括了飞机仿真、滑翔机仿真、核潜艇仿真、万吨轮船仿真、军事指挥系统)中的特殊部件全部涉及机械设备的设计和制造,而且精度要求、可靠性要求都相当高。

4. 仿真建模能力

系统建设需要应用仿真建模技术来达到动态模拟再现的效果,以确保其逼真度。亚仿公司作为亚洲最大的仿真系统工程公司,是能将信息、仿真、控制技术并列发展,又能三位一体综合应用的公司,还是国内唯一的国家级仿真与控制工程研究中心。

5. 控制与信息技术开发与应用能力

系统建设中,将大量使用到自动控制、信息技术以及网络技术。

6. 软件工具开发能力

系统建设需要很多软件支撑工具,如教学软件、管理软件、实习软件、检测软件等等。亚仿公司开发了大量有自有知识产权的支撑工具,比如:仿真支撑软件(ASCA、AF-2000、SimCoIn)、信息系统的综合业务软件(APOWER)、设备管理软件(ASTAR)、工作流软件(AFLOW)、内容管理平台(ACM)、数据分析工具(ADA)、监控软件(VODDT)以及视景开发平台(AFVisual)等。

第16章 仿真技术在智慧城市建设中的应用

16.1 概述

中国智慧城市概念最初由住建部提出,随着智慧城市的实践和认知不断变化,2014年,国家发改委从数字化与技术角度认为:智慧城市是运用物联网、云计算、大数据、空间地理信息集成等新一代信息技术,促进城市规划、建设、管理和服务智慧化的新理念和新模式。

智慧城市有狭义和广义两种理解。狭义上的智慧城市指的是以物联网为基础,通过物联化、互联化、智能化方式,让城市中各个功能彼此协调运作,以智慧技术高度集成、智慧产业高端发展、智慧服务高效便民为主要特征的城市发展新模式,智慧城市其本质是更加透彻的感知、更加广泛的联接、更加集中和更有深度的计算,为城市肌理植入智慧基因。广义上的智慧城市是指以"发展更科学,管理更高效,社会更和谐,生活更美好"为目标,以城市基础设施管理的智能化、精准化,城市经济和社会组织的高效化与协作化,城市社会服务的普惠化与人性化为重点,更加强调城市信息的全面感知、城市生活的智能决策与处理以及能为城市居民提供多样化、多层次的服务。

近年来,智慧城市作为数字技术与数字经济深度融合应用的重要载体,是各地高质量发展的工作重点,加速推动数字经济、数字社会和数字中国建设。据不完全统计,截至2022年,全国智慧城市试点超过700个(含县级市),所有副省级以上城市、95%的地级及以上城市均提出或在建智慧城市。《中华人民共和国国民经济和社会发展第十四个五年规划和2035年远景目标纲要》专题论述数字化发展,提出"分级分类推进新型智慧城市建设",智慧城市作为数字中国建设内容,成为数字化发展的重要举措。

目前,依托数字孪生技术构建智慧城市的新型治理方式成为重要的战略举措。数字孪生的全域感知、精准映射、虚实交互和全局洞察等特点可以推动城市治理向数字化、全面化、精准化、预见化跃迁,同时带动各垂直领域的创新发展。数字孪生系统强调"虚实结合",旨在创造一个高精度的数字孪生场景,把现实世界中的问题映射虚拟空间中,在虚拟空间中仿真寻找解决方案,再把最优解部署回现实世界,关注解决确切场景中的具体问题。数字孪生系统的核心三要素包括:同步性:跟踪仿真,共同演化,能够反映相同规律和运行机理的高精度模型;自洽性:自治特性使数字孪生具有在线试验、模拟推演能力;交互性:虚实互动,双向影响,形成闭环。数字孪生的核心技术是系统仿真技术。数字孪生是"基于仿真的系统工程"(simulation - based systems engineering)。

城市是一个复杂的系统,仿真技术可以应用到智慧城市规划、建设、管理运营全生命周期,是城市规划、智慧管理、防灾减灾等提供科学依据的一种手段。在规划建设阶段,通过仿真系统将规划方案进行前期模拟,将规划方案置于各种场景中,考察方案对周边环境的影响,评价方案的合理性,将设计方案进行实时动态的展示,为规划设计人员快速、直观地感知设计方案效果带来方便,在降低城市开发成本的同时还能够有效控制规划设计的时间,实现规划设计方案的快速生成。

在运营阶段,依托物联传感网络方面的海量城市运行数据的有效感知与采集,在线仿真系统通过建立能够精确表征实际生产过程的虚拟孪生体,实现现实物理系统和数字化虚拟的实时在线交互和共同演化,实现在线软测量、在线自学习、在线参数诊断、预警预报、在线试验、在线寻优、在线决策、方案验证和虚拟调度等应用功能;离线仿真应用提供了历史重演、离线分析、事故分析、离线培训功能;仿真可视化系统能够实时展示系统的运行现状(跟踪仿真)、重演过去某个时间片段(历史重演)和预测未来某个时间段的系统运作态势(仿真预演)。

可以预测各种灾害和意外突发事件并提出应急预案,预测城市人口的变化以及人口在城市中的分布,预测城市交通流量的变化和新规交通设施的使用效果。

16.2 仿真技术在智慧城市建设中的应用场景

亚仿提供的智慧城市解决方案整体框架如图 16-1 所示。

其中,亚仿公司自有知识产权的专业仿真支撑软件——科英(SimCoin)支撑平台是整个智慧城市建设的支撑技术;在支撑技术支撑下,通过物联网、云计算、

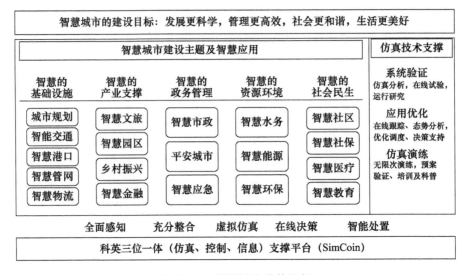

图 16-1 智慧城市整体框架

大数据技术、人工智能、虚拟现实等技术的联合应用和协同创新,实现城市事态的全面感知、实现各种资源要素与应用功能的有机整合,实现城市问题诊断、规划设计方案验证、城市营运决策、城市未来预测,对城市发展现状与未来发展情景进行动态仿真与可视化展示,为城市善治提供数据、决策支持。

仿真技术的应用场景覆盖了城市基础设施、产业发展、政务管理、资源环境及社会民生各个方面,下面举例说明。

16.2.1 城市交通在线仿真应用

城市交通拥堵的问题不是靠单纯的技术手段就能解决的,但通过应用新的技术理念和技术手段,充分发挥智能交通系统的快速检测作用,提高道路交通管理效率,充分发挥现有路网资源,综合调控、均衡路网交通流,将对城市交通产生积极的影响,在一定程度上缓解交通拥堵。

本项目以具有自有知识产权的专业仿真支撑平台和强大的实时/历史数据库为基础,运用在线仿真技术、先进的交通数据采集技术,通过仿真系统和实时交通数据的结合,建立一个能够真实反映 XX 市交通状况的、数字化了的、实时在线的 XX 市综合交通仿真系统。在此基础上提供对 XX 市城市交通状况的在线分析、在线诊断、在线预警预报、在线事故分析等分析评估功能,提供对城市交通管理、交通控制的在线决策支持功能。亚仿交通在线仿真系统结构如图 16-2 所示。

第16章 仿真技术在智慧城市建设中的应用

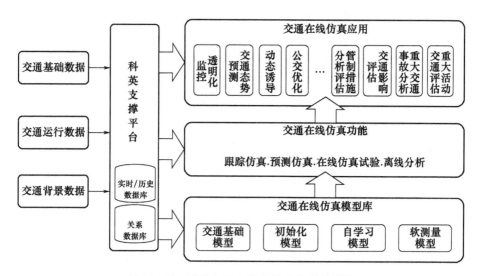

图16-2 亚仿公司交通在线仿真系统结构

从图16-2可以看出：

(1)交通在线仿真系统的支撑基础是亚仿公司拥有自主知识产权的大型仿真支撑平台-科英支撑平台以及实时/历史共享数据库。

(2)各类交通数据(交通基础数据、交通运行数据及交通背景数据)是系统的数据基础。特别是交通运行数据的实时接入是在线仿真区别于离线仿真的重要特征。

(3)交通在线仿真系统是本方案的核心,它以交通在线仿真模型库为基础,在支撑平台的支持下,提供跟踪仿真、预测仿真、在线仿真试验、离线分析等在线仿真核心功能。

(4)在交通在线仿真系统的基础上,可以根据需求开发各种具体的交通在线仿真应用,如城市交通状态的透明化量化监控、交通势态预测、交通动态诱导、公交优化等。

项目建设内容包括：

(1)建立城市统一的交通实时历史数据库。基于亚仿公司自有知识产权的专业仿真支撑软件——科英(SimCoin)支撑平台强大的实时/历史共享数据库功能、先进的交通数据采集技术和数据融合技术,建立XX市统一的城市交通实时/历史数据库。

(2)利用在线仿真技术实现城市交通状态的透明化和全方位监控。交通在线仿真系统的核心是建立一个来源于现实交通系统又超越现实交通系统的虚拟交通系统,因此交通仿真模型的建立是在线仿真系统开发的关键工作。交通仿真模型包括路网描述模型、交通需求描述模型、交通分配模型、交通控制模型、行驶单元行为模型等,包括微观、中观、宏观等不同层次的交通仿真模型软件,适应不同时期的不同任务。在与交通数据实时采集系统相连接后,在线仿真系统不仅可以整合现场实时监测数据,更能以实时数据库、历史数据库、路网属性数据库为基础,通过与 GIS 结合、并与交通决策分析模型相连,以分层图表的方式直观地显示路网当前状况、历史数据、统计数据以及在线分析优化数据,实现城市交通的全范围监控。

(3)提供城市交通运行历史的可视化重演和仿真分析功能。历史重演不仅可以实时监视交通的运行状态和数据、在线仿真的数据,也可以直接监视重放的交通运行历史状况,使交通指挥中心工作人员以最方便和熟悉的方式,随时了解交通设施的运行状态和运行历史,对历史状况进行分析、研究。通过历史重演功能,操作人员可以设定开始时间、结束时间、重演周期(速度)、数据刷新时间等,可以在大量历史数据中快速找到感兴趣的数据点或交通设施状态。本功能包括多种重演模式:交通运行历史状况重演;交通运行历史状况转为离线仿真分析状况,即历史状况仿真重操;交通运行实时状况转为离线仿真分析的初始状况;在线仿真计算的历史重演。

(4)提供了一个基于真实数据的在线仿真试验平台。利用在线仿真技术为交通管理者和研究人员提供了一个基于真实数据的在线仿真试验和分析研究平台,不但可以复原已有的交通拥堵、事故的成因,而且能够对交通优化方案、措施和应急预案等进行仿真验证,通过多次迭代从而选择最优的拥堵解决方法和突发事件的紧急预案。

交通在线仿真技术具有强大功能,结合 GIS 网络分析工具,可为城市交通决策提供有效的仿真研究、验证平台,包括交通组织方案评价与比选、交通控制策略评估、交通影响分析、道路几何条件对车辆运行速度的影响提供科学的、有效的分析手段,并为广泛开展交通研究提供仿真研究平台。

(5)提供交通政策、管制措施方案的在线仿真分析和评估功能。利用城市交通在线仿真模型,将政府制定的交通政策、措施进行全方位的仿真评估,进而完善和优化政策措施等内容。

(6)能够预判交通运行势态。利用仿真系统的预测仿真能力,提供交通的短期预测功能,能够预测未来交通变化趋势,判断交通发展态势,从而对交通需求进行主动性管理,实现有限的公共交通资源(道路资源)在无限需求中的最大化利用。

(7)提供交通诱导方案的在线寻优。交通诱导是现代交通控制的先进手段。以仿真技术为基础的交通诱导,可以做到诱导效果的在线验证,和诱导方案的动态变化。鼓励车辆避开高峰时间与拥挤路段,选低峰时间、从稀疏路段出行,或改用到轨道车站存车换乘轨道交通的方式出行,特别是鼓励上下班通勤出行使用轨道交通。可有效降低高峰时间、拥挤路段的交通量;避免拥挤路段拥挤程度的加剧与泛滥到邻近道路;可使各条道路的时空资源能够得到充分的发挥,路线导行系统相配,可提高导行系统的效用。是一种最公平、有效的交通需求管理措施。停车管理也是交通诱导的手段。按不同时间不同地区的交通状况、停车设施的供应状况确定不同的停车管理政策,引导尽多的私车出行改为换乘公交出行。

(8)提供城市公交仿真功能。城市公交仿真主要功能有:仿真城市公交系统运行状况;仿真公交车辆调度,优化公交运行方案,减少乘客的等待时间;解决个别站点可能出现的"涌现"现象;对公交规划进行仿真验证;对重要站点、线路的客流进行预测;相关信息的发布,便于公众服务和乘车诱导。

(9)城市交通能耗及排放在线分析。通过建立城市交通能耗及排放在线分析模型,实现对城市交通能耗及排放情况的在线监控,并对各种交通政策、管制措施的交通能耗及排放影响进行在线分析评估。

(10)提供交通工程建设项目的分析评估。交通工程建设项目的分析评估功能包括项目立项时的可行性分析评估和项目建设期间的交通影响和交通管制措施的仿真评估。

(11)提供拟建项目交通影响仿真功能。提供对城市各类拟建项目造成的交通影响分析评估功能。包括仿真交通现状流量、预测未来背景交通流量、预测未来新增交通流量、计算未来区域高峰小时流量及负荷度、预测停车需求、提供项目出入口设计分析等功能。

16.2.2 城市应急演练与决策支持系统

随着我国经济的持续发展,经济与交流活动增加,人群流动日益频繁,城市规模不断扩大,社会贫富差距增大,我国目前正处在各种不稳定因素和突发事件的高发时期,而且在未来很长一段时间内,我国都将面临突发事件所带来的严峻考验。同时社会与自然环境也发生了许多变化,比如:环境污染、自然灾害、恐怖活动等一系列影响社会稳定事件的增多也增加了突发公共事件暴发的可能性。

突发事件来得突然,事件一旦出现,行政部门领导必须直接介入,指挥协调政府各部门行动,动员全社会参与,有时甚至需要邀请国际组织参与救援,争分夺秒地采取非常措施,预防和控制紧急情况的进一步发展。通过建立城市应急演练与指挥决策系统,以提高政府对紧急事件快速反应和抗风险的能力,已成为现代城市管理中迫切需要解决的重大课题。

针对这一重大课题,城市应急演练与指挥决策系统解决方案应该实现以下几个重要目标:

(1) 提高各相关部门联合、协调运作能力;

(2) 及时发现系统潜在的隐患和薄弱环节;

(3) 预演、完善和优化各类应急预案;

(4) 在线分析、预警,有效控制突发事件的发生和发展;

(5) 对事件进行评估分析和总结。

要具备上述能力和功能,基于项目的复杂性要求,必须要有一个大型的软件支撑平台,去建立、组织、管理各种模型、知识和应用程序,才能从根本上解决应急系统中的各种复杂问题。

城市应急演练与指挥决策系统方案是亚仿公司利用具有自主知识产权的"仿真、控制、信息""三位一体"的"科英(SimCoin)"支撑平台,针对突发公共事件的特点,提供各种事件类型的仿真模型、管理工具和培训系统,支持在线指挥决策,提供危机评估和事后分析评价,真正实现了应急系统的"平战结合"。系统功能的组成如图16-3所示。

城市应急演练与指挥决策系统与单个设备或系统的分析、培训和局部的实战演练不同,亚仿公司提供的城市应急演练与指挥决策系统实现的是系统化的、宏观的、全局的仿真分析与演练,并有验证、评估现有各种方案的有效性和可操作性,具体功能包括:

(1) 联合仿真演练:即演练整体的指挥、协调以及资源调配能力,基于仿真的虚拟演练,可以高效、经济地完成各种演练任务;

(2) 应急风险评估:通过仿真,检验由各种设施、组织和人构成的应急系统的完备性、严密性,一个城市的应急系统是由不同的系统和组织部门协调完成,任何一个环节的缺陷都将使应急系统整体可靠性下降,因此需要对系统应急风险进行评价。

(3) 预案分析、验证:对各种应急预案进行仿真检验,对发现的问题或漏洞

第 16 章 仿真技术在智慧城市建设中的应用

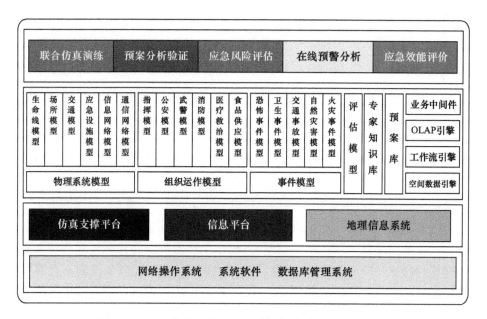

图 16-3 亚仿公司城市应急演练与决策支持系统构成

及时作出补充完善措施。

(4) 在线预警:提供在线预测、分析事件发展态势,优化指挥决策。

(5) 效能分析评估:主要评价单个系统在系统运作中是否达到预期效能。

预案演练流程如图 16-4 所示。

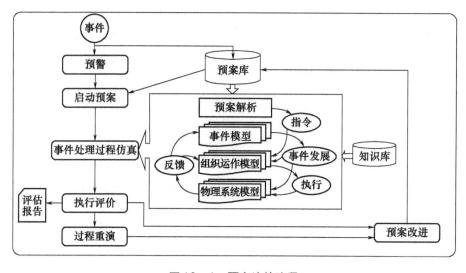

图 16-4 预案演练流程

16.2.3 城市消防仿真演练系统

传统的消防演练一般采取实战训练,不仅会对区域企业生产造成一定的阻碍,而且很容易出现安全事故,还会耗费大量的资源,并不具备经常性、实效性,所以需要探究新的消防应急演练系统,能够为消防人员提供更全面而真实的消防环境,以此促进消防工作的改进。同时,由于应急预案缺少全链条的演练验证,实战性和可操作性不强。因此,亟需高效的应急预案仿真演练系统,通过数字化的应急预案编制,提升应急预案管理;基于应急预案与事件复盘的仿真演练,提升预案演练效率,优化预案的科学性、实战性和可操作性。

临港石化区域消防应急仿真演练系统是以虚拟现实技术、计算机技术、仿真技术、大数据应用技术等技术为基础,搭建一个符合临港石化区域现实情况的三维虚拟现实的事故现场环境和应急消防培训环境,可真实模拟临港石化区域常发、易发的火灾事故发生后的变化态势,实现消防应急预案的仿真推演和联合演练,根据演练结果完善预案和应急能力储备,学员通过在该系统的培训学习,能熟悉石化区域消防操作规程,做到严格按照操作规程进行操作,增强消防人员的综合应对能力。

本系统根据临港石化区域火灾事故的特点和消防演练的需要,需要建立的仿真模型有以下四类:

(1)三维场景模型。包括临港石化区域环境、建筑设施、道路、自然气象等。

(2)消防救援实体模型。如车辆实体、人群角色、消防设施设备等。

(3)典型火灾事件演变模型。根据临港石化区域产业特点和辖区内企业分布现状,对临港区域内主要产业火灾危险性的分析,辨识可能发生大型火灾事故类型,主要有:成品油储罐火灾、原油储罐以及储罐区火灾、LNG储罐区火灾、LPG储罐区火灾、石油化工企业反应装置火灾以及大型仓库火灾。针对不同类型、不同设定规模的火灾事故,建立事件仿真模型,包括气体扩散模型、爆炸模型、热福射模型等。

(4)应急预案规则模型。对应急事件下实体的属性、状态、事件、活动、活动规则等,按照应急预案流程,进行离散事件建模,基于事故态势的变化改变实体或设备的状态。

本方案采用三维数字技术和仿真模拟技术,能够直观呈现出可能发生的油气产品泄露、周边树木燃烧、点火源扩散等事故演变过程,并结合场景中风向、风速等环境要素预测事故发展的可能后果。应用预案处置方案对态势进行判断、资源调度和处置操作,并将处置装备物资存储和使用信息、任务执行进度信息、环境要素信息和监控监测信息等,结合 GIS 信息掌握灾害发生周围的环境信息、应急保障物资及应急专业队伍的分布和工作情况,结合预案(处置方案)确定最佳决策方案。

本系统针对临港石化区域可能发生的火灾事故,建立一个三维虚拟现实的事故现场环境和应急消防演练环境,以应急预案为蓝本,以事故发生发展情景为流程主线,以仿真演练环境为载体,面向应急指挥人员、专职消防队伍等提供的一个覆盖"事故发现与上报→事故分析与资源调动→事故应急指挥部署及处置→事后评估"的全应急链条的综合演练平台。

本系统通过在三维场景中构造事故情景并对应急任务进行干预和控制,融合演练协同信息,使得模拟演练可以"虚实结合,以虚务实",从而达到检验预案、锻炼队伍、磨合机制、完善准备的目的。

本系统通过全链条的应急演练,能够及时发现现有应急预案中存在的问题,进而完善应急预案,提高应急预案的实用性和可操作性。

本系统能够根据参与人员的角色和演练操作情况实现多次、反复演练,从而提高消防支队对临港石化区域火灾事故的整体应急处置效率,提高消防人员的安全防护能力、应急处置能力、应急救援能力和应急指挥能力。

本系统作为虚拟仿真演练系统,不会发生安全事故,无需耗费大量的资源,具备多次、反复使用的特点,确保受训人员的安全,同时采用的流体介质符合环保要求,并能循环利用。

16.2.4 突发公共卫生应急指挥决策支持系统

突发公共卫生事件是指突然发生、造成或者可能造成社会公众健康严重损害的重大传染病疫情、群体性不明原因疾病、重大食物和职业中毒以及其他严重影响公众健康的事件。近年来,突发公共卫生事件在中国频发,如 2003 年的 SARS、2009 年的甲型 H1N1 流感和 2019—2022 年的新冠肺炎,此类事件具有传播速度快、感染范围广、防控难度大等特点。为应对突发性公共卫生事件对社会生活和经济发展的影响,切实保障人民群众的健康与生命安全,需要迅速建立应对突发公共卫生事件的管理机制,从过去的被动响应变为主动监测预防,需要建立系统的控制手段,积极处理新问题,建立公共卫生应急演练与指挥系统,是其中的一个重要组成。

亚仿公司提出的突发公共卫生事件应急指挥与决策系统解决方案是亚仿公

司利用具有自主知识产权的"仿真控制信息三位一体"的"科英(SimCoin)"支撑平台,针对突发公共卫生事件的特点,在功能设计上涵盖事件数据实时采集和监控、应急演练与培训、应急能力分析和评估、危机判定和预案启动、会商决策、资源调度和指令下达、信息发布和卫生宣教、事后评估分析和改进等各方面功能。

本系统应用提供平时模式和战时模式两种运行工作模式,其中平时模式设计为对一些基础资料如医疗机构信息、专家库、知识库、模型库的收集、更新,以及公共卫生事件的监测等日常事务,提供应急能力分析和应急培训功能;战时模式为当突发公共卫生事件发生时,系统进入紧急运行状态,执行预先设计的工作流程协调各个职能部门,充分调度各种应急救济医疗物资,快速的处理事件,减少损失。

亚仿公司突发公共卫生事件应急系统功能(平时模式)如图16-5所示。亚仿公司突发公共卫生事件应急系统功能(战时模式)如图16-6所示。

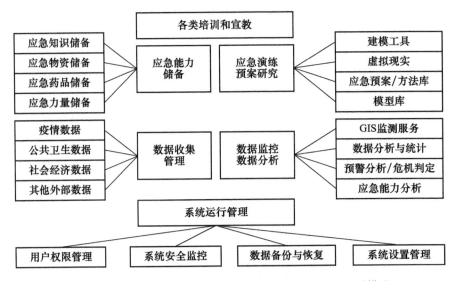

图16-5 亚仿公司突发公共卫生事件应急系统功能(平时模式)

本方案提出的突发卫生事件仿真模型包括各类疾病传播模型、药品耗用模型、资源调度模型等,以满足大范围公共卫生事件仿真的需求。

本方案建立一个覆盖全省各级医疗卫生机构的信息化网络,实现突发公共卫生事件的信息采集、传输、存储、危机判定、决策分析、命令部署、预案启动、实时沟通、联动指挥、现场支持等功能的应急指挥与决策系统。

在基础数据采集方面,收集与整合与突发公共卫生事件有关的基础数据、动

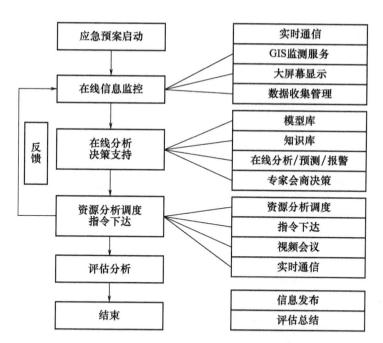

图16-6 亚仿公司突发公共卫生事件应急系统功能(战时模式)

态监测数据,整合已有数据资源,对全省范围内的各种基础信息、专题信息以及监测站点传输的信息进行分类汇总,实现对全省范围内各类地形图、专题图、医疗机构及相关企事业单位分布图、各种图像进行输入、编辑、检索、分析、输出等功能。

在预警方面,建立一个分布式可逐级监测和处理全省突发公共卫生事件的仿真预警网络,实现对突发卫生事件的分析、鉴别、预警,向相应级别的政府部门提供预案启动建议。

在资源调度方面,通过系统能对各类医疗卫生资源(包括机构设施、人员、仪器设备、物资等)进行针对特定突发事件的科学调度,充分保障应急所需资源的配置。

在会商方面,利用视频接收设备、通信系统、数据库系统、地理信息系统等设施,为参加指挥的领导、业务人员和专家提供大屏幕显示和信息服务,随时为领导决策提供有效而生动的辅助决策信息。

在决策支持方面,形成一套包括实时监测、科学合理预测、及时有效发布和动态反馈评估等功能的层次结构群决策体系。在高效、科学、合理三方面,实现对突发事件应急处理的决策支持。

16.2.5 城市区域能源在线仿真系统

区域能源系统采用集中供暖、供冷、供电来解决区域能源需求的综合集成系统。区域能源系统由能源站、管网和用户侧系统构成。区域能源系统具有提高能源效率、减少温室气体排放、提高本地可再生能源利用效率、保障能源供应安全等优点。区域能源站集群网络作为能源供应的一大形式,将会是越来越多的行业能源供应的选择,其调控系统颇受关注。面对日益大型化、复杂化的区域能源系统,其规划设计、供需平衡、调度管理、操作控制面临严峻挑战,迫切需要先进的监测、分析及调度管理技术和手段。

本项目通过在线仿真技术、物联网、大数据、人工智能等多类数字化技术的集成融合和创新应用,研发城市区域能源系统在线仿真平台,构建全数字化了的区域能源系统的虚拟孪生体,可在虚拟空间实现对物理对象的分析、预测、诊断、训练等虚拟仿真功能,并将仿真结果反馈给物理对象,从而帮助对物理对象进行优化和决策。通过虚实结合和交互,能够更准确地评价区域能源系统的过去、解释系统的现状、预测系统的未来,为调度管理和操作控制提供科学依据,从而保证区域能源系统安全、高效、经济运行。

亚仿系统总体架构如图 16-7 所示。

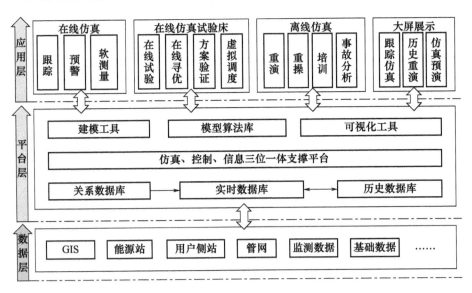

图 16-7　亚仿公司区域能源系统在线仿真平台总体架构

本项目的核心任务是通过对构建全数字化了的区域能源系统的虚拟孪生体。仿真范围包括6座能源站设备工艺系统、区域供冷管网及用户侧板式换热器系统。由于区域能源系统包含大量热力设备和大规模流体管网,在热冷介质的生产、传输、分配和消费等各个环节容易产生种类繁多的运行问题,设备和管网数字孪生模型的精确建立对系统运行特性及能源消耗的研究至关重要。仿真模型建立的基本要求包括:

(1)所有的模型应符合物理学、数学和电力科学的基本定律,严格遵守工质在不同相域的能量、质量、动量守恒定律,如实反映工质的热力学特性,以及传热的惯性现象。

(2)数学模型不仅准确反映各个独立的设备和系统,而且还准确地反映各设备和系统间的相互作用。

(3)模型如实反映各系统及其运行参数在不同运行工况下与变工况时的动态响应特性,能够实现对仿真对象的连续、实时的仿真,仿真效果与实际系统运行工况一致。

(4)模型如实反映各主要水泵的启停和阀门特性以及调节对整个能源系统运行的影响。

(5)管网模型如实反映管网的延迟衰减特性和储能特性。

(6)模型能实现生产系统的各种运行状态:启停、正常运行、事故处理(集控运行规程规定的主要事故处理)的模拟,运行人员的正确操作或误操作,系统能够作出合理的、与实际系统相同的反映。

(7)所建模型能实现生产系统运行规程所规定的各项试验。

(8)具备运行经济性能进行计算并实时显示的能力。

(9)具备对控制系统进行仿真研究以选择最佳的控制方案和动态整定参数的能力和手段。

(10)具备复原、演示现场发生的各种事件以及事件过程中运行人员的处理操作行为,以供事件的分析和研究。

(11)具备完善的运行人员培训功能,提供向受训人员展现正常和故障情况的实际现场运行状态,使运行人员经培训后能熟练地掌握设备启停过程和维持正常运行的全部操作,学会处理异常、紧急事故的技能,提高实际操作能力和分析判断能力,训练应急处理能力,确保设备系统安全、经济运行。

本项目的主要研究内容包括以下几个方面:

(1)区域能源系统在线仿真平台总体架构研究。根据项目特点,分析业务、管理及建设需求，构建分层的总体架构和技术框架，研究各层主体的架构设计、保证系统可靠稳定，指导后续研究。在满足高性能、高可靠和高并发的前提下，支持其他应用的扩展、支持用户弹性配置。

(2) 在线仿真支撑平台技术研究。根据区域能源系统特点，对仿真控制信息三位一体支撑平台、通信接口、模型算法、可视化工具进行针对性研发提升。

(3) 在线仿真系统研发。根据项目特点，构建全数字化了的区域能源系统的虚拟孪生体，仿真范围包括能源站设备工艺系统、供冷管网及用户侧板式换热器系统。在线仿真系统根据对象的运行机理建立高精确度的数学模型，建立能够精确表征实际生产过程的虚拟孪生体，实现物理系统和数字化虚拟体的实时在线交互，在跟踪仿真的基础上实现异常参数预警和软测量功能。

(4) 在线仿真试验床研发。在线试验床是以在线跟踪为基础，根据客户实际需要，将仿真系统的在线跟踪仿真模式切换到在线试验模式，在线仿真试验床能够支持设备系统在线特性研究、热效率优化和动静态配合等深层次优化控制问题的研究。本项目的在线仿真试验床将研发在线试验、在线寻优、虚拟调度和优化方案验证等应用功能。

(5) 离线仿真功能研发。本项目的离线仿真功能包括历史重演、重操和离线分析功能。在离线模式下还提供离线仿真培训功能（如启停、正常操作、故障处理）。

(6) 大屏可视化展示功能研发。大屏可视化系统为在线仿真系统提供集中可视化展示的窗口，系统采用精细设计的可视化界面集中展示区域能源系统的运行现状（跟踪仿真）、重演过去某个时间片段（历史重演）和预测未来某个时间段的系统运作态势（仿真预演）。

本项目所研发的仿真支撑平台技术完全自主创新，为整个项目提供基础和支撑；在线仿真系统建立了能够精确表征实际生产过程的虚拟孪生体，实现了现实物理系统和数字化虚拟的实时在线交互；在线仿真试验床为生产运行优化提供了创新技术手段，实现了在线试验、在线寻优、方案验证和虚拟调度等应用功能；离线仿真系统提供了离线分析、培训功能；大屏展示系统提供了整个系统的集中可视化展示。本项目研发的区域能源系统仿真平台，能够为智慧化综合能源系统提供丰富的数据支持和创新的技术手段，可有效支持区域能源系统的全局优化与管理，充分挖掘系统能效，最大限度节能降耗，提升运营经济性和智能化水平。

16.2.6 基于在线仿真的城市建筑节能优化

近年来,随着传统能源供给日趋化紧张以及环境压力越来越大,绿色建筑、近零能耗建筑等新时代建筑设计思想越来越引起社会的关注。建筑能耗是我国能源消费体系的一个重要部分,同时,也是一种重要的二氧化碳排放源。据统计,我国社会总能耗约三成来源于建筑,而建筑能耗的一半来自采暖、通气、空气调节及相关系统,这意味着,暖通空调行业占社会总能耗的比例约为15%。这也意味着加强暖通空调系统节能减排方面的研究是势在必行的大趋势。

与设备更换或改造为主的常规节能措施不同,本方案以仿真控制信息系统的信息共享为基本出发点,以"科英"三位一体支撑平台为基础平台,通过仿真、控制、信息系统信息共享,为解决建筑物能源系统智能控制、智慧管理这样的复杂问题,提供了最佳途径:通过在线仿真可以实时计算和预测系统运行状态,为控制、调度提供基础素材;以此为基础,在线决策控制实现系统运行状态的优化;基于这些丰富、实时的数据,实现能源智慧管理、调度决策支持。

基于在线仿真的建筑节能优化系统的技术路线如图16-8所示。

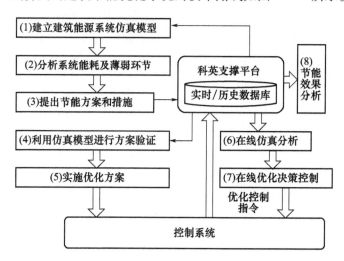

图16-8 基于在线仿真的建筑物节能优化系统技术路线

具体实施的技术路线可分为以下几点:
(1)通过建立酒店能源系统仿真模型,分析能耗情况及薄弱环节;
(2)基于分析基础之上,提出针对性的系统节能方案;
(3)对节能方案进行仿真验证,保证实施方案节能措施可行,节能效果明显;

(4) 通过对耗能设备的在线优化决策控制,有效地节省主机消耗的能量;

(5) 提供系统参数异常甄别,实现预警、预报,让管理人员能尽快采取行动,减少事故带来的损失;

(6) 提供不同时段、不同工况下,能源系统控制策略的自动寻优,使系统的运行能维持在最佳点;

(7) 利用历史数据预测入住率、能源需求等信息,实现提前管理和预控;

(8) 提供对能源系统节能效果的评估分析,使系统节能效果一目了然,保证投资方利益。

16.3 本章小结

智慧城市作为数字技术与数字经济融合应用的重要载体,是各地高质量发展的工作重点,根据《中华人民共和国国民经济和社会发展第十四个五年规划和2035年远景目标纲要》专题论述数字化发展,提出"分级分类推进新型智慧城市建设",把智慧城市作为数字中国建设内容,成为数字化发展的重要举措。

从技术方面,为了实现上述目标,中国应使用自主可控的支撑智慧城市建设的底层支撑平台,以防在发展的关键时期被卡脖子。为此,要加快组织力量,举全国之力,强化亚仿科英平台提升,快速推广应用。

第17章 重大工程数字仿真验证——澳门内港挡潮闸工程实时数字仿真验证工程

17.1 概 述

智慧城市建设依托数字孪生技术,而数字孪生的核心技术是系统仿真技术,是一项基于仿真的系统工程(simulation-based systems engineering)。

澳门内港挡潮闸工程实时数字仿真验证项目在2021年取得成功。本项目的实施过程构建了澳门城区、周边水域、排水管网、水工建筑、江、河、湖、海等数字虚拟体。在强大的支撑仿真和验证的大型软件支撑系统的全面支持下,进行8种地形、22种可变的工况,25项验证400多次试验取得精准可靠的数据,为澳门特区政府做决策参考。为澳门讨论应急风险和智慧澳门打下坚实的基础。

从总体设计、理论依据、建模方法、验证方法、数据处理、3D建模、可视化能力等方面都能达到世界大型工程仿真验证工程的国际先进水平。

2017年8月23日,澳门遭受自1953年有台风观测记录以来影响澳门最强台风"天鸽"的正面袭击,直接经济损失83.1亿元(澳门元),间接经济损失31.6亿元(澳门元)。

面对突如其来的灾害,澳门特区政府和社会各界在习主席和中央人民政府的关怀与支持下,在"一国两制""澳人治澳"高度自治方针的指引下,为澳门更加繁荣稳定,澳门特区政府和澳门同胞迎难而上,为提升澳门防灾、减灾、救灾的水平积极行动,研究推进一系列的项目可行研究的实施准备,其中澳门内港挡潮闸项目的可行性研究和建设实施就是其中重要一项。

2020年1月20日澳门特区政府官员视察亚洲仿真控制系统工程(珠海)有

限公司,并考察、调研挡潮闸仿真验证的技术。2020 年 2 月 20 日由国家仿真控制工程技术研究中心、亚洲仿真控制系统工程(珠海)有限公司提出《澳门内港挡潮闸工程实时仿真项目建议书》。2020 年 3 月 5 日,澳门政府提出"项目仿真需求"。2020 年 3 月 11 日发出对亚洲仿真控制系统工程(珠海)有限公司的邀请,发布一份邀标书(投标截止时间为 2020 年 5 月 28 日中午 12 点)。经过投标、评标过程,2020 年 6 月 3 日澳门土地工务运输局将澳门内港挡潮闸实时数字仿真验证项目判给了亚洲仿真控制系统工程(珠海)有限公司。2020 年 8 月 4 日正式签署委托合同。

在整个项目设计和实现的过程中,数字仿真项目组的指导思想、技术路线和对项目的认识可归纳为以下几点:

(1)数字仿真项目组的指导思想源于认真学习和领会习主席、党中央和中央人民政府发展澳门的思想方针以及澳门特首贺一诚的发展纲要,深切领会发展澳门特区的历史和现实意义。反复教育项目组坚持科学的态度,加强责任感,自觉做好本项目的每个环节的工作。

(2)数字仿真项目组反复认真学习和理解澳门特区政府对实时数字仿真验证工作的需求,见《2020-0305 内港挡潮闸仿真工作需求说明》,从整体思想上抓住全域,结合具体环境通过框图、结构图、表格、动图、视景等各种形式,把澳门政府的需求落实到总体设计报告和验证报告上,使验证实验涵盖了 4 种地形、5 种以上工况,200 多次实验。

(3)数字仿真项目组认真学习可行性研究报告和专项报告,深入领会设计思想和数据来源、数据引用、计算公式选用、分析角度、试验方法、取得结论的依据等。在学习和领会的基础上设计仿真验证实验。在此过程中得到设计单位的帮助和支持。

(4)数字仿真项目组从建议书、投标书、总体设计报告、数字仿真模型设计到仿真验证报告设计其设计思想和目标在当前(2020 年)仿真技术、计算机技术、信息技术、三维模型技术、地理信息系统技术、视景技术、平台技术快速发展的基础上构思整个验证系统(即被仿真对象的虚拟体)。建立达到世界先进水平的验证系统,以支持决策和地区深入发展研究。

(5)数字仿真项目组通过该项目的实践,深深认识到数据是项目成功的关键。尤其地形数据的正确性极大影响仿真运算精度。首先遇到数据收集困难,因为数字仿真需要大量资料,平时一般人不需要关注的资料,对于仿真而言却很重要。即使有资料,标准又不统一,或存在各种形式,如原始设计图纸或设计已修改但图纸未修改。涉及水工建筑的类型多,水闸、堤围、桥梁、填海区、潮位站建筑物等。造成三维建模、地理信息数据处理的工作量大。甚至影响验证地区,如洪湾水道、磨刀门、近海周边地形等,也因国家保密制度而难以获取。因此项目组50%以上工作量在收集或寻找数据、分析数据、处理数据、研究假设和简化的方法等,增强了数据意识和敏感度。

(6)数字仿真项目组深刻体会到自主知识产权的仿真与验证的支撑平台是验证的关键核心技术。功能强大的支撑平台,支撑了仿真系统设计、分调、联调,支撑可视化的数字记录与分析,支撑了多地形、多工况、多初始条件、多运算方案的快速比较、分析与修改。因此,功能强大的支撑平台是完成项目的根本保证。

(7)数字仿真项目组充分认识到项目研究对象是庞大复杂的巨系统,多参数、多变量交叉影响,是典型的系统仿真的研究对象。因此,选择了系统仿真的理论来设计调试方法。

2021年3月17日"仿真验证总结报告"送审,2021年5月20日收到0791/DINDHS/2021文件审查确认,土地工务局要求增加新地形即V5、V6、V7、V8地形,增加新工况1至工况14。2021年6月8日经巨大量的地形数据处理和调试后,开始进行验证,2021年6月19日验证结束,并于2021年6月21日完成验证报告。

在整个实时仿真验证项目执行过程中,收集资料的工作量巨大,我们得到了澳门特别行政区行政长官办公室、土地工务运输局、地图绘制暨地籍局、地球物理暨气象局及海事及水务局等澳门政府部门以及珠海市和中山市政府有关部门的大力支持。特别是中水珠江规划勘测设计有限公司提供大量资料和咨询帮助,在此表示诚挚的感谢。

17.2 仿真验证的技术基础

仿真验证工作,是在系统工程理论、系统仿真理论和技术指导下,充分了解、分析、熟悉被仿真的对象和系统,并建立全物理过程的仿真模型系统,把对象数字化,形成被仿真对象的虚拟体(孪生体)。在仿真与验证平台支撑下,在可控条件下,多次重复研究对象。把对象置于各种工况、条件下进行试验,反复讨论多因素、多变量关系中的纵横交错系统,并对系统进行研究分析和验证。实现实时数字仿真验证应具备以下的技术基础。

17.2.1 相关概念

实时数字仿真模型系统从建议书一开始把本项目的名称定为"澳门内港挡潮闸实时数字仿真验证",它包括了以下的内涵:

1. 系统

系统是指具有某些特定功能,按照某些规律结合起来,互相作用,互相影响,互相依存的所有物体的集合或总和。因此系统具有两个基本特征:第一,系统具有整体性,它的各部分不可分割。第二,系统具有相关性,其内部各物体相互之间以一定特定规律联系着,它们的特定关系形成了特定性能的系统。一般来说,系统是随时间演化的,表征系统在某个时刻的状态的参量集称为状态参量。由存在系统内部的实体、属性和活动组成的整体称系统状态。处于平衡状态的系统称静态系统,随时间不断变化的系统为动态系统。

大系统、复杂系统是指规模庞大、功能结构复杂、交联信息多的系统。分析、研究、设计这种系统的基本理论是大系统理论。

本项目面对的研究对象,首先是个系统而且又是典型的巨大、巨复杂的系统。系统的复杂性体现在复杂环境、复杂对象、复杂任务。因为它关系到台风、陆地、海底、水动力、风暴潮、河流、海岸、海潮以及大量不同类型的水工建筑等,并在极端不利天气环境下研究和分析。因此,所选择的研究技术是系统仿真。

2. 系统仿真

系统仿真是以相似原理、系统技术、信息技术及其应用领域有关专业技术为基础,以计算机为工具,利用真实对象,对系统的模型或设想的系统进行研究的一门多学科综合性技术。因此,系统仿真的技术在复杂工程系统的分析、设计、验证的研究中已成为不可缺少的工具。

不管系统多么复杂,只要能正确建立起系统的模型,就可以利用仿真技术对系统进行充分研究。仿真模型一旦建立,可以重复使用,而且改变灵活,便于修改,经过仿真逐步修正,从而深化了对系统内在规律和外部联系及相互作用的理解,并使模型系统处于科学控制和管理之下进行研究、分析。

因此,本项目的第二阶段任务就是建立数字仿真模型系统,关键建立了完整的系统概念去研究和理解系统。建立系统概念的目的是为了掌握系统运动规律,不仅定性地了解系统,还要定量地分析。其最有效的方法是在计算机上运行数字模型。鉴于上述,理论依据正确。

3. 系统模型

系统模型是对实际系统的一种抽象,是系统本质的表述,是对客观真实系统反复认识、分析,经过多级转换整合等形成最终的结果,它具有与真实系统相似的数字关系和物理属性,以各种可视化的形式,表现最终结果。

正确的建模十分重要,可以更深刻、更集中地反映真实系统的主要特性和运动规律,从而达到实体抽象,而且能在可控之下多次、重复研究。在某种意义上,建立正确、有效的系统模型优于实际系统试验的能力。概括起来两个作用:提高人们对现实系统的认识;提高人们对现实系统的决策能力。因此,系统模型是完成本项目验证极为重要的基础。系统模型是由诸多各种类型、各种规模的分系统模型组成。建模中所遵循的主要原则是:详细程度和精确程度必须与研究的目的相匹配,要根据所研究问题的性质和所要解决的问题来确定对模型的具体要求。

4. 对系统的研究与仿真模型

对系统研究的方法见图17-1。在此着重分析什么是仿真模型。仿真模型的应用,是当实际系统相当复杂,从而其有效的数学模型也相当复杂,不可能直接解析求解,这种情况下,对模型的研究必须用仿真的方法,即把数学模型按照一定算法转换为仿真模型,在具备相当速度和存储空间的计算机上运行数学模型,并在可控条件下对模型进行数字实验。对模型加入输入量,观察其输出的变化,通过改变外部参数、率定参数、初始条件等,研究各种需要解决的问题。

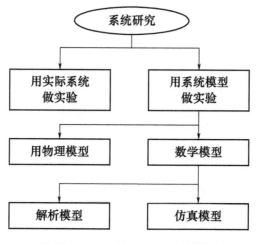

图17-1 对系统研究与仿真模型

5. 实时仿真

数字计算机仿真(digital computer simulation)如根据仿真时钟与实际时间的比较来分类,又可分为实时仿真、超实时仿真和欠实时仿真。本项目系统属实时仿真系统。

实时仿真技术要点是:

(1)由于实时仿真系统中,数学模型对操作的反应时间应与真实系统的反应时间相等,因此,对计算机实时能力的考虑就显得十分重要,包括计算机运算速度、容量、数据传送时间、I/O驱动能力的指标等都是实时仿真系统成功运行的物质基础,但又不可能无止境增加。因此,要保证实时运行,就应选择适当的硬件系统,确定适当的仿真范围和指标要求。

(2)仿真支撑软件系统是实时仿真系统的关键技术,由于实时仿真系统对时间的标尺以及实时响应有严格的要求,而且一般情况下系统庞大,更迫切需要仿真支撑软件系统来支撑实时仿真系统的实现,即支撑实时数据库管理,在实时环境下的调试、运行I/O驱动,在实时环境下的人为介入,以及支撑在线的软件修改和扩充。

(3)本项目的每个模型系统都属于实时仿真系统,其分调、联调都在实时环境下实现。

(4)本项目实现了多种方式组织仿真模型在实时环境下可靠运行。

6. 数字仿真虚拟体

通过分系统建模调试,对数学模型反复试验,以及实际全系统联调后形成有效的,符合精度要求的,能反映真实系统静态、动态的特性,是数字化了的真实对象,即真实对象的数字仿真虚拟体。在此基础上可有效的根据各类要求进行研究和验证。

鉴于上述,已从1.到6.阐述了实时数字仿真验证的内涵。

17.2.2 建立正确的仿真验证系统架构

项目实时数字仿真验证系统组成如图17-2所示。

17.2.3 强大的仿真与验证支撑平台

支撑平台拥有强大功能,支撑开发、调试、在线修改、运行和多种可能,实时历史数据库、关系数据库和一系列工具软件,以及支撑验证的组织管理、各种资料数据调用,分析比较,计算统计等。

第 17 章 重大工程数字仿真验证

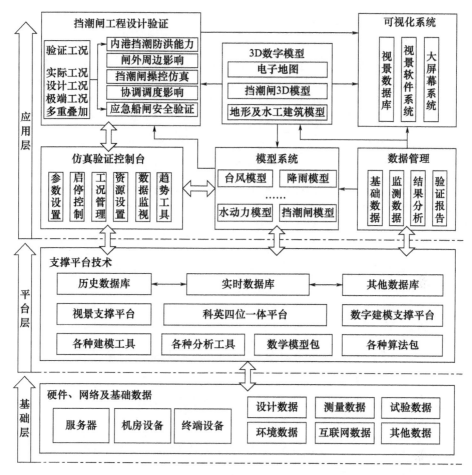

图 17-2 项目实时数字仿真验证系统组成

各模型完成调试后,集成到科英仿真平台,利用平台的能力把模型联合运行,即形成仿真虚拟体。同时可以快速、方便的设置仿真初始条件和参数,可自动化反复运行仿真模型,管理仿真涉及的各类数据。

仿真与验证平台的支撑构成如图 17-3 所示。

友好的人机交互、虚拟体仿真系统、数据库系统在支撑平台组织与管理下有效协调工作。

极端条件设置用于配置进行极端条件仿真需要的参数。验证条件设置用于生成和管理挡潮闸验证仿真的初始条件和边界条件。验证项目设置用于挡潮闸仿真验证的运行、数据分析和数据管理。数据管理系统用于平台所有数据的系

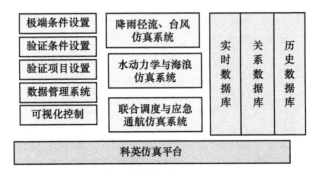

图 17-3 科英挡潮闸仿真与验证平台支撑构成示意图

统化管理。可视化控制用于呈现仿真数据。

　　降雨径流、台风仿真系统,水动力与海浪仿真系统,联合调度与通航仿真系统依据用户设置的验证条件,在科英仿真平台的管控下联合运行,仿真挡潮闸在验证条件下产生的种种影响,并依据验证项目的要求做出评估。

　　实时数据库支撑仿真实时运行的数据交互,关系数据库支撑整个仿真平台的数据管理。

　　科英仿真平台支撑模型的调度、时间的推进和数据的交互。

　　(1) 支撑仿真模型开发、调试、实时运行;

　　(2) 支撑仿真验证工作:工况、地形、验证条件的设计、历史实时据调用、试验数据整理分析、可视化记录、出报告。

　　总之,支撑平台支撑了验证过程的一切需求,保证了验证质量和效率。

　　仿真支撑软件结构简图如图 17-4 所示。

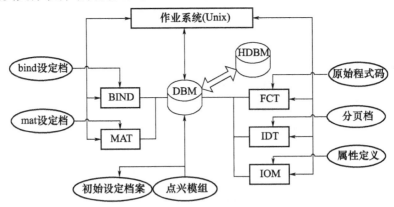

图 17-4 仿真支撑软件结构简图

支撑软件的运行环境简图如图 17-5 所示。

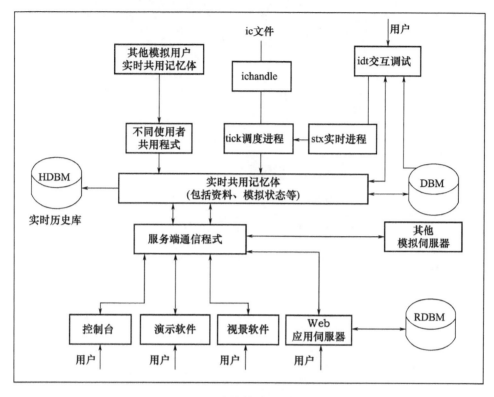

图 17-5　支撑软件运行环境简图

17.2.4　地理信息系统技术支撑验证项目的实现

针对各种年代,各种类型的数据创造了一套高效的处理方法,支撑了验证地形的基础,确定验证的可信度。

由于本系统所建立实时数字仿真模型,其地理位置正确定位、坐标选择、坐标转换、地图的融合等数据的处理及其处理的成果对仿真模型系统的有效性、可信性有重大的影响。因此科学细致地用好地理信息系统技术是本阶段的重点,也是技术难点。其地形数据处理技术举例如下:

17.2.4.1　数据分类整理筛选

(1) 卫星遥感数据(图 17-6)。

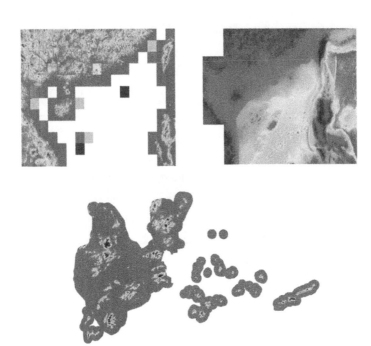

图 17-6 卫星遥感数据

(2) DEM 数据(图 17-7)。

图 17-7 DEM 数据

(3)CAD 数据如图 17-8 所示。

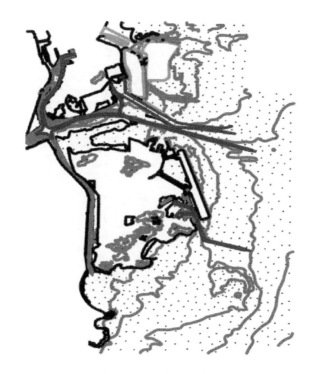

图 17-8　CAD 数据

(4)挡潮闸数据如图 17-9 所示。

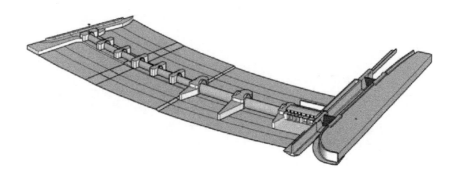

图 17-9　挡潮闸数据

(5) 注记数据如图 17-10 所示。

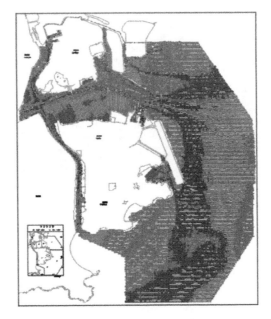

图 17-10　注记数据

17.2.4.2　数据结构标准化

地形数据属性标准化如表 17-1 所示。

表 17-1　地形数据属性标准化

属性	
波段数	
像元大小（X,Y）	
未压缩大小	
格式	属性标准化：
源类型	波段数、像元大小、格式、像素类型、像素深度、坐标系等
像素类型	
像素深度	
NoData 值	
色彩映射表	
金字塔	

行政界限数据属性标准化如图 17 - 11 所示。

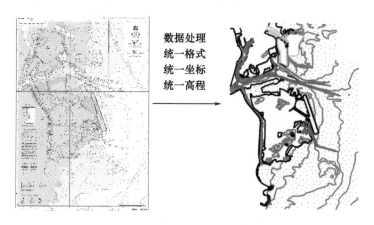

图 17 - 11　行政界限数据属性标准化

属性标准化：
波段数、像元大小、格式、像素类型、像素深度、坐标系等。

17.2.4.3　数据矢量化

数据矢量化如图 17 - 12 所示。

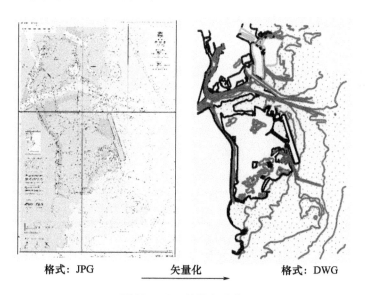

图 17 - 12　数据矢量化

17.2.4.4 依据二维数据进行水工建筑三维建模(图17-13)

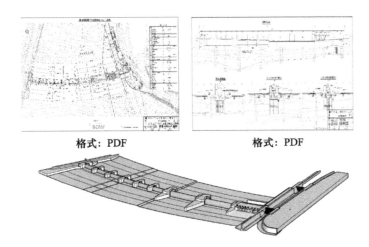

图17-13 依据二维数据进行水工建筑三维建模

格式:符合 IFC 标准的三维模型格式。

17.2.4.5 数据清洗

数据清洗如图17-14所示。

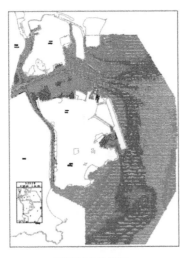

清洗图中的桥梁

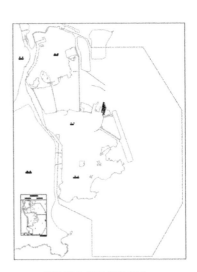

清洗图中的无用的部分

第17章 重大工程数字仿真验证

清洗图中的桥梁

清洗图结果

图 17-14 数据清洗

17.2.4.6 数据比对及去重(图 17-15)

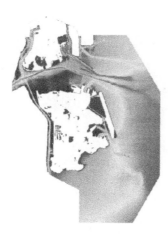
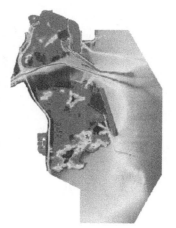

图 17-15 数据比对及去重

17.2.4.7 数据裁切

(1)矢量图切图,如图17-16所示。

格式:DWG→　　　格式:TIN→　　　格式:TIFF→　　　剪切周边无数据

图17-16　矢量图切图

(2)DEM数据裁切,如图17-17所示。

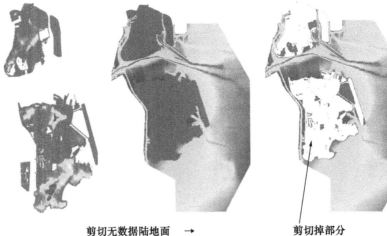

剪切无数据陆地面　→　　　剪切掉部分
澳门陆地　　　　澳门近海　　　澳门近海剪切陆地数据结果

图17-17　DEM数据裁切

(3)影像数据剪切,如图 17-18 所示。

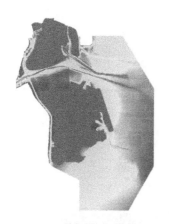 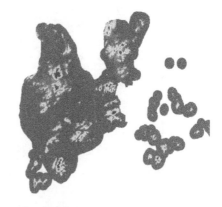

剪切周围无数据栅格 → 剪切珠海陆地 → 珠海陆地

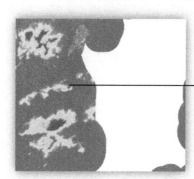 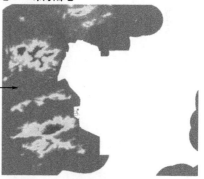

澳门剪切珠海数据结果

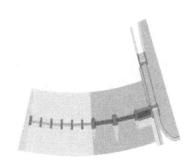 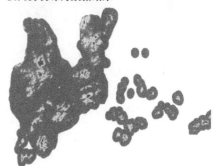

挡潮闸→剪切→澳门融合珠海结果

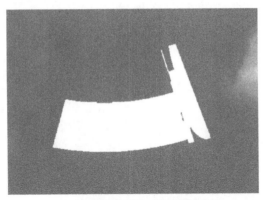

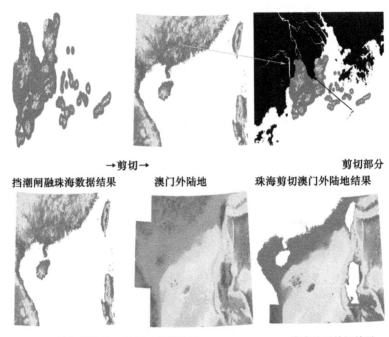

图 17-18　影像数据剪切

17.2.4.8　数据高程转换

将以下数据统一高程,如图 17-19 所示。

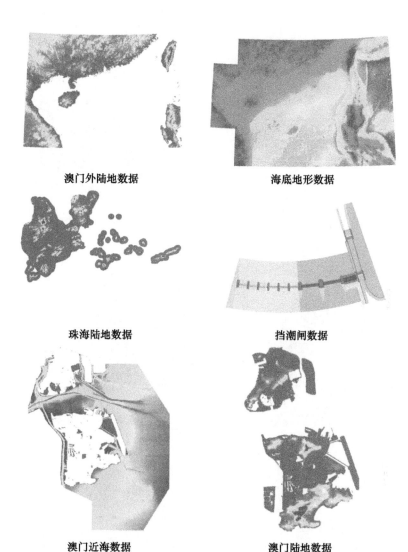

图 17-19 统一数据高程

17.2.4.9 数据坐标融合转换

数据源的坐标系统不一致,首先需要进行坐标系统转换,使得数据源可以在统一的空间基准下准确套合。经过坐标系统转换的数据源在平面位置上存在误差时,依据精度较高的数据源对精度较低数据源进行几何纠正。最终将所有文件坐标统一转换为科英平台指定项目使用的坐标系统。

17.2.4.10 数据格式融合转换

(1) 矢量数据转换为 shp 或 gdb 格式，如图 17-20 所示。

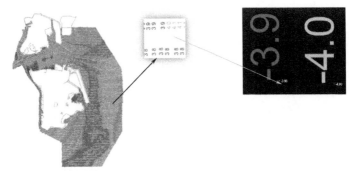

格式：DWG →数字高程生成高程点→格式：DWG→

→格式：shp→   →格式：TIN→   →格式：TIFF

图 17-20 矢量数据格式转换

(2) 影像数据格式转换为 TIFF 格式，如图 17-21 所示。

 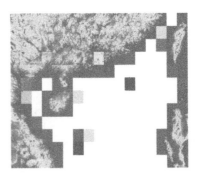

GRID格式转换TIFF   SRTMHGT格式转换TIFF

图 17-21 影像数据格式转换

(3)水工建筑 BIM 数据转换为符合 IFC 标准的格式,如图 17-22 所示。

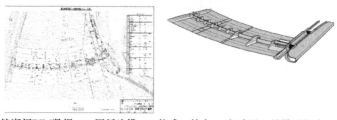

挡潮闸BIM数据→图纸建模→格式:符合IFC标准的三维模型格式→

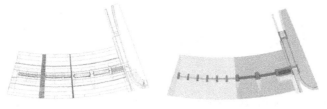

格式:shp→　　　　　　　格式:TIFF

图 17-22　水工建筑 BIM 数据转换为 IFC 标准的格式

(4)TIFF 格式数据融合,如图 17-23 所示。

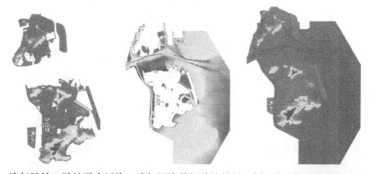

澳门陆地→陆地融合近海→澳门近海剪切陆地结果　澳门陆地和近海融合结果

澳门陆地和近海融合结果→融合珠海陆地→澳门剪切珠海结果　澳门融合珠海数据结果

挡潮闸→融合珠海陆地→挡潮闸剪切澳门珠海数据结果　　挡潮闸融合珠海数据结果

澳门融合珠海结果→融合→珠海剪切澳门外陆地结果　　珠海融合澳门外陆地结果

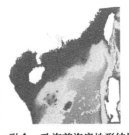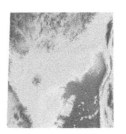

珠海融合澳门外陆地结果→融合→珠海剪海底地形结果　　最终融合结果

图 17-23　TIFF 格式数据融合

17.2.5　拥有系统建模技术和形成对象仿真虚拟体

建模的任务是为了实施挡潮闸项目各个验证任务,构建所有相关对象、相关过程的仿真模型及初始条件。即:

(1)依据科学理论和测量数据,建立仿真模型;
(2)基于科英平台,将仿真模型联合成对象的虚拟体;
(3)对虚拟体进行验证、调校,确保准确、可信。

17.2.5.1　挡潮闸验证需要的仿真模型

验证任务的主体是挡潮闸在极端条件下挡潮作用的仿真评估。其仿真对象可分为三个部分,分别是挡潮闸区域、潮水和周边区域。挡潮闸区域和周边区域由建筑和地形组成,与潮水相互作用,潮水则受到天体运动、地形、建筑、风力、径流与排水的影响,其相互关系如图 17-24 所示。

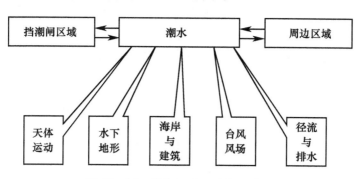

图 17-24 挡潮闸验证对象关系图

依据对象关系图,需要建立的仿真模型包括:
(1)挡潮闸等相关建筑的三维模型,并配准到地形;
(2)对象区域的地形,包括陆地、河道、海底等;
(3)天文潮模型;
(4)台风模型;
(5)降雨模型;
(6)径流与排水模型;
(7)水动力学与海浪模型。

其中水动力模型计算水位,海浪模型计算海浪能量谱特性,二者综合得到风暴潮水位,以此评估挡潮闸作用。其他模型作为水动力学与海浪模型的条件或输入量。

17.2.5.2 挡潮闸验证仿真模型的构建和验证

(1)挡潮闸等相关建筑的三维模型。这部分模型包括挡潮闸、大型桥墩、堤岸、港口、填海区等。构建方法是依据设计数据或测量数据,建立三维模型,生成表面模型,然后选择控制点,通过控制点将三维模型导入具有所需参考坐标系和高程标准的地理信息系统,然后转化为水动力模型要求的格式。

模型采用人工验证,抽选特征点、特征参数进行比对。

(2)对象区域的地形,包括陆地、河道、海底等。这部分模型包括全澳数字高程模型、周边地区数字高程模型、全澳水下地形、周边水下地形、水动力仿真范围内的海底地形等。构建方法是将各地形数据的参考坐标系转换到WGS84UTM49N,将高程基准转换为澳门MSL,然后转化为水动力模型要求的格式。

模型采用人工验证,抽选特征点进行比对。

(3)天文潮模型。这部分模型包括研究范围内地月日运动导致的潮汐模型。构建方法是依据研究范围内海面水位长期监测的数据,建立海水水位、流速的模型。

模型采用潮位站数据对比的方法验证,选择有代表性的潮位站,选择没有台风和强降雨时期的数据,与天文潮模型的输出比对。

(4)台风模型。这部分模型是基于藤田-宫崎正卫的经验公式建立的。包括风场、最大风速半径模型等。路径、中心气压等台风特性参数采用的是国家气象局发布的台风最佳路径资料集。

模型采用气象站及卫星监测数据对比的方法验证,选择有代表性的气象站,选择典型强台风时期的卫星数据,与台风模型的输出比对。

(5)降雨模型。这部分模型包括日降雨概率模型、降雨数学模型。构建方法是依据关键气象站长期监测数据,将每年分多个区段,按照不同特性的时期分别用统计学的方法建立日降雨量概率模型;依据有代表性的暴雨历时参数模型和统计学方法,优选暴雨历时模型。

日降雨量分布模型采用统计分析的方法验证,对比仿真数据和气象站测量数据的统计特性及最大量、总量。暴雨历时模型采用仿真数据与实际暴雨过程测量数据比对的方法验证。

(6)径流与排水模型。这部分模型包括澳门内港区域的排水模型、澳门其他区域的排水模型、其他汇水区域径流等。构建方法是澳门内港区域依据雨水收集和排水管网系统建立对应的模型;澳门其他区域依据雨水收集和排水管网系统作一定综合建模;其他汇水区域依据水系构成按汇水区建立模型。

模型采用数据比对的方法验证,选取孤立降雨时间,比较入河或入海排口流量的模型输出与监测数据,缺乏流量监测数据的区域比较降雨总量与排水总量,检查径流系数是否合适。

(7)水动力学与海浪模型。这部分模型包括研究区域内海水及河口的水动力学与海浪模型,包括潮汐模型、台风影响模型、水工建筑影响模型等。构建方法是基于浅水二维水动力学方程,采用有限元方法求瞬态解,并与能量谱方程耦合。首先采用有限元形式对海洋区域进行离散化,将研究区域依据验证需求划分不同网格密度层次,完成网格后与对应的数字高程模型结合;然后设置各类边界,设置边界条件、初始条件。模型推演过程中,与风场模型、潮汐模型、海浪模型进行耦合。

模型采用数据比对的方法验证,以典型风暴潮时期的监测数据为主,以日常监测数据为辅,选取典型潮位站的数据比对水位时间过程和海浪监测数据。

17.2.5.3 模型系统运行的工况设计

1. 建立在强大的仿真验证支撑平台下运行的仿真对象虚拟体是实现验证的根本

"澳门内港挡潮闸实时数字仿真验证"系统它具有"系统"的两个重要概念:第一,系统具有整体性,它的各个部分不可分割;第二,系统具有相关性,其内容各物体相互之间以一定特定规律联系着。这种特定关系就形成了特定性能的系统。而且该系统又是规模庞大,功能结构复杂,交联信息多的系统,是典型的巨复杂大系统。因为它关系到台风、陆地、海底、水动力、风暴潮、河流、海岸、海潮、海浪、各类水工三维模型、各种地形。是依靠大系统理论进行设计、研究和分析各种工况的复杂组合。

验证的基础是通过建立仿真模型过程分调、联调和设计,测试所有系统模型的接口的过程使仿真对象(气象、水文、水工建筑等)全部数字化、模型化,形成仿真对象的虚拟体(孪生体)。以数字化了的仿真对象在强大功能的仿真支撑平台的支撑下实现实时运行,并经过有实测数据的(天鸽、山竹)台风工况的反复重演、验证,使系统计算精度合格,可信度高。在可控的条件下实现上百、上千次的精细试验和分析,研究各种静态与动态特性。

鉴于上述,建立在强大仿真验证支撑平台下实时运行的虚拟体是实现项目仿真验证的根本。

2. 工况设计是在仿真对象虚拟体在仿真验证平台下运行的必要条件

(1)工况设计,是用来设计仿真对象虚拟体的运行条件。理论上,只要验证目标需要,怎么设计工况都是合理。

(2)工况设计原则,至少有以下几项:历史工况参考;有实测数据参考;由于分析、研究目标出发,提出对各种不利情况组合或需要用仿真对象去研究应急措施的;在书本中、资料中找不到的,又需要研究的特性又需研究分析的问题,可以设计特殊工况研究。

(3) 工况设计可用多种地形配合，可以与现实地形配合试验，也可以与规划性地形配合，也可以用于讨论规划的合理性。

(4) 验证 16 到验证 25 的对应工况设计，是经过 2021 年 3 月 17 日以来的多次会议讨论和文件的确认形成"新工况 1"到"新工况 14"。

17.2.5.4 仿真虚拟体的验证

为了确保挡潮闸仿真验证的可靠性，利用"天鸽"台风期间大量的测量数据，应用仿真虚拟体重演这一事件的关键过程，比较仿真数据和测量数据，从而评估仿真虚拟体的准确程度。

用潮位站实测数据进行验证，估计误差范围，评估可信度。

主要步骤有：

(1) 生成并验证"天鸽"期间降雨径流数据；

(2) 生成并验证"天鸽"期间台风风场数据；

(3) 生成并验证"天鸽"期间天文潮数据；

(4) 生成并验证"天鸽"期间风暴潮数据；

(5) 生成并验证"天鸽"期间海浪数据；

(6) 全模型误差统计分析。

通过以上技术路线的实施，建立了基于挡潮闸评估相关对象虚拟体系统的科英挡潮闸仿真平台，同时建立了挡潮闸评估的基础数据库和条件数据库。数据和模型经过实测数据的验证，可以用于挡潮闸仿真验证工作。

17.2.6 可视化技术在本项目的应用

仿真验证项目，涉及 8 类地形、22 种工况、27 项地理信息和三维模型，构成复杂的巨系统。计算量大，支撑计算过程的实时数据库，拥有几百万个点，支撑建模、比较、分析等各项研究的历史数据数亿记录。因此，在编程、调试、联调、验证、研究过程都需要高端可视化技术。本项目应用了以下几项：

(1) 应用视景技术，实时在线的与整个数学模型联接，使实时验证过程能直观演示出来，感觉深入其境。开闸效果图如图 17-25 所示，关闸效果图如图 17-26 所示。

(2) 用动画技术表现了需要验证点的演算过程。风暴潮重演动画如图 17-27～图 17-34。

第 17 章 重大工程数字仿真验证

图 17-25 开闸效果图(见书末彩图)

图 17-26 关闸效果图(见书末彩图)

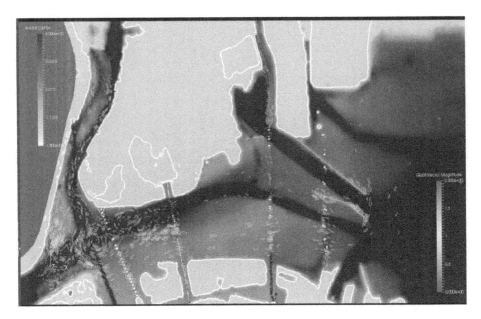

图 17-27　风暴潮重演动画 1（见书末彩图）

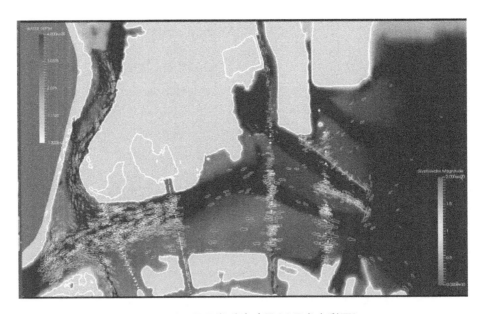

图 17-28　风暴潮重演动画 2（见书末彩图）

第 17 章 重大工程数字仿真验证

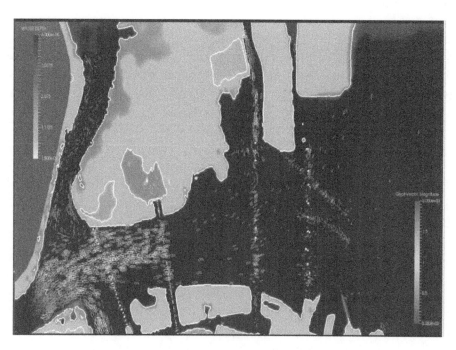

图 17-29 风暴潮重演动画 3（见书末彩图）

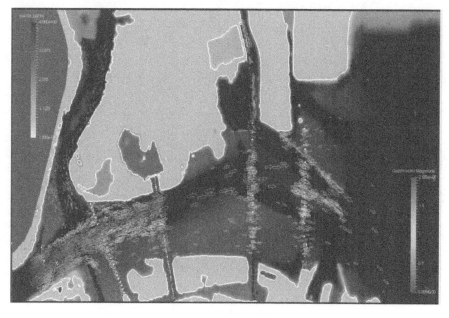

图 17-30 风暴潮重演动画 4（见书末彩图）

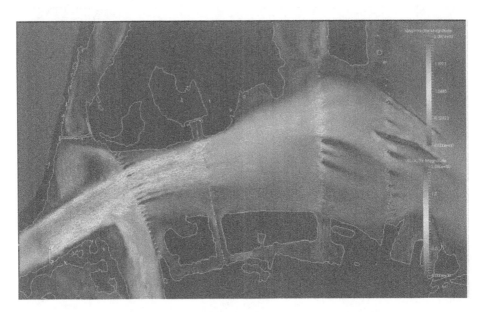

图 17-31　风暴潮重演动画 5（见书末彩图）

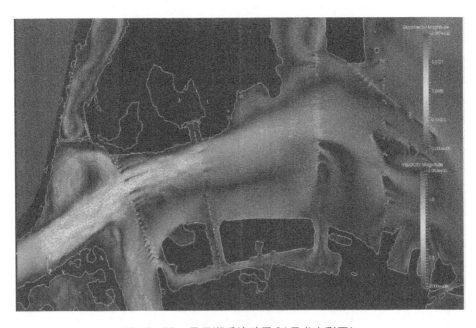

图 17-32　风暴潮重演动画 6（见书末彩图）

第 17 章 重大工程数字仿真验证

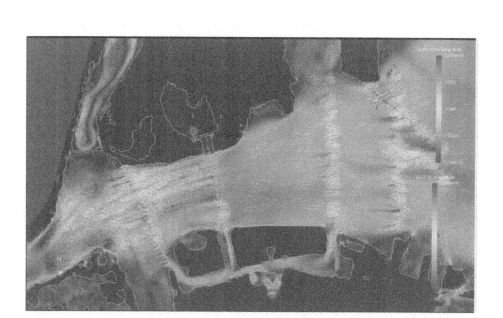

图 17-33 风暴潮重演动画 7（见书末彩图）

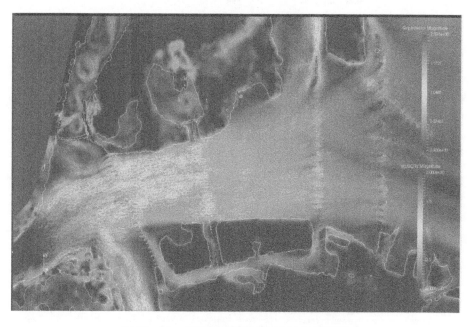

图 17-34 风暴潮重演动画 8（见书末彩图）

(3)自动作图系统支撑大量的数据分析,见图17-35风速仿真值与实测值比较曲线。

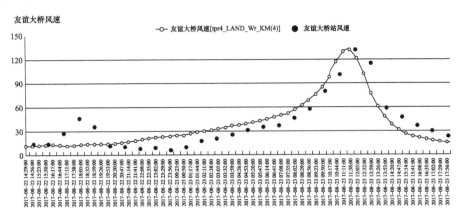

图17-35 风速(单位km/h)仿真值与实测值比较曲线图

(4)制作与数据相结合的视频介绍系统和验证过程。

17.2.7 友好的操作界面的仿真验证控制台

本系统仿真验证控制台是仿真验证的指挥台,可实现可控之下的各项验证研究。也可以在线随机设定新验证内容,实现系统的或局部的现象和问题研究。控制台又能访问系统动态运算过程的实时数据库中的点,实现在线分析,控制台的操作界面如图17-36~图17-39所示。

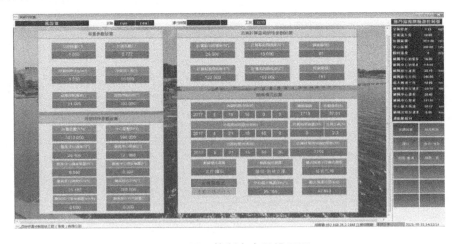

图17-36 控制台台风设置页

第 17 章 重大工程数字仿真验证

图 17-37 控制台首页(见书末彩图)

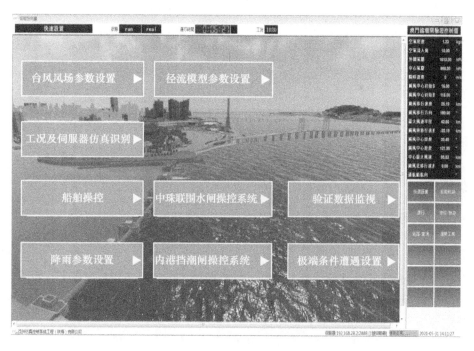

图 17-38 控制台快速设置页

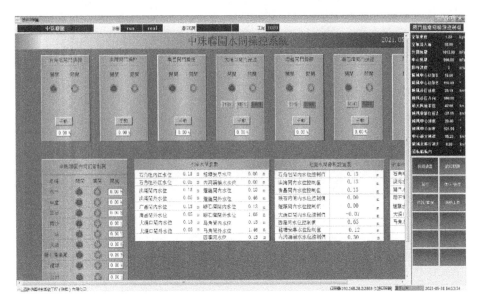

图 17-39　控制台中珠联围控制页

17.2.8　质量控制体系，ISO9001 控制项目全过程

（1）控制了收资、分析、选择、使用数据。忠实记载了项目全过程的资料使用情况。

（2）建议书、标书、总体设计、建模、分调、联调、验证全过程，确保了仿真验证工作的质量和工期。

（3）应用差异报告（即 DR 报告）记录了开发全过程遇到的问题和解决方案。

17.2.9　精准的重演是验证的基础

在数字仿真模型系统联调之后，继续精准的调试，使系统模型可信、可用，能作为验证的基础，为此进行了大量的测试。以"天鸽""山竹"台风的实测数据作标准，与仿真系统分别重演"天鸽""山竹"台风工况所取得的数据作比较。

多次反复实验的结论证明，数字仿真模型系统是可信、可用、精准的。

17.3 验证结果

17.3.1 项目基本情况

2017年澳门遭受强台风"天鸽"的正面袭击,造成重大损失。之后,澳门委托内地设计院开展澳门内港挡潮闸工程可行性研究报告工程勘察及专题研究工作。鉴于内港挡潮闸具有重大民生意义,澳门特别行政区政府在工程可行性研究的基础上,于2020年提出对挡潮闸的实时数字仿真验证要求,应用现代技术,验证挡潮闸在各种极端天气条件下的挡潮排涝能力和周边影响。验证结果对挡潮闸的兴建提供重要的科学支撑。

在工程可行性研究阶段,学术单位已按比例建立1∶100的挡潮闸实体模型,但气候和水利环境复杂多变,实体模型始终有所局限。仿真技术是解决巨复杂问题、巨大系统问题的科学技术手段,它通过充分了解、分析、熟悉被仿真的对象和系统,建立仿真模型,把对象数字化,形成被仿真对象的虚拟体(孪生体)。数字仿真模拟技术则不受物理制约,在仿真与验证平台支撑下,通过仿真虚拟体,把对象置于各种工况、可控条件下,进行反复试验,实现对挡潮闸这种复杂系统的全方位研究分析和验证。

本次仿真研究的建设目标和验证任务概括起来是:在现有地形和堤围加高后地形条件下,在"天鸽""山竹"、3.85m潮位工况和更加极端工况等天气条件下,验证挡潮闸建成后对澳门内港的挡潮排涝能力、对周边陆地和水域的影响、对内港潮位站及澳门水道桥梁等水工建筑的影响、对新城填海区的影响、挡潮闸操控及调度能力、挡潮闸应急船闸通航安全、全澳堤围是否达标等任务。

本次仿真研究,组建了由亚仿公司和国家仿真中心的专家共同组成的澳门内港挡潮闸实时数字仿真验证工程项目组,在项目过程中,项目组认真学习和理解澳门特区政府对实时数字仿真验证工作的需求,在学习和领会前期可行性研究报告和专项报告的基础上设计仿真验证实验。

本项目始于2020年1月20日,澳门特区政府官员视察亚仿公司,考察调研挡潮闸仿真验证的相关技术。2020年6月3日澳门土地工务运输局将《澳门内港挡潮闸即时数字仿真验证项目》判给了亚仿公司,同年8月4日正式签了委托合同。整个专案分为总体设计、数字仿真模型设计及仿真验证设计三个阶段,2020年10月23日提交总体设计报告;2021年1月20日提交模型报告;2021年

3月17日提交验证报告。2021年4月22日,澳门提出加高堤围等新验证需求,2021年6月21日提交第二阶段验证报告。

17.3.2 仿真验证完成的主要工作

自主知识产权的、强大功能的仿真验证支撑平台是完成项目的根本保证。仿真支撑平台是各个模型的调度枢纽,它控制着所有模型的调度与执行,它支撑了仿真系统设计、分调、联调,支撑视觉化的数位记录与分析,支撑了多地形、多工况、多初始条件、多运算方案的快速比较、分析与修改。

本次仿真研究,技术单位通过对象数字建模,建立了挡潮闸与周边环境的数字虚拟体(孪生体),虚拟3D模型涉及的对象包括海洋、河道、填海区、堤围、桥梁、挡潮闸、应急船舶、陆地以及周边建筑物,包括现状地形和规划后地形,依据验证的需求,细分为八种验证地形。

本次仿真研究,建立了被研究对象的水利工程数学模型。包括天文潮、台风、降雨、水动力、波浪、径流等极端天气现象的数学模型;挡潮闸闸体及泵站、应急船、中珠联围水闸联合调度等系统的操控模型,并将所有模型按照实际物理过程的逻辑关系和时间关系联系在一起,形成综合的系统仿真模型。

仿真验证控制台作为实时仿真验证系统的调度中心和人机交互入口,有效支撑起不同模型之间的协同化运作。智慧控制台由通信模组、参数配置、模拟控制及线上监视等模组构成。

在程式设计、调试、联调、验证、研究过程都需要高端视觉化技术。本项目应用了以下几项:应用视景技术,实时与整个数学模型联接,使实时验证过程能直观演示出来;用动画技术展示选定验证点的演算过程;视觉化分析系统支撑大量的数据分析;制作与数据相结合的视频,用来介绍系统和展示验证过程。

本次仿真研究,以"天鸽""山竹"两次超强台风的实测数据作标准,通过重演"天鸽""山竹"台风的模拟结果与实测资料的对比,说明了实时数字仿真模型系统可用、可信,精度符合要求。该实时数字仿真模型系统可代表被模拟的物件,做为虚拟体在可控、可重复的条件下支撑各项仿真验证。

17.3.3 验证结果

本次仿真研究,技术单位共设计了25项验证任务,22种验证工况,进行了近400次模拟实验与测试,形成了800GB量级的验证数据。主要验证结果描述如下:

1. 建设挡潮闸对内港海旁区有保护作用

根据仿真结果,在现状地形条件下,在遭遇"天鸽"、"山竹"及小于3.85m设计潮位的极端条件下,建闸后半岛海旁区无水浸,挡潮闸有效挡住了闸外潮水而保护了内港。

根据仿真结果,关闸后存在挡潮闸闸外附近水道水位壅高现象,如河边新街、西湾大桥桥头验证点因靠近挡潮闸,变化较大,增幅在0.12~0.19m左右;其他临岸水位点的增幅均小于0.1m。

根据仿真结果,建闸前后闸外汇流区流场变化大,关闸后会在闸前澳门一侧形成涡流,对生态和泥沙沉积产生影响。

建闸前后,半岛南侧、东侧及路凼区域陆地水位变化很小,挡潮闸对周边陆地的周边地区没有保护作用,还应有相应的措施。

根据仿真结果,加高后的堤围有效保护了半岛南侧和东侧的陆地。同时,从半岛水浸面积图看,在加高后的部分堤围附近出现零星水浸,这也提醒在加高堤围的同时也应同步关注排水系统的排水能力。

2. 3.85m 设计工况研究

本报告对3.85m工况讨论是基于"天鸽"台风的路径和特性,根据风、天文潮、降雨的不同组合设计了登陆时潮位3.85m/MSL的新工况6、新工况8、新工况9。根据仿真结果,建闸后,在3.85m设计潮位的工况条件下,内港无水浸,内港海旁区得到保护。

更加极端天气条件研究。在更加极端(新工况3、4、5)和多重不利叠加(新工况12、13)的条件下,通过验证19结果的分析,在堤围加高和挡潮闸都建成的情况下,虽然半岛存在不同程度的水浸现象(半岛水浸面积范围0.57~1.52km^2),仿真数据仍说明,建挡潮闸对内港有较好的保护作用。

3. 对29处堤岸的验证结果

本次验证全澳堤围分为29段,每段堤围设置临岸验证点,用于记录仿真运行过程中的各段堤围附近的潮位和有效波高数值。在加高堤围后,挡潮闸建设并投运,在3.85m设计潮位的条件下,有三段堤围水位超过堤围最低高程,分别位于凼仔北二段、十字门水道路凼段和九澳油库段。

仿真结果表明,由于C、D填海区的建设,使嘉乐庇总督大桥附近水道变窄,使嘉乐庇总督大桥附近水流速度变快;建闸前后比较,新城填海区和人工岛的临岸验证点潮位和有效波高变化很小。

4. 挡潮闸排涝能力的仿真研究

仿真结果表明,在遭遇最高潮位 2m + 最大日降雨量 437mm 的极端条件下,在关闸后,挡潮闸 4 台排涝泵按照排涝泵设计控制策略自动启动,可以将闸内水位维持在控制水位 1.5m 以下。

5. 应急船闸通航安全研究

本项目研究了在 8 级风条件下,两艘救援船和两艘快艇是否能同时安全通过应急闸航道。仿真结果表明:船舶模型在 8 级风不同风速、风向、水流速、流向下,基本可以通过应急航道。在上行过程中,尤其在转弯处,需要达到一定航速,才能顺利转弯和航行;在下行时,船舶需要提前打舵,修正航向角,以保证在预定航道内。

17.4 本章小结

综上所述,本项目仿真结果表明,挡潮闸在"天鸽"、"山竹"、3.85m 潮位工况和更加极端工况等天气条件下,可以挡住闸外潮水而保护了内港,但对周边地区没有保护作用,还应有相应的措施,如加高堤围等。

本项目的实施过程构建了数字了化的澳门及周边水域、排水管网、水工建筑的数字虚拟体,建立了强大的支撑仿真与验证的平台,提供了一个可以用来反复研究的平台,为数字澳门打了坚实的基础。

参考文献

[1] 游景玉. 实时仿真技术及其应用[M]. 珠海:珠海出版社,1997.
[2] 游景玉. 仿真控制论文集[M]. 珠海:珠海出版社,1999.
[3] 游景玉. 亚仿技术开发及应用论文集[M]. 珠海:珠海出版社,2000.
[4] 游景玉,杨兴河. 电厂的数字化[C]. 电力高科技论坛,北京,2001.
[5] You Jingyu, Yang Xinghe, Zhou Weichang. The Process Optimization and Analysis in the Fossil Power Industry[C]. a Paper presented at SCS 2003 Western MultiConference, Orlando, USA,2003.
[6] 游景玉. 中储式钢球磨煤机制粉系统在线决策控制的实现[J]. 中国电力,2003(11):68-73.
[7] You Jingyu, Zhou Weichang, Yih-Jung Yeh. On-Line Simulation Appliations in Power Plant Safety Analysis and Pre-Warnings[C]. a Paper presented at SCS 2004 Western MultiConference, San Diego, California, USA, Jan 18-22,2004.
[8] 游景玉. 在线仿真技术在流程工业节能降耗中的应用[J]. 中国制造业信息化,2007(18):50.
[9] 飞机设计手册 总编委会. 飞机设计手册,第5分册[M]. 北京:航空工业出版社,2001.
[10] 欧桓华,陆强. 大型石化企业仿真培训系统的开发与运用,亚仿技术开发及应用论文集[C]. 珠海:珠海出版社,2000.
[11] 游景玉,周维长. 数字化电厂解决方案及其应用[J]. 中国电力,2003,12(36):4-7.
[12] 游景玉. 在线仿真技术在流程工业节能降耗中的应用[J]. 中国制造业信息化,2007(18):52.
[13] You Jingyu, Ma Hongshun, Yih-Jung Yeh. On-Line Simulation and Its Applications[C]. a Paper presented at SCS 2003 Western MultiConference, Orlando, USA,2003.
[14] 游景玉. 亚仿技术开发及应用论文集[C]. 珠海:珠海出版社,1997.
[15] 游景玉. 水泥工业节能减排全范围数字化管控技术技术报告[R]. 2011年12月,河北武安.
[16] 游景玉. 应用现代仿真技术推动产业升级技术报告[R]. 2008年7月,北京.
[17] 游景玉. 在信息化与工业化融合中仿真技术的作用和地位[R]. 2009年8月17日,北京.
[18] 游景玉. 关于运用计算机仿真技术提高节能减排宏观决策水平的示范项目报告[R]. 2009年10月,珠海.
[19] 游景玉. 应用在线仿真技术使水泥工业实现节能减排的实践[R]. 2012年8月,河北武安.
[20] 游景玉. 应用在线仿真技术实现工业节能减排推动战略新兴产业的发展[R]. 2012年6月,河北新峰数字化水泥鉴定会.
[21] 游景玉. 论网络时代仿真技术及其产业化技术报告[R]. 2013年8月,珠海.
[22] 游景玉. 仿真支撑系统技术研究和在线仿真技术开发技术报告[R]. 2014年12月,北京.
[23] 游景玉. 当今发展控制技术的意义与技术要点技术报告[R]. 2016年5月.

[24] 游景玉.仿真技术推进两化深度融合的实现[R].2016年11月.

[25] 游景玉.仿真技术发展的新思考[R].2017年10月.

[26] 游景玉.加快研发流程型智能制造模式CPS的支撑平台[R].2017年3月.

[27] 游景玉.仿真技术在实现《中国制造2025》中的重要作用[J].计算机仿真,2016(33),1;27-29.

[28] 李文,吴红伟,等.平海1000MW基于在线仿真的节能优化与管理决策系统技术总结报告[R].2018.

[29] 李文,葛怡苏,等.唐山东海钢铁集团有限公司【中国制造2025】两化融合示范项目技术总结[R].2019.

[30] 工业和信息化部、财政部.智能制造发展规划(2016-2020年),2016.

[31] 工业和信息化部和国家标准化管理委员会联合印发《工业互联网综合标准化体系建设指南》,工信部联科〔2019〕32号.

[32] 中国民用航空总局.飞行模拟设备的鉴定和使用规则,民航总局令第141号,2005.

[33] MA60-FCOM-14,MA60飞行机组操作手册,西安飞机工业(集团)有限责任公司,2009.

[34] 王百争.新舟60飞机C级飞行训练模拟器建模与仿真,http://www.doc88.com,2007.

[35] MA60机型飞行训练大纲,西安飞机国际航空制造股份有限公司.

[36] 郭晨,孙建波,史成军,等.应用虚拟现实技术的船舶轮机仿真器的研究,《亚仿技术开发及应用》论文集[C].珠海:珠海出版社,1997.

图 5-6 滑翔机模拟仿真系统

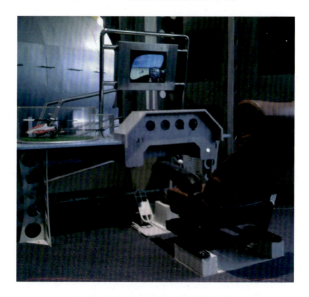

图 5-7 直升机驾驶模拟系统

图 5-9 模拟滑雪仿真系统

图 5-11　飞行模拟器仿真系统

图 5-12　虚拟船舶驾驶台

图 5-13　虚拟集控室

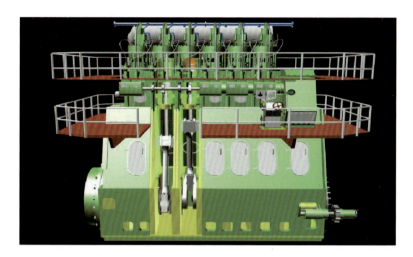

图 5-15 虚拟船舶柴油主机(剖视)

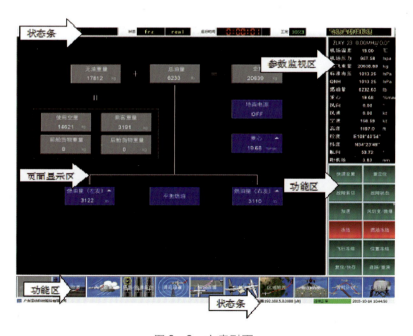

图 6-3 主索引页

图 6-4 重定位页

图 6-5 故障索引页

图6-9 飞机状态页

图6-10 场景/跑道条件页面

彩5

图 6-11 区域地图页

图 6-12 雷雨选择模块

图 9-26　秦山一期 300MW 核电机组全范围仿真机 1

图 9-27　秦山一期 300MW 核电机组全范围仿真机 2

图 9-28　秦山二期 600MW 核电机组全范围仿真机 1

图9-29 秦山二期600MW核电机组全范围仿真机2

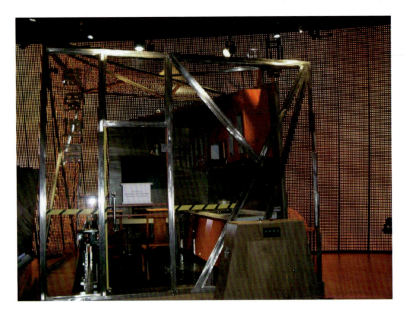

图12-3 感受地震展品照片

序号	说明	效果图
1	地面操作	
2	起飞	
3	爬升	
4	云雾效果	

序号	说明	效果图
5	巡航	
6	云	
7	下降	
8	进近	

序号	说明	效果图
9	着陆	
10	白天雾	
11	早晨	
12	黄昏	

序号	说明	效果图
13	夜晚	
14	下雨	

图 13 –5　模拟效果图

图 13 –6　全动型 C 级飞行模拟机 1

图 13-7　全动型 C 级飞行模拟机 2

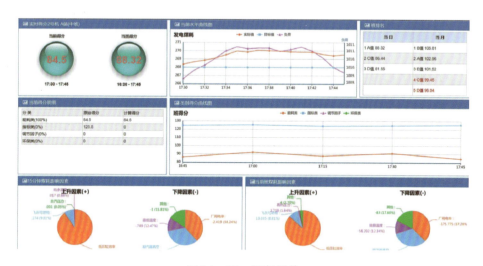

图 14-15　运行评价

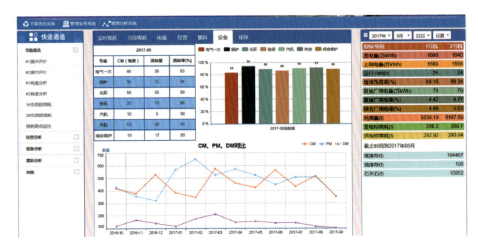

图 14-20　管理驾驶舱

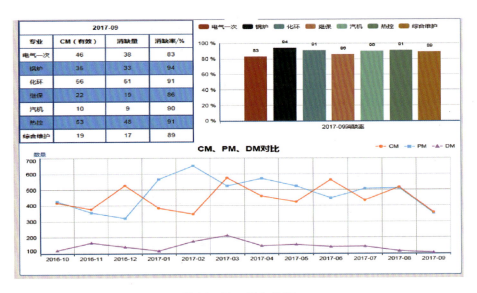

图 14-21　设备分析

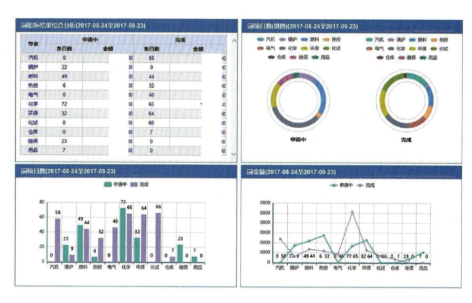

图 14-22 招投标分析

图 14-25 燃煤经济性分析

图 14-26 预算分析

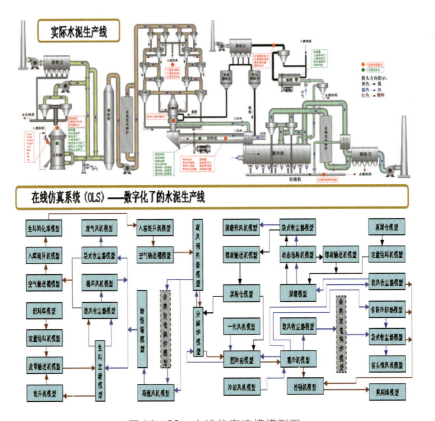

图 14-30 在线仿真建模模型图

图 14 -37　碳排放实时监测图

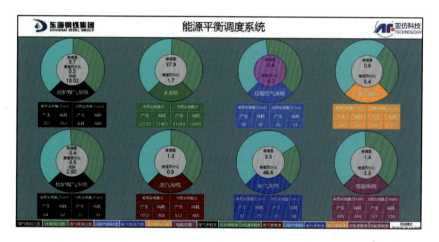

图 14 -49　能源优化调度系统主画面

图 14 -55　大屏幕展示实景图

彩17

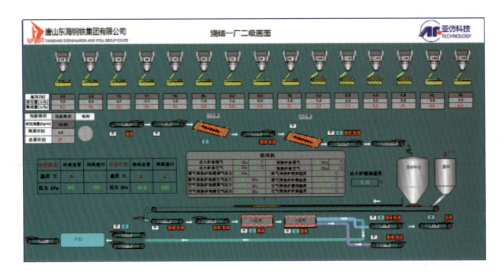

图 14-56 烧结工序监视画面

图 14-61 110kV 变电站

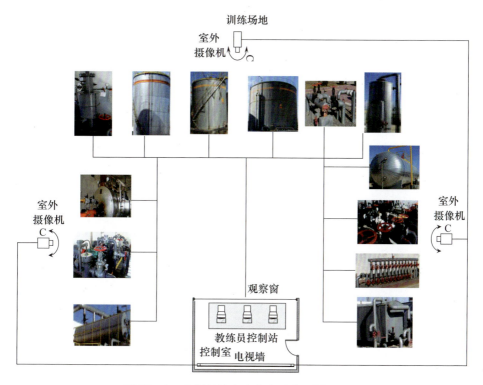

图 15-3 实训基地安全仿真系统平面示意图

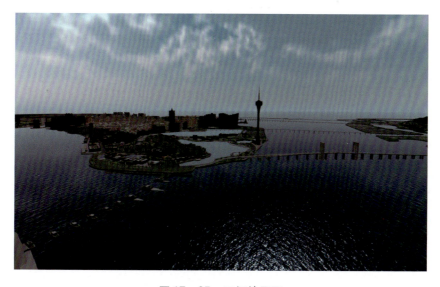

图 17-25 开闸效果图

彩19

图 17-26　关闸效果图

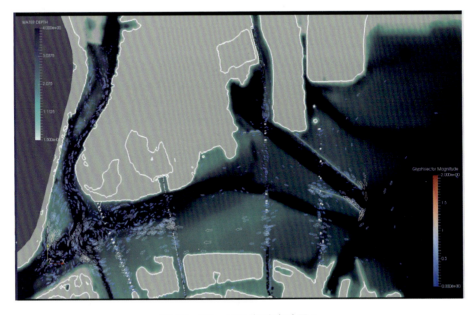

图 17-27　风暴潮重演动画 1

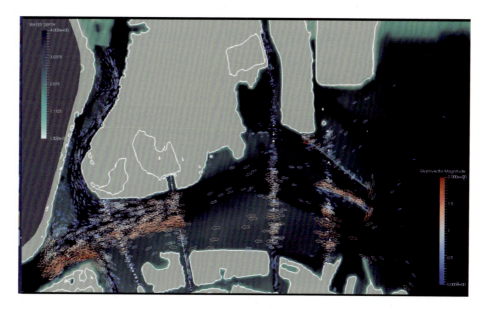

图 17 −28　风暴潮重演动画 2

图 17 −29　风暴潮重演动画 3

彩21

图 17-30　风暴潮重演动画 4

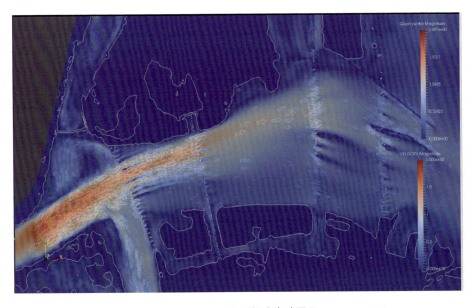

图 17-31　风暴潮重演动画 5

彩22

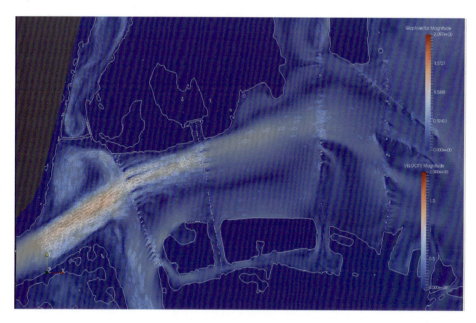

图 17-32 风暴潮重演动画 6

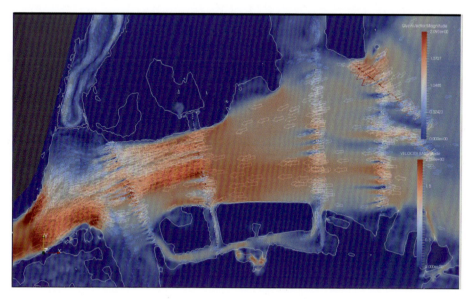

图 17-33 风暴潮重演动画 7

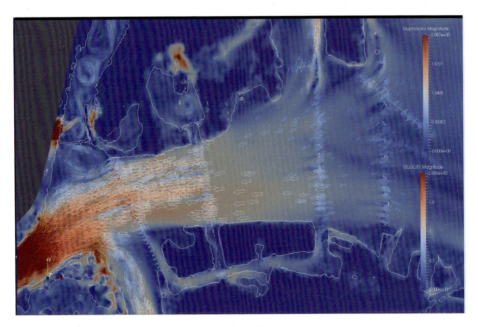

图 17-34　风暴潮重演动画 8

图 17-37　控制台首页